普通高等学校突发公共事件应急管理专业参考教材

综合应急救援能力提升理论架构描述及技术实现途径

邹逸江　著

ZHEJIANG UNIVERSITY PRESS
浙江大学出版社
·杭州·

图书在版编目（CIP）数据

综合应急救援能力提升理论架构描述及技术实现途径 /
邹逸江著. —杭州：浙江大学出版社，2022.9
ISBN 978-7-308-22901-2

Ⅰ. ①综… Ⅱ. ①邹… Ⅲ. ①突发事件－救援－研究
Ⅳ. ①X928.04

中国版本图书馆 CIP 数据核字（2022）第 140458 号

综合应急救援能力提升理论架构描述及技术实现途径

邹逸江　著

责任编辑	杜希武	
责任校对	董雯兰	
封面设计	刘依群	
出版发行	浙江大学出版社	
	（杭州市天目山路 148 号　邮政编码 310007）	
	（网址：http://www.zjupress.com）	
排　　版	杭州好友排版工作室	
印　　刷	杭州宏雅印刷有限公司	
开　　本	787mm×1092mm　1/16	
印　　张	27.75	
字　　数	658 千	
版 印 次	2022 年 9 月第 1 版　2022 年 9 月第 1 次印刷	
书　　号	ISBN 978-7-308-22901-2	
定　　价	89.00 元	

浙江省高校重大人文社科攻关计划项目

"浙江省综合应急救援能力提升路径理论架构及内容研究(2021GH014)"资助

前　言

　　综合应急救援是指通过事前周全计划和应急措施,充分利用一切可能的联动力量和资源,灵活下达指令,在各类灾害事故发生后迅速控制事故发展并尽快排除事故,保护现场人员和场外人员的安全,将事故人员、财产、环境造成的损失等降低至最低程度,并通过预定手段迅速稳定民心、恢复生活和生产秩序的完整体系。综合应急救援的宗旨是指在发生事故和灾害以后,由有应对技能的专业组织和专业人员,对灾害事故的相关受影响地区进行紧急救助,以控制事态的发展,最大限度减少事故灾害所造成的后果及影响,将受灾损失降到最低。这种行为是依靠专业的组织、依托科学的救援方法,由职业从事这项工作的专业人员完成的极其复杂的一项工作。由此可知,综合应急救援的基本任务是快速组织救援,确保人身安全,控制事态发展,实时监测现场,检测确定危害性质,做好维护工作,进行现场恢复,进行事件原因调查。危机得到控制后,应想尽一切办法减少损失,分析灾难后果,做出有针对性的方案,快速远离危机影响。

　　综合应急救援是近年来在全球灾害频发的情况下逐步形成的一种综合性的概念,它是灾害学、管理学、心理学等各类学科的现实应用,是一个集成的体系,包括应对灾难一切工作的总和。综合应急救援涉及社会方方面面的实践,实施综合应急救援的过程中需要应用到许多学科的专业理论和技术,只有将这些知识应用到救援的实践中,才能更好地发挥应急救援能力。因此,作为一个很多学科交叉的实际应用,综合应急救援需要来自各行各业、不同领域的共同参与,这就要求救援活动不能只由政府担当,它更多的需要政府发挥统筹和组织作用,发动各领域的专业力量进行集成救援。此外,综合应急救援还具有明显的紧急性、多样性和复杂性,它不能只有单一方式简单应对,更需要具有及时反应、对不同灾害的针对性、随机应变的救援体制。

　　长期以来,综合应急救援因受应急救援理念和技术水平的限制,以及人们缺少持续深入的研究,至今没有建立起一套完善的综合应急救援能力提升理论架构及技术实现途径。由于实际操作缺乏理论指导及技术实现途径描述,造成人们不知如何描述、表达、提取、评价、可视化、溯源更新综合应急救援能力提升内容,致使综合应急救援能力提升方面的问题经常出现,这大大影响了政府的实际应急救援行动,致使人民生命财产和经济发展遭受严重损失。本书尝试从新的理论、技术视角,结合应急管理部门的实际操作数据和经验以及作者多年的科研成果来解决这个问题,撰写出本书。这可大大丰富和发展综合应急救

援理论体系,为我国应急救援建设提供有利的借鉴和支持。

本书共分十九部分。前言;第1章 概述;第2章 国内外研究现状综述;第3章 总体需求分析;第4章 总体技术设计;第5章 综合应急救援能力提升笛卡儿三维坐标系;第6章 综合应急救援能力提升内容通用框架;第7章 综合应急救援能力提升理论架构;第8章 综合应急救援能力提升种类计算模型表达技术途径实现;第9章 综合应急救援能力提升路径计算模型表达技术途径实现;第10章 综合应急救援能力提升内容规范格式表达技术途径实现;第11章 综合应急救援能力提升内容提取函数表达技术途径实现;第12章 综合应急救援能力提升评价指标体系及分值计算模型表达技术途径实现;第13章 综合应急救援能力提升评价结果专题统计图表可视化表达技术途径实现;第14章 综合应急救援能力提升内容溯源修改完善表达技术途径实现;第15章 综合应急救援能力提升实验验证手段表达技术途径实现;第16章 综合应急救援能力提升研究创新点和特色点;第17章 预期社会效益;参考文献。

本书的相关研究具有的创新点:其一是创新出综合应急救援能力提升笛卡儿三维坐标系;其二是创新出综合应急救援能力提升内容通用框架;其三是创新出综合应急救援能力提升理论架构;其四是创新出综合应急救援能力提升技术途径实现方案。本书的相关研究具有的特色点:其一是设计出综合应急救援能力提升内容规范表达格式技术途径实现方案;其二是设计出综合应急救援能力提升内容提取函数表达技术途径实现方案;其三是设计出综合应急救援能力提升评价指标及分值计算模型表达技术途径实现方案;其四是设计出综合应急救援能力提升评价结果专题统计图表可视化表达技术途径实现方案;其五是设计出综合应急救援能力提升内容溯源修改完善表达技术途径实现方案。

本书是作者在主持国家重大科技支撑计划项目子课题(城市脆弱性分析与综合风险评估技术与系统——宁波应用示范(2011BAK07B02-05))、主持浙江省公益项目(城市重大突发公共事件应急救援系统效能理论框架与评价模型研究(LGF19D010001))、主持浙江省社科联新型智库研究选题项目(浙江省综合应急救援能力提升路径及内容研究)、主持浙江省高校重大人文社科攻关计划项目(浙江省综合应急救援能力提升路径理论架构及内容研究(2021GH014))等研究成果的基础上专著而成。

本书适合从事应急管理的各级政府领导、机关干部,以及企事业单位、社区、农村等从事应急管理的人员阅读;可作为具有应急管理学科、公共管理学科的大专院校教材,适合应急管理专业的2~4年级本科学生,以及应急管理专业的硕士和博士研究生参考。

对于本书的创作完成,我深深地感谢我的爱妻,她一直希望本人出一本属于自己的专著,能够将自己多年的研究成果更好地服务于社会。在她的大力鼓励和支持下,本人启动了撰写本书的工程,历时两年多的资料收集、专题调研、专家咨询、专心研究、成果抽象与提炼、设计与撰写,克服了重重困难,终于成书,填补了国内在综合应急救援能力提升方面缺乏专著的空白。因此,没有爱妻的挚爱、鼓励、支持、理解和帮助,便没有本书的出版。同时,在撰写过程中我得到了宁波市应急管理局、宁波大学地理科学和旅游文化学院及地理与空间信息技术系众多领导、老师和同学们的大力支持,尤其是我院李加林教授给予本书部分出版费的大力支持以及马仁锋教授有关出版书籍的专业咨询,在此一一表示感谢!

由于综合应急救援能力提升的研究内容极其丰富,涉及领域众多,覆盖范围极其广泛,牵涉相关技术极其复杂,涉及相关专业众多,加之时间仓促,错误和不妥之处在所难免,恳请广大读者批评指正!

邹逸江

于宁波大学

2022 年 4 月 28 日定稿

目　　录

第1章 概　　述

1.1　背景和研究意义

1.1.1　研究背景

我国是世界上各种突发公共事件发生种类最多、发生频率最高、灾害破坏最严重的国家之一。在自然灾害类方面,最高等级风险分别为地震及暴雪,次要风险为洪灾与生物灾害,风险等级偏低的为暴雨、干旱、沙尘暴、冰雹以及极端温度;在事故灾难类方面,最高等级风险事件为企业生产事故、火灾事故、道路交通事故,次要风险为环境污染事故、核污染事故,较低风险事件为科研生产事故以及水上交通事故;在公共卫生事件类方面,风险系数最高的为传染病、食源性疾病以及食物中毒,次要风险为食品污染、传染病菌毒种丢失以及寄生虫病,风险级别最低为动物疫情、预防接种及预防药物群体性不适反应;在社会安全事件类方面,风险最高为社会治安事件,次要风险为大规模群体性事件,而经济安全事件以及涉外突发公共事件为低风险类型。

近年来,台风、地震、洪水等自然灾害频发,有害气体泄漏、火灾等事故灾难不断,绑架、抢劫、凶杀、校园安全、刑事案件、治安案件等社会安全事件时有发生,SARS(传染性非典型肺炎)、禽流感、新型冠状病毒肺炎(COVID-19)等公共卫生事件偶发,这些都严重影响了可持续发展和社会稳定。据统计,我国每年因突发公共事件造成的损失约占 GDP 总量的 6％,并有约 20 万人被夺去生命。突发公共事件已经成为当前影响我国城市社会稳定的最突出问题,不仅给人民生命财产安全和经济发展带来严重危害,而且对社会秩序和公共安全造成严重威胁。目前,全世界发生的 COVID-19 就是一类重大突发公共卫生事件[1]。

当突发公共事件不可避免或者已经发生后,及时、有效的综合应急救援是唯一可以抵御突发公共事件蔓延,并可能减缓危害后果的有力措施。若综合应急救援工作及时得当,就能在很大程度上减小突发公共事件带来的灾害,可以有效地降低此灾害造成的损失;相反,若综合应急救援工作开展不力,延误时机或方法错误,则可能产生应急救援风险移变,导致灾难升级与扩大化,甚至带来次生、衍生、耦合等各种灾害,给整个社会带来极大危险和损害,甚至演化为全社会公共危机。尽管可以采取各种预防措施和管理手段来减少突发公共事件带来的损失,但从国内外的实际情况来看,实施适合突发公共事件需求的综合应急救援能力建设是减少灾害损失的唯一选择[2]。

一般来说,影响综合应急救援能力的要素主要包括灾种、主体、客体、承灾体、环境、手段、信息等。灾种主要是指发生突发公共事件的灾害种类,包括自然灾害、事故灾难、公共卫生事件、社会安全事件等方面的具体灾种;主体是指参与综合应急救援的指挥员或者职能部门组成的指挥团队;客体是指综合应急救援决策、命令的接受者和执行者,包括下级指挥员、指挥机关、应急救援队伍及志愿者;承灾体主要是指灾害发生时受灾的普通民众、倒塌的建筑物、破坏的生命线系统等;环境是指实施综合应急救援的周边地理环境和人文环境;手段是指综合应急救援过程中所采用的救援工具和方法;信息包括了实施综合应急救援的各种相关资料、信息和情报以及信息平台。若在综合应急救援实施过程中,上述要素没有发挥高的效能,如灾种——致灾因子没有搞清楚,主体——指挥员救援决策错误,客体——救援人员抢救方法不到位,承灾体——承灾对象不熟悉,环境——应对恶劣的地理和人文环境措施不当,手段——救援方法和工具不适合、救灾物资运输不及时,信息——灾情信息沟通不顺畅等等,都将耽误抢救人民生命和财产安全的宝贵时间,可能产生应急救援风险移变,发生次生、衍生、耦合灾害[3],导致灾难升级与扩大化。

由此可知,建立突发公共事件应急处置核心和关键所在的综合应急救援工作就显得至关重要,因为应急救援工作不仅是重大突发公共事件应急管理的重要环节,也是整个公共危机管理过程中最困难、最复杂、最难实施的工作,对掌控整个突发公共事件全局发展具有不可或缺的意义。众所周知,在重大突发公共事件环境下,实施综合应急救援通常需要在时间异常紧迫和环境复杂多变条件下运行,特别是在突发公共事件信息不对称和信息缺失,应急救援技术、应急救援保障物质、应急救援信息平台建设有限,应急救援法制、应急救援体制等建设仍有不足,应急救援指挥官心理素质、决策指挥能力有限,应急救援人员素质欠佳等情况下进行[4]。那么在这种状态下,如何提升综合应急救援灾前、灾中、灾后的能力建设就显得十分重要。由此可知,提升综合应急救援能力是实施应急救援准备、响应、处置、保障、善后等过程的有力保障。因此,建立自身完备的综合应急救援能力提升理论架构及技术实现途径,用于指导具体的各种突发公共事件应急救援行动十分必要。

但是,长期以来,我国的综合应急救援能力提升建设因受落伍的灾害管理体制的制约,以及应急救援理念和技术水平的限制,至今没有建立起一套完善的综合应急救援能力提升理论架构及技术实现途径,致使综合应急救援能力建设始终在一个较低的水平上徘徊,能力得不到有效提升;实施的应急救援行动标准化程度太差,如重复建设、各自为政;应急救援能力得不到有效的发挥、运行不正常等方面的问题时有发生,等等。这些都大大影响了应急救援的实际操作和实施,深刻影响了政府应急救援行动,致使人民生命与财产、生命线系统、经济发展、生态环境等方面遭受严重损失[5]。

本书尝试从新的理论、技术、实用、可操作的视角,解决这个问题,研究出理论扎实、技术合理、方向明确、标准规范、规模适度、体制顺畅、职责明确、管理规范、指挥高效、反应快速等的综合应急救援能力提升理论架构及技术实现途径,从而使综合应急救援行动高效有序,将灾害带来的损失降低到最低限度。同时丰富和发展综合应急救援理论体系,为我国应急救援建设提供借鉴和支持。

1.1.2 研究的必要性

加强对综合应急救援的科学研究,完善综合应急救援体系建设,关系着公共安全、生态安全、国家安全、社会安全等,与你我他息息相关,对此进行研究具有重大必要性[6]。

(1)应急救援既是政府的责任又考验政府的执政能力

政府存在的首要意义就是确保公众的生命健康与财产安全。任何一个国家都不可避免地会遭遇突发公共事件或者发生重大灾难,及时应急救援,最大限度地保护公民的生命财产安全,无疑是政府义不容辞的责任,是政府履行社会管理和公共服务职能的重要体现。作为民主政府、责任政府、诚信政府,能否保障群众的生命安全,能否达到应急救援的最高效率,能否维护公共安全和社会秩序,是其社会管理职能是否高效、应急救援是否成功的试金石,是考验政府执政能力的标志。

(2)应急救援能减少伤亡、损失和促进经济发展

突发公共事件造成的直接危害就是导致生命伤亡、财产损失。应急救援最直接的目的就是以最快的速度、最有效的措施、尽最大的可能挽救人的生命和减少财产损失。迅速组织快速高效的应急救援,是减少伤亡和损失的关键。5·12汶川特大地震发生后,我国政府组织开展了中国历史上救援速度最快、动员范围最广、投入力量最大的抗震救灾工作,最大限度地挽救了受灾群众生命,最大限度地减低了灾害造成的损失,从废墟中抢救出84017名群众,使149万名被困群众得到解救、430多万伤病员得到及时救治,妥善安排好1510万名紧急转移安置的受灾群众基本生活,881万灾区困难群众得到救助。我国是多发突发公共事件的国家,每年各类事件所造成的损失约达6500亿元人民币,相当于损失我国GDP的6%。而我国GDP年平均增速为8%,也就是说,每年GDP增长的75%被用来弥补突发公共事件所造成的损失。如果加强突发公共事件应急管理的前期工作,提高事件发生时的应急救援工作,减少GDP弥补损失的数量,可从相反方向大大提高GDP增速,从而促进我国经济的发展。

(3)应急救援是防止突发公共事件连锁反应的重要环节

突发公共事件发生后,如果不及时采取应急救援措施,或者应急救援处置不当,都有可能引发或者派生出其他类型的突发公共事件。如发生特大洪灾时,如果对地质灾害易发、多发地区不及时组织应急救援,就很可能会因泥石流灾害导致人员伤亡。发生重大自然灾害或者重大安全事故导致人员重大伤亡后,若不立即清理遇难者的遗体,进行卫生防疫处理,就有可能酿成瘟疫等其他公共卫生事件。有效的应急救援不但能够减少伤亡和损失,而且能够防止次生、衍生和耦合事件的发生或蔓延。

1.1.3 研究的意义

突发公共事件应急救援实际上是一项综合的社会性救援工作,既有对自然灾害、事故灾害的救援,也有对公共卫生、社会安全事件的救援。既涉及相应的科学技术,也涉及经济、管理、公共政策等方面。加强对应急救援的科学研究,完善应急救援体系,关系着公共安全、生态安全、国家安全、社会安全等,与你我他息息相关,对此进行研究对我国的经济

建设和社会发展具有重要的意义[7]。

（1）是国家处置公共突发公共事件的需要

改革开放以来，我国城市建设和经济发展取得了长足的进步，各项基础建设得到了飞速的发展，人民生活水平普遍提高。但是与此同时，各类突发应急事件也给人民生命财产安全带来极大的威胁，例如2010年7月16日大连某石油运输管线爆炸火灾、2012年7月21日某特大城市内涝灾害、2010年11月15日。上海某超高层建筑火灾等等。我国的石油化工火灾由2007年的198起上升到2017年的617起，高层建筑火灾由2007年的569起上升到2017年的3127起，应急处置的难度也在不断攀升。因此必须大力提高应急救援能力，就是在面对各类灾害事故时可以科学有效处置，最大程度地保护人民生命财产安全。

（2）是国家应对突发公共事件的需要

近年来，因征地争议、非法拆迁、司法不公、贪污受贿等引起的群体性事件逐年增加，事件暴力逐步升级，对社会和人民生命财产安全的威胁愈演愈烈，涉爆、纵火、自焚案件时有发生。从公共管理和危机管理方面相关的理论知识来讲，提升应急救援能力可以及时根据当前事态变化采取行之有效的处置措施，防止事态扩散，被人借机利用。

（3）是国家保障改善民生和维护社会稳定的需要

当前，我国正大力建设中国特色社会主义社会，人民群众也应该不断提升自身的灾害抵抗能力，以便在灾害来临的时候，能够将损失降低到最小。与此同时，还应该从源头入手，做好预防工作，有效解决利益与公平之间的关系，保持社会的稳定，弱化与消除各种敌对矛盾。针对此，构建完善的应急救援体系，提升应急救援能力是非常有必要的，对构建社会主义和谐社会具有重要意义。这既可增加人民群众安全感和满足感，又提升了全民参与的意愿，为应急救援能力建设打下了长效坚实的基础。

（4）有利于为改革和发展创造和谐稳定的环境

随着我国经济的快速发展，工业化、城市化和现代化水平的不断提高，新材料和新能源的广泛使用，各种具有现代特点的突发公共事件不断发生，而且呈现出规模大、范围广、跨区域等特点，造成了巨大的财产损失和社会的不稳定。因此，建立健全面向突发公共事件的应急救援，可以提高应急救援的快速反应能力，控制突发公共事件的继续恶化；可以最大程度的保障人民群众的生命财产安全，维护更广大人民的根本利益；可以为推动我国经济社会的可持续发展提供一个健康、稳定的国内环境，使改革开放的步伐进一步深入。

（5）有助于提高政府应对公共危机事件的能力

实践证明，每一次重大突发公共事件的应急救援，都是政府提升应对公共危机能力的机会。突发公共事件对社会安全、稳定、经济发展的危害无疑是巨大的。如果处理不好，危机事件迅速升级的可能性极大，甚至进一步影响政府在人民群众中的公信力和权威性；相反，进行有效的应急救援，可以积累经验，增强政府危机治理的能力。政府应急处理突发公共事件的能力，越来越成为衡量一个政府治理能力的重要标志之一。面向突发公共事件的应急救援作为社会安全网的关键一个环节，其与社会公平、社会稳定存在很强程度的关联。因此，加强应急救援力量建设，加速构建和完善应急救援体系，提高在突发公共事件应急救援过程中政府的快速应对能力，就必须对应急救援的基本内容、能力提升、运作模式和发展趋势有深入的研究，使政府能够在短时间内制定正确的应急救援方案，从而使政府不断积累应急救援的经验,完善政府的应急救援预防和控制机制,进而提升政府治理公共危机的能力。

(6)丰富公共危机管理理论

突发公共事件中的应急救援属于公共危机管理的范畴,目前,国内应对公共危机主要还是依据内涵相对单一的传统管理模式,并未取得理想的效果,造成的危害、影响比较大。究其根源,就是政府缺乏"公共治理"的理念,导致不能在频发的突发公共事件中进行有效的应急救援。公共治理强调在公共管理中,政府并不是唯一的主体,政府、公民个人、非政府组织等都可以成为公共服务管理的主体,它们在共同的目标下共享资源,相互作用,参与式地解决公共政策和提供公共服务,共同承担公共事务治理的责任。目前我国关于突发公共事件中的应急救援研究,还处在初期阶段,许多理论还不成熟,可操作性也存在着许多难题。应急救援的论述散见于一些著作和期刊,没有专门论述的著作,专门论述的文章也非常少。同时,这方面的研究主要为学究式的,仍处于学习和吸收西方发达国家研究成果的阶段。因此,在了解应急救援概念的相关基础上,结合经济学、管理学和社会学的知识,从实证的角度出发,探索我国应急救援工作,为应急救援理论发展与完善提供一定有益的帮助。

(7)有利于提升政府公信力

政府公信力可以这样理解:"政府依据自身信用所获得的社会公众的信任度,主要包括政府信用、政府信任两个方面。这同单纯地讲政府信用是不同的,因为政府讲信用未必能达到公众信任的程度。也就是说,政府公信力的体现更重要的是公民在何种程度上对政府行为保持信任的态度。"鉴于突发公共事件对社会安全、稳定、经济发展的危害是巨大的,如果处理不好,危机事件迅速升级的可能性极大,甚至进一步影响政府在人民群众中的公信力和权威性。如果政府处理及时得当,将有助于提升政府公信力,塑造政府在公众的形象。例如对 2008 年汶川地震、2010 年玉树地震的成功救援以及 2011 年利比亚撤侨的成功救援,彰显了我国政府处理危机的能力,在国际上也塑造了良好形象。

1.2 应急管理概念辨析

1.2.1 突发公共事件

(1)突发公共事件概念

"突发公共事件"一词在各国立法上名称并不统一,意思与之相近的说法有"紧急情况"、"紧急事件"、"非常状态"等等。比较有代表性的相关定义是欧洲人权法院对"公共紧急状态"的解释[8]:"一种特别的、迫在眉睫的唯一或危险局势,影响全体公民,并对整个社会的正常生活构成威胁。"学者们对此也从各种不同的角度进行界定,由于研究角度不同,其准确定义并不统一。

突发公共事件是一种显性社会不稳定现象,如何对其概念进行界定?当前尚未统一的答案。2006 年 1 月我国国务院发布的《国家突发公共事件总体应急预案》中,突发公共事件被定义为"突然发生、造成或可能造成重大人员伤亡、财产损失、生态环境破坏和严重社会危害，危及公共安全的紧急事件"。第十届全国人大常委会第二十九次会议通过了《中华人民共和国突发公共事件应对法》，法律明确规定："突发公共事件是指突然发生，造成或者可能严重社会危害，需要采取应急处置措施予以应对的自然灾害、事故灾难、公共卫生事件和社会安全事件。"[8]

（2）突发公共事件分类

突发公共事件的分类是根据事件的特征，把各类突发公共事件分为不同的类别。由于各类突发公共事件发生的原因、处置的措施、技术手段以及责任部门都不相同，因此分类的目的在于明确责任体系，提供更具专业性、技术性的应急处置。认真研究并且合理确定突发性公共事件的分类，对于明确责任、制定预案、科学组织、整合资源等都具有重要意义。对突发公共事件类型的分析，是建立突发公共事件应急救援体系的基础。依据不同的方法，可以将突发公共事件分成不同种类型。总体来讲，主要包括事件诱因分类法、事件发生领域分类法、事件发生和结束速度分类法、事件影响程度分类法和事件发生过程、性质和机理分类法等5种方法。依据此5种不同维度的分类方法，突发公共事件可以做如下具体分类[8]：

● 按照诱发因素分类。突发公共事件的诱发因素相当复杂，既有来自自然界的因素，也有来自人类社会生产、生活的各种原因，概括来讲就是"人—机—环境"等因素。那么，按照诱发因素来分类，突发公共事件可以分为自然性事件和人为性事件：自然性事件是自然界不可抗拒的力量导致的，人为性事件是人为原因所导致的。

● 以发生领域分类。根据突发公共事件发生的范围、领域和行业，我们可以将其分为自然突发公共事件和社会突发公共事件。自然突发公共事件是由来自自然界的、不可抗拒原因所引发的自然灾害事件，或者由于人的行为破坏造成的生态环境恶化而引发的自然灾害事件，主要包括自然灾害，如地质灾害、气象灾害、地震灾害等；突发社会公共安全事件，其诱发因素为人的操作失误、技术性过错或者经济、社会、政治原因，是指由于人的不安全行为和技术过错（设备、工艺、技术、设计故障或缺陷），或者由于政治、经济、文化、宗教、公共设施等因素导致的具有社会性质的事件；突发社会事件包括：工矿商贸等生产领域的突发公共事件，如瓦斯爆炸、矿层冒顶、崩塌、透水等矿难；有毒、有害气体排放或危化品泄漏等化学事故灾难；铁路、公路、水运、航空灯交通运输领域的事故灾难等；社会安全事件，如群体性突发公共事件、恐怖事件、社会动乱等；公共卫生事件，如非物源性因素导致的流行性疾病的暴发与蔓延、食品安全事件、药品安全事件等。

● 以发生、发展和结束的速度分类。根据此项分类，突发公共事件分为龙卷风型、腹泻型、长投型、文火型等4种。龙卷风型突发公共事件发生较快，结束也很快，如飓风、海啸等；腹泻型突发公共事件酝酿时间长，但发生后结束很快，如地震；长投型事件爆发快，但持续时间长，如SARS、禽流感、COVID-19等；文火型事件来得慢，结束也慢，如群体性社会安全事件、社会动乱等事件。

● 按照破坏程度分类。按照突发公共事件的破坏程度，可以将其分为大规模恶性事件、恶性事件等类型。此种分类方法是鉴于对以往突发公共事件的损失统计分析而进行的，主要依据伤亡情况、财产损失程度、事件波及范围、影响持续时间、社会承载面大小等进行分类。

● 按照事件性质、发生过程与机理分类。按照突发公共事件的性质、发生过程与机理，根据《中华人民共和国突发公共事件应对法》和《国家突发公共事件总体应急预案》，突发公共事件可以分为自然灾害、事故灾难、公共卫生事件、社会安全事件[8]等四大类。自然灾害：包括干旱灾害，洪涝灾害，台风灾害，暴雨灾害，大风灾害，冰雹灾害，雷电灾害，低温灾害，冰雪灾害，高温灾害，沙尘暴灾害，大雾灾害，地震灾害，火山灾害，崩塌灾害，滑坡灾害，泥石流灾害，地面塌陷灾害，地面沉降灾害，地裂缝灾害，风暴潮灾害，海浪灾害，海冰灾害，海啸灾害，赤潮灾害，植物病虫害灾害，疫病灾害，鼠害灾害，草害灾害，赤潮灾害，森林/草原火灾灾害，水土流失灾害，风蚀沙化灾害，盐渍化灾害，石漠化灾害等；事故灾难：包括火灾事故，危险化学品事故，烟花爆竹安全事故，非煤矿山事故，建设工程施工事故，公路水运铁路民航等交通运输事故，人防工程事故，供水排水电力燃气及道路、桥梁、隧道特种设备等公共设施和设备事故，核与辐射事故，环境污染和生态破坏事故等；公共卫生事件：包括传染病疫情事件，群体性不明原因疾病事件，食品安全事件，药品安全事件，职业危害事件，动物疫情事件，其他严重影响公众健康和生命安全事件等；社会安全事件：包括恐怖袭击事件，重大刑事案件事件，粮食供给事件，能源资源供给事件，金融突发公共事件，社会群体性事件，涉外突发公共事件，网络与信息安全事件等。

当然，对于突发公共事件的各种分类，并不是截然对立的。不同分类结果也没有绝对的界限，而且有些分类还是可以相容的。不同事件在特定的情况下，甚至可能会向另一种类型的事件转化。例如，有些突发公共事件不能简单地说是由于纯粹的自然原因或纯粹的人为原因引发，在某些特定环境中可能是自然因素和人为因素共同作用的结果，其诱发因素往往是综合性的。又如一些有毒物质的泄漏等技术灾害，也可能导致环境污染或生态破坏，而对某些自然灾害应急救援处理绩效的低下也可能引发社会安全事件。

总而言之，上述各种分类方法都按照一定的标准、从一定的层面对突发公共事件进行了区分和归类，其目的都是通过分析突发公共事件的发生、运行和破坏机理，从而更好地研究和设计合理的应急救援体系，达到突发公共事件应急救援的最终目的。

(3)突发公共事件的特性

当今社会突发公共事件形态各异，但纵观各种突发公共事件，多半具有突然爆发、原因复杂、发展迅速、危害严重、影响广泛等特点。具体而言，突发公共事件有以下几个方面的特性[9]。

● 突然性。公共事件的形成通常有一个由量变到质变的萌生、形成和发展的过程，使人们可以自如地了解、掌握、处理事件。突发性是突发公共事件最为明显的特性。突发公共事件的突发性，是指事件发生时间的随机选择性、偶发性和不确定性。各类突发公共事件的发生时间、地点、规模、影响范围和破坏程度一般都超出人们的常规思维和承载能力。突发公共事件的突发性使得人们在心理准备、应急措施采取等方面猝不及防，一时陷入困境。突发公共事件由量变到质变的过程很快，具有非常明显的突发性特点。因此，对于突发公共事件发生时间、地点以及原因、发展程度、发展趋势等情况，人们都难以准确把握。而突发公共事件的突发性要求人们在极为有限的时间内立即做出正确的、合理的、有效的应急反应，因此对应急救援过程提出了很高的要求。

● 多发性。突发公共事件的多发性,包括事件种类的多发性、事件的再现性和事件的并发性等。种类的多发性指的是各类突发公共事件都有发生的可能,既包括自然灾害,也包括社会事件;既有自然原因引发的事件,也有人为因素引发的事件。事件的再现性指的是某类突发公共事件发生后,该种类型事件的发生不会受人们对该类事件应对绩效的影响,也就是说在未来的某一时刻、某一区域或某种程度上,该类突发公共事件依然会重现;事件的并发性,指的是某一类型的突发公共事件发生后,可能引发其他次生破坏性事件,而该次生事件的破坏性影响较之于前者甚至可能更为严重。正是因为突发公共事件多发性的存在,使得突发公共事件应急救援体系建设成为必要。

● 频发性。突发公共事件的频发性,主要是从其发生频率、时间跨度来考量的。一方面,频发性是指突发公共事件在现实条件下的发生概率趋向逐渐增大的特点;另一方面,频发性也包括了各类不同突发公共事件、各次相类似突发公共事件发生的时间间隔日益缩短的特征。

● 灾难性。突发公共事件具有一般意义上的破坏性,其已经或可能带来对社会秩序、生产生活状态和公众生命质量、财产安全和生存环境的危害性影响。任何一起突发公共事件发生,都会造成一定范围内人的生命、健康或财产方面的损失,这就是突发公共事件的灾难性。根据突发公共事件的类型、发生时间、发生区域、影响范围等时空因素,其造成的后果往往具有破坏的广泛性和破坏的持久性。与一般和较大事件的影响相比,突发公共事件所造成的人员死亡和财产损失都十分巨大,或造成的社会影响、环境破坏都要严重得多。对于自然巨灾或巨灾型事故灾害来讲,其具有明确的较大死亡人数和严重的直接经济损失数等定量特征;对于公共卫生事件或社会安全事件来讲,其也具有破坏程度高、波及区域广、社会影响恶劣等定性特征。所以,突发公共事件具有明显的灾难性特点。

● 不确定性。突发公共事件在发生时间、地点以及发展过程、趋势等方面都具有不确定性。突发公共事件爆发后会受到很多偶然因素的影响,很多后续的发展难以预测。由于突发公共事件具有太多不确定的发展因素,使得应急救援的应对措施需要依靠非程序化决策。

● 复杂性。造成突发公共事件的原因相当复杂,有自然因素造成的,也有人为因素造成的,还有二者叠加共同造成的,其产生的后果和影响也是复杂的。突发公共事件影响的地域往往比较广,种种连锁反应带来的影响会使突发公共事件变得更加复杂。

● 社会公共性。每一起突发公共事件都有其受众,或者说是承灾体。从事件影响范围的大小,或者说承灾体范围的大小来看,受到突发公共事件影响的主体是广大公众,即普通公众是突发公共事件的承灾体。所以突发公共事件从其实质上来讲,具有社会公共性特征。当然从已经发生的各类突发公共事件来看,并非每一起突发公共事件发生之后,其直接破坏或影响就一定在较大范围的公众中产生,但其所造成的公共损失,引发的社会关注程度、公众心理变化以及公众生产生活秩序的变化一定是社会公共领域。

● 应急救援的政府性与多主体性。突发公共事件的突发性强、破坏性大、影响严重,因此需要大规模的应急救援行动。与一般事件不同,突发公共事件应急救援需要国家层面的应急救援行动,需要中央政府和地方政府的共同领导、指挥和协调,才能达到快速、高效应对的目的,取得良好的效果;反之,就会因为人力、物资、技术、信息等资源的不足和运行不畅导致效率的低下、甚至事态的加剧。再者,由于突发公共事件影响程度高、破坏范围大,其对于应急救援参与主体数量的要求也相应扩大,政府、非政府组织、媒体、企业、公众都成为了多主体应急救援的重要成分。因此,从应急救援需求上来讲,突发公共事件的应急救援具有多主体性。

结合上述突发公共事件特性分析,可以将"突发公共事件"分解解释如下[9]。

- 时间选择分析,"突发"是指事件的偶发性、随机性和不可预测性。
- 影响范围分析,"公共事件"指的是事件的涉及范围或者承灾体,包括一定区域范围及公众。
- 破坏性分析,指的是事件造成或可能造成的严重破坏,具有社会危害性。

综上所述,绝大多数突发公共事件都难以预防、破坏力巨大、蔓延迅速、波及范围广,并且交织因素复杂,不得当的措施反而会引起连锁反应。能否妥善处置好突发公共事件,最大限度地减少由此产生的损失,是全社会共同的期盼。因此,建立完善的应急救援体系,全力做好应急救援工作,不仅是控制、减轻和消除突发公共事件引起的严重社会危害,最大限度保护人民生命财产安全的最根本、重要的环节,更是对各级政府执政能力和政府形象的直接考验。最大限度地预防突发公共事件,加强应急救援体系建设,提高应急救援能力,已经成为政府的重要战略任务,是其履行社会管理和公共服务职责过程中不可回避的难题。

1.2.2　应急管理

(1)应急管理概念

根据《突发公共事件应对法》,应急管理就是针对突发公共事件所采取的一系列应对活动,包括预防和应急准备、监测和预警,也包括应急处置与救援、事后恢复与建设等。其目的就是为了预防和减少突发公共事件,降低此类事件对社会的危害,保护国家的安全,维护社会秩序,让人民群众生活安稳。针对应急管理定义,根据要素分析可以看出:其对象为各种突发公共事件,可能是人为因素引发的,也可能是自然因素引发的,还可能是技术因素引发的。其主要内容为针对突发公共事件所做的准备、响应、恢复和减缓行为,本质目的是最大限度减少此类事件所带来的损失,并整合此方面的经验。因此,应急管理主要是指将政府、企业单位和第三方机构的力量相结合,实现对各类突发公共事件的准备、预警、响应、恢复等活动。

在理解应急管理概念的过程中值得注意的是以下几个方面[10]:第一,应急管理的过程具有长期且持续的特点;第二,应急管理应该对存在问题进行分析研判,提早找出解决办法,尽可能减少危机情境的不确定性;第三,应急管理始终需要有敏锐的洞察力和前瞻性;第四,应急管理要将掌握应急处置程序等应急常识的宣传教育贯穿全过程;最后,也是十分重要的一点,就是应急管理过程中要注重响应和恢复阶段的演练。

对于政府来说,其职能之一就是积极有效地对突发公共事件进行应急管理,突发公共事件应急管理工作是一项系统工程,政府在应急管理过程中的主要工作可分为减缓、准备、响应、恢复四个阶段[10]。

- 减缓阶段,指政府为了消除突发公共事件出现的机会和减轻事件危害所做的各种预防性工作。有的突发公共事件是可以预防的,有的事件是无法避免的,但可以通过采取措施减缓事件的危害性后果。最为普通的措施就是做好风险评估工作,及早预测可能面临的风险及危害性后果,从而制定和采取相应的预防措施。例如,采取加强建筑物管理,使建筑标准达到防震、防火、防飓风的要求。

● 准备阶段,指政府为了应对潜在突发公共事件所做的各种准备工作,主要有预警监测、科学研究、信息处理、日常管理等准备工作。例如。广泛收集自然和社会环境中突发公共事件的征兆信息,发现并跟踪监测各种隐患发展势态,监测预警,及时对事态做出准确评估;搭建信息平台,为应急管理指挥决策提供信息支撑;组织制定应急预案,组织演练活动。

● 响应阶段,指政府在突发公共事件发生、发展过程中所进行的各种紧急处置工作。当突发公共事件不可避免地发生时,政府的当务之急就是控制事件事态向好的方向发展,尽可能减少人员伤亡和财产损失,安抚公众情绪,保证社会稳定。突发公共事件是不可避免的,一旦发生,政府部门要立即启动预案机制,动用各种社会资源,开展现场处置和施救工作,尽快修复已损毁的公共设施,确保社会的稳定和有序。

● 恢复阶段,指在突发公共事件得到初步控制之后,政府部门所采取的各种措施。其目的就是为了维护正常的社会秩序,把社会秩序恢复到正常状态。突发公共事件带给人们的是恐慌和紧张,当控制住危机态势之后,政府部门要及时进行事件后的恢复重建、有关责任的追究、民众心理慰藉和信心恢复、防止事件复发等工作。

(2)应急管理特点

人类在历史发展过程中积累了丰富的应对突发公共事件的经验,所形成的富有指导价值的理论思考对当前突发公共事件应急管理工作依然具有启示意义。例如,在中国历史上,"未雨绸缪、居安思危、有备无患等"理念都是中国历代减灾防灾经验的体现。应急管理的理念自古就存在,但应急管理作为一门专门的科学研究,是现代社会的产物,这也体现在应急管理所具有的特点上,主要体现在以下几个方面[10]。

● 全程性。传统应急管理是滞后的管理,在灾害等突发公共事件发生前政府是没有行动的,直到事件发生后才会有所反应,而现代应急管理则是在现代应急管理思想指导下的全过程管理。

● 综合性。现代应急管理是一种系统管理,在应对突发公共事件综合性、复杂性的特征时,通常需要一个部门牵头,多部门协同应对,建立综合统一的应急管理体制,形成协同有效的工作机制,有效整合应急管理资源。

● 局限性。突发公共事件的发生具有不确定性,需要在极短时间内指挥协调并做出决策。管理者往往处于紧张急迫的状态,信息掌握不充分,难以全面考虑,加之物资保障难以满足,同时社会公众往往处于恐慌之中,因此管理效果可能存在局限性。

● 时间紧迫性。应急管理相对于一般管理来说,其应急管理具有明显的时间紧迫性,需要迅速做出正确决策。突发公共事件爆发时对于管理者及社会公众而言往往具有信息掌握不充分的情况,尤其在突发公共事件发展的最初阶段无法进行客观全面的了解分析,在管理中面临很多不确定性。应急管理的应对常常是非程序性的,无章可循,因此就更需要灵活应变,根据事件的具体情况及事态发展趋势做出不断管理调整。

（3）应急管理的原则性

应急管理具有如下原则性[10]。

● 目标广泛性原则。应急管理体系建设是以社会的安全、有序和稳定为重要目标，发展重点在于保证经济、政治、社会等体系的稳定，从而为公共财产和人民利益提供保障。要将"人民至上、生命至上"作为应急管理的核心思想，保障人民的利益不受到侵害，维护人民群众的生命和财产安全，以全社会为对象加强应急管理。

● 综合协调性原则。机构改革后，应急管理部整合了之前分散的应急管理职能。这一改革不仅使我国应急管理体系建设具备了专门的领导部门，更为全国应急资源和权责的整合与更新完善提供了可持续性优化保障，为形成中国特色应急管理体系提供了强有力的支撑。要充分保障应急管理部门的总体指导作用，让应急管理部门在综合协调中扮演更为重要的角色，同时也要协同相关部门发挥其专业性作用。

● 全面系统性原则。我国应急管理事业强调综合能力建设，不仅要求培养高质量的党政领导班子，还要建设高标准、专业化的应急管理队伍等。此外，应急管理工作内容全面系统，涉及风险、政策、制度、标准、技术、能力建设等多个深层次问题，要强调事后经验教训和事前风险防范的互相结合，促使应急管理工作呈现全面系统化发展趋势。

● 主体多样性原则。我国应急管理的治理格局具有共建、共治、共享的基本特性，在应急管理工作开展过程中，政府是应急管理工作的主心骨，同时辅以志愿者、企事业单位的协助，共同推动应急管理社会治理网络的形成，保证多方力量各居其位，实现应急管理工作的高效运转。此外，为了充分保障多方力量的有效参与，实现政府、企业、组织、个人之间的协商交流，要建立多元主体的互动机制，在跨部门、跨区域之间形成主体合力，维护良性长久的合作。

● 客体复杂性原则。突发公共事件直接作用的对象主要有人、物、系统（人和物以及其功能一起构成的社会经济运行系统）三个方面。由于作用对象的多样性和复杂性，以及系统的愈加庞大、复杂，各个系统之间的关联度越来越高，再加上不同系统的相互影响和转换，使得突发公共事件呈现不稳定性和耦合性，导致突发公共事件越来越具有复杂性。

1.2.3 应急管理能力

（1）应急管理能力概念

应急管理能力，顾名思义就是应对紧急事务的管理能力，是政府效能和社会文明的标志。国外使用更多的是"紧急事务管理"，它是应用科学、技术计划和管理等手段，应对造成大量人员伤亡、严重财产损失以及社会生活破坏等突发公共事件的一门学科和职业。我国经常使用的应急能力或者灾害应急管理能力与紧急事务管理的概念基本等同，目前对突发公共事件应急管理能力还没有形成统一概念[11]。

综合学者意见，本书认为突发公共事件应急管理能力是指：政府在应对突发公共事件时，以人民利益为宗旨，以法律制度为依据，能够高效有序地开展应急行动，通过对组织体制、应急预案、灾情速报、指挥技术、资源保障、社会动员等方面的综合运用，力求在较短时间内使突发性公共事件所造成的人员伤亡和财产损失达到最小，社会所造成的负面影响降到最低，保证社会生活稳定运行和连续的一种综合应急处理能力。其中，"高效"讲究的是快速和效率,"有序"则强调按照预先设定的程序指挥、决策和部署,"综合"是指整合全社会资源,动员方方面面的力量。同时,应急管理能力还应本着"适度投入"的原则,不宜超越当地的经济社会发展能力。

(2)应急管理能力影响因素

突发公共事件应急管理能力的影响因素包括[11]:

1)内部因素

● 应急管理者的知识、能力和素质。作为应急管理者,要努力增强危机预见性,提高自己的政策水平和法律意识,了解公共事件常识,掌握突发公共事件的有关知识,善于借鉴外地成功经验,积累应对复杂局面的知识、技能和经验,增强和掌握防范应对突发公共事件的本领。

● 强有力的决策中枢。应急管理要求决策者有很强的决断力,因此决策层中领导人的决断力是最重要的。决策中枢所拥有的权力及资源,也是处理危机的重要资源,其能否在最短时间内调度所有社会资源解决突发公共事件是衡量应急管理有效的一个关键因素。

● 信息收集、传递与分析水平。突发公共事件中只有在占据充分信息的基础上,参与者才可能做出正确的决定。

● 应急管理体系权责明确。权责是否明晰是应急管理过程中能否做到统一指挥、有效动员、通力合作、成功抗击的关键。

2)外部因素

● 经济因素。党的十六大明确指出经济发展是社会主义初级阶段最大的根本任务,坚持以经济建设为中心,全面推进现代化建设,是当前最大的政治,是维护社会政治稳定的硬道理。只有具备雄厚的经济基础,完善的社会保障体系和科研能力,才能够在突发公共事件来临之时,调动人力、物力、财力等一切可以利用的资源应对突发公共事件。反之,有一方面不足,政府在应急处理过程中就会显得力不从心。

● 社会成熟度。社会成熟度就是公众的危机忧患意识。从整体上看,我们的社会成熟度偏低,面对死亡率并不高的危机意识的缺位造成了高度恐惧和紧张无助的现象。因此,提高社会成熟度,增强危机意识,有助于减少人们面临突发公共事件时的心理脆弱性,增加战胜突发公共事件的信心,提高抵御风险能力。

● 危机情境。突发公共事件诱因的多样性、复杂性以及势态变化的不确定性,决定了突发公共事件管理的权变性,也就意味着应对突发公共事件的策略、方式和手段等要随着危机态势的变化而改变。

● 传媒。媒体的态度与声音影响着政府在应急管理中能否有效控制社会秩序、防止突发公共事件升级和避免不必要的恐慌。

(3)应急管理能力种类

突发公共事件应急管理能力的包括[11]:

1)应急管理决策能力

科学决策能力是提升政府应急管理能力的关键能力。越早响应、越早决策、越早采取对策,对于防范突发公共事件具有极其重要意义。特别在突发公共卫生事件中,有效的决策能先行一步降低疾病传播的风险,保障人民群众的生命和健康安全。决策需要信息作为支持,更需要技术提供保障。需充分运用大数据、人工智能、云计算、物联网等信息技术为支撑,有助于在应对突发公共事件过程中,提升政府科学决策和精准防控能力。尤其是政府科学决策需要运用大数据技术作为技术支撑,科学预测突发公共事件演化走势。大数据能动态监测安全人数、伤亡人数、事件发生发展态势,判断当前突发公共事件处于何种阶段,何时才能迎来拐点。基于大数据技术通过数据挖掘,可有效探析数据背后演化规律,进而对突发公共事件发生、发展态势进行分析与把握,为政府决策制定与实施提供科学参考。

2)社会应急力量参与能力

党的十九届五中全会强调建设人人有责、人人尽责、人人享有的社会治理共同体。在国家治理环境下,突发公共事件也是社会治理重要内容。要坚持政府政策引导和社会行动之间的协同,通过多种措施积极动员一切社会应急力量,形成应对突发公共事件的整体合力。首先,加强"韧性社区"建设。社区是人们生活的基本单元,以社区多元治理主体共同行动为基础,在党委与政府政策支持与引导下,整合与链接社区内外资源,发挥有效抵御灾害与风险,并从有害影响中恢复,保持可持续发展的能动社区。重视社区的作用,在国家层面推动"韧性社区"建设。发挥社区动员能力,鼓励社区居民参与应对突发公共事件,加入应急管理过程,以自救互救、志愿服务、爱心捐助、运送生活物资等方式,在社会层面形成应对突发公共事件的良好氛围;其次,激发企事业单位、社会组织、志愿者社会救援力量。发挥其在紧急救援、心理救援、运送物资等方面的治理主体作用。在应对突发公共事件时,仅依靠政府力量难以有效应对突发公共事件,企事业单位、社会组织可以作为重要辅助力量参与社会救援。同时,政府应为志愿者和组织参与突发公共事件治理建构顺畅、宽广的参与平台,以实现多元主体参与突发公共事件的协同联动格局。

3)社会资源快速调配能力

充分的协调和资源配置能力是应对突发公共事件的重要保障。突发公共事件状态下,各地政府应协同联动建立智能边界,使区域内各地方政府边界在必要时管得住,在常态化下能放得开。较强的协调能力能在较短时间内进行资源有效调配,形成良性的协同和配合,避免资源挤兑和浪费。政府对突发公共事件的应急管理过程,本质上是政府权威分配资源,化解危机和维护社会秩序稳定为目标的过程。合理有效配置突发公共事件下各项资源所需是政府资源配置能力的体现。其中,物资储备能力成为重要一环。政府应具备问题处置的前瞻性,健全各地应急物资保障体系,以备突发公共事件下能迅速反应、分秒必争,有效保障群众的生命安全和身体健康,在速度和效率上体现出担当。首先,政府要做好应急资源储备和常态化清点更新,面对突发公共事件,快速摸排各地资源需求状况;其次,建立全国范围跨城市的资源调拨机制,评估物资生产企业产能和各地库存,建立跨地区、跨部门资源协同合作机制,实现应急资源的合作和跨地区精准化调配,并打好提前量向其他地区提出物资和救援人员支持请求;最后,制定科学合理的资源分配管理办法。政府根据需求紧急程度实行按需分配管制政策,严格打击囤积居奇等不法行为,并加大教育宣传,公开资源储备和调拨情况,避免公众恐慌情绪。

4）应急处置工作质效能力

一切应对危机和处置危机效果来自于高效的执行力,只有高效执行才能有效应对突发公共事件。化解突发公共事件危机的责任主体是政府,应急响应及处置能力反映政府决策层对突发公共事件的重视程度和执行力。在突发公共事件的预警与准备阶段,政府只有越早响应,并掌握主动权,及时采取行动和救援措施,才能有效降低突发公共事件带来的灾害风险。如何提升政府应急响应能力?首先,要完善突发公共事件信息报告制度及网络报送体系。政府部门需拓展突发公共事件信息收集渠道,时刻关注可能演变为重大突发公共事件的潜在风险,及时、准确上报信息,及时掌握突发公共事件动态和发展趋势。其次,科学评估突发公共事件带来的风险。需建立有效的评估指标体系,并根据社会经济及突发公共事件演变情况动态调整,保证在第一时间做出正确决策和应对措施。最后,提前制定突发公共事件专项应急预案,建立事件驱动型的应急预案启动流程,避免人为的延缓响应时间,最大限度减少突发公共事件带来的损失。

5）正确舆论社会引导能力

利用各类信息渠道传播能力,减少公众与政府之间信息不对称,提升政府的信息透明度和公信力,以正确引导社会舆论,凝聚社会共识。这也是有效保证政府协调力和动员力的前提。首先,完善政府突发公共事件信息传播能力和运行机制。主动、及时、准确向社会公布突发公共事件信息,有助于公众充分认知突发公共事件即将带来的风险。在突发公共事件初期预先做好预防、搬迁等措施,避免突发公共事件造成社会恐慌。政府需建立统一的信息公开平台,其他媒体转载提供与该平台接口,不授权发布,以保障信息统一、公开和权威性。其次,建立网络信息化时代的传播控制机制。政府在治理谣言过程中应避免网络言论“一刀切”现象。可以通过建立信息传播的豁免机制,即允许公众通过网络合理、合法表达观点和诉求,政府应及时给予正面回应以增强公众信心与政府公信力。最后,提升突发公共事件舆论宣传能力。新闻媒体需科学宣传应对突发公共事件知识,提升公众应对能力。

1.2.4　应急救援

从字面上理解,“应急救援”是指面向单一自然灾害、事故灾难、公共卫生事件、社会安全事件,针对可能或正在危及生命、财产安全,造成环境破坏等的突发公共事件所进行的应急救援行为。应急救援是在正常的生产、生活秩序和状态被打破的同时,开展的主要针对公众的生命健康所进行的社会性紧急救助行动。应急救援是在政府组织下,通过动员全社会救援力量,对受伤人员和处于危险情景的人员开展的紧急救援行动,以及对公共财产的抢救,以实现最大程度减少公众伤亡和社会财产损失目的的过程。面向突发公共事件的应急救援,不仅是突发公共事件全过程管理的重要环节,更是国家机构重要的职能之一[12]。

在国外的突发公共事件应急救援的理论研究和实际运用中,“突发公共事件搜索与救援”使用较普遍。在我国,学术界和政府较多提及的是“突发公共事件应急救援”。其实二者的核心内容是一致的,都是指针对可能或正在危及公众生命财产、公共设施等的突发公共事件所开展的包括救人、医疗、运输、物资补给等多方面的紧急救助行动。为完成突发公共事件应急救援工作,必须在有序的领导、指挥与组织下,按照规范的操作程序与运行机制,实现应急救援各项工作所需的各种人力资源、物资资源、制度资源和保障机制在内所有构成要素的高效运转。因此,应急救援体系就是包括这些因素在内的一个有机整体。

突发公共事件应急救援体系是一个庞大的系统,由一系列子系统有机组合而成。该体系主要包括应急救援组织机构系统、资源配置系统、医疗救助系统、救援队伍系统、后勤保障系统、法律支持系统和信息服务系统等构成要件。根据各个子系统的自身构成及其各自运行机制,可以对应急救援体系进行如下定义:在科学规划的基础上,统一、合理利用全社会各种资源,实现决策优化,采取有效措施及时抢救生命与财产,实现突发公共事件破坏性影响最小化的完整系统(或组织构架与运行机制)[12]。

1.3　综合应急救援概念辨析

1.3.1　综合应急救援概念

综合应急救援是相对于应急救援概念提出的,它有这几方面的含义:其一,面对的是综合性突发公共事件。当一个突发公共事件发生时,往往会带来次生、衍生、耦合等各种其他突发公共事件发生,此时演变成综合性的突发公共事件,该事件带来的灾害是综合性的。其二,面对的是综合性的应急救援。面向突发公共事件,都有针对自然灾害、事故灾难、公共卫生事件、社会安全事件的单一专业应急救援,即自然灾害应急救援、事故灾难应急救援、公共卫生事件应急救援、社会安全事件应急救援等,但它们都不能解决综合性的突发公共事件时的应急救援活动,需要实施综合性的应急救援活动。其三,需要多种单一的突发公共事件应急救援集成。要将单一的自然灾害应急救援、事故灾难应急救援、公共卫生事件应急救援、社会安全事件应急救援等集成起来,解决面向综合性的突发公共事件的综合性应急救援问题。

因此,从字面上理解,"综合应急救援"是指面向自然灾害、事故灾难、公共卫生事件、社会安全事件等原生、次生、衍生、耦合的综合性的突发公共事件,针对可能或正在危及生命、财产安全,造成环境破坏等的综合性突发公共事件所进行的应急救援处置行为。

由此可知,综合应急救援是指通过事前周全计划和应急措施,充分利用一切可能的联动力量和资源,灵活下达指令,在多种突发公共事件发生后迅速控制灾害发展并尽快排除灾害,保护现场人员和场外人员的安全,将灾害人员、财产、环境造成的损失等降低至最低程度,并通过预定手段迅速稳定民心、恢复生活和生产秩序的综合完整体系[13]。

综合应急救援的基本原则是预防为主、统一指挥,在面对可能发生或已经发生的多种突发公共事件时,要单位自救和社会救援相结合,抢救现场受害人员、组织附近群众撤离,控制好灾害现场的危险源,消除危害后果,减少灾害的生命财产损失,提高政府公共服务的能力,保障社会安全发展。

综合应急救援的宗旨是指在发生多种突发公共事件以后,由有具有应对技能的专业组织和专业人员,对灾害的相关受影响地区进行紧急救助,以控制事态的发展,最大限度减少灾害所造成的后果及影响,将受灾损失降到最低。这种行为是依靠专业的组织,依托科学的救援方法,由职业从事这项工作的专业人员完成的极其复杂的一项工作。由此可知,综合应急救援的基本任务是快速组织救援、确保人身安全、控制事态发展、实时监测现场、检测确定危害性质、做好维护工作、进行现场恢复、进行事件原因调查。突发公共事件得到控制后,应想尽一切办法减少损失,分析灾难后果,做出有针对性的方案,快速远离危机影响。

综合应急救援是近年来在全球灾害频发的情况下逐步形成的一种综合性的概念,它是灾害学、管理学、心理学等各类学科的现实应用,是一个集成的体系,包括应对灾难一切应急救援工作的总和[13]。综合应急救援涉及社会方方面面的实践,实施综合应急救援的过程需要应用到许多学科的专业理论和技术,只有将这些知识应用到应急救援的实践中,才能更好地提升应急救援能力。因此,作为一个很多学科交叉的实际应用,综合应急救援需要来自各行各业、不同领域的人员共同参与,这就要求综合应急救援活动不能只由政府担当,它更多地需要政府发挥统筹和组织作用,发动各领域的专业力量进行集成应急救援。此外,综合应急救援还具有明显的紧急性、多样性和复杂性,它不能只由单一方式简单应对,更需要具有能及时反应,对不同灾害能有针对性地随机应变的应急救援体制。

1.3.2　综合应急救援目标

综合应急救援的总目标是通过有效的综合应急救援行动,尽可能地降低综合性突发公共事件灾害带来的后果,包括人员伤亡、财产损失和环境破坏等。因此,综合应急救援的总目标包括下述几个方面[13]。

● 立即组织营救受害人员,组织撤离或者采取其他措施保护危害区域内的其他人员。抢救受害人员是综合应急救援的首要任务,在综合应急救援行动中,快速、有序、有效地实施现场急救与安全转送伤员是降低伤亡率,减少事故损失的关键。由于综合性突发公共事件发生突然、扩散迅速、涉及范围广、危害巨大,应及时指导和组织群众采取各种措施进行自身防护,必要时迅速撤离危险区域或可能受到危害的区域。在撤离过程中,应积极组织群众开展自救和互救工作。

● 迅速控制事态,并对综合性突发公共事件造成的危害进行检测、监测,测定事件的危害区域、危害性质及危害程度。及时控制住造成事件的危险源是综合应急救援工作的重要任务,只有及时地控制住危险源,防止事件的继续扩展,才能及时有效进行综合应急救援。特别对发生在城市或人口稠密地区的事件,应尽快及时控制突发公共事件继续扩展。

● 消除危害后果,做好现场恢复。针对综合性突发公共事件对人体、动植物、土壤、空气等造成的现实危害和可能的危害,迅速采取封闭、隔离、洗消、监测等措施,防止对人的继续危害和对环境的污染。及时清理废墟和恢复基本设施,将灾害现场恢复至相对稳定的基本状态。

● 查清灾害原因,评估危害程度。综合性突发公共事件发生后应及时调查事件发生的原因和事故性质,评估出事件的危害范围和危险程度,查明人员伤亡情况,做好事件调查。

1.3.3　综合应急救援特点

突发公共事件发生往往具有发生突然、扩散迅速、危害范围广的特性,因而决定了综合应急救援具有如下特点[13]。

● 综合性。当一个突发公共事件发生时,往往会带来次生、衍生、耦合等各种其他突发公共事件发生,此时是综合性的突发公共事件,该事件带来的灾害是综合性的。此时,针对自然灾害、事故灾难、公共卫生事件、社会安全事件的单一专业应急救援,即自然灾害应急救援、事故灾难应急救援、公共卫生事件应急救援、社会安全事件应急救援等,都不能解决综合性突发公共事件时的应急救援活动,需要实施综合性的应急救援活动。

● 时效应急性。灾害特别是重大灾害往往事发突然、来势凶猛、猝不及防,对灾害综合应急救援的时效性要求非常高,必须迅速集中人力物力,力求在事发最短时间内展开最为有效的综合应急救援。具体包括:一是迅速,就是要求建立快速的应急救援响应机制,能迅速准确地传递灾害信息,迅速地召集所需的应急救援力量和设备、物资等资源,迅速建立统一综合应急救援指挥与协调系统,开展应急救援活动;二是准确,要求有相应的综合应急救援决策机制,能基于灾害的规模、性质、特点、现场环境等信息,正确地预测灾害的发展趋势,准确地对应急救援行动和战术进行决策;三是有效,主要指综合应急救援行动的有效性,很大程度上取决于应急准备的充分性与否,包括应急救援队伍的建设与训练,应急救援设备(设施)、物资的配备与维护,应急救援预案的制定与落实以及有效的外部增援机制等。

● 力量多元化。参与综合应急救援的现场施救机构较多,建制关系复杂、任务地域分散,既有专业队伍,也有临时抽组的;既有军队力量,也有地方的;既有军队卫勤机构,也有作战部队。就医疗卫生力量而言,也有来自军地不同的单位和机构。因此,存在着一个综合应急救援指挥协调的问题,以确保统一思路方案,及时调整部署。

● 任务复杂化。灾害本身被视为“低概率、高风险”,但常常带来波及多人、多处的群体性伤害,具有公共属性,且综合应急救援任务也呈阶段性变化,控制不好极易导致混乱和冲突失控。与此同时,医疗机构也面临着医疗救护、卫生防疫、心理服务、援建帮带等不同阶段的任务变化。要求在医疗救治中认真贯彻“救命减残”的医疗原则,积极抢救危重伤员生命,考虑减少伤残,同时根据形势任务的变化调整工作重点。

● 环境不确定性。由于灾害事件影响因素与演变规律的不确定性和不可预见的多变性,不同的灾情往往造成不同的环境破坏,灾害发生地的环境较为特殊,灾后的气候、地理环境也变化无常,次生灾害较多,环境非常恶劣,如地震灾害发生后,常常伴有余震不断、火灾、暴雨、泥石流、滑坡等,台风灾害发生后,常常伴有海啸、洪涝、泥石流、滑坡等次生灾害。在通讯受阻、信息不畅、断水断电的情况下,应急救援人员也需要克服巨大的生活和工作压力开展救援活动。

● 保障多样化。力量的多元化、环境的复杂性决定保障任务的多样性,一次成功的综合应急救援,往往需要建制保障与区域保障、伴随保障与定点保障、逐级保障与越级保障、通用保障与特殊保障等多种方式和手段相结合。由于长时间、高负荷地持续执行应急救援任务,救援人员长时间处于高度紧张的状态,日益导致身体抵抗力下降,容易发生感染性疾病及心理机体应激综合征。要求综合应急救援机构在灾害救援的同时重视自身保障,确保必要的食物、药品供应特别是特异性药材补给。

● 政府主导和社会参与相结合。在对突发公共事件中的综合应急救援过程中,政府的主导作用无可代替。因为政府作为社会的管理者,掌握着大量的行政资源和各种丰富的社会资源,具有管理社会的合法性和权威性,组织结构完整严密。面对突发的复杂公共事件,其动员社会的力量之大,是其他非政府组织和个人无可替代的。同时,由于突发公共事件的复杂性广泛性,还需要广泛动员社会力量参加,这样才能更好地对突发公共事件人员等进行救援。

● 统一指挥放在首位。由于参与应急救援的人员和力量来自各个领域,包括交通、通信、消防、信息、搜救、食品、公共设施、公众救护、物资支持、医疗服务和政府其他部门的人员,因此综合应急救援中的统一指挥特别关键。由于重大公共事件发生的必然规律性和对其控制管理的紧急性,迫使政府在处置应对时,必须协调统一各个职权部门的运作,以便使政府不同职能部门的权责清晰化和社会丰富的资源得到统筹利用,使其整体功能得到最大释放,最大限度地减少事故与灾害损失。

● 把抢救生命减少财产损失作为首要任务。综合应急救援作为应急管理工作至关重要的一点,就是发挥它应急迅速的优势,争取在黄金时间内完成自己的使命,因此,必须把在黄金时间内抢救生命和财产作为应急救援的基本前提。当然,除此之外,还应该尽可能地保障国家和集体的公共财产安全,把损失减到最少。同时,对参与突发公共事件应急救援人员的生命安全,也要提供全方位的保护,避免发生二次伤害。

1.3.4 综合应急救援能力

综合应急救援能力目前尚未产生统一的学术上的定义。但从综合应急救援界定的概念和定义,人们普遍认为:当综合性的突发公共事件发生后,所应对的主体是否能够顺利、科学、快速、有效地完成综合应急救援任务,称其为综合应急救援能力。在我国2007年颁布的突发情况处理办法中给出的概念指的是"紧急采取的以应对突然发生的自然灾害、事故灾难、公共卫生事件、社会安全事件等次生、衍生、耦合而成的综合性灾害的综合处置措施水平称为综合应急救援能力[13]"。

因此,综合应急救援能力是一种综合应急救援实力,由多个方面共同决定,既有主观因素也有客观现实。其中主观因素包括综合性的应急救援组织结构健全和资源保障,资源保障又分为综合性的应急救援的人力、物力和财政保障。综合应急救援能力的核心要素在于综合、高效、迅速以及科学。其中,综合体现在准备、响应、处置、保障和善后等过程的综合实施,高效取决于资源上的保障尤其是人力、物力和财力的保障,迅速由科学的预警、联动机制决定,科学则由系统的培训学习和长期有效的实战演练来保证。

第2章 国内外研究现状综述

2.1 应急管理理论综述

2.1.1 应急管理系统工程理论

根据系统论创始人贝塔朗菲的定义,系统是"相互作用的诸要素的复合体",或是"处于一定相互联系中、与环境发生关系的各个组成部分的整体"。系统科学理论告诉我们要从事物的总体与全局上、从要素的联系与结合上研究事物的运动与发展,找出规律、建立秩序,进而实现优化。系统工程理论强调从系统整体、动态等观点出发,如实地把研究对象视为完整的有机体和开放的复杂巨系统,把定性和定量结合起来分析和处理问题,从而为现代科学技术的研究提供了一套崭新的方法论原则和程序。系统工程的主要理论基础由控制论、运筹学、一般系统论、大系统理论、经济控制论等学科相互渗透、交叉发展而形成[14]。

20 世纪上半叶,系统科学开始作为一门现代的学科出现,特别是在运筹学、信息论、控制论等理论出现后,系统工程理论得到了较为迅速的发展。20 世纪后半叶,系统工程方法在大规模科学技术工程上得到了成功的应用与实践[15]。因此,系统工程是一门处于发展阶段以研究大规模复杂系统为对象的一门交叉学科,把自然科学和社会科学的某些思想、理论、方法、策略和手段等根据总体协调的需要,有机地联系起来,把人们的生产、科研或经济活动有效地组织起来,应用定量分析和定性分析相结合的方法和计算机等技术工具,对系统的构成要素、组成结构、信息交换和反馈控制等功能进行分析、设计、制造和服务,从而达到最优设计、最优控制和最优管理,以便最充分地发挥人力、物力的潜力,通过各种组织管理技术,使局部和整体之间的关系协调配合,以实现系统的综合最优化。系统工程也是一门组织管理的技术,它不仅能够成功应用于工程系统,也适用于社会系统[16]。但是,社会系统与工程系统有着本质的区别,那就是社会系统是有成千上万个高度复杂的人参与的开放复杂巨系统。可以说,工程系统工程到社会系统工程的发展过程是对开放的复杂巨系统问题的认知水平由初级到高级的提升过程。

进入 21 世纪,地震、海啸等各类重大自然灾害频繁爆发,事故灾难、公共卫生事件与社会安全事件等突发公共事件层出不穷。如何做到未雨绸缪,正确有效地应对各种频发的各类非常规突发公共事件,已成为各级政府和企事业单位等迫切需要解决的最主要问题之一。在此背景下,对突发公共事件应急管理的理论、方法、模型、技术及其应用展开深入的研究显得十分必要。然而,在特殊约束条件下,传统的应急管理方法难以有效应对,这使突发公共事件的应急管理经常陷于被动应付的怪圈,必须引进系统工程理论解决这个问题。一方面,突发公共事件是一个典型的复杂系统,系统工程的理论方法与技术将在突发公共事件应急管理中显示出独特的优势;另一方面,鉴于其非常规特性,突发公共事件的应急管理必须有自己的"系统工程"[17]。当前,突发公共事件及其应急管理研究工作,在国内外尚处于发展阶段,在很多方面还需要进一步完善与提升。对此,从系统科学与系统工程的角度出发,构建突发公共事件系统工程与应急管理系统工程的理论体系、方法体系与技术体系等,能有效推动突发公共事件系统工程与应急管理系统工程研究与发展,具有重要理论与应用研究价值[18]。

应急管理是针对自然灾害、事故灾难、公共卫生事件和社会安全事件等各类突发公共事件,从预防与应急准备、监测与预警、应急处置与救援、恢复与重建等全方位、全过程的管理。由于突发公共事件的不确定性、复杂性、高变异性、紧迫性、关联性和当代信息网络的快速发展,应急管理成为一项复杂、开放、巨大的系统工程[19]。国家应急管理体系作为国家治理体系中的关键环节,是一项复杂的社会系统工程,涉及跨部门、跨层级、跨领域,融合了多目标、多主体、多需求的组织管理。关键是要解决国家应急管理系统建设所面临的管理问题,需要从全局的视角出发,对应急管理系统涉及的各个方面、各个层次、各种因素进行统筹设计[20]。因此,系统工程的理论方法与实践能够为我国提升应急管理体系和治理能力现代化提供一些启示,运用系统工程理论方法能有效提升国家应急管理能力[21]。

近年来,随着机构改革的推进,我国组建了应急管理部,将相关部委的各类应急事件职能管理部门进行整合,在一定程度上解决了跨主体的联动问题,但是灾害的预防、准备和恢复工作还在原来的条块职能部门中,应使用系统工程的理论方法进一步加强应急体系顶层设计与系统谋划。将应急管理工作作为"系统工程"来实施,树立"大应急"观念,即建立涵盖灾害、生产、安全、基建、营销、农电、信息、经营、交通、消防和信访等各方面的综合应急管理体系,建立"统一领导、综合协调、专业管理、分级负责"的应急管理体系,组织协调应急管理体系内部各要素的活动,实现系统整体目标的最优化[22]。

2.1.2 应急管理复杂巨系统理论

什么是开放的复杂巨系统?按照钱学森的看法,复杂巨系统就是指"由相互作用和相互依赖的若干组成部分结合而成的具有特定功能的有机整体[23]",而且这个系统本身又是它所属的一个更大系统的组成部分。因此,开放的复杂巨系统指的是系统本身与系统周围的环境有物质、能量、信息等的交换,因而是"开放的";系统所包含的子系统很多,成千上万,甚至上亿万,所以是"巨系统";巨系统内子系统的种类繁多,有几十、上百、甚至几百种。每个子系统既参与整个系统的行为活动,又受整个系统和环境的影响,形成复杂的相互作用,高度非线性,并且有许多层次结构,各层次结构之间的关系也很复杂,以致有些层次及层次间的关系、结构都还不清楚,所以是"复杂巨系统"[24]。

人们认识问题要从具体事例入手,要从解决一个个开放的复杂巨系统问题开始,建立开放的复杂巨系统理论。通常复杂巨系统具有如下特征[25]：

● 复杂巨系统由若干子系统构成，规模庞大。各个子系统之间联系广泛而紧密，具有网格化的特征。因而，任何一个单元的变动都会引起其他单元的变化，同时也会受到其他单元的影响。

● 复杂巨系统通常表现为非线性，线性系统的迭加原理不适于对复杂巨系统的研究。复杂巨系统的内外部之间关联众多并且错综复杂，因此该系统行为通常表现为多样性，可以是静止的、周期的，混沌的或不稳定的。

● 复杂巨系统具有动态性，不断发展变化，并且系统自身能够对未来的发展变化进行预测。

● 复杂巨系统具有开放性，与环境密切相连，能够与环境产生相互作用和影响，并且能够不断地调整以更好地适应环境的发展变化。

● 复杂巨系统具有非线性特征，同时存在众多的不确定因素和人为因素，因此对于复杂巨系统的认识和掌握通常是不完全的。这是由于基本单元之间的相互作用而产生的，从而导致系统在各种条件下可能存在无序混沌和有序规则的解，进而引发无序与有序之间转化的问题。

复杂巨系统还具有一些通有特点[26]：一是非均匀性。基本单元分布的非均匀性，它们之间相互作用的非均匀性，在时间演化中表现的不可逆性。二是自适应性。由于复杂巨系统的开放性，它必定与周围环境发生作用，从生物学上"适者生存法则自然可以想到系统有能力对外界环境做出正确的反应"，复杂巨系统的这种性质就是自适应性。三是网络性。复杂巨系统在结构上具有网络性，这种网络的构成是由确定和随机两种因素决定。

当今世界，越来越多的复杂现象进入人们的视野，如果我们仍旧停留在原来的理论认识，采用传统的技术和手段处理这些复杂问题时，将会遇到越来越大的困难。为了解决这类难题，20 世纪 80 年代开始，许多学者开始关注复杂性问题，研究解决复杂巨现象的理论、技术和方法[27]。在这样的背景下，"复杂性科学"成为 20 世纪 90 年代世界科学研究的一个热点问题，有很多成果发表在《自然》《科学》等顶级的学术期刊上，说明了其受重视的程度。复杂性科学在 20 世纪曾被誉为"21 世纪的科学"[28]。

应急管理系统涉及众多因素，这些因素又构成错综复杂的相互联系，在这些因素和关系之间很难区分谁主谁次、谁重谁轻。它们之间的机制不是简单的因果关系，而是复杂的交互作用，这些机制的发生还取决于具体的时间、场景等随机条件[29]。应急机制的多因素参与、复杂交互作用、随机决定等特性，使得我们既不能对某一个应急管理结果武断地归因，也不能事先对这样的应急管理效果作断然的事前预测。应急管理体系有中央模式和地方模式，但都是以自组织趋向有序的方式进行系统演化。系统中的个体为适应竞争与合作的需要而经常性地发生组织和自组织，这就使系统的结构和层次越来越丰富。

因此，按照复杂巨系统理论的观点，一个国家或一个地区的应急管理工作都是一个复杂巨系统，涉及跨部门、跨层级、跨领域，融合了多目标、多主体、多需求[30]。它符合一定的原理，也蕴含一定的规律，这是因为[31]：第一，应急管理这个复杂巨系统是具有思维能力的人介入其中的复杂巨系统；第二，应急管理这个复杂巨系统中的某些个体具有随机性、不确定性和非线性，个体之间相互影响、不断进化，系统本身及其组成部分随环境的变化而变化,反之亦然;第三,应急管理这个复杂巨系统具有多层次结构,每个层次的经济利益通常并不一致,需要协调;第四,应急管理这个复杂巨系统组成成分中具有智能,即其组成部分中含有专家的经验、智慧、思维;第五,应急管理这个复杂巨系统具有自组织性、自适应性和动态性。

过去,传统的系统工程方法是能够处理常规的系统问题,但是像应急管理这样一项复杂的社会系统工程,则是一场涉及跨部门、跨层级、跨领域的全民战役,是一个融合了多目标、多主体、多需求的组织管理体系,这种综合应急管理体系本身就是一个"开放的复杂巨系统",其中的公共事件系统、社会系统、经济系统、生态环境系等多个复杂巨系统相互联系和相互作用,复杂程度和难度不是一般的系统可以比拟的[32]。因此,需要寻求一种新的理论体系和方法论——复杂巨系统理论来解决这类应急管理复杂问题。目前,基于复杂巨系统理论的应急管理研究主要体现如下几个方面[33]:

（1）应急机理

应急机理是对突发公共事件发生后应急管理的内在规律性的研究,许多研究者从不同的角度对应急管理机理进行了研究,如资源优化调度方面的应急机理、应急准备体系构成和运作机理、应急管理中的社会资本作用及其机理、突发公共事件与应急管理的一般性和专业性机理等。一些研究触及到了应急管理的复杂性,如指出应急管理是一项复杂的系统工程,需要一个科学合理、协调有力的应急管理体系来保证应急管理的高效、有序地开展。虽然研究者从应急管理的资源优化布局和动态调度、心理应激、动态博弈决策等方面研究了动态应急管理的机理,即触及到了应急管理的复杂适应性机理,但却没有明确提出用应急管理的复杂适应性来应对突发公共事件及其环境的动态复杂性。自然也就缺乏借助复杂巨系统理论,尤其是复杂适应系统理论,从突发公共事件及其环境的动态复杂性出发,来深入研究应急管理的复杂适应性机理。

（2）应急管理体系

根据复杂巨系统理论的基本原理,应急管理体系应该包括组织网络系统、监测预警系统、应急联动系统、善后协调系统、效能评价系统、信息传递系统、应急决策系统、资源保障系统、指挥控制系统、行为反应系统、安全技术系统和紧急救援系统等,这些系统既相互联系又相互影响。它的功能和内容客观上要求整个体系处于开放状态,可以随时与外界进行信息、物质、能量等交换,在突发公共事件中将其资源整合成统一的社会力量,形成一个综合的突发应急管理系统。当突发公共事件发生的时候,它既能产生"灭火器"的作用,也能起到"动员令"的作用。

（3）应急管理体制

传统的应急管理体制是建立在政治动员基础上的平战转换和部门分割型体制,长期缺乏综合性协调机构,不同地区和部门在信息、资源和人力上不能有效共享和整合,不具有很好的适应性,难以应对突发公共事件的动态复杂性。当前学术界对于应急管理体制的研究主要侧重于实践领域的研究。国外研究主要是对应急组织的研究,如有学者把应急组织分为四种类型:Established 型、Expanding 型、Extending 型、Emergent 型。国内部分学者探讨了应急管理机制的组成或结构,有学者指出应急管理体制是一个由横向机构和纵向机构、政府机构和社会组织相结合的复杂巨系统,包括了应急管理的领导指挥机构、专项应急指挥机构以及日常办事机构等不同层次。可见,国内外对应急管理体制的研究还侧重于对应急机构的体系架构和功能构成的研究,还缺乏从复杂巨系统的角度深入研究应急管理体制。

（4）应急信息管理

近年来有的学者将复杂巨系统理论应用于应急信息管理的研究,认为应急信息管理体系就是一个复杂巨系统,它符合一定的原理也蕴涵一定的规律。这个系统具体可由六个子系统构成:预警系统、信息管理系统、决策系统、紧急处理系统、善后协调系统和评估系统。这几个子系统是相互联系,相互影响的。其中预警机制处于起端和重要的位置,它是控制突发公共事件的第一步和最重要的一步,如果我们的监测科学、预警及时准确,就可以把突发公共事件消灭于萌芽状态,而随后的几个系统则可以省去或者变得很容易应对。信息管理系统是重要通道,它传递和反馈信息到各个系统。决策系统、紧急处理系统、善后协调系统和评估系统是传统应急管理中主要的应对体制。

2.1.3 应急管理系统动力学理论

系统动力学为美国麻省理工学院的福瑞斯特教授于 1968 年创立,它起源于控制论,即以反馈控制理论为基础,用反馈回路来描述系统结构的系统分析技术,它不仅能通过分析现实系统的结构,确定各变量之间的因果关系,并能以现实存在的客观现状为前提,借助于对系统实际观测所获得的数据、信息,在计算机上进行动态模拟仿真,从而获得系统未来行为的趋势性描述[34]。

在发展初期,系统动力学被称为"工业动力学",但随着城市的发展、人口的变迁和环境的污染,人们开始对"城市动力学"和"世界动力学"进行研究,于是改名为"系统动力学"[35]。随着计算机技术的发展,国外系统动力学在理论和应用研究两方面都取得了飞跃的发展,达到了更成熟的阶段。在理论研究方面,系统动力学与控制理论、系统科学和突变理论相联系,加强关于耗散结构、结构稳定性分析、灵敏度分析与参数估计以及优化技术应用和专家系统方面的研究。在应用研究方面范围更加广泛,并取得了巨大的成就[36]。20 世纪 80 年代,在美国成立了全世界范围内应用的非营利性国际组织系统动力学协会,致力于系统思考和学习型组织发展的研究。目前,国外在宏观经济、微观经济、社会与人口、生态与环境、科技与教育、医学、生物学及工程技术等领域都有许多系统动力学的研究成果[37]。

突发公共事件在近年来频繁发生,给我们的生存带来了严重威胁,如何系统有效地解决当今面临突发公共事件问题,实现区域经济、社会全面协调可持续的科学发展和自然生态环境的持续良性循环,采取科学合理的突发公共事件应对对策是关键。系统动力学方法是一种定性与定量相结合,以定性分析为先导,定量分析为支持,两者相辅相成,螺旋上升、逐步深化的解决问题的方法[38]。

首先,基于系统工程的思想,对突发公共事件进行定性的系统分析。一方面讨论突发公共事件演化中各因素的相互作用,另一方面分析突发公共事件与次生突发公共事件之间的连锁作用,并分析它们的演化路径;其次,基于定性系统分析中得出各变量及其之间的有机联性,构建突发公共事件演化模型和方程,进行动态仿真分析。因此,系统动力学视突发公共事件演化为一个动态的系统,分析与突发公共事件演化有关的各子系统及其子系统间的相互作用,构建突发公共事件的系统动力学仿真模型,得出一般突发公共事件在不同演化阶段的次生衍生、耦合的关键要素,应用软件建立系统仿真,为突发公共事件的预防、应对措施提供清楚、科学的决策依据[39];第三,突发公共事件的演化机理。突发公共事件的演化是指事件在发生发展过程中性质、类别、级别、物质及化学形式、范围及区域等各种变化过程。机理是指物发生、发展所遵循的内在逻辑规律。突发公共事件的演化机理研究,即是将突发公共事件全部发展阶段看作是一个演化过程,事件爆发后自然、社会系统的相关介质相互作用产生若干次和并行的次生事件,次生事件之间因爆发时间和次序的非同步性导致突发公共事件内部存在着复杂规律,决定每个次生事件的演化状态和趋势[40]。

明确突发公共事件的动态演化机理,有助于我们能及时发现事件发生的源头、发展的动力和演化的模式路径,有利于政府以及相关应急单位在组织应急救援中制定出科学有效的应对措施[41]。突发公共事件在不同的发展阶段具有独特的演化规律,根据突发公共事件的发生过程,将突发公共事件演化机理分为发生机理、扩散机理、演变机理、消亡机理[42]:

● 发生机理。发生机理是指由于不同类型、强度、性质的诱因相互作用而导致事件源发生的内在规律,它反映了事件源爆发前的各种因素相互作用连锁效应的过程。发生机理只是对事件爆发原因规律的描述,能解释事件发生后的发展现象。

● 扩散机理。扩散机理是指因为事件的源头没有得到有效的控制,在事件内部因素和外部因素的作用下引发次生事件,对社会造成更大的破坏或者损失的规律。扩散机理解释了次生事件之间相互作用的结构关系是扩散动力传递的作用,对次生事件演化趋势和方向、速度都有影响。

● 演变机理。演变机理是指在扩散作用影响下,事件在空间范围和烈度方面发生进一步演变的规律,主要包括蔓延、转化、衍生和耦合四种形式。蔓延和转化均是指在一定环境条件下内因作用的结果,蔓延是自身趋势的发展,即事件 A 导致事件 A1、A2 的发生,转化是事件 A 事件是 B 发生的原因;衍生和耦合是事件内外因共同作用的结果,衍生是指前生事件 A 的发生导致了后发事件的发生,但后者并不一定以前者为导引,两者之间存在着一定的偶然性;耦合是指由于事件 A、事件 B 之间相互作用,相互反馈,从而使得两个突发公共事件不断扩大发展。

● 消亡机理。消亡机理是指事件在外部环境影响和人工干预作用下,内部扩散动力逐渐衰退、事件逐渐平息的规律。消亡是发展、演变的后续,当事件在范围和强度上都不再扩大或者增强,也不再发生新的演变后,就可以认为是事件发展和演变过程结束,也就是消亡的开始。消亡机理与发展机理分界线有时候不明确,会有交叉。

2.1.4 应急管理研究范式理论

关于研究范式(Paradigm)的讨论,首先由美国科学哲学史家 Kuhn 提出,引起了学界震动。Kuhn 在《科学革命的结构》一书中多维度地阐释了范式的概念,将其解释为规范研究者的价值取向和观察世界角度的理论体系、研究规则和方法的结构[43]。我国社会学家袁方也提出,范式是研究问题、观察问题时的角度、视野和参照框架,反映了科学家看待世界、解答问题的基本方式[44]。美国社会学家 Babbie 进一步指出,自然科学范式的更替往往意味着是观念对错的转变,而社会科学不同的范式没有对错之分,作为一种观察的方式,他们只有用处上的大小之分,其更替只是一种理论范式是否受欢迎的变化。一种社会科学的研究范式很少被完全抛弃,因为每个范式都提到了其他范式忽略的观点,同时也都忽略了其他范式揭露的一些社会生活维度[45]。

可以看出,研究范式并非一成不变,需要根据不同的社会发展阶段不断调试和创新。正如 Kuhn 所说,科学是逐步发展的,每个阶段会有重大发现和发明,在一定历史阶段,范式通常会变得固若金汤,抗拒任何实质的改变,奠定理论和研究的根本趋向。然而,当范式的缺陷终究随着时间推移而变得越来越明显时,一个新的范式就出现并取代旧的范式[46]。因此,我们需要时刻警醒反思的是,面对研究问题时,当前的研究范式是否能够充分回应新的时代变化和研究需求? 是否有更具解释力的视角、概念体系、理论框架和研究方法? 形成新的范式解答这些新变化,以更符合社会事务发展的新特征和新需要[47]。

具体到应急管理的实践问题及其研究范式来看,我国的应急管理历经了三个阶段的改革发展,围绕主体、对象、方法三大研究要素形成了较有特色的研究范式[48]。三个发展阶段分别以“非典”和《突发公共事件应对法》的颁布为转折点,从一元领导体制下的非专业应急管理阶段,到全面构建现代应急管理体系阶段,再到形成“统一领导、综合协调、分类管理、分级负责、属地管理为主”应急管理体制和“一案三制”应急管理体系架构的现阶段[49]。从近年来发生的重大突发公共事件的处置效果看,我国自上而下、“集中力量办大事”的强政府型应急管理体制的优势发挥了巨大的作用[50]。结合实践背景,学界形成了以政府为中心的“主导参与型”应急管理研究范式、以事件为中心的“应对型”应急管理研究范式,以及以技术革新为中心的“技术驱动型”三大主要应急管理研究范式,成为长时期以来的研究重点和热点[51]。

然而,随着时代环境变迁和突发公共事件发展特点的变化,应急管理传统模式和研究范式存在的问题也逐渐显现,需要重新从应急管理的主体、客体、方法与技术手段等三方面对应急管理的研究范式进行反思与修正:

(1)管理主体:以政府为中心的“主导参与型”应急管理研究范式

在突发公共事件应急管理主体方面,形成了以政府为中心,社会力量共同参与的共识,从理论和实践层面对应急管理体系、体制、机制、流程等问题进行了系统研究[52]。国内学者提出中国特色的应急管理模式是一种政府主导下整合多种力量应对的“拳头”模式。100%传统“政府主导”的应急管理模式难以适应新时期的挑战,需要进行顶层设计和模式重构,凝聚市场和社会的力量为应急管理服务。从参与管理的角度,分析突发公共事件中政府与社会组织的补充、互补、替代、疏离四种应急管理关系模式,指出需构建我国政府与社会组织应急管理合作伙伴关系。Dynes 根据组织结构和功能划分了各类组织参与灾后活动的四种类型:已成型、扩展型、延展型和新建型,并分析了四类组织在不同程度突发公共事件中的作用。而对企业参与应急管理方面,多从自身减灾防灾、摆脱困境,实现可持续发展的角度,提出一系列应急管理程序和方法。由此可见,突发公共事件中的应急

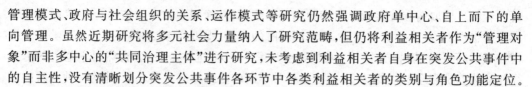

管理模式、政府与社会组织的关系、运作模式等研究仍然强调政府单中心、自上而下的单向管理。虽然近期研究将多元社会力量纳入了研究范畴，但仍将利益相关者作为"管理对象"而非多中心的"共同治理主体"进行研究，未考虑到利益相关者自身在突发公共事件中的自主性，没有清晰划分突发公共事件各环节中各类利益相关者的类别与角色功能定位。

（2）管理对象：以事件为中心的"应对型"应急管理研究范式

突发公共事件应急管理对象的研究聚焦在突发公共事件的演化规律及其预防、处置，以及承灾体的脆弱性两大方面。有学者提出了"突发公共事件—承灾载体—应急管理"的公共安全体系封闭三角模型，将突发公共事件的演化规律和多灾种耦合、承灾体的脆弱性综合风险因素作为应急管理的对象，构建了三者的互动模型。在研究趋势上，越来越多的学者开始将突发公共事件的研究"关口前移"，从研究突发公共事件本身和事后处置转向更加重视承灾体的脆弱性和事前风险管理上。有学者根据突发公共事件链的特点，研究了针对突发公共事件链场景发生概率和后果的定量风险分析方法。然而，风险还应再考虑承灾体脆弱性这一客体因素。Dilley认为风险水平是由致灾因素与脆弱性共同决定的，而脆弱性直接与致灾因素相关。Cutter等基于地理位置的灾害脆弱性模型和社会脆弱性指标对承灾体进行了系统的量化研究，将承灾体脆弱性作为研究对象，目的多是分析承灾体的风险认知与应急准备的关系，提高承灾体的应急准备能力[53]。

承灾体脆弱性的研究开拓了应急管理的研究领域，对应急准备和预警提供了科学依据。然而，其缺陷在于脆弱性研究关注的是承灾体在面对灾害时较易遭受伤害的自身客观因素，忽视了其在应对突发公共事件时的积极抵抗因素。对此，有学者将心理学、教育学中的"抗逆力"概念引入到承灾体的风险应对能力研究中，并在社区层面，在脆弱性模型的基础上开发了基于地理位置的灾害抗逆力分析框架和指标体系；在组织层面，提出了突发组织网络能够提供关键的应急响应资源和信息，增强应急响应网络的抗逆力；在个体层面，Norris等人研究了灾害事件发生前后个体对风险的感知、预期、调整、适应和恢复能力，提出社区的抗逆力是各项适应能力共同构成的能力网络。Permings运用风险行为的概念模型计算个体的行为结果空间，验证了个体在面对突发公共事件时风险态度和风险感知发挥的积极重要作用[54]。

（3）管理方法与技术：以技术革新为中心的"技术驱动型"应急管理研究范式

随着大数据技术的发展和逐渐成熟，大数据理念、挖掘、清洗、存储、处理等技术越来越多地应用到突发公共事件的预警、信息共享等方面，服务于应急决策的支持系统、信息系统及指挥系统，迅速从技术层面上升到国家战略层面。大数据应用起步较早的美国联邦应急管理局（FEMA）通过与亚马逊公司的大数据合作，运用其弹性计算云进行数据制作、挖掘和储存；应用现代传感器和社交媒体为公民提供服务；运用地理信息系统（GIS）为决策者提供直观实时的指挥信息，为灾难幸存者、相关机构和公众提供服务。大数据"以信息为中心"和"以顾客为中心"的理念在FEMA发挥了重要作用。国内研究也指出现实物理世界——虚拟网络空间耦合环境中Web社会媒体及大数据给突发事件态势感知带来的机遇与挑战，提出了大数据在突发公共事件态势感知与决策支持等方面的理论方案。然而Bertot等学者也提出在未来发展中决策者应考虑大数据接口、传播、数字资产管理、归档、存档隐私和安全等方面问题[55]。

2.1.5　应急管理生命周期理论

20 世纪 20 年代以后,在研究突发公共事件预防的过程中,学者提出了"突发公共事件生命周期"的概念[56]。突发公共事件周期模型认为,突发公共事件呈现"暴发—修复—再暴发"的周期循环规律,应急管理也可以遵循这一周期,形成"预测—筹备—应对—修复"的循环模式。将突发公共事件分成五个阶段,提出了著名的突发公共事件管理理论,即应急管理包括信号侦测、探测和预防、控制损害、恢复和学习五个阶段,这些管理阶段界定的实质是把突发公共事件管理行为渗透到组织的日常运作当中[57]。

1978 年,美国全国州长联合会(NGA)通过编制应急准备项目最终报告——《综合应急管理:州长指南》,提出了将突发公共事件管理分为四个阶段工作的应急管理通用模式[58]:预防阶段、准备阶段、爆发期反应阶段和结束期恢复阶段。后经美国联邦安全管理委员会对其加以修正,优化为:减缓(Mitigation)、准备(Preparation)、响应(Response)、恢复(Recovery),称为"MPRR"[59]。此后,该《指南》逐渐成为应急管理的基础被广泛应用,但在各阶段的内涵定义中存在一定差异,21 世纪后美国对四阶段进行了不同的扩充[60]:

● 减缓阶段是"未雨绸缪",预防突发公共事件的阶段,是应急管理全过程的起点阶段,也是基础性、前瞻性工作阶段,主要包括进行隐患排查、风险评估和脆弱性诊断,防控风险发生,减少灾害发生的机会,控制不能避免的灾害风险等。

● 准备阶段是准备应对灾害的阶段,指发展应对各种突发公共事件的能力,包括为拯救生命财产和后期管理制定计划或准备的工作,如制定应急预案,建立预警系统,建设应急平台,进行事前演练、监测、监控与预警等。

● 响应阶段是应急管理的关键阶段,是指在突发公共事件发生的事前、事中与事后采取有效措施以挽救生命和防止财产损害,减少损失的一系列应急行动,该阶段涉及众多的人员、救援救灾设备和应急物资资源,包括启动与实施应急预案、提供医疗及现场援助、组织疏散等等。

● 恢复阶段既包括重要系统恢复到运作状态的短期行为,也包括使社会生活恢复到正常状态的长期治理优化过程,如提供临时住房、控制污染、重新规划和设计,学习总结应急经验教训再提高等。

美国危机管理专家史蒂文·芬克 1986 年在《危机管理:对付突发公共事件的计划》一书中提出,突发公共事件是有生命周期的,包括征兆期、爆发期、扩散期、痊愈期四个显著阶段[61]。

通过上面对突发公共事件生命周期理论主要观点的回顾,可以看到虽然不同的学者对生命周期阶段划分依据和阶段名称各有不同,但都认同其发展轨迹是有阶段性的,并且不同阶段都具有不同的属性,主要反映出突发公共事件的发展轨迹存在加速上升、减速上升、减速下降和加速下降四个阶段,不同文献只是对这四大类阶段进行了细分和命名[62]。只有建立在突发公共事件本身规律认识上的应急管理,才能真正有效地遏制和处置灾害。在分析突发公共事件和应急管理机理、机制和体制的时候,将根据突发公共事件生命周期理论所揭示的上述四大阶段特征,运用时间序列分析,为建立应急管理体系打下基础[63]。

综上所述,应急管理的对象——自然灾害、事故灾难、公共卫生事件、社会安全事件等突发公共事件有生命周期,其发生发展经历潜伏、爆发、蔓延、消亡四个时期[64]。运用生命周期理论,在事件潜伏阶段,要做好预防和准备,加强风险辨识评估管控。不断健全应急救援机制,做好物资储备,编制应急救援预案及演练等;在事件爆发和蔓延阶段,做好应急响应,防止事件扩大或次生事件发生,开展有效救援等;在事件消亡阶段,做好恢复,包括现场清理、灾后重建、预案修订、救援评估等工作。同时生命周期理论还认为,经过一段时间的紧急应对,危机可能在一定程度上得到了解决,但是只要诱发突发公共事件的因素没有从根本上解决,危机就可能再次爆发[65]。

突发公共事件生命周期理论为研究突发公共事件提供了科学分析的方法,即利用生命周期理论将突发公共事件分成不同发展阶段,从而分析在不同发展阶段相关因素发挥作用的过程和结果。政府作为管理部门在不同的发展阶段,其具体行为对突发公共事件事态的发展有很大的影响,个体成员、媒体、政府部门及其领导者等因素在此生命周期演变的过程中起到了重要作用,既影响了危机的发展又决定了危机管理的结果[66]。目前,应急管理生命周期理论研究已基本涵盖了突发公共事件应对的整个过程,一些理论框架模型已初步建立。其中,基于生命周期理论所建立的应急管理体系是应用较为广泛的一个理论模型,应急管理生命周期理论的发展经历了多个阶段[67]。

2.1.6　应急管理阶段论理论

突发公共事件是应急管理的致因与导火线,由于突发公共事件带来的损失巨大,单纯的突发公共事件应对已经逐渐提升为集风险评估、危机预测、事件处理及善后总结等一体化的应急管理全过程控制,同时强调全面应急管理理念。管理的核心就是对过程的控制,过程管理体现出应急管理活动的种种行为,它对于突发公共事件应急管理效率具有重要影响。任何突发公共事件都有一个演变过程,应急管理则需要对其演变阶段进行"对症下药",进而从根源、重点环节来降低或遏制突发公共事件的负面影响[68]。目前按照突发公共事件阶段演化过程的研究已经形成了较为成熟的阶段论体系,应急管理也由此划分为几个阶段,目前代表性的有三阶段论、四阶段论、五阶段论、七阶段论等:

● 三阶段论。Burkholder 等提出了突发公共事件应急管理的三阶段模型[69],即早期的紧急事件阶段、中期的紧急事件阶段和后期的紧急事件阶段,认为需要根据不同阶段的紧急事件特征来设定目标和采取措施。三阶段模型是当前应用最为广泛且最具科学性的理论,它以突发公共事件管理为基础,将突发公共事件划分为危机前、危机中、危机后三大阶段,每个阶段又进一步细分为多个子阶段,由可分解的要素支撑,而这些可分解的要素在实践过程中都可实现进一步的分解。

● 四阶段论。Robe 运用几何图形方法,在提出突发公共事件应急管理的两阶段模型以及危机事前、事中、事后三阶段模型的基础上,提出了包含危机缩减(Reduction)、危机预备(Readiness)、危机反应(Response)、危机恢复(Recovery)的经典 4R 模型[70][71]。与之相关,Fink 借用医学术语提出突发公共事件生命周期四阶段模型:危机征兆期(Prckiromal),即有迹象或危机因子暗示危机突发公共事件可能发生;危机发作期

(Peakout),即有伤害性的事件已经发生并引发危机;危机延缓期(Chronic),即积极应对和消除危机的过程;危机痊愈期(Resolution),即危机事件基本已经得到控制和消除。

● 五阶段论。Mitroff 提出了突发公共事件应急管理的五阶段划分模型[72]:包括信号侦测阶段,即识别出突发公共事件的风险信号,并采取相关预警预测措施;探测和预防阶段,即搜寻已知或已发现的突发公共事件因素,并积极采取措施减少负面损害;控制损害阶段,即在突发公共事件发生时尽可能地减低或消除负面影响;恢复阶段,即尽快地恢复突发公共事件带来的负面结果,使组织正常运转;学习阶段,即回顾或审视整个突发公共事件管理阶段的各项措施和应对活动,通过善后总结加以整理,为以后的突发公共事件管理运作活动做知识准备。

● 七阶段论。Turner 提出了突发公共事件应急管理的七阶段模型[73]:包括起点期、解化期、急促期、爆发期、救援期、援助期、社会调整期等七个阶段。DA ponigro 也将突发公共事件应急管理阶段划分为七阶段模型[74]:A. 识别并评价组织或事件中的薄弱环节;B. 预防弱点进一步演化为突发公共事件;C. 制定初步的突发公共事件管理计划;D. 确定突发公共事件发生并及时采取行动;E. 突发公共事件管理过程中保持高效沟通;F. 对突发公共事件进行跟进并评估,不断调整修正;G. 通过一系列行动安抚群众,维护组织声誉和信用等。

2.1.7　应急管理风险管理理论

自从德国社会学家乌尔里希·贝克在 1986 年出版《风险社会》以来,"风险"即成为解释社会变化的一个重要概念,也成为我们所处社会的最主要特征之一。贝克在该书中,详细地阐述了风险社会形成的原因以及可能造成的危害,深入地解析了风险社会中科学、技术领域的变化和转变,认为风险是源于现代性的"负作用"[75]。

社会风险是一个涵盖面很广的概念,通常涉及政治、经济、文化、民生和公共事务等多个方面,一般是由社会原因和人为因素所导致的,往往与经济发展、现代科技、制度变革和公共利益等因素密切相关[76]。因此,社会风险可理解为由社会原因和人为因素引起的未来遭遇损失的可能性,是一种导致社会冲突,危及社会稳定和社会秩序的可能性。更直接地说,社会风险意味着爆发社会危机的可能性。一旦这种可能性变成了现实性,社会风险就转变成了突发公共事件,对社会稳定和社会秩序都会造成灾难性的影响,就其本质是引发损失、危机、灾难的可能性[77]。

社会风险管理(Social Risk Management,简称 SRM)是世界银行于 1999 年提出的社会保护性政策的理念,目的是预防经济全球化可能产生的巨大影响和危害[78]。社会风险管理是"旨在拓展现有的社会保障政策性思路,强调运用多种风险控制手段,多种社会风险防范与补偿制度安排,系统、综合、动态的处理新形势下国家面临的社会风险,实现社会经济的可持续发展[79]。"

社会风险管理通常包含风险识别、风险预警和风险消减三大阶段[80]:A. 风险识别是指运用多种方法对潜在风险进行系统归类和全面识别,并依据社会损害程度不同进行归类和排序;B. 风险预警是指通过收集风险相关资料信息,密切监控风险变动趋势的偏离值,根据风险的性质、类别、级别,及时向决策层发出预警信号,并启动预警机制和防控措施,是社会风险管理的核心环节;C. 风险消减是指对达到预警线的风险进行疏导和消减,通过多种风险防控手段进行管控和处理,将风险的危害性消减到最低程度。

社会风险管理的早期研究主要集中于风险社会、社会风险及社会保障等内容,而在世界银行提出"社会风险管理"这一全新概念后,该领域的研究逐步转向社会风险管理理论框架、管理工具及技术方法等主题,侧重"社会风险管理"理论框架下的突发公共事件应急管理的研究[81]。

(1)社会风险和突发公共事件之间的内在逻辑关系

社会风险是一种能引发大规模损失的不确定性事件,其本质是引发可能的损失。突发公共事件则是指突然发生的,造成或可能造成严重的社会危害,本身是一种已发生的事实;再者从发生过程来看,社会风险在前,突发公共事件居后,两者之间存在着明显的内在因果关系,即社会风险是造成突发公共事件的本源,突发公共事件是社会风险显性表现[82]。由社会风险和突发公共事件的内在逻辑关系,可以推导出以下结论[83]:A. 当社会风险积累到一定程度时就会演变成突发公共事件(即事物从量变到质变的发展过程),突发公共事件是社会风险的显性表现,社会风险是突发公共事件的隐性表现;B. 社会风险积累得越深会导致突发公共事件造成的损害越大;C. 突发公共事件属性受制于社会风险的属性,目前我国突发公共事件分为自然灾害、事故灾难、公共卫生事件和社会安全事件等四种,这四种性质的突发公共事件通常是由相同或类似性质的社会风险累积到一定程度时演化而成。

(2)社会风险管理和应急管理之间的逻辑关联

社会风险是突发公共事件的隐性表现,突发公共事件是社会风险显性表现,前者基于风险理论,后者基于应急管理研究,两者之间是具有实践性因果关系的一个过程中两个阶段,是从社会风险演变成突发公共事件的动态过程,属于一个动态的"连续统"[84]。同时,社会风险的管理层面对应社会风险管理,应急管理则是突发公共事件的管理层面,从社会风险到社会风险管理是符合逻辑演绎的,从突发公共事件到应急管理也是符合逻辑推演的,因此社会风险管理和应急管理之间必定存在着某种因果联系,也必定属于一个"连续统",因此逻辑关联的必然性就需要将社会风险、社会风险管理与突发公共事件、应急管理结合起来进行分析研究。

(3)社会风险管理理论框架下的应急管理

当前,我国突发公共事件应急管理存在的主要问题集中在三个方面[85]:一是公众对突发公共事件的预防意识相对薄弱;二是预警机制不够完善,预警系统不够发达;三是突发公共事件的事中处置和协同联动不够紧密。通过上述我们不难发现,这些问题都集中在社会风险管理的"核心环节"——风险处置,这种现象突出地表明社会风险管理理论对应急管理具有很强的借鉴意义。社会风险管理理论提出至今已有近二十年,随着科学技术的进步,移动互联网、大数据、人工智能及高分卫星等先进技术的成熟和广泛应用,在各种信息即时交互、高效准确的数据分析、远程识别和无害化作业等领域,社会风险管理理论为突发公共事件应急管理提供了极为丰富的手段和实现路径。

2.1.8 应急管理混沌管理理论

混沌是一个由非线性效应引起的相当独特的现象,具有对初值的敏感性、无周期性、长期不可预测性等特点,混沌学开创人之一洛仑兹在其著名理论蝴蝶效应中形象地描述了此特点。混沌理论把通常看起来混乱无序的现象作为研究对象,因为这些表面上看起来杂乱无序的东西,实际上有它自身的规律[86]。混沌运动的基本特征包括:宏观上的无序性。这种无序性由以下三个方面来刻画:一是内在随机性;二是非周期性。混沌行为永远不准确地重复自己,没有可辨别的周期使之在规律的间期重复;三是局部不稳定性。混沌现象敏感地依赖其初始状态,初始状态小的差别将导致较大的结果差别。这种对初始状态极度的敏感使之表现为不稳定性和某种程度上的不可预测性;微观上的有序性。这种有序性主要体现在以下两个方面[87]:一是无穷嵌套的自相似结构;二是普适性。混沌行为不仅受到一定程度的约束,而且有特定的行为模式。

混沌理论揭示了复杂现象的内在规律性,即非线性系统具有的多样性和多尺度性。因此混沌理论启示我们,导致突发公共事件的因素,哪怕极其微小,也要高度重视对它的控制,否则就可能导致严重后果。正如古语所讲:"祸患常积于忽微","千里之堤,溃于蚁穴"。当今时代,我国的突发公共事件呈现多发态势,影响因素众多,涉及领域越来越广泛,处理环境显著变化,危害性不断增强,复杂性越来越强。然而,面对突发公共事件爆发与演化的复杂性,传统管理理论对其还不能做出圆满解释和有效预测,研究结论常常与现实情况存在较大偏差,给传统应急管理理论带来了极大的挑战,也给政府的应急管理能力带来严峻的考验[88]。因而,如何完善政府公共危机管理体制,推进政府公共危机管理创新,更好地保护民众的生命、财产安全就成为摆在我们面前新的研究课题。

突发公共事件实质上是一类非线性的复杂演化过程,而混沌理论又是关于非线性系统及其演化的一门新兴科学,对于社会现象的认识有着不同于传统科学的思想。混沌理论揭示了复杂现象的内在规律性,有助于我们辨识出突发公共事件复杂现象背后的真正原因,可为研究应急管理提供了新的范式[89]。混沌理论告诉我们,突发公共事件由许多变量以复杂的方式相互作用产生的,这就需要在应急管理工作中,通过综合全面考虑和同时处理多种因素来预防和控制事件。由此可知,混沌理论与应急管理理论具有内在的这种契合性,在应急管理中的应用具有独特优势,它为政府解决突发公共事件带来了福音,它不仅为我们重新认知和把握政府应急管理提供了新的视野,而且也为我们构建更加科学、合理的政府应急管理体制规划了新的理论图景[90]。

(1)混沌理论为应急管理的研究提供了新范式

突发公共事件的复杂性和应急管理环境发生了显著变化,迫切需要与时俱进的发展应急管理理论。加强对突发公共事件爆发、演化及其影响因素的研究,以适应应急管理体系、环境、因素变化。混沌理论指出[91]:复杂现象具有内在规律性,可产生于简单的、确定的规律。混沌理论认为突发公共事件中的复杂现象中存在着更高层次的秩序,从而为应急管理理论的发展提供了有力支持。虽然我国当前初步形成了一定的应急管理模式格局,但从总体上看,政府主要还是从应急的角度来研究和处置问题。另外,还存在着对风险危机意识不强、危机资源的配置效率不高、社会资源参与程度低、管理组织与体系不协

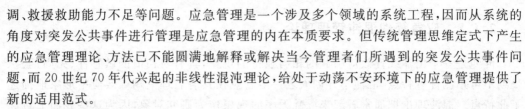

调、救援救助能力不足等问题。应急管理是一个涉及多个领域的系统工程,因而从系统的角度对突发公共事件进行管理是应急管理的内在本质要求。但传统管理思维定式下产生的应急管理理论、方法已不能圆满地解释或解决当今管理者们所遇到的突发公共事件问题,而 20 世纪 70 年代兴起的非线性混沌理论,给处于动荡不安环境下的应急管理提供了新的适用范式。

因为,突发公共事件是一类复杂的社会现象,其产生与演化本质上是一类非线性的复杂演化过程。混沌理论相关研究表明[92]:复杂现象具有内在规律性,可来自简单的、确定的规律;有些似乎强烈相关的因素之间其实并不存在任何直接的联系,小的不起眼的原因也会形成惊人的结果("蝴蝶效应"),复杂现象自身能够产生"虚假信息"。混沌理论为应急管理的复杂性研究提供了两个最基本的复杂性范式:一方面简单系统能够展现复杂行为;另一方面复杂系统受简单规则驱动。混沌理论认为突发公共事件并非完全混乱,其中蕴含着更高层次的秩序,为掌握时机、把握危机和寻找转机提供了强有力的理论支持。

(2)混沌现象与突发公共事件的理论分析

突发公共事件是一个复杂的开放系统,是一个不可逆的熵增过程。从突发公共事件的性质来看,具有不确定性、破坏性、复杂性、扩散性、隐蔽性和突发性等特征,上述种种都表明突发公共事件及其演化具有明显的非线性的混沌现象特征,如失灵性、非单值型、饱和性、突变性、非对称性等在危机中都有表现。

实际上突发公共事件内在的非线性混沌特征概要归纳如下[93]:一是突发公共事件系统是一个复杂的非线性开放系统。政府是一个不断地与外部环境交换物质、能量和信息的开放系统,政府与环境的关系本质上是政府的确定性和环境的不确定性之间的均衡问题。环境的变化意味着均衡的打破,组织内部构成要素的变异会导致管理秩序的波动,表现为对称性的破缺,政府确定性运行的失稳,从量变进入到质变(混沌)的不确定性运行。正是因为突发公共事件具有如失灵性、非单值性、饱和性以及突变性等非线性系统的一般特征,才成为突发公共事件发生的诱因;二是可逆的熵增效应。熵增效应是指一个系统的不可控输入达到一定程度时,系统就很难继续围绕目标进行控制,从而在功能上表现出某种程度的紊乱,表现出有序性减弱,无序性增强,即熵增现象。具体到政府系统,如果政府运作中管理混乱达到一定程度,表现出不可控性,则必然导致灾害的产生;三是突发公共事件的不确定性是混沌现象内在的随机性的表现。混沌作为一种貌似无规则的运动,指在确定性的系统中出现的类似随机性的行为过程。从数学机制上看,该随机性是从丝毫不带随机项的方程中产生出来的,故称之为内在随机性。政府系统危机不仅是恒定存在的,而且也是内在不可确定的;四是突发公共事件的突发性、传导性是混沌现象的结果对初始条件敏感依赖性的表现。在政府系统中,存在着突发公共事件传导并引起突发的机制,如在一定条件下,由于突发公共事件被隐蔽而导致危机累积。同时,由于电子政务的广泛应用,信息内容可瞬间完成传递与运用,从而存在不正确的信息以及决策者的失误在迅速传递过程中被指数式放大的可能,以至传染性地爆发突发公共事件。

(3)混沌思维的确立与应急管理的创新

以开放、创新的视野把握政府应急管理。就是根据政府应急管理混沌特性,在推进应急管理发展的过程中,要努力向国外应急管理比较发达的国家学习,以便提升我国政府应急管理的层次和水平。以创新的视野把握政府应急管理。就是在学习借鉴别国相关经验的基础上,根据我国国情与实际情况,探索出具有中国特色的应急管理混沌特性的办法,最终构建政府应急管理的中国模式,进而真正实现由范式学习到范式创新的根本转变。努力构建回应性的政府应急管理模式。由混沌理论可知,政府应急管理系统是和其他系统(包括经济系统、政治系统、文化系统等)密切相关,政府在应急管理过程中,要把应急管理的对象看作顾客,精心地为其提供灵活多样的服务,实现由单纯的线性产出变为基于混沌特性的综合性产出,完美地构建回应性的政府应急管理模式[94]。尝试推动突发公共事件的分散化管理。是指除政府主体外,还需积极引导私人组织、第三部门及其他社会组织参加应急管理,以便组建多元和有效的应急管理机制。通过突发公共事件分散化管理,可以缩小政府应急管理机构的规模和摆脱反应迟缓的组织体制,实现组织的适应性与灵活性,最终能为突发公共事件的处理赢得了时间和效率。构建政府应急管理的学习与应变机制。通过前面的分析可知,政府应急管理系统具有混沌特性,这就要求构建政府应急管理的学习与应变机制,而且通过政府应急管理的学习与应变机制,总结经验和汲取教训,并能从不断变化的环境中获得新知识,进一步改进政府应急管理绩效和质量的思路,实现比传统管理方式更有效的政府应急管理方式[95]。

2.1.9　应急管理不确定性理论

不确定性是量子力学的一个基本原理,它由德国物理学家海森堡于 1981 年提出的[96]。海堡森提出不确定性理论后,其在科研领域引起了学者们的关注,在随后得到了长足发展。不确定性是指人们缺乏对事件的基本知识、结果认知,不可能用现有理论或经验进行超前预见或定量分析[97]。不确定性主要源自随机自然状态及偏好变化的不可预测,人们间的信息不对称,道德风险等几个方面。面对无法用分类归组、量化方法应对的不确定性状态,人们只能靠主观性较强、主体性显著的"直觉、估计、判断"等方式进行把握。不确定性可以分为外生不确定性和内生不确定性,两者可以共同发生作用[98],如国内外灾害史上水库大坝溃坝事件,很多是由于建设、管理上的内生不确定性,加上意外特大暴雨的外生不确定性的联合作用而发生。

不确定理论是概率论、可信性理论、信赖性理论的统称,同时还包括模糊随机理论、随机模糊理论、双重随机理论、双重模糊理论、双重粗糙理论、模糊粗糙理论、粗糙模糊理论、随机粗糙理论和粗糙随机理论[99]。国内外专家均在该研究领域做出了巨大的贡献,根据已有文献综述,不确定性理论的研究方法主要包括四种方法,分别是模糊数学方法、随机数学方法、区间数学方法以及未确知数学方法[100]:

● 模糊数学方法。美国控制论专家扎德首次提出了模糊集的概念,创造了模糊数学理论方法[101]。模糊性是指由于事物类属划分的不分明而引起的判断上的不确定性。模糊数学方法一般通过隶属度函数来处理不确定性,通过对不确定性加入隶属度,从而将不确定性事物转化为形式上的确定性。

● 随机数学方法。在现实生活中的随机现象十分普遍,在不确定性理论的研究中,随机数学方法是处理不确定性最为常数的方法之一[102]。概率论是随机方法的主要理论,根据已有研究,随机方法又可分为五种不同的类别,主要包括传递函数方法、数值模拟方法、置信限区间法、回归分析方法及非参数回归方法。

● 区间数学方法。在不确定性研究中，除了模糊数学方法和随机数学方法外，区间数学方法也是常用的方法之一[103]。在信息不够充分的条件下，难以运用模糊数学方法和随机数学方法的情况下，如果变量在已知的区间内取值，则将该变量可视为未知变量，这就是所谓的区间分析方法。

● 未确知数学方法。"未确知性"是由我国王光远院士提出的，该概念提出后，便引起了学术界强烈的关注[104]。与上面三种方法相比，未确知数学理论具有明显的特质，它的不确定性来源于主观认识上的不确定性，而非客观上存在的不确定性。未确知数学理论是继以上三种数学理论之后的一种新的不确定信息处理的方法，它是根据已有的一切有用信息，采用未确知的方法将所有信息输入到模型计算中，从而避免由于信息舍弃所产生的不确定性。

严格地说，不确定性是世界的普遍特征，不确定性是绝对的，确定性是相对的，不确定性既是主观的又是客观的[105]。无论是自然科学还是社会科学，过去一直关注的是确定性、精确性、规律性，认为对世界确定性规律的认识就是前进一步，否则不确定性就后退一步。随着海森堡的不确定性理论、普利高津的非平衡系统自组织理论等重大成果的出现，我们才开始认识到确定性与不确定性之间并非简单的此消彼长的关系，从不确定性世界到确定性世界的转变不仅仅只是一个速度、时间问题，更是一个方向问题。不确定性研究涉及物理学、哲学、数学、经济学、管理学、社会学等诸多学科理论，不确定性理论对突发公共事件应急管理具有重要的理论指导作用。

2008 年国际金融危机事件后，人们才认识到突发公共事件不确定性冲击的重要性，不确定性也成为各界的关注焦点。突发公共事件之所以成为当今世界不确定性冲击的重要来源，是因为大多数突发公共事件是独特的，人们无法假定各事件无差异发生，更缺乏将它们归类处理的基础条件。从概率角度讲，日常生活中同质的风险是可度量的，突发公共事件中异质的不确定性是不可度量的[106]。

突发公共事件的不确定性冲击可分为外部环境的冲击和社会系统自身的冲击，前者对应人类社会系统的外生不确定性，多指自然灾害、传染性疾病等外在事件冲击；后者对应人类社会系统的内生不确定性，主要是指带有人为因素的事故灾难、社会安全等事件冲击。现实生活中的突发公共事件不确定性冲击，多属于复合型冲击，如传染病疫情引发的不确定性冲击，属于"未知性"、"无法确定"和"含糊不定"奈特不确定性冲击，既可能包含来自自然界环境病毒的外生环境因素，也有来自人类社会防护措施缺陷的内生社会因素。

人类建立制度的本质是为减少不确定性，增强可预期性，从而使得人类活动高效进行。人类活动如果是在完全确定性、没有突发公共事件的情景中进行，所有问题都只能是技术性问题，也不需要制度系统保障。但是在应急管理实践中，突发公共事件带来的不确定性冲击是普遍现象，人们需要通过制度规范对冲不确定性，使决策者、行动者能够在有限信息下，依据制度规则进行决策和行动，避免付出过高成本，甚至错失最佳时机。制度无法消除突发公共事件的不确定性冲击，却能在一定程度上控制突发公共事件带来的不确定性，增强人们行动的可预期性。

不确定理论告诉我们，不确定性是常态，确定性是不确定性的短暂表现，确定性是不确定性的基础,不确定性是确定性变化的结果。所以,要完全彻底地预防和避免突发公共事件是不可能的,应对突发公共事件成为一项基础性工作。为减少和降低突发公共事件的灾难性,有必要开展"可减缓性""可挽救性""可恢复性"评价。在突发公共事件应急管理的机理、机制、体制和法制研究中,在突发公共事件应急管理运行模型和应急管理绩效评估指标体系建构中,必将考虑到不确定性产生的影响和冲击,从而在应急管理决策中做出令人满意的"有限理性决策"[107]。

2.1.10　应急管理熵与自组织理论

1850 年,德国物理学家克劳修斯提出了热力学第二定律:在孤立系统中,热量总是从高温物体传递到低温物体,且这个过程是不可逆的。热力学第二定律可以引申出这样的结论:一个孤立系统总是自发地从某种有序状态趋向无序状态[108]。1865 年,克劳修斯提出了"熵"的科学概念,用以表示热能转变为功的可能性降低、热能转化为功的程度的度量。在统计意义上,熵表示物质系统的有序程度,熵值越大,系统越无序;熵值越小,系统越有序。随后,他把热力学第二定律定量化,提出了著名的熵增加原理:在一个孤立系统内实际发生的宏观过程总是使这个系统的熵值增加[109]。20 世纪 60 年代,比利时科学家普利高津对熵增理论进行了修正,将负熵的概念引入其中。他认为熵增理论描述的只是孤立的系统,对于开放系统必须考虑系统与外界交换能量和物质所引起的熵流,系统通过从外界获得的负熵流可以减少总熵值[110]。目前熵理论正处于一个进行理论分化,建立明确、清晰、完整的多元理论的阶段。熵理论发展到今天,无论是在深度还是广度上都有了很大的进展,从一个单纯描述微观世界的热力学物理概念,发展到一个自然与社会统一的概念。

近年来,自组织理论的提出极大地丰富了熵的概念,它已被广泛地应用到社会科学领域,成为系统分析的一个重要概念[111]。自组织理论的出现把人们对熵的认识提高到一个新的水平,使人们对这个问题的认识又发生了一次飞跃。自组织理论包括控制论、耗散结构论、协同论、突变论、协同动力论、演化路径论、混沌论等,是由耗散结构理论、协同学理论等组成的一个整体,它们都是以非平衡态自发产生的组织性和相干性,即自组织现象为研究对象[112]。在普利高津所提出的耗散结构理论中,耗散结构指开放系统在远离平衡态的条件下建立的一种以消耗外界物质、能量、信息为代价,实现自身进化的结构。普利高津把系统结构按其行为状态分为平衡结构和非平衡结构两种,其中后者又可分为非平衡无序结构与非平衡有序结构[113]。通常,平衡结构多见于封闭系统,这是一种僵死的、混乱无序的状态。要形成耗散结构,需具备这些条件[114]:一是系统必须是开放系统,形成耗散结构的开放系统要通过引进负熵流保持加强系统的有利因素,促使系统的存在与发展,以抵消内部的熵增加,才有可能形成有序结构;二是系统必须处于远离平衡的非线性区,形成耗散结构的系统只有在远离平衡条件下才有可能在一定的条件下产生新的有序结构;三是系统中必须有某些非线性动力学过程,如正负反馈机制等,正是这种非线性相互作用使得系统从杂乱无章变为井然有序,并且不因外界微小扰动而消失,保持一种活的稳定性,系统才能出现耗散结构。

利用熵与自组织理论可以揭示突发公共事件发生的熵增与负熵流矛盾运动规律,突发公共事件发生后系统自身从混沌无序脆性崩溃状态向整合有序的系统自组织修复的运动规律发展。事实上,突发公共事件可以看作是系统演化的一个中间阶段,或者是系统演化在分岔口上系统选择的一种结果[115]。无论在自然生态系统还是社会生态系统,或宇宙系统,不外乎有两种演化方向的选择,可以包罗世界上一切事物的演变,即从有序到无序的演化和从无序到有序的演化。从有序到无序的演化方向所对应的是孤立或封闭系统及其所对应环境的平衡状态,即熵增的过程;从无序向有序的演化方向所对应的是开放系统且远离平衡的稳定态,即负熵增加的过程。对于人类社会而言,为了生存和发展,我们应当时时刻刻警示任何导致系统封闭、近平衡和共线性异常而剧烈的熵增过程。同时,关注和利用任何可以增强系统稳定与开放、朝向有序演化的系统因子,增强复杂社会系统、个体自身系统的自组织能力,使突发公共事件消弭于临界点之内,促进人类的可持续发展。

(1)突发公共事件发生前——社会组织系统熵状态

社会组织系统中突发公共事件发生、发展和控制的机理能够从上述自组织理论中得到说明,并为突发公共事件的预测和控制提供系统的方法。根据熵和自组织理论思想,我们认为在突发公共事件发生前、发生阶段和治理阶段,尽管整个突发公共事件的运动过程始终存在熵增与负熵流矛盾运动,社会组织系统的熵状态和自组织运动态势并不一样[116]。在突发公共事件发生前,系统中各种熵增因素(例如:犯罪团伙、传统恶习、腐败、制假贩假、地方恶势力等等)叠加,破坏性能量越来越急速地聚合膨胀,并逐渐形成对负熵流因素的抑制。而保持社会或组织有效运转、化解熵增能量的负熵流(资金、人员、控制制度、组织协同、信息畅通等等)动力不足,因而社会的自组织功能弱化,社会组织系统呈现一种近平衡的无序状态。一旦负熵流受熵增力胁迫到最低点,而熵增的破坏性能量达到突发的临界点,一个小小的随机扰动因素就能够引起突发公共事件的全面爆发,社会组织发生脆性系统断裂,此为突发公共事件的发生阶段。当然,在突发公共事件发生的同时,社会组织系统并没有放弃自组织对系统修复的努力,各种有利于社会伤口愈合的负熵流因素在突发公共事件的激发下出现空前的资源、信息、人员、组织系统的重组,形成强势合力,构成强有力的序参量组合,消减熵增能量及其带来的影响,将其控制在社会有序运行的范围之内[117]。在经过一番各种因素的涨落运动之后,社会组织系统形成新的耗散结构,形成更加开发、有序、远平衡的社会物象涨落态势。

(2)突发公共事件发生中——熵增临界点的突破

人类社会是由人、组织、社会、经济、资源和环境这些(子)系统之间具有紧密耦合关系并构成的一个复杂系统,而复杂系统的基本特征是系统的脆性——子系统之间非合作性博弈,熵增现象日益明显,系统自组织能力脆弱,在受到外界危机因子打击时系统将突破有序临界点,发生振荡和崩溃。

突发公共事件的产生过程便是复杂系统打破熵增临界点而脆性崩溃的过程,在突发公共事件发生前,社会组织系统发生一系列组织内资源、信息、能量、资本的恶性组构与裂变[118]。众所周知,任何生产无论是物质生产还是人类自身的生产、无论是有形物质的生产还是无形精神的生产,都是资源、信息、能量、各种资本不断组合和运动的过程。在这一过程中,有用产品的获取是以消耗资源、能量、资本等为基础,并可能伴生诸多对自然环境和社会环境有负效应副产品为代价的,也就是说社会的发展、组织的运行过程是熵增运动的过程(当然,负熵流也不断参与其中)。但是当这些要素组合呈现一种无序状态,要素内存在的不良因子不断作用而负熵流不充分,使系统熵增性不断增强,威胁到系统稳定发展的临界点,同时也是熵值波动幅度的极值,此时,突发公共事件不可避免地、以不同的形式、在不同的范围发生并产生影响。

(3)突发公共事件发生消减——自组织力量的协同

根据耗散结构理论,在突发公共事件发生后,社会熵增能量得到极大的释放,社会与组织系统的封闭与内部均衡状态被打破,负性社会资本势力被良性社会资本力量和维护社会稳定的强大社会组织锁定,这些威胁社会系统稳定、加速社会系统脆性的恶性因子逐渐受到控制[119]。耗散结构理论认为,系统充分开放、远离平衡为系统发生组织演化创造了必要的条件。但是,系统要获得生机和质的飞跃则需要空间、时间、功能结构上的协同与合作。正如协同学专家哈肯所言,种种系统"都以其集体行为,一方面通过竞争,一方面通过合作,间接地决定自己的命运"[120]。突发公共事件发生后,各个子系统的关系得到重新构造,社会系统在新的高度上恢复开放,构成一种远平衡态的张力。同时多种参与突发公共事件组织治理的力量和各个子系统迅速进行消除危机、恢复社会物象变化的非线性重组协同,在强势负熵流的牵引下,社会生态的涨落开始呈现新的有序、规则的、恢复性的运行。

2.1.11　应急管理事件系统理论

事件系统理论 EST 认为,组织的各个层级(小到个人、大到组织和外部环境)都有可能会发生各类事件,并且这些事件能跨越组织的各个层级施加影响。区别于内在稳定特征,事件是实体的外在经历,并在时间和空间维度上存在一定的界限[121]。当事件变得足够强大时,事件能改变实体的特征、行为,甚至引发其他一系列的后续事件。EST 将事件划分为强度、时间和空间三个方面的属性。其中,事件的强度属性包括事件的新颖性、颠覆性和关键性等;事件的时间属性包括事件的时长、时机和强度变化等;事件的空间属性包括事件的传播方向、起源、扩散范围和距离等[122]。事件系统理论认为,事件发生的强度越高、持续的时间越长以及扩散的空间越大,越容易对实体施加影响,从而改变实体的行为[123]。

(1)事件强度分析

事件的强度因素。事件系统理论指出事件的强度因素主要包含三个方面的强度因素,即新颖性(novelty)、颠覆性(disruption)和关键性(criticality)。新颖性是指突发公共事件区别于以往类似事件的程度,颠覆性是指突发公共事件对实体常规活动扰乱的程度,关键性是指突发公共事件在多大程度上需要优先应对。近年来,我国发生的多起突发公共事件很多是首次发现,很难用一般性规则进行判断,而且突发公共事件的一个重要属性是高度不确定性。这种高度不确定性还会加剧突发公共事件对整个社会日常生产、生活的影响,甚至为了优先应对突发公共事件而不得不暂停一些必要的生产运营活动。因此,从突发公共事件的强度来看,突发公共事件将会极大地威胁到我国的经济繁荣和社会稳

定。因此,事件强度从新颖性、颠覆性、关键性 3 个维度对突发公共事件进行分析研究[124]:

● 事件新颖性(novelty):突发公共事件新颖性研究的是事件区别于以往行为、特征和实践的差异程度,事件越新颖越会影响到实体变革。福建泉州市某酒店发生坍塌事故发生在 COVID-19 疫情防控初期,且被困群众均为集中隔离人员,应急救援工作既要在黄金 72 小时内最大限度抢救生命,同时又要降低风险,做到"无接触、零感染",这是一组相互矛盾的命题,正是实践中的矛盾给消防救援队伍带来了空前挑战。因此,应急环境的特殊性和救援行动的复杂性都决定了本案强烈的事件新颖性。

● 事件颠覆性(disruption):关注突发公共事件对实体常规活动的扰乱程度。在处置福建泉州市某酒店发生坍塌事故中,事件新颖性给救援工作带来了诸多不确定因素(感染风险的不确定、防护效能的不确定、心理活动的不确定),这都造成了消防员个体的极大压力。特别是 COVID-19 疫情防控下的坍塌事故救援尚未预案准备、未提前演练,公共卫生与坍塌事故的多事件交织叠加引起了国内国际的高度关注,表现出了综合应急救援的空前困难,如果出现特大伤亡事故或是救援人员遭遇感染,将会进一步扩大事故的影响程度,引发一系列次生问题,极大扰乱社会稳定。

● 事件关键性(criticality):关注实体对突发公共事件处理的优先级,关键性越高的事件,实体越要重点关注。福建泉州市某酒店发生坍塌事故中,尽一切可能抢救生命是优先级最高的主动性事件。因此,尽管被动型事件(公共卫生事件、酒店坍塌事件、社会舆论事件等)体现出极大的新颖性、颠覆性和干扰性,对应急救援工作造成巨大冲击。但如果消防救援队伍在应对被动型事件中,不断完善防疫防护措施、加强防疫知识学习、培养抗疫专业人才队伍、修订涉疫应急救援预案、完善防疫物资储备、依托党委政府强化部门联动,在综合应急能力建设方面"以事制事",抓住关键机会窗口,应急救援能力建设势必迅速取得突破性进展。

(2)事件时间分析

事件的时间因素。事件系统理论认为事件的时间因素包含三个方面,即时机(timing)、时长(duration)和强度变化(strength change)。顾名思义,突发公共事件具有极强的随机性和不可预知性,这种随机性和不可预知性使得突发公共事件发生的时机高度不确定。而且突发公共事件的另外一个重要属性是在时间上的持续性。一般而言,突发公共事件的爆发会持续四个过程,即预警期、爆发期、缓解期和善后期,这就使得突发公共事件的发生往往会持续一段时间。此外,持续性的蔓延和传导性质,使得如果突发公共事件处理不及时,很有可能演化、衍生出二次危机,甚至是传导出新的突发公共事件,加之与突发公共事件相关的信息也往往呈现出不充分、不及时、不全面的特征。因此,突发公共事件强度变化也很难预判,从而给应对和处置带来极大的难度。因此,事件的时间属性用事件时机、事件时长、事件强度变化 3 个指标表征[125]:

● 事件时机(event timing):关注突发公共事件发生时实体所处的阶段,若事件发生在敏感时期,则会对实体产生更大影响。福建泉州市某酒店发生坍塌事故时机就极其特殊,一方面举国抗疫初见成效,若再次出现大范围的疫情扩散则后果不堪设想;另一方面,某酒店作为隔离场所在这个极为敏感的时间节点发生坍塌事故造成重大影响,特别是给消防救援队伍带来了前所未有的挑战。

● 事件时长(event duration)：对同样强度的突发公共事件，持续时间越长，对组织的影响越大；反之，高效率则令社会所崇尚。福建泉州市某酒店发生坍塌事故在人民群众的高度关注下，从 2020 年 3 月 7 日 19 时 14 分至 2020 年 3 月 12 日 11 时 04 分，历经 112 小时，救援任务全部完成，得到了党委政府、媒体、公众的高度评价，对消防救援队伍产生多为积极正面影响。

● 事件强度变化(event strength change)：突发公共事件是动态的，其对实体的影响在与环境交互过程中不断变化。在信息时代，媒体网络中在短时间内会立刻集聚来自社会各界的观点和评价，社会舆论的影响力被无限放大，这是影响突发公共事件强度变化的重要因素之一。福建泉州市某酒店发生坍塌事故随着消防员连续救出被困群众，事件热度也不断攀升，社会关注度逐步升高，事件强度被越放越大。

(3)事件空间分析

事件的空间因素。事件系统理论认为事件的空间因素包含扩散(dispersion)和距离(proximity)等因素。在信息化和全球化的影响下，突发公共事件逐渐从单一型向复合型转变，而且越来越呈现出"脱域化"特征。一方面，从扩散范围看，在全球化的背景下人员流动和货物流通都更为便捷，这使得突发公共事件的影响往往会超越事件发生地域的限制，扩大了危机潜在的影响范围；另一方面，从实体与突发公共事件的距离来看，信息化发展使得每个人都能超越广阔的空间距离，直接接触和了解到危机信息，这主观上也加剧了个体与突发公共事件的感知距离，而且信息在传播过程中的扭曲效应又可能会加剧个体对突发公共事件的担忧。因此，事件空间通过事件的传播方向、起源、扩散范围 3 个指标进行衡量[126]：

● 事件空间的方向性(event direction)：反映突发公共事件在环境、组织、团队、个体4 个层面的纵向扩散。福建泉州市某酒店发生坍塌事故是重大公共卫生和重大安全事故的叠加事件，消防救援队伍作为一级组织，既要积极投身于疫情防控阻击战中，改变组织架构、体系、制度、运行方式和目标任务，又要贴合特殊环境下的实战要求，尽最大可能挽救人民群众生命安全。消防员作为个体，由于处在"过去的角色"中，一时难以适应新的职责使命，同时受限于对公共卫生的认知水平不足，对防疫防护的理解不够，对特殊环境下应急救援的准备不充分等现实因素。因此事件强度在个体层面升级、放大，对应急救援能力建设产生负面影响。

● 事件起源(event origin)：出现在高层次的关键突发公共事件将对组织产生更广泛的直接影响。福建泉州市某酒店发生坍塌事故产生于环境层，事件所处的层次高，其影响迅速扩散至其他层次，形成了事件链，对消防救援队伍的应急救援能力建设产生了深远影响。

● 事件扩散范围(event Dispersion)：突发公共事件发生于某个层次，并随着时间推移扩散到其他层次，产生更强作用。福建泉州市"3·7"某酒店发生坍塌事故随着救援的持续推进，加强对指战员的医疗保障工作刻不容缓，事件从环境层次推移扩散到医疗救护的组织、团队和个体层次，伴随指战员出现的损伤、中暑、中毒、腹泻、扁桃体感染等病症，加之现场大量人员聚集极易引发新冠疫情交叉感染这一基本事实，事件强度再次升级，造成救援现场的个体恐惧、团队担忧、组织恐慌,事件自下而上又反作用于环境层,形成各层级的事件扩散链条,扩大影响范围。

2.1.12 应急管理协同治理理论

协同治理理论最早由德国教授赫尔曼·哈肯在 20 世纪 70 年代提出,主要是指复杂巨系统中各组成要素之间,在运行过程中内部的合作、协调和同步,最终达到时间、空间和功能上的有序化。它是研究系统在外在参量的驱动下和子系统之间相互协调、相互作用,以自组织方式在宏观尺度上形成空间、时间或功能有序结构的条件、特点及其演化规律的新兴综合性学科,它反映构成整体的各个部分之间如何互动以发挥系统的整体功能[127]。协同治理理论将自然科学中的"协同理论"与社会科学中的"治理理论"交叉与结合,政府、民间组织、企业、公民个人等主体相互协调、共同作用,实现力量的增值,该理论认为系统要素之间通过有意识的行为进行集成后协同运作产生的整体效用要大于各部分总和的效用[128]。协同治理理论研究的目的在于使系统的各要素之间以及子系统之间能够协同工作,达到"1+1>2"的协同效果。因此,协同理论倡导主体多元化、资源共享化、行动协同化等理念[129]。协同治理的主要特征是多元主体、多样手段、协作网络、持续互动,在公共生活中,公共治理主体的众多子系统构成一个开放、整体的系统,运用法律、行政、科技、知识、信息、舆论等手段,使一个无序、混乱的系统中诸要素或子系统间相互协调、共同作用,从而产生一个有序、合作、协同的系统,实现力量的整合与增值,并使其高效地进行社会公共事务治理,最终达到维护与保证公共利益的目的[130]。

协同治理理论顺应了当前风险社会中应急管理的新形势,成为未来应急管理的新趋向,因此协同治理理论为突发公共事件应急管理存在的问题提供了解决思路[131]。它是实现突发公共事件应急管理信息协同机制运行的重要理论基础,它可以将分散的、杂乱的应急信息整合利用起来,追求信息价值最大化。协同治理理论启示我们,应急管理工作涉及的政府、非政府组织、企业和公民等治理主体,要做到综合协调、步调一致,才能形成合力。这就需要通过完善应急管理体制法制和机制,做到协调和整合多元主体的资源,实施跨组织边界的协同行动[132]。协同治理理论也给我们提供了一种新的应急管理视角,要实现政府和社会应急管理力量的有效协同,不仅要构建多元化的应急管理机制,还要提供诸如应急管理政策、法律、信息等有利于协同治理的软因素,也就是通过改变控制参量而改变序参量,即改变相变过程中各子系统的地位和关联的方式,从而接近临界值,使系统向控制的有序结构转化[133]。

(1)应急管理的主体协同治理

首先,建立中央政府和地方政府之间的协同治理机制。应急管理体系中,政府是应急管理起主导作用的主体,各个地方政府和各个部门则是政府应急管理系统的子系统。通过中央政府与地方政府之间的协同治理制度建设,能形成有效的协同效应;其次,突破以政府为中心的单一结构,构建多主体参与的应急管理机制。协同治理理论认为各个子系统的独立运动是主导,而子系统之间的关联却不强,序参量则是掌握全局、主宰系统演化的关键因素。在应急管理中政府承担重要职责,因此政府相当于支配子系统行为主导作用的序参量,对于突发公共事件的管理起到主导作用,并影响其他因素发挥间接作用。而非政府组织、企业、公民个人等子系统为被主导因素,是"伺服参量";最后,强化协同治理的物质资源保障。物质资源也是促进各个系统加强关联的控制参量,应急管理的多元化和协同,强调的不仅仅是参与主体,主体本身的资源也要协同,才能达到更好的协同效应[134]。

(2)应急管理的协同治理法律制度

构建突发公共事件协同治理模式应重视法规制度的完善[135]:一方面,法律形成的过程是系统各种元素、变量非线性相互作用、自组织的过程;另一方面,法律、法规以及各种制度等行为规范则是应急管理中重要的控制参量,它们形成子系统独立运动的规则以及相互关联的方式。它规定着突发公共事件治理系统各子系统的行为方式和关联方式,约束着突发公共事件治理系统中各子系统无规则的独立运动,使突发公共事件治理系统与各子系统协同运作,从而形成治理突发公共事件的有序结构。在一定程度上说,协同治理形成法律,法律形成秩序和结构,要制定一套相对完整的法律、法规体系。

(3)应急管理的协同治理信息公开机制

信息在系统演化过程中扮演着重要的角色,相对于法律制度是协同治理中的控制参量而言,协同治理信息则是重要的变量。在自组织系统发生非平衡相变时,系统信息的改变取决于协同治理信息的改变。因此,构建突发公共事件协同治理机制,在技术层面上,是搭建一个现代化的信息平台[136]。各种与突发公共事件有关的信息通过这个平台迅速传递到应急管理指挥中心,并利用这个系统对各种分离的信息与资源进行完整的系统分析和系统集成,为指挥系统的决策提供依据,为多方协调提供便利,使应急管理体系实现多元化、立体化、网络化的发展,从而产生突发公共事件的协同治理效应。

(4)应急管理协同治理社会资本

恶性社会资本可能会导致突发公共事件的产生,良性社会资本才有利于突发公共事件协同治理的实现。要想更好的实现突发公共事件协同治理,就要抑制恶性社会资本,提升良性社会资本,要注意四点[137]:一是要通过信息共享提高政府行为的透明度,营造信任的氛围;二是要在应急管理过程中倡导理性思维,引导社会民众认识形成共同规范和共同的价值观,提高民众素质,进而形成合力;三是要关注弱势群体,缩小贫富差距,构建社会共同利益;四是打破封闭性的社会网络,在提高公共危机意识的措施中培育公民的志愿精神,促使社会网络开放、透明,促进社会成员流动和发展,提高成员的信任和支持,规避因部分成员为了小集体利益或个人的私利与全体社会产生矛盾,进一步提高社会民众的一致性,使整个社会处于稳定状态。

2.1.13 应急管理利益相关者理论

利益相关者(Stakeholder)的思想渊源可以追溯至1759年亚当·斯密、1932年的伯利和米恩斯以及1958年的伯纳德的相关著作,而"利益相关者"一词最早出现在1963年斯坦福研究中心一篇管理论文中,之后在公司战略管理理论中提及[138]。但作为一个较系统性的分析方法则源于1984年Freeman的《战略管理——利益相关者方法》一书中,他认为"利益相关者"是"可以影响组织目标实现或受公司目标是否影响的团体[139]"。1985年Stigliz提出了"多重委托代理理论"概念,他把这个理论称作利益相关者理论,将组织行为被描述为包含所有利益相关者的结果[140]。20世纪90年代,利益相关者理论在西方得到极大发展并开始大量应用于实践,对许多国家制定政策产生了一定影响。英国工党领袖Blair甚至提出"发展以利益相关者资本主义为特征的经济",随后利益相关者分析框架和理论被广泛运用到公共管理领域[141]。利益相关者理论的出现和发展,本质上是对组织以结果导向,将"利益最大化"作为组织唯一目标的批判,认为除此之外组织还存在多元利益主体,他们不但会影响组织结果,也具有自身利益的多元诉求[142]。因此,利益相关者理论强调从更广泛的、动态变化的环境影响因素出发,识别具体情境下的利益主体和利益诉求,回应多元利益相关者的期望,最终形成一个更具包容性、更具共同愿景、更具良好治理能力的共同体。

这恰恰能够弥补目前突发公共事件应急管理研究范式的缺陷,为构建多主体、多中心、双向度的突发公共事件治理模式提供理论支撑。近年来,随着突发公共事件的主体构成、行为演变日益多样、复杂,应急管理领域发现对突发公共事件中多元利益相关者研究的重要性。现有研究主要集中在突发公共事件利益相关者的范围界定和分类的基础层面,在应用层面则围绕利益冲突与协调等问题进行了初步探讨[143]。

在范围界定和分类方面,Mitchell等学者对利益相关者的"合法性、权力性、紧急性"三个维度界定方式,被多位学者借鉴到应急管理领域[144]。国内有学者将突发公共事件利益相关者界定为危机的诱发者、反应者、受害者以及旁观者四类,并按照Mitchell的思路从"相关度、紧急性、影响力"三个维度将其划分为核心、边缘和潜在利益相关者三个层次网。也有学者从影响力、相关度和介入度三个特征指标界定突发公共事件网络舆情的利益相关者。在应用层面,更多研究侧重于对某一应急管理具体领域或特定环节、或具体案例利益相关者的梳理与功能分析,以及利益冲突协调,政策激励引导等方面[145]。有学者提出了除政府外利益相关者对参与区域应急管理的作用、权利和参与政策制订的途径。还有学者运用博弈论方法,对应急响应策略中的政府职能部门间合作博弈和政府、公民和媒体间的非合作博弈的利益期望进行分析,探讨应急响应策略中利益相关者间的博弈平衡问题。

可以看出,一方面,目前应急管理领域利益相关者的研究起步较晚,数量仍然较少,但已引起学界重视,形成新兴的研究视角和趋势;然而另一方面,仅有的研究还较局限在对突发公共事件预警防范、处置响应环节,或是食品安全、网络舆情、群体性事件等具体方面的静态分析上,尚未形成全过程的、系统的理论分析框架。另外,现有研究未能充分考虑不同利益相关者在突发公共事件中的自主性、动态性、触发动机、分阶段演化规律,未能在动态识别各阶段、各环节的不同利益相关者的基础上进行分类与角色功能定位。研究角度多从"参与管理"而非"共同治理"的角度进行分析,仍缺乏对大数据和公共安全治理体系新背景下突发公共事件研究的范式反思,构建多元利益相关者理论模型[146]。

应尝试突破政府对突发公共事件自上而下、单中心、单向度的传统"应对型"应急管理研究,将大数据背景下的多元利益相关者作为突发公共事件中的共同治理主体进行研究,分析突发公共事件中多元利益相关者的构成要素、参与互动模式和发展演化规律,构建突发公共事件多主体、多中心、双向度的基于利益相关者治理模式的理论模型[147]。围绕突发公共事件的预防准备、监测预警、处置救援、恢复重建等四大环节,在利益相关者动态界定与演化规律的分析基础上,构建基于突发公共事件利益相关者的"共治型"治理理论框架。与政府单中心主导下融合多元社会力量的传统"应对型"、"参与型"应急管理模式不同,"共治型"治理模式强调通过分析突发公共事件变化过程中的利益相关者,动态界定多元治理主体,形成利益相关者间多中心、互动、自治、协作的治理网络[148]。

(1)分阶段识别突发公共事件中利益相关者的治理主体

大数据背景下随着"自媒体"、"自组织"的涌现及社会公众的日益成熟,突发公共事件中"应急管理者—承灾者"这一传统利益相关者的界限和范围被打破,政府部门、受灾者、社会慈善组织、企业、保险公司、新闻媒体、公众等不同的利益相关者,在应急管理的预防和应急准备、监测预警、处置救援、恢复重建等不同阶段的利益诉求与作用形式各异,需要在四个阶段全程动态识别利益相关者,以回应利益诉求为核心,对不同利益相关者进行分类、定性、定量与定级的侦测与识别。

从发生源的角度可将利益相关者分为"强制性"与"自愿性"两大类。"强制性"利益相关者主要包括两方[149]:一方是具有合法性与制度化的组织(如政府、军队等),他们具有法律规定的责任和义务响应突发公共事件;另一方是被突发公共事件强制卷入的受灾体。"自愿性"利益相关者则由在灾前未被纳入制度化应急组织网络、与突发公共事件非直接相关的非政府组织、企业、媒体、公众等群体构成。在此基础上,依据介入度和影响度两个维度可将其划分为"核心利益相关者"、"间接利益相关者"和"潜在利益相关者"三类进行定级,为突发公共事件利益相关者共同治理提供全预判和前预判的支撑。然而需要注意的是,还需从功能效用角度对利益相关者定性,因为即便是同类利益相关者,其利益诉求和行为既可以是"正功能的",也可以是"负功能的"。只有在对突发公共事件利益相关者进行分阶段动态分类、分级、定性定量,才能系统搭建突发公共事件利益相关者的治理主体体系,为下一步突发公共事件的有效协同治理提供战略部署的可能。

(2)动态构建基于利益相关者的治理内容

突发公共事件应急决策是一个多主体、多阶段、多层级的适应性动态演进过程,在这一复杂的多阶段动态过程中,政府部门、受灾者、社会慈善组织、企业、保险公司、新闻媒体、公众等不同的利益相关者,在不同决策阶段的利益诉求和利益关系是动态发展变化的,其介入时机、互动机制、退出形式各异。甚至随着利益诉求及行为方式的演变,利益相关者的类别及性质会随时转换,要求治理共同体进行动态平衡与响应[150]。对此,通过多维情景构建法,可分阶段、分类别地分析利益相关者行为演化规律,构建突发公共事件利益相关者的治理内容。综合考虑突发公共事件时间、空间、人物、事件特征、对象状态等多维情景要素和要素关系,利用大数据的充分、实时、多源特征,动态精准的感知、预测和推演各类利益相关者的演化规律。在此基础上,针对应急决策中多元利益相关者的诉求,抽取情景要素,综合分析情景要素、影响要素与利益相关者的相关性,确定情景要素之间的相互作用关系和情景要素关联规则,建立情景要素结构框架和多维情景决策空间,研究提取影响不同利益相关者演变的关键影响要素,从而分析利益相关者的行为动机、利益相关者之间的行为关系、行为规律,把握利益相关者行为的触发情景要素,预测不同类型突发公共事件利益相关者的行为,制定相应利益相关者的治理策略。

然而需要指出的是,面对"应急响应网络包容性与协调效率"的内生性矛盾,区别于利益相关者"参与式"的传统研究范式,"共治型"利益相关者治理模式更加强调发挥利益主体间的多中心、多维度的互动协作能力,而非将多元利益主体嵌入到制度化组织网络中由单一强势主体统一考虑。应根据利益相关者相关程度的高低,从专业化程度、合作程度两个维度挖掘整合治理资源,制定治理的战略框架[151],如:对那些相关度和专业度都高的企业和社会组织,政府可通过委托授权(合同承包、特许经营、补助、凭单、法令委托)等形式进行密切合作;对相关度高、专业度低(或相关度低、专业度高)的组织,则可以通过组织动员、合作协调等形式与社会公众共建良好的协同治理关系,以此共建多源开放式的突发公共事件治理模式。

(3)利益相关者治理模式的目标

通过确定突发公共事件中各类共同治理主体以及不同利益相关者的治理角色,实现突发公共事件从单中心应急管理模式向多中心治理模式的转型。依据不同利益相关者的构成要素,建立突发公共事件事态的风险感知和预警机制,实现突发公共事件从事后应对模式向事前风险治理模式的转型。运用大数据分析技术和多维情景构建法研究突发公共事件中利益相关者的动态演化机制,实现突发公共事件从经验驱动型管理模式向大数据驱动型治理模式转型。制定不同利益相关者在突发公共事件不同阶段的动态治理方案和协同机制,构建多主体、多层次、多环节、多手段的"共治型"动态治理模式。

2.1.14　应急管理整体性治理理论

整体性治理理论建立在对新公共管理现实批评的基础之上,是针对公共部门和公共服务中日益严重的"碎片化"问题而提出的一种新型的政府治理理论[152]。与新公共服务理论、无缝隙政府理论、网络化治理理论、协同政府治理理论等相比较,整体性治理理论是一个更系统、更成熟、更具前瞻性的行政理论范式,该理论的代表人物是佩里·希克斯和帕却克·登力维[153]。由于具备了理论、实践、技术和思想的强烈动因,整体性治理理论在1997到2002年间逐渐发展完善。以佩里·希克斯的3本著作为据,整体性治理的研究进路可分为3个阶段[154]:理念的倡导(《整体性政府》)、策略的提出(《圆桌中的治理——整体性政府的策略》)和理论研究的进一步深化(《迈向整体性治理》)。其中,第3个阶段中关于整合过程、碎片化政府、棘手问题与协调的研究,表明该理论的完整性和精致度达到了较高的水平。整体性治理强调政府组织机构的整体性运作,针对政府治理中存在的碎片化问题提出了一种通过"跨界性"合作解决利益壁垒及信息沟通问题的新方案。

当前,整体性治理理论影响力逐步增强,已成为公共行政理论研究最具活力的领域之一。国外研究主要着眼于对整体性治理理论的丰富与完善,包括整体性治理的内涵、主要内容、基本框架与改进等内容;在实践层面上,也在政府改革和流程再造中得到运用。众多学者从不同角度阐释了整体性治理的含义及其在世界各国的运用情况,涉及政府改革、社会可持续发展、高等教育及公司治理等不同领域[174]。在国内,近年学者们对整体性治理理论和实践的探讨逐渐深入,研究内容主要包括整体性治理理论介绍、背景、主要内容及特征、机制、发展趋势等,以及整体性治理对我国行政体制改革的启示、整体性治理与政府关系,整体性治理在公共危机的治理、区域政府合作、养老制度、基础教育领域公共服务政策运作等领域的应用等方面[155]。

目前,整体性治理理论研究已逐渐涉及应急管理领域:

(1)基于整体性治理理论的应急联动机制基本框架构建

整体性治理是整合政府组织结构横向和纵向活动的治理模式,是实现三个面向的治理整合[156]:一是面向不同层次或同一层次的治理整合;二是面向功能内部的协调与整合,这一层次的整合属于部门间合作;三是面向公私主体之间的整合,即公共部门内部或者政府部门与非营利组织、私人组织之间建构良好的伙伴关系,属于新生伙伴关系的整合。在治理观念上,整体性治理主张运用整体思维解决社会问题;在治理方法上,整体性治理强调运用整体主义方法再造政府治理;在治理手段上,整体性治理注重现代信息技术的应用;在治理内容上,资源整合是整体性治理的核心内容,关键要整合不同层级、流程及分散的部门资源。

应急联动是在应急管理过程中将所涉及的各主体纳入统一指挥调度系统,联合处理社会突发紧急事件,向公众提供社会紧急救助服务。现代社会的应急联动需要实现应急幅度的跨区域、跨部门、跨层级、跨主体,应急过程的快速指挥、统一应急、联合行动。结合应急联动的特点,基于整体性治理理论的应急联动机制的基本框架应包括应急理念整合、组织机构整合、联动功能整合、多元主体整合、信息沟通与共享等五个维度和不同的实现路径[157]。其中,理念整合是实现应急联动的前提与基础,信息沟通与共享是实现应急联动的支撑与保障,组织机构、联动功能与多元主体整合是应急联动整合的主要内容。此五个维度可通过理念重塑与制度保障、纵横向重新整合、工作流程优化与再造、网络化构建与治理、电子政府与公共平台等路径实现。

(2)基于整体性治理理论的应急联动理念整合机制

一方面,要对部门利益分割的行政理念进行整合。要求以公众需求为基础,使政府行政理念与职能回归公共。重塑应急理念,超越部门利益,解决利益壁垒问题。应急联动行政理念的整合表现为[158]:一是各部门明确公众需求,超越部门利益,以公众的需求为基础,在处理突发事件时能摒除本位主义倾向,切实为公民提供无缝隙的服务;二是在具体突发事件应急响应中,切实树立"以人为木""效率优先"和"协调一致"的应急理念,多部门彼此合作,协调一致。部门利益分割行政理念的整合与重塑的根本在于制度的建立与保障。具体讲,要加强公务人员队伍建设。在选拔人员时注重综合素质,保证政府部门应急联动中集体主义的价值观取向。同时,完善公务员轮岗机制的人事制度变革,建立应急联动的绩效考核问责制度,促进政府机构工作人员树立公共服务的大局观和整体观,杜绝政府官员只追求部门利益的倾向,在应急联动中能够真正考虑公民最为关心的全局性问题。此外,加强对政府部门人员的教育和培训,强化应急联动中的角色定位,提高政府部门工作人员的思想觉悟和服务意识,使他们能真正地根据公众的需求进行应急管理。

另一方面,要对当前的应急管理理念进行整合与重塑,实现应急理念从"被动"到"主动"、从"松散"到"紧密"、从"临时"到"常态＋非常态"的转变[159]:一是化被动为主动,注重事前防范,关口前移,将风险扼杀在萌芽状态;二是注重各部门之间的合作,转变各个部门之间缺乏协调、组织松散的状态,在整体部署的基础上实现专业分工;三是树立"常态化＋非常态化"的应急管理理念。一般性的灾害和公共突发事件应该进行常态化管理,采用政府层结构管理模式,以分门别类、各负其责为显著特征。而对发生概率极低、灾难性后果极大的重大灾难或超越界域的重大危机,应采用非常态化应急管理,要启动举国体制、统一领导、综合协调、全面应对。"常态化＋非常态化"的应急管理理念有利于风险与危机意识的培养,同时也便于应急管理主体对一般与重大危机的区别应对。

（3）基于整体性治理理论的应急联动组织机构整合机制

应急联动组织机构整合机制包括建立以联合为特征的组织结构形式,整合同一层级、不同层级、条块之间的纵横向资源。在整合过程中,通过适度中央集权加强应急联动整体治理,减少条块管理弊端。成立综合协调性的机构与组织,加强应急联动中的众多横向部门间的协调与统筹,同时修正政府组织结构过度分权的弊端。通过整体性治理组织间网络工具,采用重新整合方法,如逆部门化和逆碎片化等方法,实现不同层次的各横向部门机构之间的整合与协调,减少利益壁垒问题。通过设置具有跨域组织功能与边界设计的应急联动中心,实现从功能性导向向问题性导向的组织管理方式的转变[160]。

我国中央集权下的应急管理模式属于政府主导下整合多方力量合力应对模式。中国政府在汶川地震、新冠疫情等一系列突发事件的应对中,坚持政府主导、军民合作,突出多部门协同配合,全社会广泛参与,形成强大合力,取得了巨大成功,体现出了鲜明的特色。在面对极端的非常态状态时,通过强有力的党的领导,政府指挥与组织协调,采用强大的动员能力,形成统一协调的组织联动体系快速有效地执行相关决策。从某种意义上,这种整合模式体现了我国通过"集中力量办大事"的体制优势,具有部门间有效联动的特点。但这种中央集权的体制优势也具有一定的局限性,如在自上而下的管理模式下,地方政府参与的主动权与积极性没有充分发挥。

2018年,我国应急管理部的成立更有利于应对各种突发事件,但也产生了与其他部委协调相对困难的新矛盾。从整体性治理的角度出发,可以通过两种方式来改变这种现状:一是在中央层面常设中央应急管理委员会,一旦出现重大突发事件,直接转换为中央的应急指挥部,承担应急协调的功能;二是采用授权机制,发生重大突发事件后,及时赋予应急管理部实施统筹协调其他各部委应急管理的权能。地方政府也应采取上述两种组织协调方式,目的是实现应急联动中组织机构的整体性协作。

机制的建设离不开体制的支撑,体制对机制具有约束作用。跨域突发事件应急联动机制必须以体制为基础,而体制的建构又体现了国家总体行政的特征,取决于具体国情。因此,应急联动机制的建构要从整体性治理视角出发,从行之有效的实践中找到正确的方法,保证应急联动机制与国家现行应急管理体制相契合,并具有可操作性。要坚持原则性与灵活性、创新性与稳定性相结合的原则,既要使组织机构的管理具有基本的刚性和原则性,又能保持适度的弹性和可拓展性,从而做到既能够符合既定的制度规范,做到科学有序,又能够根据实际情况进行灵活的调整。比如,可通过赋予地方必要的自主权,突出不同地方实情和不同组织层级特点,鼓励和允许地方根据本地区经济社会发展实际,在应急管理领域因地制宜设置机构和配置职能。

（4）基于整体性治理理论的应急联动功能整合机制

基于整体性治理理论的应急联动功能整合是建立在应急响应流程的优化设计和再造基础之上。碎片化应急管理模式固守以职能为中心的观念,按照不同的职能把应急流程划分为多个环节,由不同部门、不同人员分开完成,使原本完整和连贯的流程被阻断在部门和人员职能的分割中,最终因多头指挥、协调困难,导致资源浪费,影响整体作业效率。应急联动流程再造对应急管理主要阶段、工作流程与重要环节等基本要素与核心机制进行整体性规划和设计,对具体要素进行具体化和规范化管理[161]。从"预防与准备、监测与预警、处置与救援、恢复与重建"全阶段出发,以应急管理流程为中心,将政府各分散环节整合为流程,打破部门界限,以全局最优为目标来设计和优化流程中的各项活动,达到每个运行环节紧密衔接,形成一个围绕最终目标、体现整体效益的整体性运转流程,从而消除政策相互抵触、资源无法整合的情况,为公众提供整体高效的服务。

(5)基于整体性治理理论的应急联动多元主体整合机制

应急多元主体联动是指包括政府、市场、社会等几乎所有应急力量的联动。从实现资源的整体性治理理论出发,应急联动要求在公共服务供给方式上整合多元参与主体联合行动的可协调性,包括多元主体合作理念的协调与调整。加强规范化和科学化管理,将多元主体纳入规范范围,改善多元主体的参与格局[162]。加强政策法规平台的协调与调整,构建争端协调机制。加强多元主体合作关系模式的协调与整合。从注重各主体的合理利益和关切等维度构建良好的多元主体联动机制,以充分调动各主体积极性,发挥各主体特长,实现多元主体治理格局的协调运行,提高应急联动效率。多元主体及其资源的整合可以借助于网络性整体治理来实现,网络性整体治理是以共同关心的问题为核心,将分散的治理主体组织起来,形成多元主体组成的治理网络,打造各方和其他参与主体同样共存的网络结构。网络结构是整体性治理的内生结构,通过网络结构优化整合各主体掌握的资源,打破各参与主体"部门主义"的限制,形成多部门共同解决问题的体制机制,可保证整体性治理效果。

(6)基于整体性治理理论的应急联动信息沟通与共享整合机制

信息沟通与共享整合机制是应急联动的信息技术辅助性支撑手段。通过打造电子化政府,构建以整体协调为特征的公共服务平台及整体性信息系统实现多元主体服务与沟通渠道的整合,形成以共享为特征的信息运行机制。充分的信息公开和信息共享有利于提高信息资源利用的时效性,减少信息传播过程中的变形和失真,提升政府决策的科学性和责任感,促成部门之间的联动与整合。

实现信息共享,有三种思路[163]:一是实现组织结构的扁平化,尽量压缩中间层级,实现危机情况下组织高层与基层直接的信息沟通,保证政府部门信息的完整与透明;二是借助现代通信、电视广播和互联网络等平台加强政府—媒体—民众之间的互动与沟通,实现信息公开的便捷和多元化;三是充分利用计算机技术交叉融合的优势,大力依托目前发展迅速的大数据技术、物联网等集成各应急管理数字化系统,提高应急数据整合能力,把电子政务中的一站式服务推进一步,使多部门联动应急、整合服务的功能得到最大程度的发挥。

目前我国处于应急管理体系的转型期,整体性治理理论有助于打破"碎片化"模式下的组织壁垒和自我封闭的状态,强化不同参与主体之间的合作和协调,促进资源的整合和共享,借鉴整体性治理理论研究应急联动机制的构建理念与路径,可以为有效解决多元主体参与应急联动问题提供理论支撑与方法参考。同时,借鉴广泛运用于行政管理改革领域解决政府部门"碎片化"问题的整体性治理理论,来解决应急联动机制的构建问题,可以扩大应急管理研究的学术视野,对于提升应急管理这门由实践推动的新兴学科的理论研究具有重要意义[164]。

2.1.15 应急管理协调理论

Malone 协调理论是由美国麻省理工学院协调科学中心的 Malone 等通过应用和扩展计算机科学、组织理论、运筹学和经济学的相关理论和概念提出的,他们将"协调"定义为"对管理活动中的相互依赖关系进行管理的过程"[165]。协调过程的组成元素包括共同目标、完成目标需要执行的活动,活动的执行者及活动之间的相关性。他们还定义了三种基本的依赖关系,分别是流程依赖、共享依赖和共同依赖。流程依赖是指协作双方有需求关系,一个任务的输出是另外一个任务的输入。共享依赖是任务之间对资源的共享关系,比如不同的协助方参与了不同的任务,其任务和资源之间就存在共享依赖。共同依赖是指两个(或两个以上)协作方共同产生[166]。

根据 Malone 协调理论,不难得出协调问题就是分析活动间的依赖关系。为了识别活动间的各种依赖关系,则需要确立协调过程考虑的协调元素以及管理依赖关系即协调机制。在非常规突发事件应急决策中,从协调本质出发,采用一种自上向下的复杂活动建模方法[167]。首先对应急决策协调过程以及考虑的元素进行描述,确定应急管理活动的核心活动任务,再对识别应急管理活动中的基本依赖关系并采取相应的协调机制进行管理,建立非常规突发事件应急决策协调过程模型。

在突发事故应急响应协调领域,Carmen Niculae 等指出应急决策协调包括人员与组织的协调、信息的协调两个方面。Rui Chen 根据应急响应生命周期提出了一个框架来分析应急响应领域的协调模式,协调考虑任务流、资源、信息、决策、响应者五个基本的要素[168]。Ralfael A. Gonzalez 指出在应急响应中,协调涉及共同决策、资源共享、信息交换和方案对齐。

根据 Malone 协调理论,在非常规突发事件应急决策协调过程中,考虑的基本因素包括决策者、信息、活动(任务)、资源、依赖关系,通过这些因素的描述来建立决策协调过程[169]:

定义过程。应急决策协调过程是一个五元组,记为 Pro：=(Dec，Info，Acts，Res，IneterDep)。其中 Pro 表示应急决策协调过程,Dec 表示应急决策协调的决策者,Info 表示应急决策协调信息,Acts 表示应急决策协调活动,Res 表示应急决策过程协调的应急资源,InterDep 表示应急决策活动的依赖关系。

定义决策者。应急决策指挥中心是应急决策协调机构,机构的决策者由应急救援相应领域的专家群体组成。

定义信息。信息表示应急态势的发展情况和在决策过程中产生的决策信息。应该及时收集、分析和发布信息,通过高效、合理、及时的信息反馈来使各个部门动态协调规划和决策,实现整个应急决策协调过程的最优化。

定义活动。应急决策协调活动是活动的集合,由基本的不可再分的、原子性的活动所组合构成,而且可以随着应急态势和目标环境的变化而变化。

　　定义资源。资源表示应急响应中所需的应急资源。应急资源是一个 3 元组,包括应急资源种类、属性、数量。

　　定义依赖关系。依赖关系是表征活动间的相关性,而且活动间的依赖关系会随着应急态势和应急资源的变化而更新。根据协调理论,三种基本的依赖关系为流程依赖(flow)、共享依赖(sharing)和共同依赖(fit)。

　　非常规突发事件应急决策协调过程是非结构化且动态变化的,是在资源约束等条件下,通过交换信息、协商冲突以形成协调的、无冲突的决策过程。从协调的本质出发,根据 Malone 协调理论对非常规突发事件应急决策协调过程建模,首先要确定应急协调的核心任务活动,并将核心活动分解为不可再分的原子活动,并分析原子活动间的关键依赖,确定其流程依赖、共享依赖和共同依赖,并对每种依赖关系进行管理,最终形成核心任务协调方案。具体步骤如下[170]:

　　第一,确定核心任务活动,建立突发事件应急决策协调过程的基本模型。

　　第二,参与决策的各个应急部门,针对核心任务活动,了解应急态势发展状况,制定相应的决策活动方案,并分解至原子活动。

　　第三,分析各个原子活动的约束条件。在非常规突发事件应急决策协调过程中,各个原子活动的约束条件主要包括应急救援执行者、所需时间、应急物资源、信息等要素,这些要素从整个应急管理的角度来说都属于广义的应急资源。因而确定原子活动的约束条件,即主要确定所需应急资源约束条件,而且正是应急资源约束条件影响着决策活动对资源的依赖关系。所以研究非常规突发事件应急决策协调过程中活动间的依赖关系只讨论各个原子活动对于广义应急资源的依赖关系。

　　第四,确定活动关键依赖。应急指挥中心综合考虑各个相关部门的决策原子活动,确定原子任务之间对于应急资源的流程依赖、共享依赖和共同依赖关系。对于识别原子活动之间的相互依赖关系,可以通过综合分析所有原子活动的应急资源约束条件,从了解活动的输入角度出发,考虑创造资源的活动是否有流程依赖,或是这些资源是否被其他活动使用从而获知原子活动间是否存在共享依赖;从了解活动的输出角度出发,考虑使用这些资源的活动之间是否有流程依赖,或是创造这些资源的活动是否具有共同依赖。

　　第五,管理活动依赖关系(协调机制)。协调机制是管理相互依赖的方法和工具。对于一种依赖关系,可以有多种协调机制来匹配,同时也会产生不同的效果。对于协调机制的研究,学界提出了一些典型的协调机制:标准化(standardization)、规划(planning)、相互调整(mutual adjustment)、调解、协商、常规(routines),边界管理人员(boundary spanners)和团队会议(team meeting)等。Malone 等提出了一些处理共享信息依赖性的协调机制例子,如"先到先服务"、优先顺序、预算或是类似市场的竞标来协调处理,以及先决限制性依赖可以通过通知、序列或跟踪来处理。

　　第六,应急指挥中心综合整理决策活动的协调依赖,形成整体满意的核心任务活动的协调方案。

　　非常规突发事件发生后,协调活动是发生在多个部门层次之间的,应急决策指挥中心统筹兼顾总体协调整个应急活动,组织各个部门决策专家共同进行决策。整个应急决策过程的核心任务主要包括评估应急态势、制定应急决策方案和确定应急决策方案[171]。

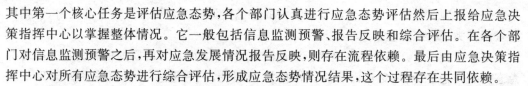

其中第一个核心任务是评估应急态势,各个部门认真进行应急态势评估然后上报给应急决策指挥中心以掌握整体情况。它一般包括信息监测预警、报告反映和综合评估。在各个部门对信息监测预警之后,再对应急发展情况报告反映,则存在流程依赖。最后由应急决策指挥中心对所有应急态势进行综合评估,形成应急态势情况结果,这个过程存在共同依赖。

确定核心任务之后,涉及的相关部门决策专家根据应急态势的评估情况来制定相应决策方案,并将其分解为不可再分的原子任务活动,并分析其对应急资源的约束关系[172],如在雪灾中电力部门、能源部门和铁路、公路运输部门就电煤供应、电煤运输及发电各个相关部门认真制定相应的应急方案。然后,应急决策指挥中心综合所有的原子任务活动及其约束关系,来确定所有的应急子活动对应急资源的关键依赖关系。最后,多个决策专家一起进行协商研讨综合应用规划、协商、相互调整等不同的协调机制来解决非常规突发事件应急协调过程中活动对于应急资源的相互依赖,并确定最终的应急决策协调方案。

2.1.16 应急管理累积前景理论

累积前景理论是一个充分考虑决策者主观风险态度的描述性范式决策模型,它是心理学及行为科学的研究成果。1979 年,Kahneman 和 Tversky 为了解释决策过程中各种不符合期望效用理论的现象,在 Simon 的"有限理性"的基础上提出了前景理论,1992 年,Kahneman 和 Tversky 引入等级依赖效用理论、符号标记依赖效用理论和 Choquet 容量函数,提出了累积前景理论,能够很好地解释强势占优[173]。2002 年,卡尼曼凭借前景理论获得诺贝尔经济学奖。

现有的风险型多属性决策方法大多是基于期望效用理论的,基于决策者是理性人的假设之上,而累积前景理论是在 Simon 的"有限理性"的基础上提出的,因此从贴近现实的决策角度出发,结合累积前景理论来研究风险型决策是更加具有现实意义、解释力和适用性的[174]。

近年来,特大突发事件的发生频率越来越高,鉴于突发事件的随机性、快速扩散性、动态性等特征,突发事件一旦发生,便会对社会稳定带来十分消极的影响。风险具有极高的随机不确定性和动态演变性,这与突发事件的特征极其符合,因此突发事件应急决策实际上就是高风险决策。由于应急决策问题对于时间有着较高的要求,即需要在较短的时间内有效解决相应的问题,具有时间短、决策快等特征[175]。目前,在应急管理应用上比较新颖的是使用"分众(crowd sourcing)"方式,它主要是指由决策者通过网络平台(包括移动互联网)分散完成工作任务,并通过整合后在网络上提供服务的一种方式。在这个过程中,相关决策信息可以通过网络迅速传递到指挥部门,因此可以满足应急决策的时间性要求。在该方式中,应急决策往往会涉及众多不同层次的组织、专家和社会公众,因此构成了复杂的决策大群体[176]。

风险型应急决策是一种非预期性决策,其决策结果很难预料且风险极大,并且随着事件危机情况实时演变。因此,针对突发事件的决策结果往往只能由决策者凭借自己的主观判断和预测给出,这就导致决策结果容易受决策者的心理行为影响[177]。在当前针对风险型(应急)决策,许多学者已经进行了相应的方法研究。而自从 Kahneman 等提出了累积前景理论以来,一些考虑决策者心理行为的决策理论得到了迅速发展,例如失望与后悔理论、前景理论,以及累积前景理论[178]。与传统的期望效用值理论相比,相关文献已经表明累积前景理论更加适用于需要考虑决策者心理影响因素的决策环境[179]。

对于累积前景理论在风险型决策方面的研究,主要集中在属性权重的优化、方案排序方法,以及新应用领域的拓展等方面[180]:比如有学者针对属性值为混合数形式、属性权重未知、属性状态概率为区间数形式的风险型多属性决策方法,提出了一种基于前景理论和离差最大化思想的决策方法,并分析了价值函数、权重函数不同的参数取值和不同的参照点的情形;有学者针对属性值为区间灰数、属性权重未知的多阶段动态风险型决策问题,构建了一种基于累积前景理论和极大熵思想的属性权重优化模型,再基于灰靶决策的思想,通过计算各方案的综合靶心距对方案进行排序;有学者针对准则权重完全未知动态风险型多属性决策问题,结合累积前景理论和集对分析思想提出了一种全新的风险型决策方法;有学者考虑每个决策者给出不同的指标期望的风险群决策问题,提出一种基于累积前景理论的风险型群决策方法。依据方案的综合累积前景值对方案进行排序和择优,最后将该风险型群决策应用到实际案例中;有学者研究了属性值为不确定语言变量、属性状态概率为区间数形式的风险型多属性决策问题,提出了一类特殊的基于前景理论的风险型多属性决策方法,考虑将语言变量转换成梯形模糊数的形式,结合前景理论进行处理得到各个方案的加权平均前景值,据此进行方案排序,最后该方法在金融投资案例中得到了验证;有学者针对属性权重与状态概率为区间数形式、属性值为区间值模糊数的风险型多属性决策问题,提出一种基于累积前景理论的决策方法,并用该方法解决了城市公交线网优化的问题;有学者研究了一类属性值为混合数形式,且决策者具有相同形式的动态期望值的多阶段动态风险型决策问题,提出了一种基于累积前景理论考虑决策者心理行为的多阶段决策方法,最终将该方法应用到投资项目的选择问题中,说明了方法的实用性;有学者研究了一种基于累积前景理论的交互式风险型群决策方法,克服了传统的风险型群决策方法可执行性较差、决策过程满意度较低的弱点;有学者在灾害应急响应分析过程中,考虑到决策者的心理行为,比如参考依赖、损失规避和判断失真等情况,构建了基于累积前景理论的风险型决策方法来解决这类风险应急响应问题,并通过堰塞湖下游村庄的应急疏散方案选择的案例来验证该方法;有学者针对决策者对各个属性值的具有期望,并且属性值表征形式多样的石油管道路径方案选择问题,结合 AHP 层次分析法和累积前景理论建立了属性权重优化模型,并依据各个方案的累积前景值对石油输送管道路径方案进行选择,对于类似的工程实施方案优选提供了指导和参考作用。

2.1.17　应急管理后悔理论

关于后悔的概念,Landman 于 1993 年给出了准确描述,即后悔是一种感到沮丧甚至悲痛感的认知和情感状态,使人感到倒霉、孤立无援、亏损、负罪感、遗憾、错误和不完美,是一种理性情感体验[181]。后悔的事情可以是实施行为的失误,也可以是不作为的过错,它包括从自愿、不可控和意外等各种情形,它可以是自己、他人或者群体的实际操作行为,也可以是完全想象出来的假设情形。后悔的对象既可以不遵循道义和法律,也可以是这两种层面上的中立。在一系列关于后悔的研究中,后悔对决策的影响最为重要和普遍,尤

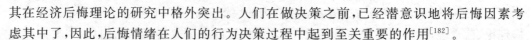

其在经济后悔理论的研究中格外突出。人们在做决策之前,已经潜意识地将后悔因素考虑其中了,因此,后悔情绪在人们的行为决策过程中起到至关重要的作用[182]。

后悔理论(Regret Theory)起源于经济学和心理学,对人类行为具有巨大的驱动和导向作用,其研究随后不断被拓展到众多领域。后悔理论在一定程度上可以解释很多期望效用理论不能解释的现象,如悖论和确定效应等。同时,由于后悔理论比前景理论更简单且涉及参数更少,近年来也引起了越来越多的国内外学者的关注[183]。

后悔理论和前景理论一样,也是关于不确定情景下的理性决策理论,Loomes 和 Lugden 提出的后悔理论是继前景理论之后的一种行为决策理论。其基本思想为[184]:决策者在决策过程中不仅关注其考虑选择的方案所获得的结果,还关注如果选择其他方案可能获得的结果。如果发现选择其他方案可以获得更好的结果,那么其心里就会感到后悔,反之即感到欣喜。因此,决策者在决策时会对可能产生的后悔或欣喜有所预期,会避免选择会使其感到后悔的方案,即力求后悔规避。他们把情感和动机的因素合并到期望效用的结构中,认为个人会评估他对未来事件或情形的预期反应,这些情绪反应会使效用函数有不确定的变化,然而无论怎样,决策者的目标始终是竭力使后悔最低[185]。

近年来,随着全球自然环境问题的不断爆发和经济发展不平衡性的不断加剧,世界各地突发事件频发,且呈逐年上升的趋势,给人们的人身财产安全造成了巨大的威胁和损失。然而,突发事件的发生又是不可避免的,事故发生前能否做好积极应对措施,事故发生后能否及时采取有效救援行动,各种救援物资能否及时到位等,都需要政府和相关社会机构做出积极有效的应急决策方案。鉴于此,有必要针对突发事件刚刚发生或出现征兆时,从多个备选应急方案中选择最优方案的这类问题进行分析和研究,以应对突发事件带来的不良后果[186]。

以后悔理论为基础,研究应急方案对突发事件情景演变无影响的应急方案选择方法和应急方案对突发事件情景演变有影响的应急方案选择方法,其主要工作及意义如下[187]:

● 提炼了一类突发事件应急决策问题。对突发事件应急决策问题进行了描述、提炼、分类和整理,这在一定程度上对日后相关研究的开展起到参考和指导作用,也有助于为突发事件应急决策问题研究提供具体的应用背景。

● 提出了一种基于后悔理论的突发事件应急方案选择方法。针对方案对突发事件情景演变无影响和方案对突发事件情景演变有影响两种情况,提出了基于后悔理论的应急方案择优方法,具有一定的实用性和可操作性。

● 给出了基于后悔理论的突发事件应急方案选择方法的应用研究。分别以台风登陆事件和流行病防控事件的应急方案选择为例,验证了研究方法的实用性和合理性。并且该方法在现实中有广泛的应用空间。

2.2　应急救援理论综述

2.2.1　应急救援基本理论体系

突发公共事件应急救援研究属于公共安全管理研究范畴,始于20世纪七八十年代的欧美等国。西方国家最初对突发公共事件应急救援方面的研究,主要涉及国家安全和国际关系等领域,如战争、武装冲突等;同时从工程技术角度对突发公共事件应急救援展开探讨,如针对洪水、飓风、地震、火灾等的应急救援理论探索[188]。20世纪六七十年代,由于飓风、地震等自然灾害频发,美国政府及学术界加强了对突发公共事件应急救援体系的探讨和研究,主要是针对突发公共事件应急救援的理论探讨,自然灾害事件是突发公共事件应急救援研究的重要方面[189]。如美国社会学教授克兰特利从社会学的角度,对涉及大规模灾难中的公众互助行为模式及社会支持系统、救灾中社会组织与政府部门的作用、突发公共事件中的社会社区公众组织管理、灾害医疗救助服务、灾害紧急应对、灾害应对中的公众行为特征以及突发公共事件紧急应对行为方式、事件中社区组织的预备和应对行动、突发灾害中社会角色的简化、灾难事件中的大众传媒等应急救援因素进行了广泛的探索。丹尼斯韦伯针对突发灾难中的集体应急救援行为展开了论述。另外,也有学者就大规模突发公共事件国家应急救援体系进行了论述[190]。

有学者主要从应急救援群团组织、公众组织协调、救援措施等层面,论述了突发公共事件应急救援中的社会参与、社区组织、群团作用的发挥以及具体救援行动,还没有涉及应急救援组织机构、运行机制等内容。20世纪90年代以后,学者们从更多不同的角度对突发公共事件的应急救援进行研究。诺曼R奥古斯丁开始从整体上对突发公共事件应急救援进行研究,他认为,突发公共事件控制与化解是突发公共事件应急救援过程,是指根据突发公共事件发生的情况采取各种必要的救援应对措施,通过采取各种合理有效的应急救援行为化解突发公共事件造成的破坏性影响。21世纪以来,学者们加强了对突发公共事件应急救援具体措施的研究,包括应急救援设施装备、应急救援操作技术、应急救援队伍建设与培养、应急救援医疗救助、应急救援后勤供给、通讯保障等在内的应急救援具体事项的研究,受到学术界的广泛关注。他们从突发公共事件应对人员自身保护、防卫技术、应急救援程序、搜救工具的运用、联合搜救技术、地理信息系统、互联网络数字技术和应急搜救过程中的支持系统等方面进行了探讨。与此同时,学者们针对突发公共事件应急救援的研究也涉及了组织体系、机构建制、系统运行机制等内容,从而使得突发公共事件应急救援的理论研究日臻成熟[191]。

因此,实现应急救援管理体系及能力现代化,需要强有力的应急救援科学基础理论与基础实验体系的科学维度支撑。结合突发公共事件发生特点,这项工作包括两个方面,即应急救援理论体系和应急救援基础实验体系[192]:

● 应急救援理论体系。在借鉴传统文化及西方现代应急理论的基础上,要开展以应急救援治理为牵引,以应急救援生态学、应急救援旅游学、应急救援法学、应急救援科普学等一系列社会治理层面的应急救援科学为基础理论的研究及配套示范项目跟踪研究。

● 应急救援基础实验体系。主要开展以精准救援体系为主导理念,以应急救援测度、应急救援仿真、应急救援生物医学等一系列基础实验方法为辅助的精准救援实验体系及其配套实验科目、示范工程。

其中,应急救援理论体系应包括应急救援规则理论集、应急救援管理整合理论集、应急救援综合实施理论集。应急救援规则理论集由系统时变性机理及系统非均衡机理构成,应急救援管理整合理论集由救援的有序性机理、救援系统的反馈性机理、救援系统的联动性及分级救援机理构成,应急救援综合实施理论集由系统可恢复、救援响应快速化、预防事件连锁反应及扩散效应构成。应急救援理论体系具体组成如图 2-1 所示[193]。

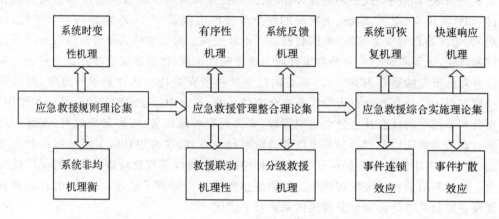

图 2-1　应急救援理论体系

（1）应急救援规则理论集

应急救援规则理论集由系统时变性机理和系统非均衡性机理组成;系统时变性机理由救援系统的突变性、易损性及不确定性构成;系统非均衡性机理主要由救援信息的不对称性、救援资源的不均衡性及事故分布的不均衡性组成。应急救援规则的目标就是在确保全局救援最优的前提下寻求一种相对平衡,使救援资源、救援信息与救援相匹配,因此应急救援规则理论集组成如图 2-2 所示。

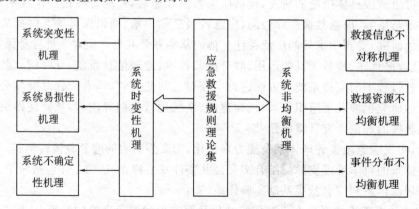

图 2-2　应急救援规则理论集

● 系统时变性机理。应急救援系统是一个相对开放的空间系统,其与社会、自然环境均不断存在信息能量交换。这一特性决定了系统时变性机理,即系统自身很强的突变性、易损性及不确定性,其表征为自然、人为突发公共事件对生产环境的破坏及非正常行为对安全的影响等,这客观上要求在进行系统规划设计时,务必分析确定系统与自然环境及社会环境系统间交互的匹配性。

● 系统非均衡性机理。应急救援系统是非均衡性系统,其突发公共事件源的分布具有很强的离散性及不聚集性,因此在空间体系分布上呈现一种非平衡性,如人员的差异,而救援资源及信息由于系统初始状态的限定也呈现一定的非均衡性,其表征为事件发生后相关信息传输的延迟及救援时人员、救援物资设备的运输差异。

(2)应急救援管理整合理论集

应急救援管理整合理论集由系统有序性机理、系统回馈性机理、联动协同性机理、分级救援机理组成,其组成如图 2-3 所示。

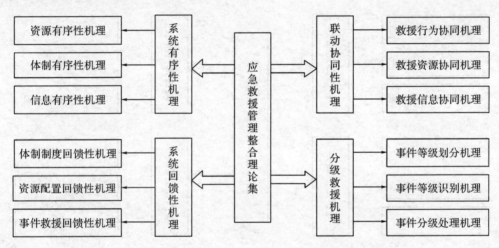

图 2-3　应急救援管理整合理论集

● 系统有序性机理。应急救援活动的进行及救援体系的日常管理既是一种完全的自组织行为,也是一种主观行为,是救援管理层救援意识、救援理念在实施层的具体体现。这就客观上要求应急救援系统对资源的管理控制、救援信息的处理及享用呈现一定的有序性与制度性,其表征为应急救援制度的确立及救援职责范围的确定等。系统有序性机理对应急救援系统的体制制度、运作模型,从哲学有序性角度进行分析与研究,为各类体制及规章制度的建立提供理论基础。

● 系统回馈性机理。应急救援系统与应急救援实施系统间存在着反馈回至性,这一特性表现在应急救援方案的及时调整和应急救援管理体的改动。整个应急救援体系就是基于这种动态回馈性,不断调整系统结构及运作模式使之实现对事故的快速响应。系统回馈性机理就是从救援管理体制的回馈性、救助资源配置的回馈性、事件救援的回馈性等多个层面,对系统和事件危害的回馈性机制及机理进行系统的研究。

● 联动协同性机理。应急救援是一个综合性救援系统,涉及城市政府及相关部门、企业、公众及外部众多组织。如何构建其整体联动机制,确保各子系统间的协调运作是协同理论解决的核心问题。联动协同性机理从救援人员行为的协同管理,救援物资、设备、设施的协同调用,各类救援信息的协同共享等多个方面出发,确保应急救援对突发公共事件反应的合理有序。

● 分级救援机理。突发公共事件危害的程度不同,其事故处理模式与方法也不同,分级应急救援机理对事故灾害的划分原则、划分方式、划分依据进行了界定。此外,对各级突发公共事件影响范围、事件的模糊辨识、分级救援的模式与体系等关键性问题进行系统性研究,为突发公共事件的分级处理提供必要的理论依据。

(3)应急救援综合实施理论集

应急救援综合实施是使突发公共事件损失最小化、救援响应快速化、预防事件连锁反应及扩散效应得到抑制,因此应急救援综合实施理论集由救援阀值机理、快速响应机理、事件扩散机理、事件连锁机理组成,其组成如图2-4所示。

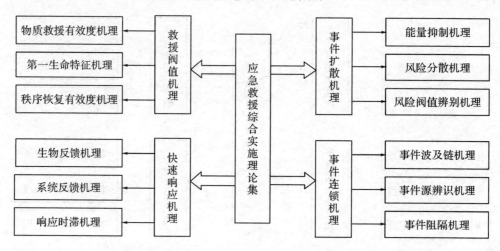

图2-4　应急救援综合实施理论集

● 救援阀值机理。任何事件均存在一定的可恢复点,如人员救助必须在一定的时间范围内予以实施,救援阀值机理就是对事件发生后受伤人员、受损物资、设备及受影响秩序的可恢复阀值进行系统分析与研究,建立时间与其可恢复度概率函数模型,为应急救援系统规划与设计及救援实施提供理论依据。

● 快速响应机理。应急救援系统建立的合理与否很大程度上取决于其对突发公共事件的响应速度,快速响应机理从个体初级救助、系统综合救助、救助时滞差等多个层面对快速响应机理进行研究。其中生物反馈机理是从个体初级救助的角度分析其救助机理,系统反馈机理是从监测、辨识、报警、响应救援链的角度分析应急救援系统对突发公共事件的响应,响应时滞机理则是在上述两者研究基础上对救助响应时滞进行研究。

● 事件扩散机理。突发公共事件发生后,事件现场处于一种能量紊乱状态,如不对其及时进行处理与控制将会造成更大的危险,造成损失扩大化。事件扩散机理通过对各类突发公共事件类型的详细划分,确定各类事件的产生机理、波及范围,从能量抑制、风险分散、响应时滞多个层面对危险控制进行研究。

● 事件连锁机理。突发公共事件的发生不是一个静态过程而是一个动态叠加过程，因此对于突发公共事件应急救援需从动态事件链的角度分析其影响及根源，从源和链的角度对突发公共事件予以控制，事件连锁机理为其链式控制提供了必要的理论基础。

同时，21 世纪以来，学者们也从更多不同的角度对突发公共事件应急救援进行理论研究，加强了对突发公共事件应急救援具体措施的研究，包括应急救援设施装备、应急救援操作技术、应急救援队伍建设与培养、应急救援医疗救助、应急救援后勤供给、应急救援通讯保障等在内的应急救援具体事项的研究，受到学术界的广泛关注。也从突发公共事件应对人员自身保护、防卫技术、应急救援程序、搜救工具的运用、联合搜救技术、地理信息系统、互联网络数字技术和应急搜救过程中的支持系统等方面进行了探讨。

2.2.2　应急救援系统内部机理及动力学模型

应急救援系统的形成是一个复杂的过程，不能仅仅考虑应急救援系统自身，而应将城市作为一个整体系统考虑两个方面：突发公共事件系统和致力于减少突发公共事件发生及损失的应急救援系统，应急救援系统正是在与突发公共事件系统的相互作用中逐渐形成和完善的，如图 2-5 所示[194]。

图 2-5　应急救援系统形成框架

2.2.2.1　突发公共事件系统机理分析

(1)突发公共事件系统的定义及类型

日前，突发公共事件的分类学说众说纷纭、千差万别、角度多样。根据发生过程、性质和机理可分为自然灾害、事故灾难、公共卫生事件、社会安全事件等，根据发生和发展特点可分为突发型突发公共事件和缓慢型突发公共事件，根据形成演变特性可分为原生突发公共事件、次生突发公共事件、衍生突发公共事件、耦合突发公共事件，根据规模和危害程度可以将其分为特别严重、严重、较严重以及一般严重突发公共事件。在此，主要基于致害原因进行分类，将突发公共事件系统划分为[195]：

● 自然突发公共事件系统。是指由客观自然现象直接导致的各种突发公共事件所组成的系统。其所包含的突发公共事件大多是自然界按其自身规律运行的客观结果，是影响社会经济发展的最为重要的突发公共事件现象。自然突发公共事件系统又包括气象突发公共事件、海洋突发公共事件、洪水突发公共事件、地质突发公共事件、地震突发公共事件、生物突发公共事件、天文突发公共事件及其他突发公共事件等次级子系统，每类次级系统又包含若干种具体的突发公共事件。

● 人为—自然突发公共事件系统。是指人为因素与自然因素交互作用下所导致的突发公共事件构成的系统。事实上,人为—自然突发公共事件系统尚无统一分类方法,然而从成因上看,这些突发公共事件都是在一定的自然环境背景下由于人类社会活动引起的,破坏水土环境、过量开发水资源、污染环境、生产活动等都可能引起人为—自然突发公共事件。

● 人为社会突发公共事件系统。是指由于人类自身的行为直接导致的各种突发公共事件组成的系统。主要包含人类在生产、生活活动中的过错或过失造成的突发公共事件。这类突发公共事件的主要特点是人为原因在致害因素中居于主导地位,例如火灾、突发公共卫生事件、事故突发公共事件、科技突发公共事件等。

(2)突发公共事件系统的基本规律

突发公共事件系统的基本规律如下[196]:

● 不可避免。包含了突发公共事件与突发公共事件损失不可绝对(或完全)避免和可以相对减轻两个方面。"不可避免"决定了应急救援系统建设的出发点是着眼于突发公共事件与突发公共事件损失的相对减轻,寻求损失的最小化。在此规律下,应急救援行为不仅是重要的,而且是必需的。无论是自然突发公共事件、人为—自然突发公共事件还是人为社会突发公共事件,都不可能绝对避免;"减轻"突发公共事件的行为只能立足于突发公共事件的不可避免这一前提下,寻求有效的路径与方法。

● 相互制约。包括对突发公共事件的制约和突发公共事件对社会发展的制约两个方面的内容:一方面,社会对突发公共事件的制约表现在通过各种防灾工程建设,使某些突发公共事件在一定区域范围内或不同程度上得到减轻或制约,也可以通过科学技术的发展与应用,通过应急救援活动来控制突发公共事件的发生与发展;另一方面,突发公共事件对社会的制约表现在导致生产、生活环境恶化、造成人员伤亡和经济损失等。

● 连锁反应。是指许多突发公共事件之间常常发生一定的联系,或者同源同地或者同源异地,或者因果响应,这些联系使突发公共事件之间形成突发公共事件链或突发公共事件群。连锁反应是突发公共事件的固有特性,在现阶段表现得尤为突出。突发公共事件链大致分为三类:因果链,即由某一突发公共事件进一步引发另一个或多个突发公共事件;同源链,即由某一原因造成多个突发公共事件并发;互生链,即几个突发公共事件彼此影响、相互促进、共同消长。突发公共事件的连锁反应容易造成多个突发公共事件并发,增大破坏力,同时也增加了应急救援的工作难度。

● 区域组合。是指突发公共事件的种类、数量、频率及危害程度、危害对象在不同区域具有不同的组合,突发公共事件的"区域组合"是多种因素综合作用的结果。强调突发公共事件的区域组合规律,有助于准确认识并把握区域内的突发公共事件问题,了解区域内对经济、社会发展造成威胁的主要突发公共事件属性,合理调整城市经济布局,并为真正有效地开展应急救援工作提供具体的科学依据。

(3)突发公共事件系统的基本构成

各种突发公共事件组成的突发公共事件群将对城市社会经济、资源环境产生不同程度的破坏,从而加剧各种突发公共事件的发生。在不加外部干涉的情况下,突发公共事件系统将表现出以正反馈机制为主的不断恶化的状态,如图2-6所示[197]。

突发公共事件系统是一个由若干子系统所组成的复杂系统,从原因—结果角度出发,

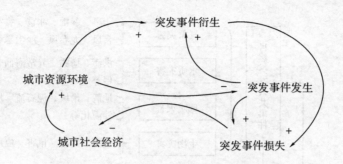

图 2-6　突发公共事件系统的系统动力学描述

系统组成结构如下图 2-7 所示[197]，其中致害系统的致害原因分为自然、人为＋自然和人为三种。

2.2.2.2　应急救援系统内部机理分析

突发公共事件系统的复杂性决定了应急救援系统是一项复杂的系统工程，从系统的角度而言，应急救援系统应包含[197]：

（1）应急救援支持系统

● 突发公共事件研究子系统，主要包括对突发公共事件发生原因、发展规律和趋势及危害的研究。

● 应急救援经济环境子系统，主要是从经济发展与突发公共事件之间的相互作用关系来考虑。在应急救援实践中，应急救援活动并非表现为单纯的行动，而是与常规经济活动或经济行为之间存在着内在的、不可分割的联系。一方面，应急救援活动本身的投入受经济基础的制约；另一方面，经济活动强度和经济增长方式又影响着突发公共事件的发生。违反科学规律的、不合理的经济活动虽然能给城市带来暂时的可观利益，但同时也对其环境资源造成了巨大的破坏，制约了经济建设和经济发展。

● 应急救援社会环境子系统，主要包括人口数量、应急救援相关的法律法规、行政管理、商业运营、应急管理体制、城市居民应急救援意识建设等方面。应急救援社会环境的好坏，不仅在很大程度上决定着突发公共事件应急救援的效果，而且对人为自然突发公共事件和人为社会突发公共事件的预防也将产生重大影响。

● 应急救援资源子系统，主要包括与应急救援有关的自然资源和社会资源。自然资源在很大程度上影响着突发公共事件的发展特性和发生频率；社会资源主要包括人力资源、资金资源、信息资源、科技资源等方面，社会资源对于突发公共事件损失的最小化具有重要影响。

（2）应急救援执行系统

● 以致害因素为工作重点的子系统，其应急救援行动主要是针对突发公共事件发展的监测、预防和预报为主，通过对致害因素和突发公共事件发展特点的分析，致力于从改变致害环境和化解致害因子的角度来减轻突发公共事件发展，以有效避免突发公共事件加重而造成的损失。

● 以受害对象为工作重点的子系统，其应急救援行动主要以突发公共事件发生时的

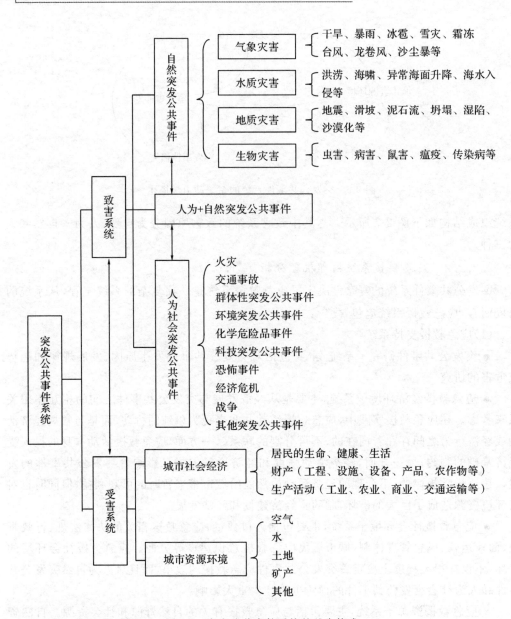

图 2-7　突发公共事件系统的基本构成

救援行动和事后的恢复重建为主,其目的在于通过各种反应机制和措施,最大限度地减少突发公共事件造成的各种损失。

　　根据以上分析,应急救援系统的基本构成如下图 2-8 所示[197],应急救援系统的两个系统之间存在着不同形式的复杂内在联系。其中,应急救援执行系统直接作用于突发公共事件,应急救援支持系统则间接作用于突发公共事件。应急救援能否取得应有的效果,不仅取决于应急救援执行系统的正确性和有效性,还与应急救援支持系统能否提供足够的支持紧密相关。应急救援支持系统一方面担负着为应急救援执行系统提供支持的重任,另一方面又对应急救援执行系统提供着指导和约束的作用,其目的在于提高应急救援

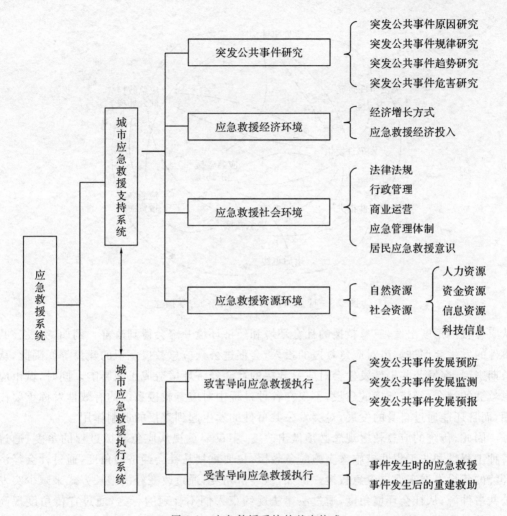

图 2-8 应急救援系统的基本构成

的效果和效率。应急救援执行系统所积累的各种经验,直接影响着应急救援支持系统的发展和建设。应急救援的最终效果是由应急救援执行系统和应急救援支持系统两者共同作用来决定的,如果应急救援支持系统能够为应急救援执行系统提供各种有效的支持,则突发公共事件造成的影响、损失就会得到有效减轻。

2.2.2.3 应急救援系统动力学描述

根据上述应急救援系统的基本构成,应急救援支持系统中包含突发公共事件研究、应急救援经济环境、应急救援社会环境、应急救援资源等次级子系统;应急救援执行系统中包含以致害导向因素为工作重点和以受害导向因素为工作重点的两个次级子系统。通过分析这些次级子系统之间的相互作用关系,建立应急救援系统的系统动力学描述如图 2-9 所示[197]。

其中,突发公共事件对城市应急救援的经济、社会环境的改善是从长期来考虑的。突发公共事件尽管在一定程度上会造成对社会经济的破坏,导致各种突发公共事件损失,但

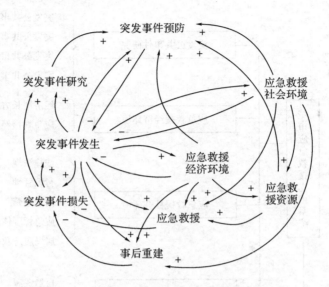

图 2-9　应急救援系统的系统动力学描述

从应急救援角度出发,应急救援的社会环境和经济环境一定会得到改善。例如,突发公共事件的发生会促进城市对应急救援的投入,会促进公众应急救援意识的建设等。因此,从长期来说,突发公共事件发生会对应急救援的社会经济环境造成正面影响。同时,城市应急救援的社会、经济环境的建设,不仅在各种过程中对应急救援系统的有效性发挥重要作用,而且还能通过自身的发展,对突发公共事件的发生起到直接的遏制作用。

因此,传统的应急救援观念必须做出改变,不仅要重视从应急救援过程的角度,通过各种工程性和非工程性措施来实施应急救援,更要重视从社会经济的角度,通过社会经济环境的建设发展来促进应急救援。例如,从经济角度,通过改变经济增长方式来减少突发公共事件源;从社会环境角度,通过法律法规约束人们不合理的行为,通过宣传角度提高公众的防灾意识等。

2.2.2.4　应急救援系统的系统动力学模型

应急救援系统的形成是建立在广义的突发公共事件应急救援管理基础上,包括由突发公共事件所引发的一系列的城市社会经济活动。应急救援系统通过各种途径发挥作用,但最终作用的对象是突发公共事件系统,将体现在对致害因素的化解和受害损失的减少上。从这个意义上讲,应急救援系统的形成除包含各种突发公共事件管理因素外,还应体现突发公共事件应急救援的结果,即应急救援系统和突发公共事件系统之间的相互作用关系。由此确定应急救援系统的形成框架如图 2-10 所示[197]。

可见,应急救援系统是在自身与突发公共事件系统的相互作用中逐渐形成、发展的。其中,突发公共事件系统中包含致害因素和受害对象两个子系统,而应急救援系统中包含应急救援支持和应急救援执行两个子系统,所有这些系统之间存在着复杂的相互作用关系,应急救援系统的系统动力学描述如图 2-11 所示[197]。

分析总体模型和各变量之间的相互作用关系,可以建立应急救援系统的系统动力学模型如图 2-12 所示[197]。

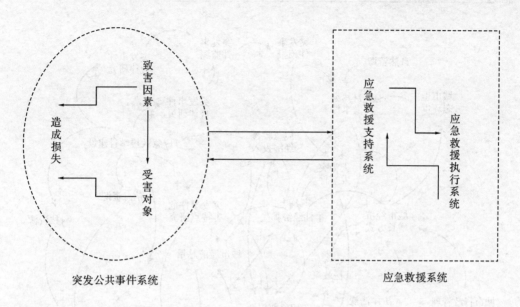

图 2-10 应急救援系统的形成框架

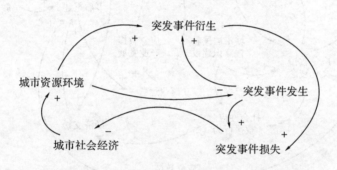

图 2-11 应急救援系统的系统动力学描述

2.2.3 应急救援系统动力学运行机制模型

应急救援系统的运行过程,也就是应急救援系统因某一突发公共事件的发生和发展,而产生自发性改变的协调过程,其运行过程包括绩效调整、救援负荷调整与创新、能力调整、错误避免侦测与恢复、成员变动等运行机制。以应急救援系统基于自组织的视角研究应急救援系统的运行机制,并利用系统动力学模型依次构建这些运行机制,在此基础上构建出应急救援系统基本理论框架。

2.2.3.1 应急救援系统的运行机理

突发公共事件发生后,应急救援系统的运行包括:绩效调整、救援负荷调整与创新、能力调整、错误避免侦测与恢复、成员变动等过程,这些过程彼此之间具有如图 2-13 所示(虚线方框内)的运行机理[197]。

突发公共事件发生后,应急救援系统首先会根据突发公共事件所需救援的情况,做出应急救援运行调整的过程,结合绩效目标(例如搜救人员、抢救财物、避免次生或衍生事件

63

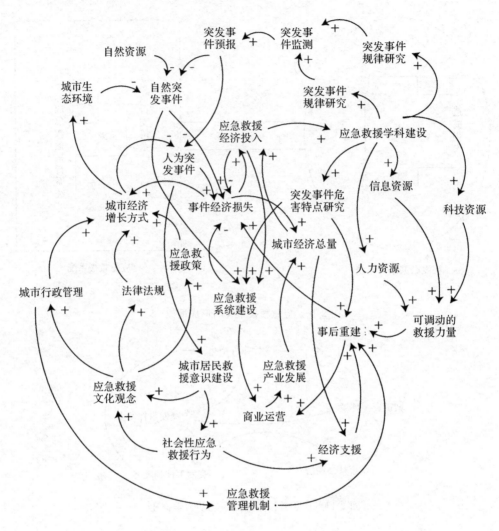

图 2-12 应急救援系统的系统动力学模型

等),启动应急救援绩效调整过程。绩效调整的过程会引发应急救援系统对救援投入(包括人员、装备及后续支援等)的调整过程。对应急救援系统而言,绩效调整实际上意味着救援投入与救援负荷的改变,绩效要求越高,救援投入就越高,救援负荷也就越高。然而,在有限的救援资源限制下,高的救援负荷会造成应急救援系统在救援上的压力,而迫使其重新调整各种救援资源分配。同时,在高压情形下成员也会通过改变其工作的方式与程序以降低其救援负荷所造成的压力。这一调整过程是非计划性的,是自发性、局部性的适应过程,所以会造成应急救援系统原先运作与互动结构的一些改变,包括如何共同完成救援工作的方式、方法,才能有效提高应急救援的绩效。应急救援系统会因为突发公共事件情况的改变,而自行重新生成出一种运行机制,以最有效的方式,处理需要流经系统(包括与突发公共事件、救援环境以及与成员间)的大量信息流。

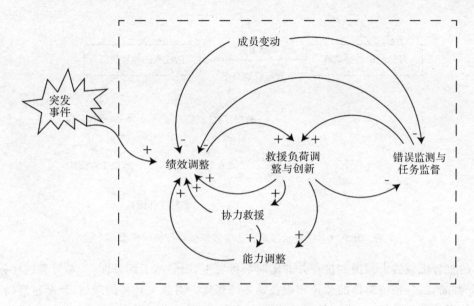

图 2-13　基于自组织的应急救援系统运行机理

2.2.3.2　应急救援系统运行机制分析

（1）绩效调整运行机制模型

应急救援系统存在的目的是实现突发公共事件应急管理的某些功能与绩效目标,功能发挥与绩效目标的追寻是应急救援行为的基本动力来源。某种程度上,在应对突发公共事件的救援过程中,应急救援系统即为一个自组织系统,必须明确在不同的突发公共事件情景中所必须达成的绩效目标,这也是应急救援系统产生自组织行为的首要条件。只有能够明确并掌握突发公共事件救援环境的变动与绩效的需求,应急救援系统才能自发地进行绩效调整。也就是说,应急救援系统必须把握不同突发公共事件的具体情况及其救援任务的实际需求,包括不同情况的判断和决策,以进一步调整应急救援系统的运行模式,否则无法实现有效救援。

不同的绩效水平即意味着需要不同的应急救援投入(例如成员的数量、成员的类别及熟练程度、装备设施等)。在其他条件不变情况下,应急救援系统对应急救援资源投入越多,工作的绩效越高。事实上,在特定突发公共事件时期,应急救援资源是相对有限的。因此提高应急救援资源的投入,会提高应急救援负荷;与此同时,应急救援负荷越高,可再向上调整的幅度越小,会限制应急救援负荷的继续增加。绩效调整运行机制模型如图 2-14 所示[197]。

（2）救援负荷调整与创新运行机制模型

在应急救援系统救援负荷调整与创新的过程中,应急救援系统成员通过对技术手段、装备或救援流程的改变来降低救援的负荷。在突发公共事件变动情况下,应急救援系统成员之间也可通过相互协作来达到绩效目标的要求。比较有代表性的协作是救援过程中,一方面在行动上尽力营救,另一方面还需对受困人员不间断地开展心理安抚工作,对于一些被压埋时间较长或体质虚弱的幸存者,早期进行医疗干预,保证了救援的成功率。

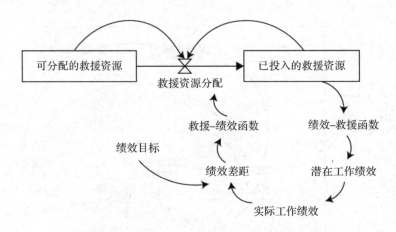

图 2-14　应急救援系统的绩效调整运行机制模型

任务的重分配或协力救援的过程并非随时都可发生,而是基于两方面:一是对救援任务的理解、判断;二是系统整体的救援知识技能熟练程度。对救援任务的理解、判断越准确,对救援知识技能越熟练,则协力救援可能性就越大,救援负荷才可能进一步分散与降低,从而提升应急救援系统的工作绩效。救援负荷调整与创新运行机制模型如图 2-15 所示[197],模型中以创新—知识技能乘数效果(INV)表示各种创新的综合结果。

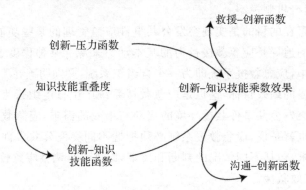

图 2-15　应急救援系统的救援负荷调整与创新运行机制模型

(3)能力调整运行机制模型

应急救援工作绩效的发挥,有赖于其城市应急救援效能水平。分散是应急救援系统最基本的特性,包括任务执行的分散性与救援相关知识技能的分散性。因此,具备良好能力水平是应急救援行动的基础。在高度绩效目标要求的情形下,良好能力水平对救援绩效表现有关键性的影响。由于分散特性,良好的能力水平需通过成员间不断地互动与协同而逐渐建立,在这一过程中成员了解彼此的行动及有效的搭配行为。但良好能力水平在此并非是所有成员都了解并拥有相同的全局性运作模式,而是基于救援任务及知识技能的分散性,在于救援工作的关键节点上所具有的良好协调性。此外,良好能力水平同时意味着应急救援系统惰性的建立。因此,能力调整运行机制模型如图 2-16 所示[197]。

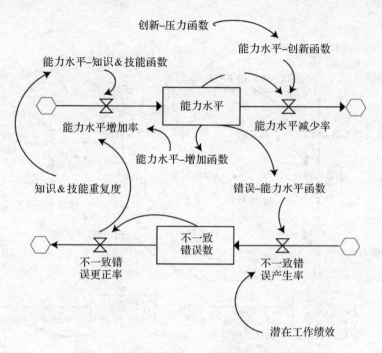

图 2-16　应急救援系统的能力调整运行机制模型

(4)错误避免侦测与恢复运行机制模型

错误的发生对人类系统而言是不可避免的,许多因素都会影响错误的产生。但本模型所讨论的错误产生,主要是指系统性的原因。产生系统性错误的原因,主要来自于人们依赖工作—学习的过程,也就是说错误是学习所必须付出的代价,要让学习发生就需要有容许错误的空间。人们对错误的处理有三种基本方式:避免错误发生的可能性、强化系统发生错误后的恢复能力,以及加强从错误中学习的能力,以避免未来发生错误的可能性,并且这三种方式彼此间还存在着互为消长的平衡关系。因此,错误避免侦测与恢复运行机制模型如图 2-17 所示[197]。

(5)成员变动运行机制模型

人力资源是救援绩效的来源保障,在应急救援系统中分散是最重要的特性,应急救援行为是通过成员的实际行动与互动行为而产生的。因此,应急救援绩效的发挥需要通过人力资源的组织实现,不同的组织方式表现出不同的应急救援系统特性。由于分散的特性,应急救援系统成员的工作都须依赖其社会关系才能完成,社会组织实际上即反映了任务执行的结构,应急救援系统的社会组织与任务的相互依赖性之间的搭配对系统而言是极为重要的,可见成员的变动所造成影响是不可忽略的。成员变动运行机制模型如图 2-18所示[197],主要以成员的学习、更替为中心。

2.2.3.3　应急救援系统的系统动力学运行机制模型

基于上述的绩效调整、救援负荷调整与创新、能力调整、错误避免侦测与恢复、成员变动等运行过程等,集成得到基于自组织机理的应急救援系统的系统动力学运行机制模型[197],如图 2-19 所示。

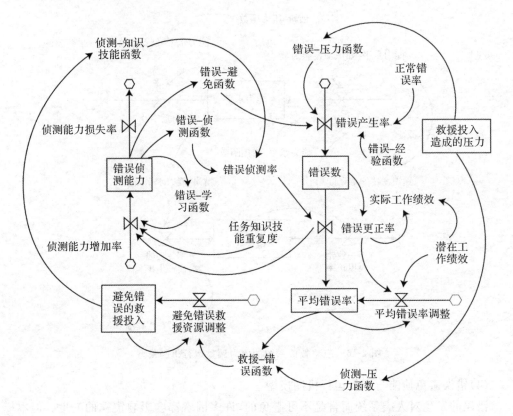

图 2-17　应急救援系统的错误避免侦测与恢复运行机制模型

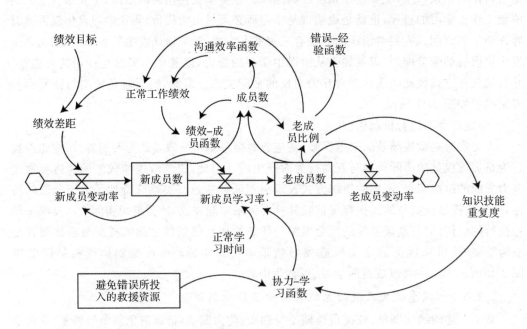

图 2-18　应急救援系统的成员变动运行机制模型

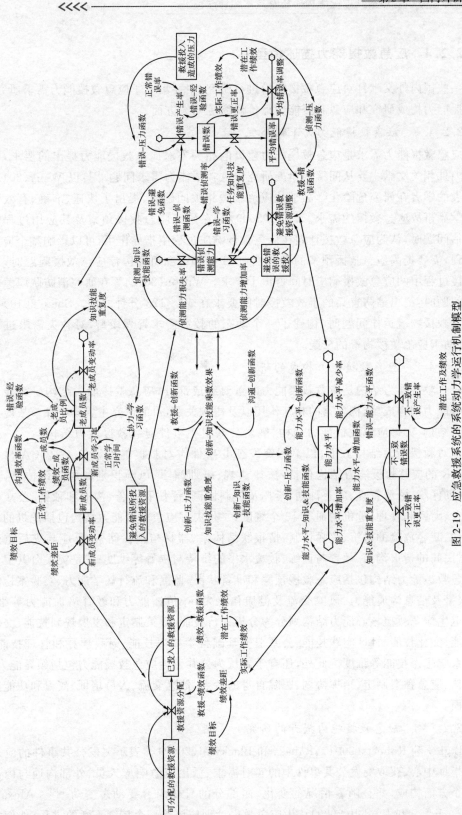

图 2-19 应急救援系统的系统动力学运行机制模型

2.2.4 应急救援能力描述模型

一些国内外文献针对应急救援能力进行研究,主要集中于应急救援能力需求研究、应急救援能力构成研究和应急救援能力评价研究等几大方面。

2.2.4.1 应急救援能力需求的研究

应急救援能力需求是应急救援能力建设的相关方对应急救援能力提出的要求,现有的国内外相关文献主要从间接的角度研究应急救援能力需求问题[198];以 Wang(2012)等为代表的学者在研究危险化学品事故应急救援相关问题时,提出了快速、准确、有效的危险化学品事故应急救援的需求。Chen(2009)等在研究应急救援预案及其应用过程的绩效评估问题时,认为应急救援计划在应急救援响应过程中指导作用,可以影响整个应急救援过程,需要提高应急救援预案的有效性。Ali(2002)在研究医疗应急救援问题时,对应急救援过程中的应急救援响应时间提出了要求。Wilson(2012)等在研究消防队应急救援响应问题时,提出消防官兵的事故救援时间要求在 48~123 分钟之间。Sheu(2010)在研究应急救援物流运作问题时,构建了一个动态的救灾需求管理模型,对救灾需求进行预测,有助于应急救援物资的分配。

2.2.4.2 应急救援能力构成的研究

应急救援能力结构是应急救援能力的重要组成部分,应急救援能力结构研究涉及应急救援能力的构成、结构要素的相互作用以及比例关系,目前研究主要集中在事故应急救援能力结构、灾害应急救援能力结构、突发公共卫生事件应急救援能力结构[199]:一是在事故应对救援能力结构方面,以美国突发公共事件应对救援能力评价工具(CAR)为代表,CAR 的应急救援能力结构包括:法律法规、培训演习、风险识别和风险评估、风险缓解、后勤保障、资源管理、应急计划、指挥及控制协调、评估和完善、沟通和预警、公众教育和信息、财政和管理、危机沟通等 13 个维度;二是灾害应急救援能力结构包括危机的掌握与评估、减轻危险的对策、整顿体制、情报联络体系、器材与粮食储备、反应与灾后重建计划、居民间的情报沟通、教育与训练、救援水平的维持与提升等维度;三是突发公共卫生事件应急救援能力结构包括应急救援预案和准备状况、监测和流行病学能力、实验室检测能力、报警及信息沟通能力、风险交流及健康信息发布、传播能力和教育培训能力等维度。公共卫生应急救援核心能力结构划分为分析评价技能、政策制定和发展规划技能、交流沟通技能、文化技能、社区实践技能、公共卫生基础科学知识技能、财政预算和管理技能、领导和系统思考技能等维度。此外,还有学者认为公共卫生应急救援能力包括领导能力、风险评估、应急预案制定、指挥协调、医院自身的特点、信息交流、人员培训、演习和功能改进等方面。

2.2.4.3 应急救援能力提升的研究

Bigley 和 Roberts(2001)、Rabasa 和 Blackwill(2009)等表示突发公共事件的应对由成立指挥中心、获取突发公共事件中的实时需求、派出应急响应人员、外部沟通与内部合作四个方面构成,并且随着情况的变化,四部分的具体内容要动态变动[200]。Alexander(2002)、Perry 和 Lindell(2003)认为应急救援计划应该是一个持续不断的过程,他们提出一套应对灾难计划的通用准则。Waugh 和 William(2006)表示,面对突发公共事件,不能仅依靠政府的应急救援管理能力,需要建立起应急救援管理署与州、地方的合作关系,并调动民众、非政府组织等的积极性共同参与应急救援管理。Lindell 和 Perry(2007)认为最基本的应急救援准备要素是拥有一个应急计划,该计划是突发公共事件决策的操作手册,内容包括指定专家、明确操作流程、为协调应急者提供指导。Waugh 和 William(2007)研究表明应急救援资源能够快速耗竭,地方政府需要与邻近社区建立互助协议,当应对灾难过程中超出自身应急能力时,可以借入设备和人员。Edwards 和 Goodrich(2007)认为理想情况下,应急救援管理人员最好是全职工作者,专门负责应急救援管理,但实践中可将应急救援管理的协调功能指派给一位官员作为次要责任人。Behera(2009)界定了应对突发公共事件人员构成的角色和任务,感知角色负责信息获取,收集、处理并进一步整合有用信息,分析角色负责分析形势并做决策,操作角色负责战术运作并与指挥中心外部人员沟通,信息角色负责与非突发公共事件管理人员交流[201]。

在应急救援能力提升方面,有学者根据四川省关于地震灾害应急救援能力和救援成效的研究,对汶川特别重大地震灾害的应急救援能力进行评价,在受灾程度最严重的区域进行了实地调查,用数据软件进行了理论分析,发现了当地政府在实施应急救援过程中的不足之处,有效帮助了当地政府和应急管理部门科学的提升了应急救援能力。有学者基于中部省会城市的内涝,对中国城市应急救援软实力的提升进行了初步探索。提出了结合制度、风控、理论等领域进行了思路重构,进而通过完善制度、提升风险预警能力、救援协调、应急知识宣传等方面对应急救援软实力进行了研究。有学者在应对风险和应急准备等方面开展了应急救援能力建设的研究,以地震为例,在重大自然灾害的响应速度及调度指挥等方面提出相关理论,整体加强了重大自然灾害的应急救援能力。

2.2.4.4　应急救援能力评价的研究

国外应急救援能力评价的研究主要集中在[202]:澳大利亚学者(2002)从备灾措施、减灾措施、应急反应措施、灾害风险评估、灾害政策制定、灾后评估、短期救济措施、长期救济和恢复措施等八个方面建立了应急救援能力评价体系,并运用评估体系研究了澳大利亚政府在应急救援管理措施等方面存在的优点和不足;Simpson 和 Katirai(2006)认为评估应对灾难的救援准备情况,可以使用指标来衡量,他们提出一套灾难准备指数用于评估灾难应对的救援准备质量;Zane、Bayleyegn 等(2010)通过统计调查研究,评估了飓风艾克对加尔维斯敦市社区家庭的影响以及当地公共健康部门的应对救援情况,结论表明,有关部门应加强防止飓风过后损失的公共教育;Henstra(2010)借鉴相关研究文献,确定出地方应急救援管理程序的 30 个要素,并将这些关键要素整合形成框架,为应急救援管理程序的评价与实施提供了一个方法;Jackson、Sullivan 等(2011)描述了应急救援响应系统的可靠性分析流程,提出评估应急救援响应系统的方法,并以一个案例进行验证。应急救援能力建设与评估研究成果如下[203]:

(1)灾害条件下的应急救援能力建设与评估

大部分学者针对地震灾害,进行应急救援能力的风险分析、标准体系、评价指标和计算方法等研究。有学者在目前国内外灾害应急救援能力研究成果的基础上,首先建立多级评价指标体系,然后运用多层次模糊综合评价模型,综合评判地震应急救援准备能力,最后以厦门市为例进行了案例分析；有学者结合自身单位是国家地震救援队救援分队的优势，评价了救援分队的指挥控制系统优劣程度。通过分析评价数据，发现了队伍建设中的不足，并验证了模糊综合评价法在救援队应急救援能力评价中的有效性；有学者在通过调研国内应急救援标准体系的研究内容，分别从地震应急救援准备、响应和恢复这三个方面，梳理分析了200多项突发公共事件应急救援标准。并结合我国地震灾害应急救援工作机制，以及突发公共事件应急管理特点，提出了中国地震应急救援标准体系的构建原则、结构和急需编制的关键标准；有学者基于地震应急救援发展规划和地震应急能力评价指标框架，针对应急救援能力评估的现实需求、数据的可获取性和可计算性等因素，参考社会经济领域统计评价的思路，提出了一类综合加权求和计算方法；有学者针对应急救援能力定性评价过多的问题，构建了地震灾害应急救援能力评价指标体系，首先建立了基于五元联系数地震灾害应急救援能力综合评价模型，然后基于可拓学提出了地震灾害应急救援能力综合评价模型，最后根据模型评价结果，对2011年全国14个地区的地震灾害应急救援能力评价进行分析；有学者采用文献分析法、比较研究法、网络资源检索法等，梳理分析地震灾害应急救援管理的内容和特点，建立评估标准如地震带分布、地震设防烈度、地震动参数区划等。按照均衡分布的原则，以多省市地震灾害历史数据为评估样本，评估我国政府地震灾害综合应急救援能力，并考察现有评估体系指标设置的符合程度；有学者分析了城市交通应急救援指挥系统的结构、功能、现状及其存在的问题。研究如何建立各种应急救援预案，联合协调各类应急救援资源；提供高效的应急救援服务，为城市公共安全提供坚强有力的支撑；有学者认为应急救援预案的制定与计划是一个复杂的社会系统工程，在整个系统中，应急救援预案涉及众多不确定因素，这些不确定因素对应急救援力量提出了挑战。在研究过程中，还对常见的评价模型进行了总结与评述，并进行了对比，提出运用模糊评价法，结合方案实际，对应急救援预案实施的有效性进行了评估。在构建模型时，应用层次分析法构建了相关的数学模型，最后，提炼出应急救援预案的21个评价指标，并对每个指标的权重进行了赋值评估。

部分学者研究了煤矿安全事故应急救援能力评价相关问题与方法。有学者对煤矿应急救援机制建设、影响因素与组织体制、规章制度、保障体系、应急救援能力评价和指标建设等问题进行了分析研究和计算；有学者根据煤矿应急救援能力的内涵，结合我国煤矿自身的特征，设计出了煤矿应急救援能力评价指标体系。提出了基于网络层次分析法的煤矿应急救援能力逐级评价模型，最后找出了制约煤矿应急救援能力的根本原因，并提出改进对策建议；有学者分析总结了我国煤矿企业应急救援能力的现状，建立了应急救援能力评价指标体系，使用序列分析法对各项指标分配权重，运用模糊综合评价法对煤矿应急救援能力给出客观评价，最后提出了相应的改善措施与建议。

（2）理论方法与技术在应急救援能力评估中的应用

有学者针对自然灾害条件下应急救援物流能力评价问题，研究了基于A1NP网络层次分析过程的评价方法，用于计算不同应急救援物流方案在每项能力评价指标下的权重；有学者研究了SEM结构方程模型方法，用于评价煤矿企业的应急救援能力，并以此构建了合理的煤矿企业应急救援能力影响因素指标体系模型；有学者运用ISM解释结构模型方法，建立了应急救援能力各评价指标间的邻接矩阵和可达矩阵，并最终得到了煤矿应急救援能力评价指标体系模型图;有学者根据煤矿应急救援能力评价样本的特点,引入不平衡调节因子,运用不平衡支持向量机技术,建立了煤矿应急救援能力评价的模型,包含 5 个二级指标和 18 个三级指标;有学者用定量和定性相结合的层次分析法(AHP)确定煤矿应急救援能力各指标权重,并且构建了基于灰色——模糊综合评价法的煤矿应急救援能力评价模型。最后以神华集团大柳塔煤矿为例,确定了其应急救援能力评价指标值,并对其应急救援能力进行了灰色——模糊综合评价;有学者利用云模型为数据实现定性与定量之间的互转,通过云评语集解释转换过程。利用 D-S 理论融合专家给出的指标权重,综合以上两种理论建立了应急救援能力综合评价模型;有学者分析当前部队应急救援事故指挥现状与个人手持助理 PDA 应用现状的基础上,提出集成 EGIS,GPS,GPRS 的 PDA 系统在应急救援事故指挥中的应用原型,能够有效解决应急救援事故指挥中移动困难的问题;有学者提出运用无线网 WMN 构建下一代地震应急救援无线通信系统,通过对传统地震应急救援无线平台和 WMN 的介绍,分析了构建新型地震应急救援无线通信平台的技术指标和可行性,并且给出了平台搭建建议;有学者综合运用灾害学、道路安全工程科学、智能交通系统 ITS 技术和应急管理与救援等理论,以高速公路应急救援能力为研究对象,对基于 ITS 背景下高速公路应急救援能力的提升机理、路径和策略等问题开展了综合集成研究。

(3)应急救援能力评价

国内许多学者也提出了应急救援能力评估方面的文章[204];有学者对突发公共事件应急救援能力评价指标体系进行了探讨,并利用层次分析法对指标进行重要度分析,以此作为政府应急管理的依据;有学者分别针对奥运应急交通疏散、铁路应急、溃坝应急等不同的应急领域提出了不同的指标体系,并对其应急救援能力采用不同的数学方法进行了评估,如 TOPSIS 法、改进 SP 法、改进层次分析法等不同方法;有学者给出了矿井火灾应急救援能力指标体系的评价检查表,然后利用模糊综合评价法对矿井火灾应急救援能力进行综合评价,从而确定了矿井火灾应急救援能力,并指出该矿井在应急救援中存在的问题;有学者构建了石化企业生产事故应急救援能力评价指标体系,将其归纳成 32 个因素,每个因素分为 5 种状况等级,并根据物元可拓性理论,运用可拓评判方法建立石化企业应急救援能力综合评判的模型,确定企业的生产事故应急救援能力等级;有学者从地震灾害救援的角度提出了"标准救援队"的概念,并参照美国以及联合国的应急救援队伍的结构形式,确定了地震应急救援队的评价模型结构;有学者将熵权法应用到煤矿应急救援能力的评价工作中来,确定了评价指标体系权重,构建了模糊综合评价模型,并根据评价结果验证了其可行性;有学者从现实和理论的高度分析了开展应急救援能力评价,提出我国实施应急救援能力评价的框架内容,包括三个层次,分别为综合评价层、评价要素层和评价指标层。其中综合评价层包括三个指标,分别为城市地震灾害危险性、城市易损性、城市地震灾害应急管理能力。有学者在我国应急救援平台体系建设、应急救援标准体系建设等方面也有很多较为深入的理论体系研究,针对我国应急救援平台建设的现状和公共安全应急救援标准体系构建进行了分析,在我国未来应急救援体系构建与探索方面进行了深入的研究;有学者根据在互联网中关于火灾的关键词搜集的属性,应用分词和自然语言处理技术建立了火灾词典并进行了人工筛选,后结合了消防专家的意见和资料记载,制定了火灾应急救援能力评估体系;有学者通过对相关生产企业的调查研究,将所搜集的材料划分为应急救援预警体系监测能力、应急救援决策、应急救援装备实际情况、应急救援单兵作战能力、应急救援队伍整体作战能力、医疗卫生保障能力以及灾后重建等六方面,对重点企业的重大灾害灾难应急救援能力完成了总体评价;有学者基于应急救援能力评价标准为基础,在灾害灾难应急救援相关研究基础之上开展了评估,提出了以区域为核心的重大灾害灾难应急救援能力评估指标体系,建立了以德尔菲法、层次分析法等等各种评估的方法,在部分试点省份已经开展相关方面的评价与评估,有效保障了当地人员生命和财产安全。

虽然在应急救援能力评价研究取得了一些成果,但我国在重大灾害灾难应急救援能力评价方面仍存在不少问题,多地应急管理部门及相关行业部门仍未开展应急救援能力提升相关方面的研究,我国在重大灾害灾难应急救援能力提升研究仍有较大提升空间[205]。

2.2.4.5 应急救援能力综合评价方法研究

应急救援能力综合评价方法有多种,列举如下[206]:

（1）层次分析法

美国著名的运筹学家 T. L. Stltty 于 20 世纪 70 年代提出的"层次分析法(AHP)"是一种多准则的决策方法,它将定性分析和定量分析相结合,将定量分析引入到复杂的决策过程中。决策者利用定性分析和定量分析的优势,通过两种比较分析和决策支持提供的偏差信息,使决策拥有高度的合理性。具体实施步骤包括层次分析结构的构建、评价矩阵的构建、一致性检验、单一排序的建立、综合评分的排序。通过文献回顾可以看到多数学者在进行应急能力评价中都采用了层次分析法,这是一种成熟可用的方法,但这种方法也同时存在一些问题:

问题 1:AHP 只能在给定的策略中去选择最优的,而不能给出新的策略。

问题 2:AHP 指标的合理性决定结果的准确性,因此需要有专家系统的支持。

（2）模糊综合评判法

模糊综合评判法是在一个模糊的环境中确定若干因素的影响,并完全为了某一特定的目的而做出综合决策的方法。具体实施步骤为包括评价因素和等级的确立、评价矩阵的构建、进行模糊合成、进行实例分析与步骤总结。模糊综合评判法在全局评价中的优势在于能够对包含模糊性的目标系统进行全面的评价,但通过评价指标之间的相互关联来解决评价信息的重复问题是不够的。目前还没有系统地确定相关函数的方法,需要对综合算法进行进一步的研究。

（3）数据包络分析法

著名运筹学家 A. Charnes 和 W. W. Coppdr 提出的数据包络分析法(DEA),以"相对效率"概念为基础,通过使用多个指标和多个结果指标来评估同一类型的单元,通常用于评估给定决策单元的相对有效性。DEA 方法的优点是可以对大型投入产出系统进行评价,也可以通过窗口技术进行改进,发现模块的不足。缺点是评价模型只列出了相关的发展指标,不能反映实际的发展水平。

（4）人工神经网络评价法

人工神经网络(ANN)是模拟人脑网络工作原理的一种方法,积累经验知识,最大化最优理解与价值的偏差。她最常用的算法之一是误差反向传递学习算法(即 BP 算法),多层神经网络的概念可以有效地实现。1989 年证实隐层 BP 网络可以用于任何封闭区域附近的连续函数。因此,三层 BP 网络可以适应任何规模,即这三层分别是输入层(I)、隐含层(H)和输出层(O)。神经网络具有很强的适应性,对多变量评价问题的客观评价非常有用。缺点是需要大量的训练样本,精度不高,应用范围是有限的。

(5)灰色综合评价法

灰色关联分析的结论是,当多个统计序列形成曲线的几何形状接近时,曲线变得平行,当趋势接近时,相关性变大。该方法首先求出各方案的相关系统矩阵,得到最优指标的理想方案,从相关系统矩阵中求出相关性,对各方案进行分类、分析和归纳。其优点是较好地解决了量化和准确统计评价方面,消除人为因素的影响,使客观评价更加准确。缺点是要求样本数据具有时间序列特性。

(6)粗糙集理论综合评价法(如表 2-1)

粗糙集是一种处理不完整、不精确知识表达、学习和归纳的方法。粗糙集将知识理解为对数据的划分不需要数据集合以外的任何先验知识,仅根据数据本身进行挖掘和分类,揭示数据内部的规律,发现数据间的依赖关系,生成分类规则,在保留关键数据信息的前提下约简冗余数据,发现知识的最小表达。粗糙集不同于概率论、模糊集等其他传统数学分析工具,在定量分析和处理具有不确定性和不完备性的数据时很有优势,表达方式非常客观,通过上、下近似的概念来描述和表达系统的含糊性和不确定性。概率论和模糊集在处理数据时都需要先验知识,这些信息都需要花费成本,而粗糙集对数据的分析不需要任何先验知识,完全基于数据本身,避免了主观因素的影响。粗糙集可以发现指标间完全或部分的依赖关系,在不影响分类结果的前提下,最大限度的消除冗余信息,并可以依照粗糙集属性重要性定义给出客观的指标权重,粗糙集的属性约简功能对于评价指标的筛选效用显著。由于指标体系中往往存在冗余或重叠的指标,运用粗糙集属性约简算法,能保持指标集的分类能力。根据粗糙集的属性重要性可以用来确定相应指标的权重,反映不同指标在粗糙集分类中所起作用的大小,揭示出不同指标对区分评价对象的贡献程度的不同,能避免了权重求取中人为因素的干扰,方法合理、准确,增强了评估结果的客观性和可信性。总的来说,将粗糙集应用于综合评价的优势在于:

● 减少了数据的收集工作量。粗糙集方法可以将评估体系中的指标进行约简,所需要的数据就少了,这样就减轻了数据收集人员的工作量,提高了评价效率。

● 使评价指标体系适用范围更加广泛。粗糙集不仅能处理定量指标,还能处理主观定性指标。粗糙集不仅能处理完备信息的指标体系,还能处理信息不完备的指标体系。

● 客观性强。能从指标数据中挖掘信息,根据属性重要性得到指标的相对重要性权重,避免了主观赋权的随意性。

● 兼容性强。能与多种理论与方法相融合,如模糊集、可拓理论等,能实现优势互补,最大限度地利用指标信息。

● 知识发现和规则生成。粗糙集理论能生成评价指标与评价结果之前的规律性知识,为实现智能化评价提供依据和知识储备。

表 2-1　应急救援能力综合评价方法表

类别	方法名称	方法优势	方法劣势	方法应用
多属性决策方法	线性加权法、理想解法、目标规划法、约束法、ELECTRE 法、SWT 法等	精确描述评价对象,处理多指标的动态综合评价问题	适用范围有限,不适用于模糊评价	优化系统的评价与决策
运筹学方法	改进的数据包络分析模型	可以评价多输入、多输出大系统,找出薄弱环节并加以改进	只能表明评价单元的相对发展状况,无法表示实际发展水平	评价生产函数的技术、规模有效性、产业效益评价、教育部门有效性评价
统计分析方法	主成分分析、因子分析	全面、客观,具有可比性	因子负荷交替使函数意义不明确,需要大量的统计数据,无法反映客观水平	主成分分析、因子分析可对评价对象进行分类,聚集分析可用于评价发展水平,判别分析可用于经济效益评价
	聚类分析、判别分析	能处理相关程度大的评价对象	需要大量统计数据,无法反映客观发展水平	
智能化评价方法	基于 BP 人工神经网络的评价方法	神经网络具有适应性能力、可容错性,能处理非线性、非局域性与非凸性的大型复杂系统	神经网络的精度不高,需要大量的训练样本	应用于城市发展水平综合评价等
信息论方法	信息熵理论评价方法	可以排除人为因素、风险因素等的干扰,反映评价对象的客观信息	根据事件需要,选择与主观评价方法相结合	应用于宏观政策评价、投资评价等
灰色系统理论与灰色综合评价方法	关联度评价方法、灰色聚类分析方法等	能处理信息部分明确、部分不明确的灰色系统,所需要的信息量不太大,可以处理相关性大的系统	定义时间变量几何曲线相似程度比较困难,应考虑所选变量需具备可比性	应用于经济效益评价、发展水平评价、竞争力测算等

续表

类别	方法名称	方法优势	方法劣势	方法应用
模糊评价方法	模糊综合评价方法	能克服传统数学方法中"唯一解"的弊端,根据不同可能性得出多个层次问题题解,具有可扩展性,符合现代管理"柔性管理"思想	不能解决评价指标间相关造成的信息重复,隶属函数、模糊矩阵的确定方法有待进一步探讨	应用于创新能力评价、企业核心竞争力评价、业绩评价等
物元分析方法	物元分析方法	决策目标和给出的条件之间存在矛盾,可以将矛盾问题转化为相容问题,解决评价对象指标不相容性和可变性的问题		应用于信用等级评价、项目评价等
系统模拟与仿真评价方法	蒙特卡罗方法、离散时间和连续时间的模拟、离散时间模拟仿真等	根据反馈控制理论和模拟手段,引进动态时间概念进行系统仿真,实现动态评价,解决高阶次、非线性系统和难用数学模型表示的系统评价	建立模型的难度很大	应用于复杂的社会大系统评价,如大型工程建设等

2.3 研究不足和方向

从国内外突发公共事件的应急管理、应急救援研究现状综述可以看出,学者们对这两部分开展了大量卓有成效的研究和探索,取得了较为丰硕的研究成果,为突发公共事件应急救援理论体系研究与创立提供了重要的基础。但是,这些研究成果只是过多涉及零散的基础理论和单打独斗的技术层面,没有形成一个比较完整的应急救援理论体系,研究方向也比较零散。尤其是目前还没有专门针对应急救援能力提升理论体系方面的系统研究,而且国内在该领域的研究属于空白。

2.3.1 缺乏国内外发展研究现状综述

综合应急救援体系建设是一个复杂的领域,涉及的因素很多,在其发展过程中需要对国内外发展现状有一个清晰的了解。但是,长期以来这方面的工作做得还很不够,没有对应急救援各方面的国内外发展现状进行梳理和综述,致使综合应急救援体系发展现状不清楚,不能充分借鉴国内外这方面的良好经验,使之处于一种盲目发展的阶段,综合应急救援体系建设始终在一个较低的水平上徘徊,能力得不到有效提升。因此,必须阅读和参考大量的相关资料,从应急管理理论体系、应急救援理论体系等二大方面进行国内外发展现状综述,使得人们可以充分借鉴国内外应急救援体系的研究成果,发展我国的综合应急救援建设。

2.3.2 涉及研究领域与范围相对狭小

我国突发公共事件应急救援体系研究,从研究领域、研究范围来讲,主要探讨以政府为核心的管理制度建设,其涉及研究对象比较狭窄;关注于人口相对集中的城市,较少涉及非城市人口;对于突发公共事件种类的探讨很少,仅以矿山事故、地震、火灾、危化品等进行分行业分析,或者以消防部门、地震管理部门等进行分部门研究;各项研究所针对的领域不太一致,使得研究成果之间缺乏完整的系统性,研究成果不具有普适性。因此,必须拓宽研究领域范围,要从突发公共事件的种类、发生原因、区域性分布特征、破坏程度入手,在对我国突发公共事件进行分灾种、分区域分析的基础上,加强突发公共事件应急救援能力提升体系的研究,使得研究具有理论价值和现实意义。

2.3.3 研究思维程式化视野欠开阔

虽然突发公共事件应急救援体系研究成果逐渐涌现,但在应急救援体系研究上,极少突破大众化的思维框架,导致思维僵化,视野不开阔。没有研究出理论扎实、技术合理、方向明确、标准规范、规模适度、体制顺畅、职责明确、管理规范、指挥高效、反应快速等目标的应急救援体系;缺乏从新的理论、科学技术、实用化、可操作的视角,解决应急救援体系问题。因此,在前人研究成果的基础上,以"突发公共事件应急救援体系"为核心内容,剖析体系中系统的组成、建设和运行机制,探讨建立具有针对性与共通性相结合、趋于优化的突发公共事件应急救援体系。

2.3.4 能力提升缺乏系统性研究

一是缺乏综合应急救援能力提升笛卡儿三维坐标系表达。无法面向自然灾害、事故灾难灾害、公共卫生灾害、社会安全灾害等救援灾害,省级、副省级、地区级、区(县)级、街道(镇)级、社区(村)级等救援区域,准备、响应、处置、保障、善后等救援过程,建立起应急救援能力提升笛卡儿三维坐标系,从而能对综合应急救援能力提升进行数学上描述。

二是缺乏综合应急救援能力提升内容通用框架表达。无法面向自然灾害、事故灾难、公共卫生、社会安全等救援灾害,省级、副省级、地区级、区(县)级、街道(镇)级、社区(村)级等救援区域,准备、响应、处置、保障、善后等救援过程,建立起综合应急救援能力提升内容通用框架表达,从而对能综合应急救援能力提升内容进行规范描述。

三是缺乏综合应急救援能力提升理论架构表达。无法面向自然灾害、事故灾难、公共卫生、社会安全等救援灾害,省级、副省级、地区级、区(县)级、街道(镇)级、社区(村)级等救援区域,准备、响应、处置、保障、善后等救援过程,建立起综合应急救援能力提升理论架构表达,从而能对综合应急救援能力提升进行理论描述。

四是缺乏综合应急救援能力提升技术途径实现方案表达。无法面向自然灾害、事故灾难、公共卫生、社会安全等救援灾害,省级、副省级、地区级、区(县)级、街道(镇)级、社区(村)级等救援区域,准备、响应、处置、保障、善后等救援过程,建立起综合应急救援能力提升技术途径实现方案,从而能对综合应急救援能力提升种类计算、能力提升路径计算、能力提升内容规范格式、能力提升内容提取函数、能力提升评价指标体系及分值计算、能力提升评价结果专题统计图表可视化、能力提升内容溯源修改等进行描述。

五是缺乏综合应急救援能力提升实验验证技术手段表达。无法面向自然灾害、事故灾难、公共卫生、社会安全等救援灾害,省级、副省级、地区级、区(县)级、街道(镇)级、社区(村)级等救援区域,准备、响应、处置、保障、善后等救援过程,建立起综合应急救援能力提升实验验证技术手段,从而能对综合应急救援能力提升种类计算、能力提升路径计算、能力提升内容规范格式、能力提升内容提取函数、能力提升评价指标体系及分值计算、能力提升评价结果专题统计图表可视化、能力提升内容溯源修改等进行实验验证。

综上所述,目前国内外在综合应急救援能力提升方面的研究还是很薄弱,系统性的研究成果很少见报道,相关书籍更是缺乏。因此,为了填补这方面的空白,满足从事应急管理的各级政府领导、机关干部以及企事业单位、社区、农村等从事应急管理人员的需求,满足应急管理学科、公共管理学科大专院校教材的需求,满足培养应急管理专业 2～4 年级本科学生以及应急管理专业硕士和博士研究生培养的需要,急需撰写和出版此书籍。

第3章 总体需求分析

3.1 综合应急救援国内外发展现状

急需对综合应急救援国内外发展现状综述进行研究。综合应急救援能力提升是一个复杂的领域,涉及的因素很多,在其发展过程中需要对国内外发展现状有一个清晰的了解。但是,长期以来这方面的工作做得还很不够,没有对应急救援各方面的国内外发展进行梳理和综述,致使综合应急救援发展不能充分借鉴国内外应急救援建设的良好经验,使之处于一种盲目发展的阶段,综合应急救援始终在一个较低的水平上徘徊,能力得不到有效提升。本书试图从应急管理理论体系、应急救援理论体系等多个方面进行国内外研究综述,使得人们可以充分借鉴国内外应急救援发展的成果、经验,全面进行综合应急救援能力提升研究。

3.2 综合应急救援能力提升笛卡儿三维坐标系

急需对综合应急救援能力提升笛卡儿三维坐标系进行研究。综合应急救援能力提升主要涉及救援灾害(自然灾害、事故灾难、公共卫生、社会安全等)、救援区域(省级、副省级、地区级、区(县)级、街道(镇)级、社区(村)级等)、救援过程(准备、响应、处置、保障、善后等)这三大要素,这些要素共同作用影响着综合应急救援能力提升。但是,长期以来没有建立起一套完善的将该三大素联系起来的机制,致使综合应急救援能力提升研究缺乏。本书试图将这三大要素分别建立救援灾害轴、救援区域轴、救援过程轴,集成在一起,建立综合应急救援能力提升笛卡儿三维坐标系,从数学含义上有效地解决三者联系问题,为综合应急救援能力提升描述理论架构创立奠定强大基础。

3.3 综合应急救援能力提升内容通用框架

急需对综合应急救援能力提升内容通用框架进行研究。长期以来综合应急救援能力提升没有按照多级指标内容体系进行具体的划分,没有形成一级、二级、三级……等多级能力提升内容通用框架,进而不能对综合应急救援能力提升内容进行描述。致使综合应急救援能力提升内容缺乏具体的定义和严格的规范,使得人们不知能力提升包括哪些内容? 如何提升? 严重影响了综合应急救援能力提升。本书试图抽象出综合应急救援能力提升内容通用框架,使得面向自然灾害、事故灾难、公共卫生、社会安全等救援灾害,针对省级、副省级、地区级、区(县)级、街道(镇)级、社区(村)级等救援区域,综合应急救援全生命周期过程的分过程子项、分过程、全过程的 3 级、4 级、5 级的能力提升内容描述的一清二楚。

3.4　综合应急救援能力提升理论架构

　　急需对综合应急救援能力提升理论架构进行研究。综合应急救援能力提升是一个复杂的领域,需要一套理论架构对其进行理论和实践指导。但是,长期以来没有建立起一套完善的综合应急救援能力提升描述理论架构,致使综合应急救援能力提升缺乏系统的理论指导,综合应急救援始终在一个较低的水平上徘徊,能力得不到有效提升。本书试图建立综合应急救援能力提升描述理论架构,具体包括综合应急救援能力提升种类数量计算模型、能力提升导向路径计算模型、能力提升内容规范表示格式、能力提升内容提取函数表达、能力提升评价指标及分值计算模型、能力提升评价结果专题统计图表可视化、能力提升内容溯源修改完善表达、能力提升实验验证技术手段,使得面向自然灾害、事故灾难、公共卫生、社会安全等救援灾害,针对省级、副省级、地区级、区(县)级、街道(镇)级、社区(村)级等救援区域,综合应急救援全生命周期过程的分过程子项、分过程、全过程的能力提升描述有了强大的理论基础。

3.5　综合应急救援能力提升技术途径实现

　　急需对综合应急救援能力提升技术途径实现进行研究。综合应急救援能力提升是一个复杂的领域,需要详细的技术途径实现方案。但是,长期以来没有建立起一套完善的综合应急救援能力提升技术途径实现方案,致使综合应急救援能力提升缺乏系统的技术指导,综合应急救援始终在一个较低的水平上徘徊,能力得不到有效提升。本书试图建立综合应急救援能力提升技术途径实现方案,包括能力提升种类数量计算模型技术途径实现、能力提升导向路径计算模型技术途径实现、能力提升内容规范表示格式技术途径实现、能力提升内容提取函数表达技术途径实现、能力提升评价指标及分值计算模型技术途径实现、能力提升评价结果专题统计图表可视化技术途径实现、能力提升内容溯源修改完善表达技术途径实现,使得面向自然灾害、事故灾难、公共卫生、社会安全等救援灾害,针对省级、副省级、地区级、区(县)级、街道(镇)级、社区(村)级等救援区域,综合应急救援全生命周期的分过程子项、分过程、全过程的能力提升描述有了强大的技术基础。

3.6　综合应急救援能力提升实验验证技术手段

急需对综合应急救援能力提升实验验证技术手段进行研究。综合应急救援能力提升是一个复杂的领域,需要详细的实验验证技术手段。但是,长期以来没有建立起一套完善的综合应急救援能力提升实验验证技术手段,致使综合应急救援能力提升缺乏系统的实验验证,综合应急救援始终在一个较低的水平上徘徊,能力得不到有效提升。本书试图建立综合应急救援能力提升实验验证技术手段,包括应急救援数据使用、应急救援专家咨询、社会公众意见反馈、应急救援培训演练、应急救援模拟演习、应急救援现场操作等,使得面向自然灾害、事故灾难、公共卫生、社会安全等救援灾害,针对省级、副省级、地区级、区(县)级、街道(镇)级、社区(村)级等救援区域,综合应急救援分过程子项、分过程、全过程的能力提升描述有了强大的实验验证技术途径。

第4章 总体技术设计

4.1 总体指导思想

坚持以习近平总书记新时代中国特色社会主义思想为指导,深入贯彻党的十九大和十九届二中、三中、四中、五中全会精神,深入学习贯彻习近平总书记关于应急管理、安全生产、防灾减灾救灾的重要指示批示精神;深入推进我国应急管理体系和能力现代化,努力擦亮安全发展底色,率先完善应急救援管理体制机制,有效构建"大安全、大应急、大减灾"体系;坚持"以人为本、生命至上,问题导向、精准施策,着眼实战、突出重点,分级负责、分步实施"的"四个原则",强化"不统筹、无应急,不系统、小应急,不数字、难应急,不到底、伪应急,不冲锋、不应急"的"五个导向";切实抓好我国应急管理能力提升"八个化、八个一",不断完善大安全、大应急、大减灾、大救援体系,构建统一指挥、专常兼备、反应灵敏、上下联动的应急管理体制,奋力推进应急管理体系和能力现代化建设。

4.2 总体研究方法

（1）文献整理法。主要通过对中国期刊全文数据库、中国人民大学复印资料数据库等检索,较为详尽地梳理了国内外应急救援的现状和发展趋势,并在研究过程中对有关内容进行相互印证,去伪存真。

（2）比较分析方法。大量收集国内外应急救援领域研究文献中的理论成果和观点,并通过对国内外应急救援系统的比较,力图全面准确地把握这一领域的发展态势。

（3）需求分析法。深入相关省应急管理厅、市应急管理局、区应急管理分局进行用户需求调研,第一时间得到用户对综合应急救援能力提升的需求,得到满足综合应急救援能力提升路径架构及内容的需求分析。

（4）理论抽象法。在需求分析的基础上,建立由救援灾害轴、救援区域轴、救援过程轴构成的综合应急救援能力提升笛卡儿三维坐标系,在此基础上抽象出综合应急救援能力提升理论架构及能力提升内容框架。

（5）技术实现法。在理论架构及内容框架的基础上,采用当前最先进的应急管理和现代信息技术,提出描述综合应急救援能力提升的技术途径实现方案,指出其实现的详细技术路线和路径。

（6）调研、专家咨询、专家问卷调查等方法。在调研、专家咨询、专家问卷调查的基础上，综合考虑各种因素，完善综合应急救援能力提升内容。

（7）实验验证法。重点选择省级应急管理厅、市级应急管理局、区级应急管理分局的实际应急救援工作，采用各种技术手段进行实验验证，并根据实验验证的结果修正其研究内容。

（8）总结提炼法。在取得研究成果的基础上，进行高度抽象和总结提炼，撰写出有分量、有深度的著作(本书)以及相关技术总结报告、决策建议稿，供相关领导和决策机构参考。

4.3 总体技术框架

基于上述总体指导思想和总体研究方法，可得出研究综合应急救援能力提升的总体技术框架，如图 4-1 所示。

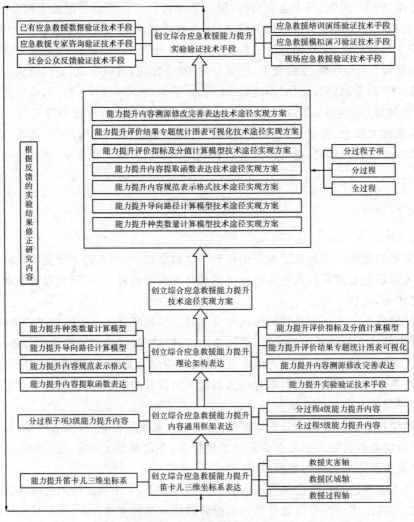

图 4-1　综合应急救援能力提升总体技术架构

4.4　总体实现目标

基于上述总体指导思想、总体研究方法和总体技术框架,可得出研究综合应急救援能力提升的总体实现目标:

第一,综合应急救援能力提升发展现状综述。主要通过对中国期刊全文数据库、中国人民大学复印资料数据库、国家社科基金立项数据库等检索,较为详尽地梳理国内外综合应急救援的发展现状,指出综合应急救援能力提升发展的不足之处及下一步发展方向。

第二,综合应急救援能力提升用户需求分析。深入国家、浙江省、宁波市等应急管理部门进行用户需求调研,对综合应急救援能力提升进行详细需求分析,得到满足综合应急救援能力提升的用户需求分析数据及资料。

第三,综合应急救援能力提升笛卡儿三维坐标系表达创立。抽象出由自然灾害、事故灾难灾害、公共卫生灾害、社会安全灾害等组成的救援灾害轴,由省级、副省级、地区级、区(县)级、街道(镇)级、社区(村)级等组成的救援区域轴,由准备、响应、处置、保障、善后等组成的救援过程轴,由此创立出综合应急救援能力提升笛卡儿三维坐标系。

第四,综合应急救援能力提升内容通用框架表达创立。抽象出综合应急救援能力提升内容通用框架表达,使得面向自然灾害、事故灾难、公共卫生、社会安全等救援灾害,针对省级、副省级、地区级、区(县)级、街道(镇)级、社区(村)级等救援区域,综合应急救援分过程子项、分过程、全过程的能力提升内容描述的一清二楚。

第五,综合应急救援能力提升理论架构表达创立。抽象出由能力提升种类数量计算模型、能力提升导向路径计算模型、能力提升内容规范表示格式、能力提升内容提取函数表达、能力提升评价指标及分值计算模型、能力提升评价结果专题统计图表可视化、能力提升内容溯源修改完善表达、能力提升实验验证技术手段等组成的综合应急救援能力提升理论架构表达,使得面向自然灾害、事故灾难、公共卫生、社会安全等救援灾害,针对省级、副省级、地区级、区(县)级、街道(镇)级、社区(村)级等救援区域,综合应急救援分过程子项、分过程、全过程的能力提升描述有了强大的理论基础。

第六,综合应急救援能力提升技术途径实现方案表达创立。建立综合应急救援能力提升技术途径实现方案,即能力提升种类数量计算模型技术途径实现、能力提升导向路径计算模型技术途径实现、能力提升内容规范表示格式技术途径实现、能力提升内容提取函数表达技术途径实现、能力提升评价指标及分值计算模型技术途径实现、能力提升评价结果专题统计图表可视化技术途径实现、能力提升内容溯源修改完善表达技术途径实现,使得面向自然灾害、事故灾难、公共卫生、社会安全等救援灾害,针对省级、副省级、地区级、区(县)级、街道(镇)级、社区(村)级等救援区域,综合应急救援分过程子项、分过程、全过程的能力提升描述有了强大的技术基础。

第七,综合应急救援能力提升实验验证技术手段表达创立。基于国家、浙江省、宁波市应急救援的实际工作,实施已有应急救援数据、应急救援专家咨询、社会公众反馈、应急救援培训演练、应急救援模拟演习、现场应急救援等技术手段的实验验证,根据实验验证的结果修正相关研究内容。

　　第八，综合应急救援能力提升研究成果总结提炼。基于研究成果，撰写出有分量、有深度、有决策参考价值的著作(本书)、技术总结报告，以及决策建议稿，提交国家应急管理部、省级应急管理厅、市级应急管理局及相关部门，并发表论文若干篇。

4.5　总体技术路线

　　基于上述总体指导思想、总体研究方法、总体技术框架和总体实现目标，可得出研究综合应急救援能力提升的总体技术路线，如图 4-2 所示。

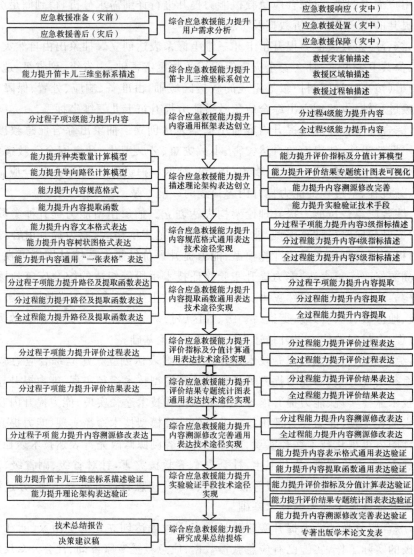

图 4-2　综合应急救援能力提升总体技术路线

4.6　总体研究内容

基于上述总体指导思想、总体研究方法、总体技术框架、总体实现目标和总体技术路线,可得出综合应急救援能力提升的总体研究内容。

(1)综合应急救援能力提升笛卡儿三维坐标系研究

- 救援灾害轴
- 救援区域轴
- 救援过程轴
- 能力提升笛卡儿三维坐标系

(2)综合应急救援能力提升内容通用框架研究

- 分过程子项 3 级能力提升内容
- 分过程 4 级能力提升内容
- 全过程 5 级能力提升内容

(3)综合应急救援能力提升理论架构研究

- 能力提升种类数量计算模型
- 能力提升导向路径计算模型
- 能力提升内容规范表示格式
- 能力提升内容提取函数表达
- 能力提升评价指标及分值计算模型
- 能力提升评价结果专题统计图表可视化
- 能力提升内容溯源修改完善表达
- 能力提升实验验证技术手段

(4)综合应急救援能力提升技术途径实现方案研究

- 能力提升种类数量计算模型技术途径实现方案
- 能力提升导向路径计算模型技术途径实现方案
- 能力提升内容规范表示格式技术途径实现方案
- 能力提升内容提取函数表达技术途径实现方案
- 能力提升评价指标及分值计算模型技术途径实现方案
- 能力提升评价结果专题统计图表可视化技术途径实现方案
- 能力提升内容溯源修改完善表达技术途径实现方案

(5)综合应急救援能力提升实验验证技术手段研究

- 应急救援数据验证技术手段
- 应急救援专家咨询验证技术手段
- 社会公众反馈验证技术手段
- 应急救援培训演练验证技术手段
- 应急救援模拟演习验证技术手段
- 应急救援现场操作验证技术手段

第5章 综合应急救援能力提升笛卡儿三维坐标系

5.1 救援灾害轴描述

5.1.1 救援灾害组成

综合应急救援面向的灾害由自然灾害、事故灾难、公共卫生事件、社会安全事件等四大灾种组成,每一大灾种又有若干分灾害组成:

- 自然灾害 V1＝(干旱害 V11,洪涝灾害 V12,台风灾害 V13,暴雨灾害 V14,大风灾害 V15,冰雹灾害 V16,雷电灾害 V17,低温灾害 V18,冰雪灾害 V19,高温灾害 V110,沙尘暴灾害 V111,大雾灾害 V112,地震灾害 V113,火山灾害 V114,崩塌灾害 V115,滑坡灾害 V116,泥石流灾害 V117,地面塌陷灾害 V118,地面沉降灾害 V119,地裂缝灾害 V120,风暴潮灾害 V121,海浪灾害 V122,海冰灾害 V123,海啸灾害 V124,赤潮灾害 V125,植物病虫灾害 V126,疫病灾害 V127,鼠害灾害 V128,草害灾害 V129,赤潮灾害 V130,森林/草原火灾灾害 V131,水土流失灾害 V132,风蚀沙化灾害 V133,盐渍化灾害 V134,石漠化灾害 V135,其他自然灾害 V136),其抽象描述表达式:V1＝(V11,V12,…,V1j),其中 j＝1、36,V1j 代表 V1 中存在的 36 个自然灾害分灾害。

- 事故灾难 V2＝(安全生产事故 V21,交通事故 V22,海难事故 V23,空难事故 V24,火灾与爆炸事故 V25,燃气与油(气)管道事故 V26,危化品事故 V27,工程施工事故 V28,人防工程事故 V29,供排水事故 V210,公共设施和设备事故 V211,溢油事故 V212,环境污染和生态破坏事故 V213,核与辐射事故 V214,其他事故灾难 V215),其抽象描述表达式:V2＝(V21,V22,…,V2j),其中 j＝1、15,V2j 代表 V2 中存在的 15 个事故灾难分灾害。

- 公共卫生事件 V3＝(重大传染病疫情事件 V31,群体性不明原因疾病事件 V32,重大食品和药品安全事件 V33,中毒食物和职业中毒事件 V34,动物疫情事件 V35,自然灾害致疾病流行事件 V36,重大环境污染致疾病流行事件 V37,核事故致疾病流行事件 V38,生物、化学、恐怖致疾病流行事件 V39,其他公共卫生事件 V310),其抽象描述表达式:V3＝(V31,V32,…,V3j),其中 j＝1、10,V3j 代表 V3 中存在的 10 个公共卫生事件分灾害。

- 社会安全事件 V4＝(重大刑事案件 V41,重特大火灾事件 V42、重大恐怖袭击事件

V43,重大社会群体性事件 V44,重大民族宗教突发群体事件 V45,重大学校安全事件 V46,重大粮食供给事件 V47,重大涉外突发公共事件 V48,重大网络与信息安全事件 V49,重大能源资源供给事件 V410,重大金融突发公共事件 V411,其他社会安全事件 V412),其抽象描述表达式:V4=(V41,V42,…,V4j),其中 j=1、12,V4j 代表 V4 中存在的 12 个社会安全事件分灾害。

5.1.2　救援灾害轴抽象

综上所述,救援灾害轴 V=(自然灾害,事故灾难,公共卫生事件,社会安全事件),经数学工具——集合抽象表示如下:

V={V1,V2,V3,V4},其中 V 代表救援灾害轴,V1、V2、V3、V4 分别代表自然灾害、事故灾难、公共卫生事件、社会安全事件等灾害。

进一步抽象为:V={V1,V2,V3,V4}={(V11,V12,…,V1j),(V21,V22,…,V2j),(V31,V32,…,V3j),(V41,V42,…,V4j)}={(Vi1,Vi2,…,Vij)},其中 Vij 代表自然灾害、事故灾难、公共卫生事件、社会安全事件等灾害中的分灾害,i、j 代表正整数。

5.2　救援区域轴描述

5.2.1　救援区域组成

综合应急救援由省级、副省级、地区级、区(县)级、街道(镇)级、社区(村)级等区域组成,每一区域又有若干分区域组成:

● 省级区域 G1=(省 G11,自治区 G12,特别行政区 G13,直辖市 G14),其抽象描述表达式:G1=(G11,G12,…,G1j),其中 j=1,4,G1j 代表 G1 中存在的 4 类省级分区域。

● 副省级区域 G2=(副省级省会城市 G21,计划单列城市 G22),其抽象描述表达式:G2=(G21,G22,…,G2j),其中 j=1,2,G2j 代表 G2 中存在的 2 类副省级分区域。

● 地区级区域 G3=(地级省会城市 G31,地级市 G32,地区 G33,自治州 G34,盟 G35),其抽象描述表达式:G3=(G31,G32,…,G3j),其中 j=1,5,G3j 代表 G3 中存在的 5 类地区级分区域。

● 区(县)级区域 G4=(县级市 G41,区 G42,县 G43,旗 G44,特区 G45,林区 G46),其抽象描述表达式:G4=(G41,G42,…,G4j),其中 j=1,6,G4j 代表 G4 中存在的 6 类区(县)级分区域。

● 街道(镇)级区域 G5=(街道 G51,镇 G52,民族乡 G53,苏木 G54,民族苏木 G55),其抽象描述表达式:G5=(G51,G52,…,G5j),其中 j=1,5,G5j 代表 G5 中存在的 5 类街道(镇)级分区域。

● 社区(村)级区域 G6=(社区 G61,行政村 G62,自然村 G63),其抽象描述表达式:G6=(G61,G62,…,G6j),其中 n=1,3,G6j 代表 G6 中存在的 3 类社区(村)级分区域。

5.2.2 救援区域轴抽象

综上所述,救援区域轴=(省级区域,副省级区域,地区级区域,区(县)级区域,街道(镇)级区域,社区(村)级区域),经数学工具——集合抽象表示如下:

$G=\{G1,G2,G3,G4,G5,G6\}$,其中 G 代表救援区域轴,G1、G2、G3、G4、G5、G6 分别代表省级、副省级、地区级、区(县)级、街道(镇)级、社区(村)级等区域。

进一步抽象为:$G=\{G1,G2,G3,G4,G5,G6\}=\{(G11,G12,\cdots,G1j),(G21,G22,\cdots,G2j),(G31,G32,\cdots,G3j),(G41,G42,\cdots,G4j),(G51,G52,\cdots,G5j),(G61,G62,\cdots,G6j)\}=\{(Gi1,Gi2,\cdots,Gij)\}$,其中 Gij 代表省级、副省级、地区级、区(县)级、街道(镇)级、社区(村)级等区域中的分区域,i、j 代表正整数。

5.3 救援过程轴描述

5.3.1 救援过程组成

综合应急救援过程由准备、响应、处置、保障、善后等分过程组成,每一分过程又有若干子项组成:

● 准备分过程 T1=(法律法规 T11,标准规范 T12,规章制度 T13,预案制定 T14,管理体系 T15,组织机构 T16,运行机制 T17,监测预警 T18,培训演练 T19,宣传教育 T110,行为素养 T111,教育科技 T112,灾害医学 T113,灾害产业 T114),其抽象描述表达式:$T1=(T11,T12,\cdots,T1j)$,其中 j=1,14,T1j 代表 T1 中存在的 14 个准备分过程子项。

● 响应分过程 T2=(快速反应 T21,灾害心理 T22,灾害识别 T23,环境识别 T24,社会动员 T25,舆情监控 T26),其抽象描述表达式:$T2=(T21,T22,\cdots,T2j)$,其中 j=1,6,T2j 代表 T2 中存在的 6 个响应分过程子项。

● 处置分过程 T3=(协同指挥 T31,队伍施救 T32,施救装备 T33,医疗医治 T34,自救互救 T35,基层治理 T36,灾民保护 T37,社会治安 T38,灾情统计 T39,信息发布 T310,灾金使用 T311,捐赠管理 T312),其抽象描述表达式:$T3=(T31,T32,\cdots,T3j)$,其中 j=1,12,T3j 代表 T3 中存在的 12 个处置分过程子项。

● 保障分过程 T4=(施救队伍 T41,施救技术 T42,信息平台 T43,物质资源 T44,航空基地 T45,避难场所 T46,媒体发布 T47,灾金筹集 T48),其抽象描述表达式:$T4=(T41,T42,\cdots,T4j)$,其中 j=1,6,T4j 代表 T4 中存在的 6 个保障分过程子项。

● 善后分过程 T5=(损失统计 T51,经验总结 T52,调查评估 T53,救助安抚 T54,心理干预 T55,灾金绩效 T56,恢复重建 T57,体系调整 T58),其抽象描述表达式:$T5=(T51,T52,\cdots,T5j)$,其中 j=1,8,T5j 代表 T5 中存在的 8 个善后分过程子项。

5.3.2　救援过程轴抽象

综上所述,救援过程轴＝(准备分过程,响应分过程,处置分过程,保障分过程,善后分过程),经数学工具——集合抽象表示如下:

$T=\{T1,T2,T3,T4,T5\}$,其中 T 代表救援过程轴,T1、T2、T3、T4、T5 分别代表准备、响应、处置、保障、善后等分过程。进一步抽象为:$T=\{T1,T2,T3,T4,T5\}=\{(T11,T12,\cdots,T1j),(T21,T22,\cdots,T2j),(T31,T32,\cdots,T3j),(T41,T42,\cdots,T4j),(T51,T52,\cdots,T5j)\}=\{(Ti1,Ti2,\cdots,Tij)\}$,其中 Tij 代表准备、响应、处置、保障、善后等分过程中的子项,i、j 代表正整数。

为了描述全生命周期过程的综合应急救援能力提升,基于准备、响应、处置、保障、善后等分过程,综合应急救援能力提升全生命周期过程划分为全过程、分过程、分过程子项。

(1)全过程

全过程 T 代表着应急救援能力提升全生命周期过程中的所有分过程描述,由准备、响应、处置、保障、善后等分过程组合而成,经数学工具——集合抽象定义如下:

全过程 $T=\{$准备分过程 $T1\cap$响应分过程 $T2\cap$处置分过程 $T3\cap$保障分过程 $T4\cap$善后分过程 $T5\}$,其中"$\cap$"代表数学集合中的"交集"(下同)。

(2)分过程

分过程 Ti 代表着应急救援全能力提升生命周期过程中某个分过程描述,是准备、响应、处置、保障、善后等分过程中的一个,经数学工具——集合抽象定义如下:

分过程 $Ti=\{$准备分过程 $T1\cup$响应分过程 $T2\cup$处置分过程 $T3\cup$保障分过程 $T4\cup$善后分过程 $T5\}$,其中"$\cup$"代表数学集合中的"并集"(下同)。

准备分过程 $T1=\{$法律法规 T11 子项$\cap$标准规范 T12 子项$\cap$规章制度 T13 子项$\cap$预案制定 T14 子项$\cap$管理体系 T15 子项$\cap$组织机构 T16 子项$\cap$运行机制 T17 子项$\cap$监测预警 T18 子项$\cap$培训演练 T19 子项$\cap$宣传教育 T110 子项$\cap$行为素养 T111 子项$\cap$教育科技 T112 子项$\cap$灾害医学 T113 子项$\cap$灾害产业 T114 子项$\}$。

响应分过程 $T2=\{$快速反应 T21 子项$\cap$灾害心理 T22 子项$\cap$灾害识别 T23 子项$\cap$环境识别 T24 子项$\cap$社会动员 T25 子项$\cap$舆情监控 T26 子项$\}$。

处置分过程 $T3=\{$协同指挥 T31 子项$\cap$队伍施救 T32 子项$\cap$施救装备 T33 子项$\cap$医疗医治 T34 子项$\cap$自救互救 T35 子项$\cap$基层治理 T36 子项$\cap$灾民保护 T37 子项$\cap$社会治安 T38 子项$\cap$灾情统计 T39 子项$\cap$信息发布 T310 子项$\cap$灾金使用 T311 子项$\cap$捐赠管理 T312 子项$\}$。

保障分过程 $T4=\{$施救队伍 T41 子项$\cap$施救技术 T42 子项$\cap$信息平台 T43 子项$\cap$物质资源 T44 子项$\cap$航空基地 T45 子项$\cap$避难场所 T46 子项$\cap$媒体发布 T47 子项$\cap$灾金筹集 T48 子项$\}$。

善后分过程 $T5=\{$损失统计 T51 子项$\cap$经验总结 T52 子项$\cap$调查评估 T53 子项$\cap$救助安抚 T54 子项$\cap$心理干预 T55 子项$\cap$灾金绩效 T56 子项$\cap$恢复重建 T57 子项$\cap$体系调整 T58 子项$\}$。

（3）分过程子项

分过程子项代表着应急救援能力提升全生命周期过程中某个分过程的一子项描述，是准备、响应、处置、保障、善后等分过程中的一个子项，经数学工具——集合抽象定义如下：

分过程子项 Tij＝{准备分过程 T1 子项∪响应分过程 T2 子项∪处置分过程 T3 子项∪保障分过程 T4 子项∪善后分过程 T5 子项}。

准备分过程 T1 子项＝{法律法规 T11 子项∪标准规范 T12 子项∪规章制度 T13 子项∪预案制定 T14 子项∪管理体系 T15 子项∪组织机构 T16 子项∪运行机制 T17 子项∪监测预警 T18 子项∪培训演练 T19 子项∪宣传教育 T110 子项∪行为素养 T111 子项∪教育科技 T112 子项∪灾害医学 T113 子项∪灾害产业 T114 子项}。

响应分过程 T2 子项＝{快速反应 T21 子项∪灾害心理 T22 子项∪灾害识别 T23 子项∪环境识别 T24 子项∪社会动员 T25 子项∪舆情监控 T26 子项}。

处置分过程 T3 子项＝{协同指挥 T31 子项∪队伍施救 T32 子项∪施救装备 T33 子项∪医疗医治 T34 子项∪自救互救 T35 子项∪基层治理 T36 子项∪灾民保护 T37 子项∪社会治安 T38 子项∪灾情统计 T39 子项∪信息发布 T310 子项∪灾金使用 T311 子项∪捐赠管理 T312 子项}。

保障分过程 T4 子项＝{施救队伍 T41 子项∪施救技术 T42 子项∪信息平台 T43 子项∪物质资源 T44 子项∪航空基地 T45 子项∪避难场所 T46 子项∪媒体发布 T47 子项∪灾金筹集 T48 子项}。

善后分过程 T5 子项＝{损失统计 T51 子项∪经验总结 T52 子项∪调查评估 T53 子项∪救助安抚 T54 子项∪心理干预 T55 子项∪灾金绩效 T56 子项∪恢复重建 T57 子项∪体系调整 T58 子项}。

＊＊＊Tij 子项＝{一级指标内容，二级指标内容，三级指标内容}，其中"＊＊＊"代表准备、响应、处置、保障、善后等分过程中的一个子项名称（下同）。

5.4 能力提升笛卡儿三维坐标系描述

基于上述抽象出的救援灾害轴、救援区域轴、救援过程轴，综合应急救援能力提升笛卡儿三维坐标系描如图 5-1 所示。

综合应急救援能力提升笛卡儿三维坐标系＝（救援灾害轴，救援区域轴，救援过程轴），经数学工具——集合抽象表示如下：

VGT＝{V∩G∩T}。其中，VGT 代表综合应急救援能力提升笛卡儿三维坐标系，V、G、T 分别代表救援灾害轴、救援区域轴、救援过程轴。

由此可知，通过该笛卡儿三维坐标系 VGT，可抽象描述综合应急救援能力提升两部分内容：其一，图中"立方体"代表的"综合应急救援能力提升理论架构表达"；其二，图中"箭头方框"代表的"综合应急救援能力提升内容描述"。

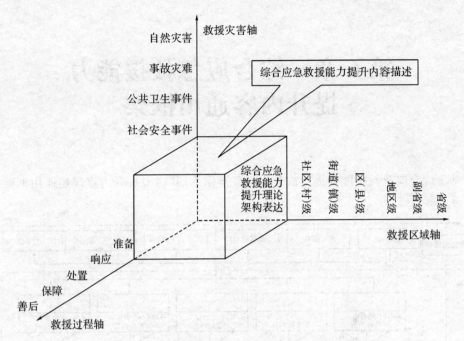

图 5-1　综合应急救援能力提升笛卡儿三维坐标系

第6章 综合应急救援能力提升内容通用框架

基于综合应急救援能力提升笛卡儿三维坐标系,其能力提升内容描述通用框架表达如图 6-1 所示。

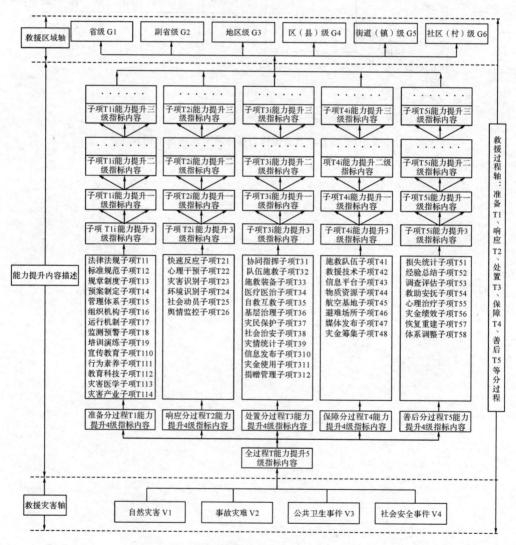

图 6-1 综合应急救援能力提升内容通用框架表达

6.1 全过程能力提升5级指标内容

全过程 T 的 ＊＊＊＝{准备分过程 T1 的 ＆＆＆∩响应分过程 T2 的 ＆＆＆∩处置分过程 T3 的 ＆＆＆∩保障分过程 T4 的 ＆＆＆∩善后分过程 T5 的 ＆＆＆},其中"＊＊＊"代表"能力提升5级指标内容"、"＆＆＆"代表"能力提升4级指标内容"、"＃＃＃"代表"能力提升3级指标内容"(下同)。

6.2 分过程能力提升4级指标内容

分过程 Ti 的 ＆＆＆＝{准备分过程 T1 的 ＆＆＆∪响应分过程 T2 的 ＆＆＆∪处置分过程 T3 的 ＆＆＆∪保障分过程 T4 的 ＆＆＆∪善后分过程 T5 的 ＆＆＆}。

准备分过程 T1 的 ＆＆＆＝{法律法规子项 T11 的 ＃＃＃∩标准规范子项 T12 的 ＃＃＃∩规章制度子项 T13 的 ＃＃＃∩预案制定子项 T14 的 ＃＃＃∩管理体系子项 T15 的 ＃＃＃∩组织机构子项 T16 的 ＃＃＃∩运行机制子项 T17 的 ＃＃＃∩监测预警子项 T18 的 ＃＃＃∩培训演练子项 T19 的 ＃＃＃∩宣传教育子项 T110 的 ＃＃＃∩行为素养子项 T111 的 ＃＃＃∩教育科技子项 T112 的 ＃＃＃∩灾害医学子项 T113 的 ＃＃＃∩灾害产业子项 T114 的 ＃＃＃},由14个子项组成。

响应分过程 T2 的 ＆＆＆＝{快速反应子项 T21 的 ＃＃＃∩灾害心理子项 T22 的 ＃＃＃∩灾害识别子项 T23 的 ＃＃＃∩环境识别子项 T24 的 ＃＃＃∩社会动员子项 T25 的 ＃＃＃∩舆情监控子项 T26 的 ＃＃＃},由6个子项组成。

处置分过程 T3 的 ＆＆＆＝{协同指挥子项 T31 的 ＃＃＃∩队伍施救子项 T32 的 ＃＃＃∩施救装备子项 T33 的 ＃＃＃∩医疗医治子项 T34 的 ＃＃＃∩自救互救子项 T35 的 ＃＃＃∩基层治理子项 T36 的 ＃＃＃∩灾民保护子项 T37 的 ＃＃＃∩社会治安子项 T38 的 ＃＃＃∩灾情统计子项 T39 的 ＃＃＃∩信息发布子项 T310 的 ＃＃＃∩灾金使用子项 T311 的 ＃＃＃∩捐赠管理子项 T312 的 ＃＃＃},由12个子项组成。

保障分过程 T4 的 ＆＆＆＝{施救队伍子项 T41 的 ＃＃＃∩施救技术子项 T42 的 ＃＃＃∩信息平台子项 T43 的 ＃＃＃∩物质资源子项 T44 的 ＃＃＃∩航空基地子项 T45 的 ＃＃＃∩避难场所子项 T46 的 ＃＃＃∩媒体发布子项 T47 的 ＃＃＃∩灾金筹集子项 T48 的 ＃＃＃},由8个子项组成。

善后分过程 T5 的 ＆＆＆＝＝{损失统计子项 T51 的 ＃＃＃∩经验总结子项 T52 的 ＃＃＃∩调查评估子项 T53 的 ＃＃＃∩救助安抚子项 T54 的 ＃＃＃∩心理干预子项 T55 的 ＃＃＃∩灾金绩效子项 T56 的 ＃＃＃∩恢复重建子项 T57 的 ＃＃＃∩体系调整子项 T58 的 ＃＃＃},由8个子项组成。

6.3 分过程子项能力提升 3 级指标内容

子项 T_{ij} ♯♯♯＝{一级指标内容∩二级指标内容∩三级指标内容}，其中 T_{ij} 为 T1、T2、T3、T4、T5 等分过程中的任意一个子项，i、j 为正整数。

第7章 综合应急救援能力提升理论架构

7.1 能力提升种类数量计算模型表达

基于笛卡儿三维坐标系 VGT＝{V∩G∩T}，综合应急救援能力提升种类数量计算模型 M＝{V * G * T}＝{【V1，V2，V3，V4】*【G1，G2，G3，G4，G5，G6】*【T1，T2，T3，T4，T5】}，分别代入上述救援灾害轴 V 中的灾害数量、救援区域轴 G 中的区域数量、救援过程轴 T 中的过程数量，即可计算出综合应急救援能力提升种类数量。

7.1.1 分过程子项

M＝{V * G * T}＝{【V1，V2，V3，V4】*【G1，G2，G3，G4，G5，G6】*【T1，T2，T3，T4，T5】}＝{【(V11，V12，…，V1j)，(V21，V22，…，V2j)，(V31，V32，…，V3j)，(V41，V42，…，V4j)】*【(G11，G12，…，G1j)，(G21，G22，…，G2j)，(G31，G32，…，G3j)，(G41，G42，…，G4j)，(G51，G52，…，G5j)，(G61，G62，…，G6j)】*【(T11，T12，…，T1j)，(T21，T22，…，T2j)，(T31，T32，…，T3j)，(T41，T42，…，T4j)，(T51，T52，…，T5j)】＝{【Vij】*【Gij】*【Tij】}，其中" * "表示"乘"，i、j 代表正整数。

7.1.2 分过程

M＝{V * G * T}＝{【V1，V2，V3，V4】*【G1，G2，G3，G4，G5，G6】*【T1，T2，T3，T4，T5】}＝{【(V11，V12，…，V1j)，(V21，V22，…，V2j)，(V31，V32，…，V3j)，(V41，V42，…，V4j)】*【(G11，G12，…，G1j)，(G21，G22，…，G2j)，(G31，G32，…，G3j)，(G41，G42，…，G4j)，(G51，G52，…，G5j)，(G61，G62，…，G6j)】*【T1，T2，T3，T4，T5】}＝{【Vij】*【Gij】*【Ti】}，其中" * "表示"乘"，i、j 代表正整数。

7.1.3 全过程

M＝{V * G * T}＝{【V1，V2，V3，V4】*【G1，G2，G3，G4，G5，G6】*【T1，T2，T3，T4，T5】}＝{【(V11，V12，…，V1j)，(V21，V22，…，V2j)，(V31，V32，…，V3j)，(V41，V42，…，V4j)】*【(G11，G12，…，G1j)，(G21，G22，…，G2j)，(G31，G32，…，G3j)，(G41，G42，…，G4j)，(G51，G52，…，G5j)，(G61，G62，…，G6j)】*【T】}＝{【Vij】*【Gij】*【T】}，其中" * "表示"乘"，i、j 代表正整数。

7.2　能力提升路径计算模型表达

基于笛卡儿三维坐标系 VGT＝{V∩G∩T}，经数学工具——集合抽象得出如下综合应急救援能力提升路径通用表达模型。

7.2.1　分过程子项

P＝{V∩G∩T}＝{【V1，V2，V3，V4】∩【G1，G2，G3，G4，G5，G6】∩【T1，T2，T3，T4，T5】}＝{【(V11，V12，…，V1j)，(V21，V22，…，V2j)，(V31，V32，…，V3j)，(V41，V42，…，V4j)】∩【(G11，G12，…，G1j)，(G21，G22，…，G2j)，(G31，G32，…，G3j)，(G41，G42，…，G4j)，(G51，G52，…，G5j)，(G61，G62，…，G6j)】∩【(T11，T12，…，T1j)，(T21，T22，…，T2j)，(T31，T32，…，T3j)，(T41，T42，…，T4j)，(T51，T52，…，T5j)】}＝{【Vij】∩【Gij】∩【Tij】}，其 i，j 代表正整数。

通过上述分过程子项能力提升路径通用模型表达，可组合出每种综合应急救援分过程子项的能力提升路径。

7.2.2　分过程

P＝{V∩G∩T}＝{【V1，V2，V3，V4】∩【G1，G2，G3，G4，G5，G6】∩【T1，T2，T3，T4，T5】}＝{【(V11，V12，…，V1j)，(V21，V22，…，V2j)，(V31，V32，…，V3j)，(V41，V42，…，V4j)】∩【(G11，G12，…，G1j)，(G21，G22，…，G2j)，(G31，G32，…，G3j)，(G41，G42，…，G4j)，(G51，G52，…，G5j)，(G61，G62，…，G6j)】∩【T1，T2，T3，T4，T5】}＝{【Vij】∩【Gij】∩【Ti】}，其中，i，j 代表正整数。

通过上述分过程能力提升路径通用模型表达，可组合出每种综合应急救援分过程的能力提升路径。

7.2.3　全过程

P＝{V∩G∩T}＝{【V1，V2，V3，V4】∩【G1，G2，G3，G4，G5，G6】∩【T1，T2，T3，T4，T5】}＝{【(V11，V12，…，V1j)，(V21，V22，…，V2j)，(V31，V32，…，V3j)，(V41，V42，…，V4j)】∩【(G11，G12，…，G1j)，(G21，G22，…，G2j)，(G31，G32，…，G3j)，(G41，G42，…，G4j)，(G51，G52，…，G5j)，(G61，G62，…，G6j)】∩【T】}＝{【Vij】∩【Gij】∩【T】}，其中 i，j 代表正整数。

通过上述全过程能力提升路径通用模型表达，可组合出每种综合应急救援全过程的能力提升路径。

7.3　能力提升内容规范格式表达

本节中的一级指标内容、二级指标内容、三级指标内容、四级指标内容、五级指标内容既是综合应急救援的能力提升内容,又是综合应急救援能力提升的评价指标,分值为该评价指标的评价结果最高值(下同)。

7.3.1 分过程子项

(1)分过程子项能力提升内容通用文本表达式

基于上述综合应急救援能力提升内容通用框架表示,可抽象出分过程子项能力提升内容通用文本格式表达式,表示如下:

分过程子项 Tij 能力提升 3 级指标内容=﹛一级指标内容∩二级指标内容∩三级指标内容﹜,其中,"子项 Tij"代表"准备、响应、处置、保障、善后"等分过程中的子项。

一级指标内容=﹛子项 Tij﹜。

二级指标内容=﹛二级指标内容 1∩二级指标内容 2∩…∩二级指标内容 n﹜。

三级指标内容=﹛【三级指标内容 11∩三级指标内容 12∩…∩三级指标内容 1i】∩【三级指标内容 21∩三级指标内容 22∩…∩三级指标内容 2j】∩…∩【三级指标内容 n1∩三级指标内容 n2∩…∩三级指标内容 nm﹜,其中 i、j、k、n、m 代表正整数:

(2)分过程子项能力提升内容通用树状图表达式

基于上述分过程子项能力提升内容文本格式表达式的一级指标内容、二级指标内容、三级指标内容,可抽象出分过程子项能力提升内容通用树状图表达式,如图 7-1 所示。

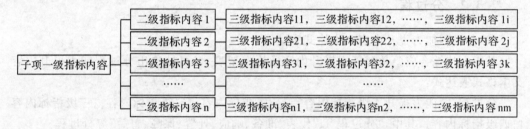

图 7-1 分过程子项能力提升 3 级指标内容树状图

(3)分过程子项能力提升内容通用"一张表格"表达式

基于上述文本格式和树状图表达式,可抽象出分过程子项能力提升一级指标内容、二级指标内容、三级指标内容的"一张表格"通用表达式,如表 7-1。

表 7-1 分过程子项能力提升 3 级指标内容"一张表格"

适用救援灾害:自然灾害、事故灾难、公共卫生事件、社会安全事件等分灾害 Vij				
适用救援区域:省级、副省级、地区级、区(县)级、街道(镇)级、社区(村)级等分区域 Gij				
适用救援过程:分过程 Ti 子项 Tij				
一级指标内容 (0-分值Ⅰ)	二级指标内容 (0-分值Ⅱ)	三级指标内容 (0-分值Ⅲ)	指标内容解释	专家评价分值(0-1)
子项 Tij (0-分值Ⅰij)	XX1(0-分值Ⅱ1)	XX11(0-分值Ⅲ11)	******	分值Ⅲ11
		……	……	……
		XX1i(0-分值Ⅲ1i)	******	分值Ⅲ1i

续表

子项 Tij (0-分值Ⅰij)	XX2(0-分值Ⅱ2)	XX21(0-分值Ⅲ21)	＊＊＊＊＊＊	分值Ⅲ21
		……	……	……
		XX2j(0-分值Ⅲ2j)	＊＊＊＊＊	分值Ⅲ2j
	……	……	……	……
	XXn(0-分值Ⅱn)	XXn1(0-分值Ⅲn1)	＊＊＊＊＊	分值Ⅲn1
		……	……	……
		XXnm(0-分值Ⅲnm)	＊＊＊＊＊＊	分值Ⅲnm

表格中，"Tij"代表分过程子项。"分过程子项 Tij"、"XXn"、"XXnm"分别代表该子项能力提升一级、二级、三级指标内容，"＊＊＊＊＊＊"代表三级指标内容的详细解释。

"(0-分值Ⅰij)"、"(0-分值Ⅱn)"、"(0-分值Ⅲnm)"分别代表该一级、二级、三级指标内容的分值范围，为正整数(留作能力提升评价时使用，下同)。其中，一级指标内容分值计算公式为：分值Ⅰij＝分值Ⅱ1＋分值Ⅱ2＋…＋分值Ⅱn；二级指标内容分值计算公式为：分值Ⅱn＝分值Ⅲn1＋分值Ⅲn2…＋分值Ⅲnm；三级指标内容分值计算公式为：分值Ⅲnm＝即为专家评价分值，在(0-1)之间，其中i、j、n、m代表正整数。

7.3.2 分过程

(1)分过程能力提升内容文本格式表达式

基于上述综合应急救援能力提升内容通用框架表示，可抽象出分过程能力提升内容文本格式表达式：

分过程 Ti 能力提升 4 级指标内容＝{一级指标内容∩二级指标内容∩三级指标内容∩四级指标内容}，其中，"分过程 Ti"代表"准备、响应、处置、保障、善后"等分过程。

一级指标内容＝{分过程 Ti}。

二级指标内容＝{分过程 Ti 所有子项 Tij 的一级指标内容集合}。

三级指标内容＝{分过程 Ti 所有子项 Tij 的二级指标内容集合}。

四级指标内容＝{分过程 Ti 所有子项 Tij 的三级指标内容集合}。

(2)分过程能力提升内容树状图表达式

基于上述分过程能力提升内容文本格式表达式的一级指标内容、二级指标内容、三级指标内容、四级指标内容，可抽象出分过程能力提升内容通用树状图表达式，如图 7-2 所示。

(3)分过程能力提升内容通用"一张表格"表达式

基于上述文本格式和树状图表达式，可抽象出分过程能力提升一级指标内容、二级指标内容、三级指标内容、四级指标内容的"一张表格"通用表达式，如表 7-2。

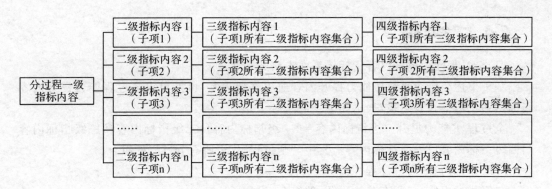

图 7-2　分过程能力提升 4 级指标内容树状图

表 7-2　分过程能力提升 4 级指标内容"一张表格"

适用救援灾害:自然灾害、事故灾难、公共卫生事件、社会安全事件等分灾害 Vij					
适用救援区域:省级、副省级、地区级、区(县)级、街道(镇)级、社区(村)级等分区域 Gij					
适用救援过程:分过程 Ti					
一级指标内容 (0-分值)	二级指标内容 (0-分值Ⅰ)	三级指标内容 (0-分值Ⅱ)	四级指标内容 (0-分值Ⅲ)	指标内容 解释	专家评价分值 (0-1)
分过程 Ti (0-分值 i)	子项 Ti1 一级 指标内容集合 (0-分值Ⅰi1)	子项 Ti1 二级指标 内容集合(0-分值 Ⅱi1)	子项 Ti1 三级指标 内容集合(0-分值 Ⅲi1)	＊＊＊＊＊＊	分值Ⅲi1
	子项 Ti2 一级 指标内容集合 (0-分值Ⅰi2)	子项 Ti2 二级指标 内容集合(0-分值 Ⅱi2)	子项 Ti2 三级指标 内容集合(0-分值 Ⅲi2)	＊＊＊＊＊＊	分值Ⅲi2
	………	………	………	＊＊＊＊＊＊	＊＊＊＊＊＊
	子项 Tij 一级指 标内容集合(0- 分值Ⅰij)	子项 Tij 二级指标 内容集合(0-分值 Ⅱij)	子项 Tij 三级指标 内容集合(0-分值 Ⅲij)	＊＊＊＊＊＊	分值Ⅲij

　　表格中,"Ti"代表分过程。"Tij"代表该分过程子项,"分过程 Ti"、"子项 Ti1 一级指标内容集合"、"子项 Ti1 二级指标内容集合"、"子项 Ti1 三级指标内容集合"分别代表该分过程能力提升一级、二级、三级、四级指标内容,"＊＊＊＊＊＊"代表上述三级指标内容的详细解释。

　　"(0-分值)"、"(0-分值Ⅰ)"、"(0-分值Ⅱ)"、"(0-分值Ⅲ)"分别代表一级、二级、三级、四级指标内容的分值范围。其中,评价一级指标内容分值计算公式为:分值 i＝分值Ⅰi1＋分值Ⅰi2＋……＋分值Ⅰij;二级指标内容分值计算公式为:分值Ⅰij＝分值Ⅱi1＋分值Ⅱi2＋……＋分值Ⅱij;三级指标内容分值计算公式为:分值Ⅱij＝分值Ⅲi1＋…＋分值Ⅲij;四级指标内容分值计算公式为:分值Ⅲij 即专家评价分值,在(0-1)之间,其中 i、j 代表正整数。

7.3.3 全过程

(1)全过程能力提升内容指标体系文本格式表达式

基于上述综合应急救援能力提升内容通用框架表示,可抽象出全过程能力提升内容指标体系文本格式表达式,表示如下:

全过程 T 能力提升 5 级指标内容＝{一级指标内容∩二级指标内容∩三级指标内容∩四级指标内容∩五级指标内容},其中,"全过程"代表所有分过程的组合。

一级指标内容＝{全过程 T}。

二级指标内容＝{所有分过程 Ti 的组合}。

三级指标内容＝{所有分过程 Ti 的所有子项 Tij 的一级指标内容集合}。

四级指标内容＝{所有分过程 Ti 的所有子项 Tij 的二级指标内容集合}。

五级指标内容＝{所有分过程 Ti 的所有子项 Tij 的三级指标内容集合}。

(2)全过程能力提升内容指标体系树状图表达式

将上述全过程能力提升内容指标体系文本格式表达式的一级指标内容、二级指标内容、三级指标内容、四级指标内容、五级指标内容用树状图表示。

基于上述全过程能力提升内容文本格式表达式的一级指标内容、二级指标内容、三级指标内容、四级指标内容、五级指标内容,可抽象出全过程能力提升内容通用树状图表达式,如图 7-3 所示。

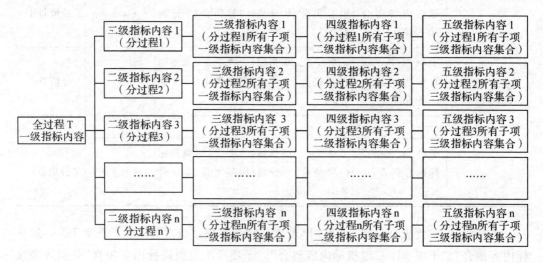

图 7-3　全过程能力提升 5 级指标内容树状图

(3)全过程能力提升内容通用"一张表格"表达式

基于上述文本格式和树状图表达式,可得出如下具体的全过程能力提升指标内容通用"一张表格"描述表达:

基于上述文本格式和树状图表达式,可抽象出全过程能力提升一级指标内容、二级指标内容、三级指标内容、四级指标内容、五级指标内容的"一张表格"通用表达式,如表 7-3 所示。

表7-3　全过程能力提升5级指标内容"一张表格"

| 适用救援灾害:自然灾害、事故灾难、公共卫生事件、社会安全事件等分灾害 Vij |
| 适用救援区域:省级、副省级、地区级、区(县)级、街道(镇)级、社区(村)级等分区域 Gij |
| 适用救援过程:全过程 T |

一级指标内容(0-总分值)	二级指标内容(0-分值)	三级指标内容(0-分值Ⅰ)	四级指标内容(0-分值Ⅱ)	五级指标内容(0-分值Ⅲ)	指标内容解释	专家评价分值(0-1)
全过程 T（总分值）	分过程 Ti（分值 i）	子项 Ti1 一级指标内容集合（分值Ⅰi1）	子项 Ti1 二级指标内容集合（分值Ⅱi1）	子项 Ti1 三级指标内容集合（分值Ⅲi1）	＊＊＊＊＊＊	分值Ⅲi1
		子项 Ti2 一级指标内容集合（分值Ⅰi2）	子项 Ti2 二级指标内容集合（分值Ⅱi2）	子项 Ti2 三级指标内容集合（分值Ⅲi2）	＊＊＊＊＊＊	分值Ⅲi2
		……	……	……	＊＊＊＊＊＊	＊＊＊＊＊＊
		子项 Tij 一级指标内容集合（分值Ⅰij）	子项 Tij 二级指标内容集合（分值Ⅱij）	子项 Tij 三级指标内容集合（分值Ⅲij）	＊＊＊＊＊＊	分值Ⅲij

表格中,"T"代表全过程,"Ti"代表"分过程","Tij"代表分过程子项。"全过程 T"、"分过程 Ti"、"子项 Ti1 一级指标内容集合"、"子项 Ti1 二级指标内容集合"、"子项 Ti1 三级指标内容集合"分别代表该全过程能力提升一级、二级、三级、四级、五级指标内容,"＊＊＊＊＊＊"代表上述三级指标内容的详细解释。

"(0-总分值)"、"(0-分值)"、"(0-分值Ⅰ)"、"(0-分值Ⅱ)"、"(0-分值Ⅲ)"分别代表一级、二级、三级、四级、五级等指标内容的分值范围。其中,一级指标内容分值计算公式为:总分值＝分值1＋分值2＋……＋分值 i;二级指标内容分值计算公式为:分值 i＝分值Ⅰi1＋分值Ⅰi2＋……＋分值Ⅰij;三级指标内容分值计算公式为:分值Ⅰij＝分值Ⅱi1＋分值Ⅱi2＋……＋分值Ⅱij;四级指标内容分值计算公式为:分值Ⅱij＝分值Ⅲi1＋…＋分值Ⅲij;五级指标内容分值计算公式为:分值Ⅲij 即专家评价分值,在(0-1)之间,其中 i,j 代表正整数。

7.4　能力提升内容提取函数表达

7.4.1　分过程子项

基于综合应急救援能力提升路径表达模型 P＝{V∩G∩T}＝{【Vij】∩【Gij】∩

【Tij】},根据特定的救援灾害 Vij、救援区域 Gij、救援分过程子项 Tij,由此抽象出分过程子项能力提升指标内容通用函数提取式:Hij=Table(Vij,Gij,Tij)。

将 Vij、Gij、Tij 作为参数代入上述"表 7-1 分过程子项能力提升内容通用'一张表格'表达式",即 Hij=Table(Vij,Gij,Tij),可得出详细的分过程子项能力提升 3 级指标内容的通用文本表达式。

7.4.2 分过程

基于综合应急救援能力提升路径表达模型 P={V∩G∩T}={【Vij】∩【Gij】∩【Ti】},根据特定的救援灾害 Vij、救援区域 Gij、救援分过程 Ti,由此抽象出分过程能力提升指标内容通用函数提取式:Hi=Table(Vij,Gij,Ti)。

将 Vij、Gij、Ti 作为参数代入上述"表 7-2 分过程能力提升内容通用'一张表格'表达式",即 Hij=Table(Vij,Gij,Ti),可得出详细的分过程能力提升 4 级指标内容的通用文本表达式。

7.4.3 全过程

基于综合应急救援能力提升路径表达模型 P={V∩G∩T}{【Vij】∩【Gij】∩【T】},根据特定的救援灾害 Vij、救援区域 Gij、救援全过程 T,由此抽象出全过程能力提升指标内容通用函数提取式:H=Table(Vij,Gij,T)。

将 Vij、Gij、T 作为参数代入上述"表 7-3 全过程能力提升内容通用'一张表格'表达式",即 H=Table(Vij,Gij,T),可得出详细的综合应急救援全过程能力提升 5 级指标内容的通用文本表达式。

7.5 能力提升评价指标及分值计算模型表达

7.5.1 分过程子项

基于表 7-1,将表格中的能力提升一级指标内容、二级指标内容、三级指标内容分别转变成一级评价指标、二级评价指标、三级评价指标,由此构成分过程子项的能力提升评价 3 级指标体系:

分过程子项能力提升评价 3 级指标体系={1 个一级指标内容∩n 个二级指标内容∩(i+j+k+...+m)个三级指标内容},其层次框图如图 7-4 所示。

其中,以相应三级指标内容解释为评价依据,由多个专家独立打分,最终平均计算得出每个三级指标内容的分值,即在(0-1)之间;将这些组成每个二级指标内容的所有三级指标内容分值相加,可计算得出所有二级指标内容的分值 Ⅱ,即(0-分值 Ⅱ1)、(0-分值 Ⅱ2)、(0-分值 Ⅱ3)……(0-分值 Ⅱn);将这些组成每个一级指标内容的所有二级指标内容分值相加,可计算得出该分过程子项(即一级指标内容)的分值 Ⅰ,即(0-(分值 Ⅱ1+分值 Ⅱ2

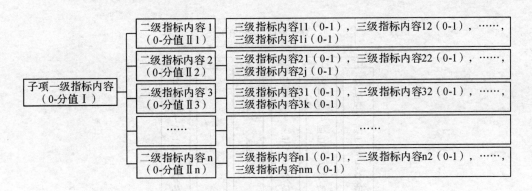

图 7-4　分过程子项能力提升评价 3 级指标体系表达

＋分值Ⅱ3＋……＋分值Ⅱn）），其中 n 为正整数。

7.5.2　分过程

将分过程中每个子项的能力提升评价 3 级指标体系组合在一起，就构成了分过程能力提升评价 4 级指标体系：

分过程能力提升评价 4 级指标体系＝{1 个一级指标内容∩I 个二级指标内容∩J 个三级指标内容∩K 个四级指标内容}，其中 I、J、K 为正整数，其中 I 为分过程的所有子项总数，J 为所有子项二级指标内容集合总数，K 为所有子项三级指标内容集合总数，其层次框图如图 7-5 所示。

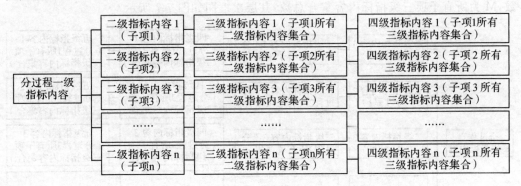

图 7-5　分过程能力提升评价 4 级指标体系表达

分过程能力提升评价结果分值计算模式：Ti 分值＝Ti1 分值Ⅰ＋Ti2 分值Ⅰ＋Ti3 分值Ⅰ＋……Tij 分值Ⅰ，可计算得出该分过程（即一级指标内容）的分值。其中 i、j 为正整数，"Tij 分值Ⅰ"为分过程子项一级指标内容的分值。那么分过程评价结果（0-分值）计算模式框图如图 7-6 所示。

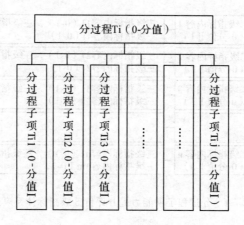

图 7-6 分过程能力提升评价结果分值计算模式表达

7.5.3 全过程

再将每个分过程的能力提升评价 4 级指标体系组合在一起,就构成了全过程能力提升评价 5 级指标体系:

全过程能力提升评价 5 级指标体系＝{1 个一级指标内容∩I 个二级指标内容∩J 个三级指标内容∩K 个四级指标内容∩M 个五级指标内容},其中 I、J、K、M 为正整数,其中 I 为所有分过程总数,J 为所有分过程的子项总数,K 为所有子项二级指标内容集合总数,M 为所有子项三级指标内容集合总数,其层次框图如图 7-7 所示。

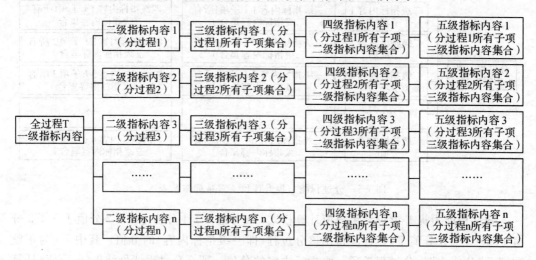

图 7-7 全过程能力提升评价 5 级指标体系表达

全过程能力提升评价结果分值计算模式:T 总分值＝T1 分值＋T2 分值＋T3 分值＋…＋Tn 分值,可计算得出该全过程(即一级指标内容)的总分值。其中 n 为正整数,"Tn 分值"为分过程的分值。那么全过程评价结果(0-总分值)计算模式框图如图 7-8 所示。

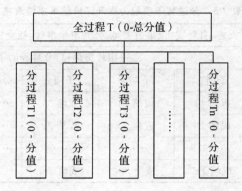

图 7-8　全过程能力提升评价结果分值计算模式通用表达

7.6　能力提升评价结果专题统计图表可视化表达

7.6.1　分过程子项

综合应急救援包括准备、响应、处置、保障、善后等若干分过程,每个分过程又包括若干子项。因此,分过程子项能力提升评价结果分值表格抽象表示如图 7-4 所示。

表 7-4　分过程子项能力提升评价结果分值表格

适用救援灾害:自然灾害、事故灾难、公共卫生事件、社会安全事件					
适用救援区域:	适用救援过程:分过程的子项				
	子项 1 (0-分值Ⅰ1)	子项 2 (0-分值Ⅰ2)	子项 3 (0-分值Ⅰ3)	……　　……	子项 n (0-分值Ⅰn)
某一级别行政区划 1	分值 11	分值 21	分值 31	……	分值 n1
某一级别行政区划 2	分值 12	分值 22	分值 32	……	分值 n2
……	……	……	……		……
某一级别行政区划 m	分值 1m	分值 2m	分值 3m		分值 nm

上述表格中"分值 nm"的取值处于非百分制的(0-分值Ⅰn)之间,其中 n,m 是正整数。因此需要将表格中的"分值 nm"转换成百分制的"成绩 nm",其转换公式为:成绩 nm＝分值 nm * 100/分值Ⅰn。因此,得出如下分过程子项能力提升评价结果成绩表如表 7-5。

107

表 7-5　分过程子项能力提升评价结果成绩表格

适用救援灾害：自然灾害、事故灾难、公共卫生事件、社会安全事件					
适用救援区域	适用救援过程：分过程的子项				
	子项 1	子项 2	子项 3	…… ……	子项 n
某一级别行政区划 1	成绩 11	成绩 21	成绩 31	…… ……	成绩 n1
某一级别行政区划 2	成绩 12	成绩 22	成绩 32	…… ……	成绩 n2
……	……	……	……	…… ……	……
某一级别行政区划 m	成绩 1m	成绩 2m	成绩 3m	…… ……	成绩 nm

　　基于上述分过程子项能力提升评价结果成绩表格，可以做出某一分过程所有 n 个子项的评价结果成绩统计图，如图 7-9 所示。

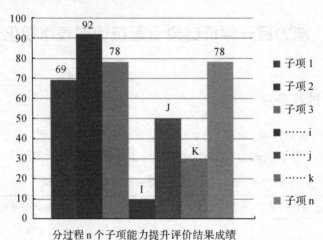

分过程 n 个子项能力提升评价结果成绩

图 7-9　分过程 n 个子项能力提升评价结果成绩统计图

　　面向自然灾害、事故灾难、公共卫生事件、社会安全事件等救援灾害，针对同一级别行政区划的救援区域，将某一分过程所有子项的评价结果成绩统计图与救援区域行政区划地图进行叠加，即可得出某一分过程所有子项评价结果成绩的分布式统计专题地图。如面向上海市、江苏省、浙江省和安徽省等四个省级行政区划的救援区域，针对某一分过程所有 n 个子项提升能力评价结果成绩分布式统计专题地图展示如图 7-10 所示。

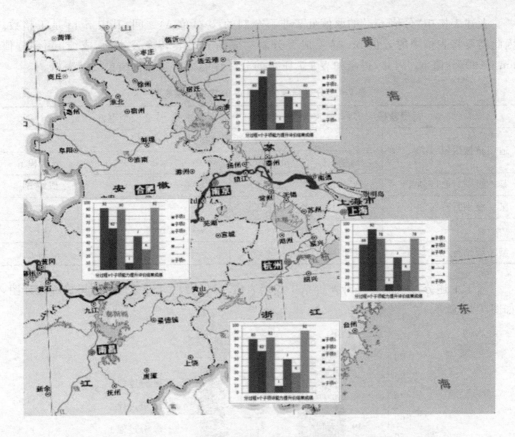

图 7-10 分过程 n 个子项能力提升评价结果成绩分布式统计专题地图

(审图号:GS(2016)1612 号,底图无修改,下同)

7.6.2 分过程

综合应急救援包括准备、响应、处置、保障、善后等若干分过程,因此,分过程能力提升评价结果分值表格抽象表示如表 7-6。

表 7-6 分过程能力提升评价结果分值表格

适用救援灾害:自然灾害、事故灾难、公共卫生事件、社会安全事件					
适用救援区域	适用救援过程:分过程				
	分过程 1 (0-分值 1)	分过程 2 (0-分值 2)	……	……	分过程 n (0-分值 n)
某一级别行政区划 1	分值 11	分值 21	……		分值 n1
某一级别行政区划 2	分值 12	分值 22	……		分值 n2
……	……	……	……		……
某一级别行政区划 m	分值 1m	分值 2m	……		分值 nm

上述表格中"分值 nm"的取值处于非百分制的(0-分值 n)之间,其中 n、m 是正整数。因此需要将表格中的分值 nm 转换成百分制的成绩 nm,其转换公式为:成绩 nm = 分值 nm * 100/分值 n。因此,得出如表 7-7 所示的分过程能力提升评价结果成绩表格。

表 7-7 分过程能力提升评价结果成绩表格

适用救援灾害:自然灾害、事故灾难、公共卫生事件、社会安全事件					
适用救援区域:	适用救援过程:分过程				
	分过程 1	分过程 2	……	……	分过程 n
某一级别行政区划 1	成绩 11	成绩 21	……	……	成绩 n1
某一级别行政区划 2	成绩 12	成绩 22	……	……	成绩 n2
……	……	……	……	……	……
某一级别行政区划 m	成绩 1m	成绩 2m	……	……	成绩 nm

基于上述分过程能力提升评价结果成绩表格,可以做出分过程评价结果成绩统计图,如图 7-11 所示。

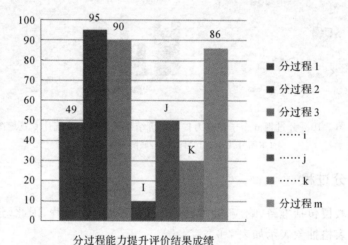

分过程能力提升评价结果成绩

图 7-11 分过程能力提升评价结果成绩统计图

面向自然灾害、事故灾难、公共卫生事件、社会安全事件等救援灾害,针对同一级别行政区划的救援区域,将分过程的评价结果成绩统计图与救援区域行政区划地图进行叠加,即可得出分过程评价结果成绩的分布式统计专题地图。如面向上海市、江苏省、浙江省和安徽省等四个省级行政区划的救援区域,针对分过程的提升能力评价结果成绩分布式统计专题地图展示如图 7-12 所示。

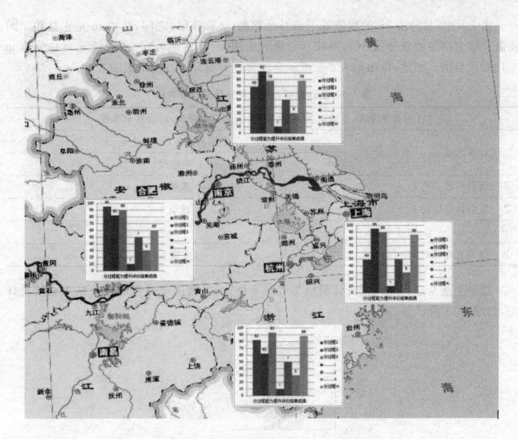

图 7-12　分过程能力提升评价结果成绩分布式统计专题地图

7.6.3　全过程

综合应急救援包括准备、响应、处置、保障、善后等若干分过程,因此,全过程能力提升评价结果分值表格抽象表示如表 7-8。

表 7-8　全过程能力提升评价结果分值表格

适用救援灾害:自然灾害、事故灾难、公共卫生事件、社会安全事件	
适用救援区域:	适用救援过程:全过程
	全过程 (0-总分值)
某一级别行政区划 1	总分值 1
某一级别行政区划 2	总分值 2
……	……
某一级别行政区划 m	总分值 m

111

表 7-8 中"总分值 m"的取值处于非百分制的（0-总分值）之间，其中 m 是正整数。因此需要将表格中的总分值 m 转换成百分制的成绩 m，其转换公式为：成绩 m＝总分值 m＊100/总分值。因此，得出如表 7-9 所示全过程能力提升评价结果成绩表格。

表 7-9　全过程能力提升评价结果成绩表格

适用救援灾害：自然灾害、事故灾难、公共卫生事件、社会安全事件	
适用救援区域：	适用救援过程：全过程
	全过程
某一级别行政区划 1	成绩 1
某一级别行政区划 2	成绩 2
……	……
某一级别行政区划 m	成绩 m

基于上述全过程能力提升评价结果成绩表格，可以做出全过程的评价结果成绩统计图，如图 7-13 所示。

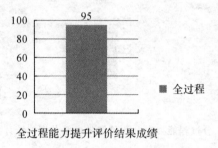

全过程能力提升评价结果成绩

图 7-13　全过程能力提升评价结果成绩统计图

面向自然灾害、事故灾难、公共卫生事件、社会安全事件等救援灾害，针对同一级别的行政区划的救援区域，将综合应急救援全过程的评价结果成绩统计图与救援区域行政区划地图进行叠加，即可得出全过程评价结果成绩的分布式统计专题图。如面向上海市、江苏省、浙江省和安徽省等四个省级行政区划的救援区域，针对全过程的提升能力评价结果成绩分布式统计专题地图展示如图 7-14 所示。

7.7　能力提升内容溯源修改完善表达

基于上述综合应急救援能力提升评价结果，若成绩＜60 分，则考核为不及格；若 60≤成绩＜70 分，则考核为及格；若 70≤成绩＜80 分，则考核为中等；若 80≤成绩＜90 分，则考核为良好；若 90≤成绩≤100 分，则考核为优秀。

考核为不及格、及格、中等、良好成绩的，综合应急救援能力提升内容肯定存在不同程度的不足，不能完全或部分满足实际综合应急救援的需求。此时，应该实施综合应急救援能力提升内容的修改完善。基本思路是能基于能力提升评价结果考核成绩（不及格、及

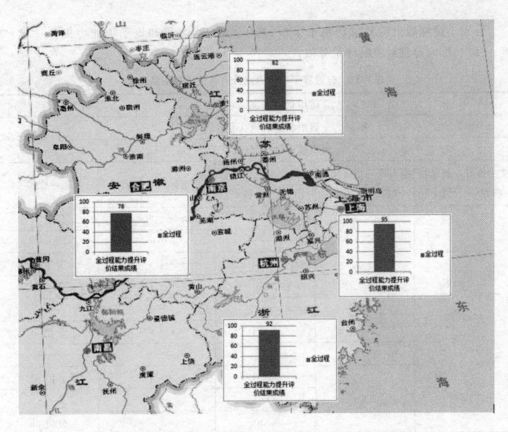

图 7-14 全过程能力提升评价结果成绩分布式统计专题地图

格、中等、良好等)溯源到具体需要修改完善的能力提升指标内容,实现有针对性的能力提升内容修改完善,直至能力提升评价结果考核成绩达到优秀。

7.7.1 分过程子项

基于表 7-10,针对"某一级别行政区划 m"救援区域的"成绩 1m、成绩 2m、成绩 3m ……成绩 nm",溯源出成绩为不及格、及格、中等、良好的某一分过程所有子项,即"子项 1、子项 2、…"。

表 7-10 分过程子项能力提升评价结果成绩表格

适用救援灾害:自然灾害、事故灾难、公共卫生事件、社会安全事件					
适用救援区域:	适用救援过程:分过程的子项				
	子项 1	子项 2	子项 3	…… ……	子项 n
某一级别行政区划 1	成绩 11	成绩 21	成绩 31	……	成绩 n1
某一级别行政区划 2	成绩 12	成绩 22	成绩 32	……	成绩 n2
……	……	……	……	……	……
某一级别行政区划 m	成绩 1m	成绩 2m	成绩 3m	……	成绩 nm

针对上述溯源出的分过程每个子项,基于表 7-11,可得知该子项能力提升一级、二级、三级指标内容及对应的评价分值:

表 7-11 分过程子项能力提升内容通用表格描述式

适用救援灾害:Vij 分灾害				
适用救援区域:Gij 分区域				
适用救援过程:分过程子项 Tij				
能力提升一级指标内容(0-分值Ⅰ)	能力提升二级指标内容(0-分值Ⅱ)	能力提升三级指标内容(0-分值Ⅲ)	指标内容依据	专家评价(0-1)
子项 Tij	XX1	XX11	＊＊＊＊＊＊	分值 11
		……	……	……
		XX1i	＊＊＊＊＊＊	分值 1i
	XX2	XX21	＊＊＊＊＊＊	分值 21
		……	……	……
		XX2j	＊＊＊＊＊＊	分值 2j
	……	……	……	……
	XXn	XXn1	＊＊＊＊＊＊	分值 n1
		……	……	……
		XXnk	＊＊＊＊＊＊	分值 nk

针对上述溯源出的分过程子项三级指标内容分值Ⅲ(分值 nk),基于图 7-15,可得知该子项能力提升一级、二级指标内容及对应的评价分值Ⅰ、分值Ⅱ:

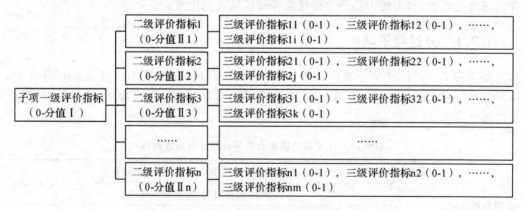

图 7-15 能力提升内容 3 级评价指标体系及分值计算图

由于子项一级、二级指标内容最终是由三级指标内容组合而成的,因此只需对溯源出的三级指标内容进行修改完善。此时,若溯源出的三级评价指标分值Ⅲ小于 1,代表该指标提升内容效果处于不及格、及格、中等、良好等状态,需要对该溯源出的三级指标内容根据实际情况进行修改完善,直至满意为止。

7.7.2 分过程

基于表7-12,针对"某一级别行政区划 m"的"成绩1m、成绩2m、成绩3m⋯⋯成绩nm",溯源出考核成绩为不及格、及格、中等、良好的所有分过程,即"分过程1、分过程2、⋯"。

表7-12 分过程能力提升评价结果成绩表格

适用救援灾害:自然灾害、事故灾难、公共卫生事件、社会安全事件					
适用救援区域	适用救援过程:分过程				
	分过程1	分过程2	⋯⋯	⋯⋯	分过程n
某一级别行政区划1	成绩11	成绩21	⋯⋯	⋯⋯	成绩n1
某一级别行政区划2	成绩12	成绩22	⋯⋯	⋯⋯	成绩n2
⋯⋯	⋯⋯	⋯⋯	⋯⋯	⋯⋯	⋯⋯
某一级别行政区划m	成绩1m	成绩2m	⋯⋯	⋯⋯	成绩nm

由于分过程是由若干该分过程子项组合而成,因此将溯源出的"分过程1、分过程2、⋯⋯"分解为该分过程子项,重复实施上述分过程子项溯源中的步骤,直至完成分过程所有子项溯源,即可实现对分过程能力提升内容的溯源修改完善。

7.7.3 全过程

基于表7-13,针对"某一级别行政区划 m"的"成绩 m",溯源出考核成绩为不及格、及格、中等、良好的全过程。

表7-13 全过程能力提升评价结果成绩表格

适用救援灾害:自然灾害、事故灾难、公共卫生事件、社会安全事件	
适用救援区域	适用救援过程:全过程
	全过程
某一级别行政区划1	成绩1
某一级别行政区划2	成绩2
⋯⋯	⋯⋯
某一级别行政区划m	成绩m

由于全过程是由若干分过程组合而成,因此将溯源出的"全过程"分解为若干分过程,针对每个分过程重复实施上述分过程溯源中的步骤,直至完成全过程所有分过程的溯源,即可实现对全过程能力提升内容的溯源修改完善。

7.8 能力提升实验验证技术手段表达

将研究成果应用到省、市、县(区)、镇(街道)、村(社区)等的实际应急救援工作,通过历史应急救援数据验证、应急救援培训演练验证、应急救援模拟演习验证、现场应急救援操作验证、应急救援专家咨询验证、社会公众反馈验证等技术手段,实验验证:

● 综合应急救援能力提升笛卡儿三维坐标系研究内容(救援灾害轴、救援区域轴、救援过程轴、能力提升笛卡儿三维坐标系)。

● 综合应急救援能力提升内容通用框架研究内容(分过程子项 3 级能力提升内容、分过程 4 级能力提升内容、全过程 5 级能力提升内容)。

● 综合应急救援能力提升理论架构研究内容(能力提升种类数量计算模型、能力提升导向路径计算模型、能力提升内容规范表示格式、能力提升内容提取函数表达、能力提升评价指标及分值计算模型、能力提升评价结果专题统计图表可视化、能力提升内容溯源修改完善表达、能力提升实验验证技术手段)。

● 综合应急救援能力提升技术途径实现研究内容(能力提升种类数量计算模型、能力提升导向路径计算模型、能力提升内容规范表示格式、能力提升内容提取函数表达、能力提升评价指标及分值计算模型、能力提升评价结果专题统计图表可视化、能力提升内容溯源修改完善表达等技术途径实现)。

通过上述各种技术手段,对研究内容的科学性、技术性、严谨性、方向性、理论性,以及研究成果的合理性、针对性、实用性、指导性、可操作性等进行实验验证,并根据得出的实验验证结果实时修改完善上述研究内容。

第8章 综合应急救援能力提升种类 计算模型表达技术途径实现

8.1 分过程子项能力提升种类计算模型表达实现

基于 M＝{V＊G＊T}＝{【Vij】＊【Gij】＊【Tij】}，其中"＊"表示"乘"，i、j 代表正整数。针对救援灾害轴 V＝{36 个自然灾害子项，15 个事故灾难子项，10 个公共卫生事件子项，12 个社会安全事件子项}，救援区域轴＝{4 个省级子项，2 个副省级子项，5 个地区级子项，6 个区(县)级子项，5 个街道(镇)级子项，3 个社区(村)级子项}，救援过程轴＝{准备分过程 14 个子项，响应分过程 6 个子项，处置分过程 12 个子项，保障分过程 8 个子项，善后分过程 8 个子项}。

因此，综合应急救援分过程子项能力提升种类数量 M＝{(36,15,10,12)＊(4,2,5,6,5,3)＊(14,6,12,8,8)}＝{(73)＊(25)＊(48)}＝87600。也就是说，针对不同的应急救援灾种、不同的应急救援区域、不同的应急救援分过程子项，可组合计算出 87600 个不同的综合应急救援分过程子项能力提升种类。

8.2 分过程能力提升种类计算模型表达实现

基于 M＝{V＊G＊T}＝{【Vij】＊【Gij】＊【Ti】}，其中"＊"表示"乘"，i、j 代表正整数。针对救援灾害轴 V＝{36 个自然灾害子项，15 个事故灾难子项，10 个公共卫生事件子项，12 个社会安全事件子项}，救援区域轴＝{4 个省级子项，2 个副省级子项，5 个地区级子项，6 个区(县)级子项，5 个街道(镇)级子项，3 个社区(村)级子项}，救援过程轴＝{准备分过程，响应分过程，处置分过程，保障分过程，善后分过程}。

因此，综合应急救援分过程能力提升种类数量 M＝{(36,15,10,12)＊(4,2,5,6,5,3)＊(5)}＝{(73)＊(25)＊(5)}＝9125，也就是说，针对不同的应急救援灾种、不同的应急救援区域、不同的应急救援分过程，可组合计算出 9125 个不同的综合应急救援分过程能力提升种类。

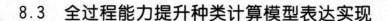

8.3 全过程能力提升种类计算模型表达实现

基于 M={V * G * T}={【Vij】*【Gij】*【T】},其中"*"表示"乘",i、j 代表正整数。针对救援灾害轴 V={36 个自然灾害子项,15 个事故灾难子项,10 个公共卫生事件子项,12 个社会安全事件子项},救援区域轴={4 个省级子项,2 个副省级子项,5 个地区级子项,6 个区(县)级子项,5 个街道(镇)级子项,3 个社区(村)级子项},救援过程轴={全过程}。

因此,综合应急救援全过程子项能力提升种类数量 M={(36,15,10,12)*(4,2,5,6,5,3)*(5)}={(73)*(25)*(1)}=1825,也就是说,针对不同的应急救援灾种、不同的应急救援区域、应急救援全过程,可组合计算出 1825 个不同的综合应急救援全过程能力提升种类。

第9章 综合应急救援能力提升路径计算模型表达技术途径实现

9.1 分过程子项能力提升路径通用模型表达实现

基于分过程子项能力提升路径通用模型表达 $P = \{V \cap G \cap T\} = \{\llbracket V_{ij} \rrbracket \cap \llbracket G_{ij} \rrbracket \cap \llbracket T_{ij} \rrbracket\}$，其中 i、j 代表正整数，代入不同的 V_{ij}、G_{ij}、T_{ij}，可组合出 87600 不同种类的综合应急救援分过程子项的能力提升路径，现列举若干实例进行说明：

$P1 = \{V117 \cap G14 \cap T31\}$，代表救援灾害轴中的自然灾害"泥石流灾害 V117"节点 $\cap$ 救援区域轴中的省级区域"直辖市 G14"节点 $\cap$ 救援过程轴中的处置分过程"协同指挥 T31"子项节点组成的能力提升路径节点链，即代表"泥石流灾害"这个应急救援灾种、发生在"直辖市"这个应急救援区域、在应急救援处置分过程"协同指挥"这个子项的综合应急救援能力提升路径。

$P2 = \{V11 \cap G61 \cap T11\}$，代表救援灾害轴中的自然灾害"干旱灾害 V11"节点 $\cap$ 救援区域轴中的村级区域"社区 G61"节点 $\cap$ 救援过程轴中的准备分过程"法律法规 T11"子项节点组成的能力提升路径节点链，即表示"干旱灾害"这个应急救援灾种、发生在"社区"这个应急救援区域、在应急救援准备分过程"法律法规"这个子项的综合应急救援能力提升路径。

$P3 = \{V113 \cap G22 \cap T23\}$，代表救援灾害轴中的自然灾害"地震灾害 V113"节点 $\cap$ 救援区域轴中的城市级区域"计划单列城市 G22"节点 $\cap$ 救援过程轴中的响应分过程"灾害识别 T23"子项节点组成的能力提升路径节点链，即代表"地震灾害"这个应急救援灾种、发生在"计划单列城市"这个应急救援区域、在应急救援响应分过程"灾害识别"这个子项的综合应急救援能力提升路径。

$P4 = \{V22 \cap G53 \cap T34\}$，代表救援灾害轴中的事故灾难灾害"危险化学品事故 V22"节点 $\cap$ 救援区域轴中的县级区域"民族乡 G53"节点 $\cap$ 救援过程轴中的处置分过程"医疗医治 T34"节点组成的能力提升路径节点链，即代表"危险化学品事故"这个应急救援灾种、发生在"民族乡"这个应急救援区域、在应急救援处置分过程"医疗医治"这个子项的综合应急救援能力提升路径。

$P5 = \{V33 \cap G51 \cap T45\}$，代表救援灾害轴中的公共卫生灾害"食品安全事件 V33"节点 $\cap$ 救援区域轴中的乡级区域"街道 G51"节点 $\cap$ 救援过程轴中的保障分过程"媒体发布 T45"节点组成的能力提升路径节点链，即代表"食品安全事件"这个应急救援灾种、发生在"街道"这个应急救援区域、在应急救援保障分过程"媒体发布"这个子项的综合应急救援能力提升路径。

P6＝{V46∩G31∩T53}，代表救援灾害轴中的社会安全灾害"社会群体性事件 V46"节点∩救援区域轴中的地区级区域"地级省会城市 G31"节点∩救援过程轴中的善后分过程"调查评估 T53"节点组成的能力提升路径节点链，即代表"社会群体性事件"这个应急救援灾种、发生在"地级省会城市"这个应急救援区域、在应急救援善后分过程"调查评估"这个子项的综合应急救援能力提升路径。

……

9.2 分过程能力提升路径通用模型表达实现

通过上述分过程能力提升路径通用模型表达 $P＝\{V∩G∩T\}＝\{【Vij】∩【Gij】∩【Ti】\}$，其中 $i、j$ 代表正整数，可组合出 9125 不同种类综合应急救援分过程的能力提升路径，现列举若干实例进行说明：

P1＝{V117∩G14∩T3}，代表救援灾害轴中的自然灾害"泥石流 V117"节点∩救援区域轴中的省级区域"直辖市 G14"节点∩救援过程轴中的"处置分过程 T3"节点组成的能力提升路径节点链，即代表"泥石流"这个应急救援灾种、发生在"直辖市"这个应急救援区域、在应急救援"处置分过程"的综合应急救援能力提升路径。

P2＝{V11∩G61∩T1}，代表救援灾害轴中的自然灾害"干旱 V11"节点∩救援区域轴中的村级区域"社区 G61"节点∩救援过程轴中的"准备分过程 T1"节点组成的能力提升路径节点链，即表示"干旱"这个应急救援灾种、发生在"社区"这个应急救援区域、在应急救援"准备分过程"的综合应急救援能力提升路径。

P3＝{V113∩G22∩T2}，代表救援灾害轴中的自然灾害"地震 V113"节点∩救援区域轴中的城市级区域"计划单列城市 G22"节点∩救援过程轴中的"响应分过程 T2"节点组成的能力提升路径节点链，即代表"地震"这个应急救援灾种、发生在"计划单列城市"这个应急救援区域、在应急救援"响应分过程"的综合应急救援能力提升路径。

P4＝{V22∩G53∩T3}，代表救援灾害轴中的事故灾难灾害"危险化学品事故 V22"节点∩救援区域轴中的县级区域"民族乡 G53"节点∩救援过程轴中的"处置分过程 T3"节点组成的能力提升路径节点链，即代表"危险化学品事故"这个应急救援灾种、发生在"民族乡"这个应急救援区域、在应急救援"处置分过程"的综合应急救援能力提升路径。

P5＝{V33∩G51∩T4}，代表救援灾害轴中的公共卫生灾害"食品安全事件 V33"节点∩救援区域轴中的乡级区域"街道 G51"节点∩救援过程轴中的"保障分过程 T4"节点组成的能力提升路径节点链，即代表"食品安全事件"这个应急救援灾种、发生在"街道"这个应急救援区域、在应急救援"保障分过程"的综合应急救援能力提升路径。

P6＝{V46∩G31∩T5}，代表救援灾害轴中的社会安全灾害"社会群体性事件 V46"节点∩救援区域轴中的地区级区域"地级省会城市 G31"节点∩救援过程轴中的"善后分过程 T5"节点组成的能力提升路径节点链，即代表"社会群体性事件"这个应急救援灾种、发生在"地级省会城市"这个应急救援区域、在应急救援"善后分过程"的综合应急救援能力提升路径。

......

9.3　全过程能力提升路径通用模型表达实现

通过上述全过程能力提升路径通用模型表达 $P=\{V\cap G\cap T\}=\{[V_{ij}]\cap[G_{ij}]\cap[T]\}$，其中 i、j 代表正整数，可组合出 1825 不同种类的综合应急救援全过程的能力提升路径，现列举若干实例进行说明：

$P1=\{V117\cap G14\cap T\}$，代表救援灾害轴中的自然灾害"泥石流 V117"节点∩救援区域轴中的省级区域"直辖市 G14"节点∩救援过程轴中的"全过程 T"节点组成的能力提升路径节点链，即代表"泥石流"这个应急救援灾种、发生在"直辖市"这个应急救援区域、在应急救援"全过程"的综合应急救援能力提升路径。

$P2=\{V11\cap G61\cap T\}$，代表救援灾害轴中的自然灾害"干旱 V11"节点∩救援区域轴中的村级区域"社区 G61"节点∩救援过程轴中的"全过程 T"节点组成的能力提升路径节点链，即表示"干旱"这个应急救援灾种、发生在"社区"这个应急救援区域、在应急救援"全过程"的综合应急救援能力提升路径。

$P3=\{V113\cap G22\cap T\}$，代表救援灾害轴中的自然灾害"地震 V113"节点∩救援区域轴中的城市级区域"计划单列城市 G22"节点∩救援过程轴中的"全过程 T"节点组成的能力提升路径节点链，即代表"地震"这个应急救援灾种、发生在"计划单列城市"这个应急救援区域、在应急救援"全过程"的综合应急救援能力提升路径。

$P4=\{V22\cap G53\cap T\}$，代表救援灾害轴中的事故灾难灾害"危险化学品事故 V22"节点∩救援区域轴中的县级区域"民族乡 G53"节点∩救援过程轴中的"全过程 T"节点组成的能力提升路径节点链，即代表"危险化学品事故"这个应急救援灾种、发生在"民族乡"这个应急救援区域、在应急救援"全过程"的综合应急救援能力提升路径。

$P5=\{V33\cap G51\cap T\}$，代表救援灾害轴中的公共卫生灾害"食品安全事件 V33"节点∩救援区域轴中的乡级区域"街道 G51"节点∩救援过程轴中的"全过程 T"节点组成的能力提升路径节点链，即代表"食品安全事件"这个应急救援灾种、发生在"街道"这个应急救援区域、在应急救援"全过程"的综合应急救援能力提升路径。

$P6=\{V46\cap G31\cap T\}$，代表救援灾害轴中的社会安全灾害"社会群体性事件 V46"节点∩救援区域轴中的地区级区域"地级省会城市 G31"节点∩救援过程轴中的"全过程 T"节点组成的能力提升路径节点链，即代表"社会群体性事件"这个应急救援灾种、发生在"地级省会城市"这个应急救援区域、在应急救援"全过程"的综合应急救援能力提升路径。

......

第10章 综合应急救援能力提升内容规范格式表达技术途径实现

10.1 分过程子项能力提升3级指标内容规范格式表达

10.1.1 准备分过程子项

包括法律法规、标准规范、规章制度、预案制定、管理体系、组织机构、运行机制、监测预警、培训演练、宣传教育、行为素养、教育科技、灾害医学、灾害产业等准备分过程14个子项的能力提升一级、二级、三级指标内容规范格式表达。

10.1.1.1 法律法规子项

(1)通用文本表达式

法律法规子项能力提升内容=(1个一级指标内容,6个二级指标内容,12个三级指标内容)。

一级指标内容={法律法规}。

二级指标内容={国际公约和条约,国家宪法,全国人大法律,国务院行政法规或条例,地方人大法规或条例,建设原则}。

三级指标内容={【国际公约,国际条约】,【国家宪法】,【国家法律】,【国家行政法规,国家行政条例】,【地方性法规,地方性条例】,【整合现有法律法规,弥补空白法律法规,清理现有法律法规,确保法律法规内容】}。

(2)通用树状图表达式(图10-1)

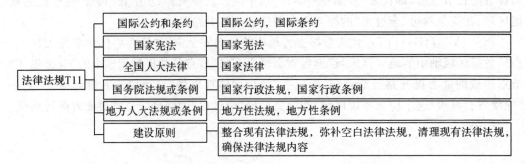

图10-1 法律法规子项能力提升3级指标内容树状图

（3）通用"一张表格"表达式（表 10-1）

表 10-1 法律法规子项能力提升 3 级指标内容"一张表格"

适用救援灾害：自然灾害、事故灾难、公共卫生事件、社会安全事件等分灾害 Vij				
适用救援区域：省级、副省级、地区级、区（县）级、街道（镇）级、社区（村）级等分区域 Gij				
适用救援过程：准备分过程 T1 法律法规子项 T11				
能力提升一级指标内容（0-分值Ⅰ）	能力提升二级指标内容（0-分值Ⅱ）	能力提升三级指标内容（0-分值Ⅲ）	指标内容解释	专家打分（0-1）
法律法规子项 T11	国际公约和条约	国际公约	涉及应急救援方面的国际多边条约	
		国际条约	涉及应急救援方面国际法主体间缔结的相互权利义务关系方面书面协议，包括盟约、规约、协定、议定书、换文、最后决定书、联合宣言等	
	国家宪法	国家宪法	国家有关应急救援方面最高宪法	
	全国人大法律	国家法律	涉及应急救援方面全国人大法律：《中华人民共和国戒严法》《中华人民共和国突发公共事件应对法》《中华人民共和国安全生产法》《中华人民共和国环境保护法》《中华人民共和国海洋环境保护法》《中华人民共和国消防法》《中华人民共和国职业病防治法》《中华人民共和国防洪法》《中华人民共和国防震减灾法》《中华人民共和国防御与减轻地震灾害法》《中华人民共和国气象法》《中华人民共和国传染病防治法》《中华人民共和国森林法》《中华人民共和国大气污染防治法》《中华人民共和国矿山安全法》等	
	国务院法规或条例	国家行政法规	涉及应急救援方面的国务院行政法规：《突发公共事件应急预案管理办法》《国家突发公共事件总体应急预案》《国家安全生产事故灾难应急预案》《国家突发环境事件应急预案》《危险化学品事故灾难应急预案》《危险化学品安全管理条例》《国务院关于特大安全事故行政责任追究的规定》《中华人民共和国传染病防治法实施办法》《中华人民共和国防汛条例》等	
		国家行政条例	涉及应急救援方面的国务院行政条例：《突发公共事件应急预案管理办法》《国家突发公共事件》《突发公共卫生事件应急条例》《中华人民共和国抗旱条例》《铁路交通事故应急救援和调查处理条例》《地震预报管理条例》《地震监测设施和地震观测环境保护条例》《破坏性地震应急条例》《中华人民共和国防汛条例》《中华人民共和国河道管理条例》《地质灾害防治条例》《森林防火条例》《草原防火条例》《进出口动植物检疫法》《进出口动植物检疫法实施条例》《农业转基因生物安全管理条例》《核电厂核事故应急条例和处理规定》等	

续表

	地方人大法规或条例	地方性法规	省、自治区、直辖市、副省级城市、地级市制定的地方性应急救援法规	
		地方性条例	省、自治区、直辖市、副省级城市、地级市制定的地方性应急救援条例、实施细则、决议、决定、文件等	
法律法规子项 T11	建设原则	整合现有法律法规	对现行相关的法律法规进行一定程度的整合,改革目前的灾害管理体制,争取出台一部《灾害救援基本法》	
		弥补空白法律法规	在一些重要的应急救援空白领域制定新的应急救援法律法规,为参与灾害应急救援提供法律保障	
		清理现有法律法规	目前军事法规与普通法的冲突,造成法律体系的割裂,应对现有灾害救援体系进行全面和系统的清理	
		确保法律法规内容	应涵盖应急救援的行动动员、任务目标、组织指挥、兵力运用、平时准备、行动保障、后勤保障、装备保障等多个方面	

其中,"指标内容解释"为该子项三级指标内容的"内容解释"。

10.1.1.2　标准规范子项

(1)通用文本表达式

标准规范子项能力提升内容=(1 个一级指标内容,6 个二级指标内容,38 个三级指标内容)。

一级指标内容={标准规范}。

二级指标内容={标准规范原则,标准规范层次,标准规范类别,标准规范体系,标准规范内容,专业标准规范}。

三级指标内容={【重点性,先进性,协调性,国际接轨】,【国家级,地方级,行业级,团体级,企业级】,【综合性管理类,技术和方法类,队伍管理类,人员管理类,标志标识类,设备设施类】,【准备过程体系,响应过程体系,处置过程体系,保障过程体系,善后过程体系】,【基础内容,管理内容,风险评估内容,装备与器材内容,人力资源内容,无人机救援内容,设施建设内容,信息与通讯内容,技术和方法内容,队伍内容,人员管理内容,标志标识内容】,【安全生产,地震,消防,矿山事故,航空救援,其他】}。

(2)通用树状图表达式(图 10-2)

(3)通用"一张表格"表达式(表 10-2)

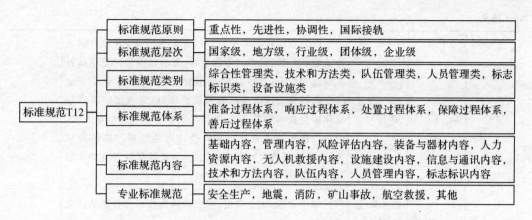

图 10-2　标准规范子项能力提升 3 级指标内容树状图

表 10-2　标准规范子项能力提升 3 级指标内容"一张表格"

适用救援灾害:自然灾害、事故灾难、公共卫生事件、社会安全事件等分灾害 Vij				
适用救援区域:省级、副省级、地区级、区(县)级、街道(镇)级、社区(村)级等分区域 Gij				
适用救援过程:准备分过程 T1 标准规范子项 T12				
能力提升一级指标内容(0-分值Ⅰ)	能力提升二级指标内容(0-分值Ⅱ)	能力提升三级指标内容(0-分值Ⅲ)	指标内容解释	专家打分(0-1)
标准规范子项 T12	标准规范原则	重点性	重点是明确规定灾害发生前后,开展应急救援准备、响应及人员搜救的各项规范和标准	
		先进性	适应现代应急管理理论和技术的最新发展,及时吸纳先进的应急救援实践经验	
	标准规范层次	协调性	与消防、安全生产、民政、核扩散等的应急救援标准体系有部分交叉重复,应将这些涉及的标准纳入应急救援标准体系	
		国际接轨	充分借鉴国际应急救援标准建设的经验,确定应急救援标准的体系和个性化标准	
		国家级	由应急管理部和国家标准委组织制定的国家级应急救援标准	
		地方级	由地方人民政府标准化行政主管部门制定的应急救援标准	
		行业级	由行业应急管理部门自行组织制定,报国家标准委备案的应急救援标准	
		团体级	由有关应急管理社会团体制定的,并向应急管理部备案的应急救援标准	
		企业级	由企业根据需要自行制定的应急救援标准	

续表

标准规范 子项 T12	标准规范 类别	综合性管 理类	包括应急救援管理术语、符号、标记和分类,应急救援风险监测和管控、预案制定和演练、现场救援和应急指挥技术规范和要求,自然灾害、事故灾难、公共卫生、社会安全应急救援相关技术规范和管理要求,应急救援装备和信息化相关技术规范;应急救援救灾物资品种和质量要求,应急救援事故灾害调查和综合性应急管理评估统计规范,应急救援教育培训要求,其他应急救援管理有关基础通用要求
		技术和方 法类	包括陆地救援、水上救援、空中救援等技术和方法的应急救援标准
		队伍管理 类	包括各种应急救援队伍和搜索犬队能力分级分类标准
		人员管理 类	针对应急救援管理人员、专业技术搜救人员的岗位资格认证标准,技术操作与最低培训标准等
		标志标识 类	制定更快、更规范和更直接地传递信息的应急救援标志标识标准
		设备设施 类	包括应急救援设备设施设计、建造、维护、检测和使用等标准
	标准规范 体系	准备过程 体系	包括法律法规、标准规范、预案制定、组织机构、管理体系、运行机制、监测预警、培训演练、宣传教育、行为素养、教育科技、灾害医学、灾害产业等标准体系
		响应过程 体系	包括快速反应、灾害心理、灾害识别、环境识别、社会动员、舆情监控等标准体系
		处置过程 体系	包括协同指挥、队伍施救、施救设备、医疗医治、自救互救、基层治理、灾民保护、治安维护、成果统计、信息发布、灾金使用、捐赠管理等标准体系
		保障过程 体系	包括队伍保障、技术保障、资源保障、避难场所保障、媒体发布保障、财力保障等标准体系
		善后过程 体系	包括损失统计、经验总结、调查评估、救助安抚、心理干预、资金监管、恢复重建等标准体系

续表

		基础内容	包括符号术语、标志标识、分级分类与编码等	
标准规范 子项 T12	标准规范 内容	管理内容	包括应急准备、监测预警、应急响应以及应急恢复四类：应急准备包括计划与预案、组织与队伍、技术与方法、培训演练、业务持续管理、风险评估等标准；监测预警包括监测、预测以及预警等标准；应急响应包括指挥协调、紧急避险、应急处置、搜索救援、灾情速报以及保障措施等标准；应急恢复包括事故后的善后处置、救助补偿、事故调查以及预案改进等标准	
		风险评估 内容	包括一整套风险评估与管理标准	
		装备与器 材内容	包括预测预警、个体防护、通信与信息、灭火抢险、医疗救护、交通运输、工程救援等装备以及应急救援器材等标准	
		人力资源 内容	包括保洁人员、送餐人员、管理人员、执法人员、社区服务人员、志愿者等标准	
		无人机救援 内容	包括无人机参与救援的标准化,制订相应技术规范、救援评估机制等标准	
		设施建设 内容	包括制定涉及应急救援设备设施的设计、建造、维护、检测和使用等标准	
		信息与通 讯内容	包括制定应急救援通信系统及服务通信系统的安装、运行、操作和维护等标准	
		技术和方 法内容	包括从陆地搜救、水上救援到飞行事故救援技术方法等标准	
		队伍内容	包括制定救援队伍和搜索犬队能力分级分类标准	
		人员管理 内容	包括针对应急救援管理人员、专业技术搜救人员制定了岗位资格认证标准、技术操作与最低培训标准	
		标志标识 内容	通过制定标志标识标准来更快、更规范和更直接地传递信息	

续表

标准规范子项 T12	专业标准规范	安全生产	包括通用技术语言和要求,有关工矿商贸生产经营单位的安全生产条件和安全生产规程,安全设备和劳动防护用品的产品要求和配备、使用、检测、维护等要求,安全生产专业应急救援队伍建设和管理规范,安全培训考核要求,安全中介服务规范,其他安全生产有关基础通用规范	
		地震	包括地震基本概念与规定类、地震监(观)测类、建设工程抗震设防类、地震应急救援与灾情调查类、地震勘探类、通用设备抗震(振)类以及地震信息服务与科普类等	
		消防	包括通则:通用要求,标准确定的术语和定义、原则和基本要求、适用灾害事故类别、救援技术类型等;技术训练指南:救援人员救援能力的基础培训和技术训练的方法和要求,救援训练设施的功能及设计、建造要求;训练设施要求:救援人员救援能力的基础培训和技术训练的方法和要求,救援训练设施的功能及设计、建造要求;装备配备指南:救援装备的配备原则,不同灾害事故类别的应急救援装备配备要求;救援作业规程:危险化学品事故、机械设备事故、建(构)筑物倒塌、水域、野外、受限空间和沟渠等救援作业规程等	
		矿山事故	包括监测和检测装备、个体防护救援装备、救援工具及器械、救援医疗器械、消防应急救援装备、工程救援装备、救援通讯装备、救援运输装备等8大类	
		航空救援	包括基础标准、通用标准和其他标准;基础标准一般包括术语缩略标准、符号和标志标准、信息代码标准、部门组织标准以及其他标准等;通用标准从人、机、环、管等4个方面制定的技术标准和组织标准	
		其他	包括核事故应急救援、气象灾害应急救援专业标准	

其中,"指标内容解释"为该子项三级指标内容的"内容解释"。

10.1.1.3 规章制度子项

(1)通用文本表达式

规章制度子项能力提升内容=(1个一级指标内容,5个二级指标内容,46个三级指标内容)。

一级指标内容={规章制度}。

二级指标内容={准备过程规章制度,响应过程规章制度,处置过程规章制度,保障过程规章制度,善后过程规章制度}。

三级指标内容={【法律法规,标准规范,预案制定,组织机构,管理体系,运行机制,监测预警,培训演练,宣传教育,行为素养,教育科技,灾害医学,灾害产业】,【快速反应,灾害心理,灾害识别,环境识别,社会动员,舆情监控】,【协同指挥,队伍施救,施救设备,医疗医治,自救互救,基层治理,灾民保护,社会治安,灾情统计,信息发布,灾金使用,捐赠管理】,【施救队伍,救援技术,信息平台,物质资源,航空基地,避难场所,媒体发布,灾金筹集】,【损失统计,经验总结,调查评估,救助安抚,心理干预,资金监管,恢复重建】}。

(2)通用树状图表达式(图10-3)

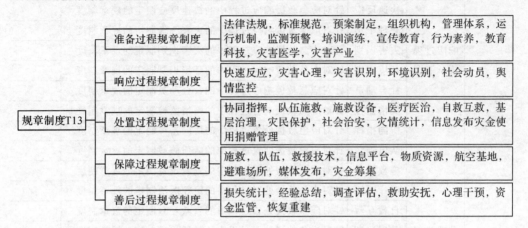

图10-3 规章制度子项能力提升3级指标内容树状图

(3)通用"一张表格"表达式(表10-3)

表10-3 规章制度子项能力提升3级指标内容"一张表格"

适用救援灾害:自然灾害、事故灾难、公共卫生事件、社会安全事件等分灾害 V_{ij}				
适用救援区域:省级、副省级、地区级、区(县)级、街道(镇)级、社区(村)级等分区域 G_{ij}				
适用救援过程:准备分过程 T1 规章制度子项 T13				
能力提升一级指标内容(0-分值Ⅰ)	能力提升二级指标内容(0-分值Ⅱ)	能力提升三级指标内容(0-分值Ⅲ)	指标内容解释	专家打分(0-1)
规章制度子项T13	准备过程规章制度规章制度	法律法规	针对应急救援准备过程中的法律法规制定的规章制度	
		标准规范	针对应急救援准备过程中的标准规范制定的规章制度	
		预案制定	针对应急救援准备过程中的预案制定的规章制度	
		组织机构	针对应急救援准备过程中的组织机构制定的规章制度	
		管理体系	针对应急救援准备过程中的管理体系制定的规章制度	
		运行机制	针对应急救援准备过程中的运行机制制定的规章制度	
		监测预警	针对应急救援准备过程中的监测预警制定的规章制度	
		培训演练	针对应急救援准备过程中的培训演练制定的规章制度	

续表

规章制度子项 T13	准备过程规章制度	宣传教育	针对应急救援准备过程中的宣传教育制定的规章制度	
		行为素养	针对应急救援准备过程中的行为素养制定的规章制度	
		教育科技	针对应急救援准备过程中的教育科技制定的规章制度	
		灾害医学	针对应急救援准备过程中的灾害医学制定的规章制度	
		灾害产业	针对应急救援准备过程中的灾害产业制定的规章制度	
	响应过程规章制度	快速反应	针对应急救援响应过程中的快速反应制定的规章制度	
		心理干预	针对应急救援响应过程中的灾害心理制定的规章制度	
		灾害识别	针对应急救援响应过程中的灾害识别制定的规章制度	
		环境识别	针对应急救援响应过程中的环境识别制定的规章制度	
		社会动员	针对应急救援响应过程中的社会动员制定的规章制度	
		舆情监控	针对应急救援响应过程中的舆情监控制定的规章制度	
	处置过程规章制度	协同指挥	针对应急救援处置过程中的协同指挥制定的规章制度	
		队伍施救	针对应急救援处置过程中的队伍施救制定的规章制度	
		施救设备	针对应急救援处置过程中的施救设备制定的规章制度	
		医疗医治	针对应急救援处置过程中的医疗医治制定的规章制度	
		自救互救	针对应急救援处置过程中的自救互救制定的规章制度	
		基层治理	针对应急救援处置过程中的基层治理制定的规章制度	
		灾民保护	针对应急救援处置过程中的灾民保护制定的规章制度	
		社会治安	针对应急救援处置过程中的治安维护制定的规章制度	
		灾情统计	针对应急救援处置过程中的成果统计制定的规章制度	
		信息发布	针对应急救援处置过程中的信息发布制定的规章制度	
		灾金使用	针对应急救援处置过程中的灾金使用制定的规章制度	
		捐赠管理	针对应急救援处置过程中的捐赠管理制定的规章制度	
	保障过程规章制度	施救队伍	针对应急救援保障过程中的施救队伍制定的规章制度	
		救援技术	针对应急救援保障过程中的救援技术制定的规章制度	
		信息平台	针对应急救援保障过程中的信息平台制定的规章制度	
		物质资源	针对应急救援保障过程中的物质资源制定的规章制度	
		航空基地	针对应急救援保障过程中的航空基地制定的规章制度	
		避难场所	针对应急救援保障过程中的避难场所制定的规章制度	
		媒体发布	针对应急救援保障过程中的媒体发布制定的规章制度	
		灾金筹集	针对应急救援保障过程中的灾金筹集制定的规章制度	
	善后过程规章制度	损失统计	针对应急救援善后过程中的损失统计制定的规章制度	
		经验总结	针对应急救援善后过程中的经验总结制定的规章制度	
		调查评估	针对应急救援善后过程中的调查评估制定的规章制度	
		救助安抚	针对应急救援善后过程中的救助安抚制定的规章制度	
		心理干预	针对应急救援善后过程中的心理干预制定的规章制度	
		资金监管	针对应急救援善后过程中的资金监管制定的规章制度	
		恢复重建	针对应急救援善后过程中的恢复重建制定的规章制度	

其中，"指标内容解释"为该子项三级指标内容的"内容解释"。

10.1.1.4　预案制定子项

（1）通用文本表达式

预案制定子项能力提升内容＝（1 个一级指标内容，6 个二级指标内容，34 个三级指标内容）。

一级指标内容＝｛预案制定｝。

二级指标内容＝｛按适用范围划分，按适用种类划分，按适用级别划分，框架内容要求，成熟性要求，管理性要求｝。

三级指标内容＝｛【综合预案，专项预案，现场处置预案，单项预案】，【自然灾害预案，事故灾难预案，公共卫生预案，社会安全预案】，【国家级预案，国务院级预案，部门级预案，地方级预案，企事业单位级预案，基层单位级预案，重大活动级预案】，【原则和重点，指挥体系与职责，预防预警机制，分级响应和程序，抢险和处置程序，保障措施，恢复与善后，日常管理事务】，【完整性，科学性，针对性，操作性，规范性】，【评估，修订，宣传，培训，演练，管理考核】｝。

（2）通用树状图表达式（图 10-4）

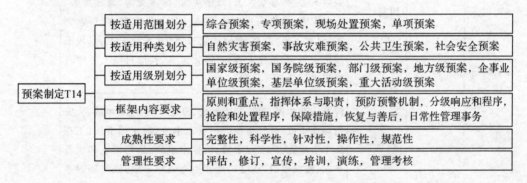

图 10-4　预案制定子项能力提升 3 级指标内容树状图

（3）通用"一张表格"表达式（表 10-4）

表 10-4　预案制定子项能力提升 3 级指标内容"一张表格"

适用救援灾害：自然灾害、事故灾难、公共卫生事件、社会安全事件等分灾害 Vij				
适用救援区域：省级、副省级、地区级、区（县）级、街道（镇）级、社区（村）级等分区域 Gij				
适用救援过程：准备分过程 T1 预案制定子项 T14				
能力提升一级指标内容（0-分值Ⅰ）	能力提升二级指标内容（0-分值Ⅱ）	能力提升三级指标内容（0-分值Ⅲ）	指标内容解释	专家打分（0-1）

131

续表

预案制定子项 T14	按适用范围划分	综合预案	总体上阐述事故的应急救援方针、政策,应急救援组织结构及相关应急职责,应急救援行动、措施和保障等基本要求和程序	
		专项预案	生产经营单位为应对某一种或者多种类型生产安全事故,或者针对重要生产设施、重大危险源、重大活动而制定的	
		现场处置预案	针对应急救援现场制定的	
		单项预案	是比较单一的突发公共事件应急救援方案	
	按适用种类划分	自然灾害预案	涉及干旱灾害、洪涝灾害、台风灾害、暴雨灾害、大风灾害、冰雹灾害、雷电灾害、低温灾害、冰雪灾害、高温灾害、沙尘暴灾害、大雾灾害、地震灾害、火山灾害、崩塌灾害、滑坡灾害、泥石流灾害、地面塌陷灾害、地面沉降灾害、地裂缝灾害、风暴潮灾害、海浪灾害、海冰灾害、海啸灾害、赤潮灾害、植物病虫灾害、疫病灾害、鼠害灾害、草害灾害、赤潮灾害、森林/草原火灾灾害、水土流失灾害、风蚀沙化灾害、盐渍化灾害、石漠化灾害、其他自然灾害等自然灾害应急救援预案	
		事故灾难预案	涉及安全生产事故、交通事故、海难事故、空难事故、火灾与爆炸事故、燃气与油(气)管道事故、危化品事故、工程施工事故、人防工程事故、供排水事故、公共设施和设备事故、溢油事故、环境污染和生态破坏事故、核与辐射事故、其他等事故灾难应急救援预案	
		公共卫生预案	涉及重大传染病疫情事件、群体性不明原因疾病事件、重大食品和药品安全事件、中毒食物和职业中毒事件、动物疫情事件、自然灾害致疾病流行事件、重大环境污染致疾病流行事件、核事故致疾病流行事件、生物、化学恐怖致疾病流行事件、其他等公共卫生事件应急救援预案	
		社会安全预案	涉及重大刑事案件、重特大火灾事件、重大恐怖袭击事件、重大社会群体性事件、重大民族宗教突发群体事件、重大学校安全事件、重大粮食供给事件、重大涉外突发公共事件、重大网络与信息安全事件、重大能源资源供给事件、重大金融突发公共事件、其他等社会安全事件应急救援预案	

预案制定子项 T14	按适用级别划分	国家级预案	涉及国家自然灾害救助、国家防汛抗旱、国家地震、国家突发地质灾害、国家处置重特大森林火灾、国家安全生产事故灾难、国家处置铁路行车事故、国家处置民用航空器飞行事故、国家海上搜救、国家处置城市地铁事故灾难、国家处置电网大面积停电事件、国家核、国家突发环境事件、国家通信保障、国家突发公共卫生事件、国家突发公共事件医疗卫生救援、国家突发重大动物疫情、国家重大食品安全事故、国家粮食、国家金融突发公共事件、国家涉外突发公共事件等应急救援预案	
		国务院级预案	涉及建设系统破坏性地震、铁路防洪、铁路破坏性地震、铁路地质灾害、农业重大自然灾害、草原火灾、农业重大有害生物及外来生物入侵、农业转基因生物安全、重大沙尘暴灾害、重大外来林业有害生物、重大气象灾害预警、风暴潮海啸海冰灾害、赤潮灾害、三峡葛洲坝梯级枢纽破坏性地震、中国红十字总会自然灾害、国防科技工业重特大生产安全事故、建设工程重大质量安全事故、城市供气系统重大事故、城市供水系统重大事故、城市桥梁重大事故、铁路交通伤亡事故、铁路火灾事故、铁路危险化学品运输事故、铁路网络与信息安全事故、水路交通突发公共事件、公路交通、互联网网络安全、渔业船舶水上安全、农业环境污染、特种设备特大事故、重大林业生态破坏事故、矿山事故灾难、危险化学品事故灾难、陆上石油天然气开采事故灾难、陆上石油天然气储运事故灾难、海洋石油天然气作业事故灾难、海洋石油勘探开发溢油事故、国家医药储备、铁路突发事件、水生动物疫病、进出境重大动物疫情、突发公共卫生事件民用航空器、药品和医疗器械突发性群体不良事件、国家发展改革委、煤电油运综合协调、国家物资储备、教育系统、司法行政系统、生活必需品市场供应、公共文化场所和文化活动、海关系统、工商行政管理系统市场监管、大型体育赛事及群众体育活动、旅游、新华社突发公共事件新闻报道、外汇管理、人感染高致病性禽流感等应急救援预案	
		部门级预案	是各级人民政府有关部门根据总体应急预案、专项应急预案和自身职责，为应对某一类或几种类型突发公共事件而制定的单个政府部门职责的应急救援预案	
		地方级预案	省级人民政府制定的总体应急救援预案、专项应急预案和部门应急预案，各市(地)、县(市)人民政府、基层政权组织制定的应急救援预案	

续表

预案制定子项 T14	按适用级别划分	企事业单位级预案	企事业单位结合各自特点和实际情况制定的应急救援预案	
		基层单位级预案	可划分为社区、乡镇、学校、企业和单位等应急救援预案	
		重大活动级预案	针对举办较大规模的集会、庆典、会展和文化体育等重大活动制定的相关应急救援预案	
	框架内容要求	原则和重点	明确应急救援处置的政策法规依据、工作原则和应对重点等基本内容	
		指挥体系与职责	明确应急救援管理工作的组织指挥体系与职责,对应急救援指挥机构的响应程序和内容,有关组织应急救援的责任等进行规定	
		预防预警机制	明确突发公共事件的预防预警机制和应急救援处理程序和方法,将突发公共事件消除在萌芽状态	
		分级响应和程序	明确突发公共事件分级响应的原则、主体和程序,给出应急救援组织管理流程框架、应对策略选择以及资源调配原则	
		抢险和处置程序	明确突发公共事件抢险救援和处置程序,实施迅速、有效的救援,减少人员伤亡,拯救人员的生命和财产	
		保障措施	明确应急救援保障措施,使得应急处置过程顺利进行	
		恢复与善后	明确事后恢复重建与善后管理,使生产生活、社会秩序和生态环境恢复正常状态,对事后情况调查、处置过程总结评估及人员奖惩等所采取的一系列行动	
		日常性管理事务	明确应急救援管理日常性事务,包括宣传、培训、演练、调查评估,以及应急救援预案本身的修订完善等	
	成熟性要求	完整性	纵向到底:国家、省、市州和县市区、乡镇,以及村、社区都要制定应急救援预案;横向到边:各级各部门各领域各行业应结合各自特点制定各类应急救援预案;外延到点:社区和农村制定单项应急救援预案。	
		科学性	系统:预案应当完整,包括突发公共事件事前、事中、事后各个环节;权威:预案应当符合有关法律、法规、规章,具有权威性;科学:建立在科学的基础上,严密统一、协调有序、高效快捷地应对突发公共事件。	

预案制定子项 T14	成熟性要求	针对性	切合实际:预案必须既能用,又管用;吸收借鉴:吸收其成功经验,借鉴别人的有效做法;研究过去案例:分析比较成功经验或失败教训;区别对待:不同类别预案的作用和功能不同,在编制原则上也应有所侧重,避免"千篇一律"	
		操作性	明确:预案对突发公共事件事前、事中、事后的各个环节都有明确、充分地阐述,不能模棱两可,产生歧义;实用:要实事求是、实际管用,要始终把握关键环节;精练:要坚持"少而精"的原则,内容上不面面俱到,力求主题鲜明、内容翔实、结构严谨、文字简练	
		规范性	编制程序规范:对各类预案从立项、起草、审批、印发、发布、备案等编制程序做出明确规定;内容结构规范:要对结构框架、呈报手续、体例格式、字体字形、相关附件等做出基本规定;体例格式规范:应基本统一预案编制标准,从格式、字体、用纸等	
	管理性要求	评估	需要定期对应急救援预案进行评估、做出修订,使之更加完善,符合实际工作要求	
		修订	定期或适时修订应急救援预案,一般来说,每3年至少修订一次	
		宣传	要利用多种方式广泛公布应急救援预案,开展宣传解读	
		培训	定期组织党政领导和应急管理人员、学校、企业等基层单位负责人、专业救援人员等开展培训	
		演练	编制应急救援演练策划指南,提出演练频次、组织策划、现场控制、演练效果评价等要求,指导开展应急救援演练工作	
		管理考核	可建立目标管理责任制,对应急救援预案执行情况予以奖励或责任追究	

其中,"指标内容解释"为该子项三级指标内容的"内容解释"。

10.1.1.5　管理体系子项

(1)通用文本表达式

管理体系子项能力提升内容＝(1个一级指标内容,5个二级指标内容,46个三级指标内容)。

一级指标内容＝{管理体系}。

二级指标内容＝{准备过程管理体系,响应过程管理体系,处置过程管理体系,保障过程管理体系,善后过程管理体系}。

三级指标内容＝｛【法律法规,标准规范,预案制定,组织机构,管理体系,运行机制,监测预警,培训演练,宣传教育,行为素养,教育科技,灾害医学,灾害产业】,【快速反应,灾害心理,灾害识别,环境识别,社会动员,舆情监控】,【协同指挥,队伍施救,施救设备,医疗医治,自救互救,基层治理,灾民保护,社会治安,灾情统计,信息发布,灾金使用,捐赠管理】,【施救队伍,救援技术,信息平台,物质资源,航空基地,避难场所,媒体发布,灾金筹集】,【损失统计,经验总结,调查评估,救助安抚,心理干预,资金监管,恢复重建】｝。

（2）通用树状图表达式（图 10-5）

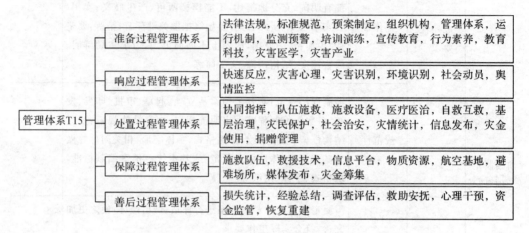

图 10-5　管理体系子项能力提升 3 级指标内容树状图

（3）通用"一张表格"表达式（表 10-5）

表 10-5　管理体系子项能力提升 3 级指标内容"一张表格"

适用救援灾害：自然灾害、事故灾难、公共卫生事件、社会安全事件等分灾害 Vij				
适用救援区域：省级、副省级、地区级、区(县)级、街道(镇)级、社区(村)级等分区域 Gij				
适用救援过程：准备分过程 T1 管理体系子项 T15				
能力提升一级指标内容（0-分值Ⅰ）	能力提升二级指标内容（0-分值Ⅱ）	能力提升三级指标内容（0-分值Ⅲ）	指标内容解释	专家打分（0-1）
管理体系子项 T15	准备过程管理体系	法律法规	准备过程中的涉及应急救援法律法规的管理要素	
		标准规范	准备过程中的涉及应急救援标准规范的管理要素	
		规章制度	准备过程中的涉及应急救援规章制度的管理要素	
		预案制定	准备过程中的涉及应急救援预案制定的管理要素	
		组织机构	准备过程中的涉及应急救援组织机构的管理要素	
		管理体系	准备过程中的涉及应急救援管理体系的管理要素	
		运行机制	准备过程中的涉及应急救援运行机制的管理要素	

续表

	准备过程管理体系	监测预警	准备过程中的涉及应急救援监测预警的管理要素	
		培训演练	准备过程中的涉及应急救援培训演练的管理要素	
		宣传教育	准备过程中的涉及应急救援宣传教育的管理要素	
		行为素养	准备过程中的涉及应急救援行为素养的管理要素	
		教育科技	准备过程中的涉及应急救援教育科技的管理要素	
		灾害医学	准备过程中的涉及应急救援灾害医学的管理要素	
		灾害产业	准备过程中的涉及应急救援灾害产业的管理要素	
	响应过程管理体系	快速反应	响应过程中的涉及应急救援快速反应的管理要素	
		灾害心理	响应过程中的涉及应急救援灾害心理的管理要素	
		灾害识别	响应过程中的涉及应急救援灾害识别的管理要素	
		环境识别	响应过程中的涉及应急救援环境识别的管理要素	
		社会动员	响应过程中的涉及应急救援社会动员的管理要素	
		舆情监控	响应过程中的涉及应急救援舆情监控的管理要素	
管理体系子项 T15	处置过程管理体系	协同指挥	处置过程中的涉及应急救援协同指挥的管理要素	
		队伍施救	处置过程中的涉及应急救援队伍施救的管理要素	
		施救设备	处置过程中的涉及应急救援施救设备的管理要素	
		医疗医治	处置过程中的涉及应急救援医疗医治的管理要素	
		自救互救	处置过程中的涉及应急救援自救互救的管理要素	
		基层治理	处置过程中的涉及应急救援基层治理的管理要素	
		灾民保护	处置过程中的涉及应急救援灾民保护的管理要素	
		社会治安	处置过程中的涉及应急救援治安维护的管理要素	
		灾情统计	处置过程中的涉及应急救援成果统计的管理要素	
		信息发布	处置过程中的涉及应急救援信息发布的管理要素	
		灾金使用	处置过程中的涉及应急救援灾金使用的管理要素	
		捐赠管理	处置过程中的涉及应急救援捐赠管理的管理要素	
	保障过程管理体系	施救队伍	保障过程中的涉及应急救援施救队伍保障的管理要素	
		救援技术	保障过程中的涉及应急救援技术保障的管理要素	
		信息平台	保障过程中的涉及应急救援信息平台保障的管理要素	
		物质资源	保障过程中的涉及应急救援物质资源保障的管理要素	
		航空基地	保障过程中的涉及应急救援航空基地保障的管理要素	
		避难场所	保障过程中的涉及应急救援避难场所保障的管理要素	
		媒体发布	保障过程中的涉及应急救援媒体发布保障的管理要素	
		灾金筹集	保障过程中的涉及应急救援灾金筹集保障的管理要素	

续表

管理体系子项 T15	善后过程管理体系	损失统计	善后过程中的涉及应急救援损失统计的管理要素	
		经验总结	善后过程中的涉及应急救援经验总结的管理要素	
		调查评估	善后过程中的涉及应急救援调查评估的管理要素	
		救助安抚	善后过程中的涉及应急救援救助安抚的管理要素	
		心理干预	善后过程中的涉及应急救援心理干预的管理要素	
		资金监管	善后过程中的涉及应急救援资金监管的管理要素	
		恢复重建	善后过程中的涉及应急救援恢复重建的管理要素	

其中,"指标内容解释"为该子项三级指标内容的"内容解释"。

10.1.1.6 组织体制子项

(1)通用文本表达式

组织体制子项能力提升内容＝(1个一级指标内容,8个二级指标内容,24个三级指标内容)。

一级指标内容＝{组织体制}。

二级指标内容＝{政府领导机构,常设办事机构,下级政府领导机构,受理机构,指挥调度机构,协同机构,咨询机构,航空机构}。

三级指标内容＝{【市领导,市相关部门领导,分工领导小组】,【综合管理部门,常设办公室】,【下级人民政府,企业组织,社区组织】,【应急电话受理,应急网站】,【总指挥调度中心,专业指挥调度中心,辅助中心】,【调度指挥协同中心,物资保障协同中心,机制协同中心】,【专家咨询委员会,专业性咨询单位】,【航空组织机构,航空基础设施,航空技术装备,航空救援管理,航空人才队伍,航空社会动员】}。

(2)通用树状图表达式(图10-6)

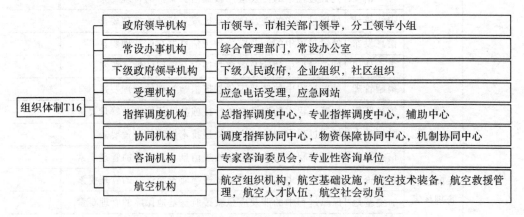

图10-6 组织体制子项能力提升3级指标内容树状图

（3）通用"一张表格"表达式（表 10-6）

表 10-6　组织体制子项能力提升 3 级指标内容"一张表格"

适用救援灾害:自然灾害、事故灾难、公共卫生事件、社会安全事件等分灾害 Vij

适用救援区域:省级、副省级、地区级、区(县)级、街道(镇)级、社区(村)级等分区域 Gij

适用救援过程:准备分过程 T1 组织体制子项 T16

能力提升一级指标内容（0-分值Ⅰ）	能力提升二级指标内容（0-分值Ⅱ）	能力提升三级指标内容（0-分值Ⅲ）	指标内容解释	专家打分（0-1）
组织体制子项 T16	政府领导机构	市领导	各级政府主管领导或分管领导挂帅,如书记、市长、常务副市长、主管副市长兼任	
		市相关部门领导	各相关部门主要负责人为领导成员,如各职能部门主管	
		分工领导小组	由分管领导、相关部门领导等人员组成	
	常设办事机构	综合管理部门	主要是履行值守应急、信息汇总和综合协调职责,发挥应急信息运转枢纽作用;指导、协调突发公共事件的预防预警、应急演练、应急处置、调查评估、信息发布、应急保障和宣传培训等工作	
		常设办公室	负责应急管理日常工作	
	下级政府领导机构	下级人民政府	区、县(市)、街道(镇)、社区、村等下级人民政府依据有关法律、法规、规章和其他规范性文件,负责本地相关应急救援工作	
		企业组织	在做好向政府及相关职能部门报告信息的同时,承担起在第一时间处置突发公共事件的责任,组织抢险救灾工作,最大限度地减少人员伤亡和财产损失	
		社区组织	承担应急救援预防保障能力、监测预警能力、响应处置能力、事后恢复重建能力等建设	
	受理机构	应急电话受理单位	包括消防 119、公安 110、医疗急救中心 120、交通事故 122、海上援救 12395、电力抢修 95598、污染事故 12369、保险公司等受理机构	
		应急网站	各级政府网站中设置的应急救援网站	

续表

组织体制子项 T16	指挥调度机构	总指挥调度中心	负责协调事故应急救援期间各个机构运作,统筹安排整个应急救援行动,为现场应急救援提供各种信息支持,实施场外应急力量、救援装备、器材、物品等的迅速调度和增援	
		专业指挥调度中心	包括医疗、公安、消防、交通、安监、公共卫生、防汛、气象、地震、人防、石化等应急专业指挥中心	
		辅助中心	包括应急救援信息中心、应急救援保障中心、应急救援媒体中心等	
	协同机构	调度指挥协同中心	构建具有统一领导、属地为主、协调联动、资源信息共享、责任风险共担的跨地区调度指挥协同中心	
		物资保障协同中心	建立综合性应急救援物资储备库,建立统一指挥、联动调配的应急物资调运机制,整合区域物资,统筹应急使用	
		机制协同中心	构建高效的应急救援联动机制,形成管全面、利长远的合作机制体系	
	咨询机构	专家咨询委员会	一是发挥专家的咨询参谋作用;二是专家对突发公共事件进行识别、评估和风险评价;三是专家有针对性地研究危险源识别、预防、监测、控制、应急救援等环节的核心技术;四是专家对突发公共事件进行释疑解惑,提高公众心理防御能力	
		专业性咨询单位	为政府部门对应急救援决策与实施提供专业性咨询服务	
	航空机构	航空组织机构	应建立航空组织机构,明确领导机制、协调机制和空域保障机制	
		航空基础设施	设立"中心—区域—起降点"三级结构,分别承担指挥协调、救援实施和广泛保障作用	
		航空技术装备	建立以直升机为主体、涵盖无人机和水陆两栖飞机的复合化救援机队,配备相应的任务设备、救援物资,以及消防用水源地等	
		航空救援管理	应明确指挥系统、响应流程、应急预案、作业管理和灾后评估,同时做好灾害的监测、预警、分析	
		航空人才队伍	救援机队的必备机组、机务等人员,重视特勤救援人员、无人机操作员、大数据处理人员等专业人才的培养和训练	
		航空社会动员	战时负担起组织、动员任务,保障社会力量实施救援需要的空域、加油、转场等保障机制	

其中,"指标内容解释"为该子项三级指标内容的"内容解释"。

10.1.1.7 运行机制子项

(1)通用文本表达式

运行机制子项能力提升内容＝(1个一级指标内容,13个二级指标内容,38个三级指标内容)。

一级指标内容＝{运行机制}。

二级指标内容＝{预防与准备,监测预警,信息报告,快速响应,实时处置,"战时体制",联防联控,航空救援,协同指挥,资源配置监管,合作参与运行,协同科研攻关,善后处置}。

三级指标内容＝【脆弱性分析,风险管理,应急准备,全社会动员】,【监测预警模式,监测预警措施】,【纵向分级报告,横向信息通报,新闻发布】,【统一报警号码,分类分级警情,协调实施监督】,【处置主体,处置程序】,【市政战时体制,军队与地方协同,规范战时机制】,【上下联动,属地管理】,【军民空域管理,无人机低空领域,无人机准入门槛】,【指挥协同,联动协同,信息协同】,【资源配置,资源监管,储备布局选址,物资响应调度,物资储运能力,物资远程投送】,【周边合作,社会参与】,【协同科研攻关,攻关成果转化】,【调查与评估,责任与奖惩,恢复与重建】。

(2)通用树状图表达式(图10-7)

图10-7 运行机制子项能力提升3级指标内容树状图

（3）通用"一张表格"表达式（表10-7）

表 10-7　运行机制子项能力提升 3 级指标内容"一张表格"

适用救援灾害：自然灾害、事故灾难、公共卫生事件、社会安全事件等分灾害 Vij				
适用救援区域：省级、副省级、地区级、区（县）级、街道（镇）级、社区（村）级等分区域 Gij				
适用救援过程：准备分过程 T1 运行机制子项 T17				
能力提升一级指标内容（0-分值Ⅰ）	能力提升二级指标内容（0-分值Ⅱ）	能力提升三级指标内容（0-分值Ⅲ）	指标内容解释	专家打分（0-1）
运行机制子项 T17	预防与准备	脆弱性分析	应从政治制度、经济、文化、科技、环境以及应急基础能力等方面分析脆弱性	
		风险管理	应对危险源定期进行检查、监控，掌握危险源和危险区域的动态变化情况	
		应急准备	应做好人力准备、物资准备、技术准备、预案保障等应急准备工作	
		全社会动员	发挥"街乡吹哨、部门报到"的工作机制，推进"第一响应者"动员能力	
	监测预警	监测预警模式	包括信息的收集、隐患的动态监测以及信息的初级整理，分析处理信息并形成评估结论，审核汇总后及时发布及预警	
		监测预警措施	包括突发事故的类别、地点、起始时间、可能影响范围、预警级别、警示事项、应采取的措施和发布级别等措施	
	信息报告	纵向分级报告	是指在纵向上，由本级应急管理部门向上级应急管理部门报告	
		横向信息通报	是指在横向上，还需向其他的关联机构进行信息通报	
		新闻发布	通过有线广播、有线电视、信息网络、警报器、智能手机、电话等主流媒体及时、准确、全面地向社会公众进行发布和报道	
	快速响应	统一报警号码	实现110、119、120、122电话"四台合一"，实现资源整合，统一受理灾情报警	
		分类分级警情	是指各灾种防治部门负责所属灾种的警情信息分类分级共享	
		协调实施监督	对接警中心和接警服务以及各二级调度中心的灾情进行全程的监督、跟踪与控制	

运行机制 子项 T17	实时处置	处置主体	各级人民政府或者其应急机构、专项应急机构接到突发公共事件的报告后,必须立即赶赴现场,设立现场指挥部,统一指挥现场应急救援工作
		处置程序	接报研判、启动预案、救援处置、救援保障、救援善后等程序
	"战时体制"	市政战时体制	要对常规市政体系实施"战时体制",实现市政权力的集中化、治理目标的单一化、治理资源的计划化、社会生活的管控化
		军队与地方协同	整合军队与地方的各种资源,共同预防和抗击突发公共事件,快速对灾区展开救援,恢复灾区和谐稳定的社会环境
		规范战时机制	战时按扁平化、非程序化实施灾害运行机制
	联防联控	上下联动	"分工明确"的部门协调机制;"形成合力"的军地协同对接机制;"共治型"的政府-组织-社会公众各方信息管理和组织动员机制
		属地管理	建立与非常态化应急管理相应的属地主导、部门协同和社会参与的应急管理机制
	航空救援	军民空域管理	组织协调军队、政府、民航、通航企业间的关系,明确航空救援的管理部门,实现统一组织与协调调度
		无人机低空领域	规范无人机低空领域,对参与应急救援的无人机提供绿色通道,实现灵活调动无人机参与救援
		无人机准入门槛	提高救援无人机的准入门槛,增强无人机救援飞行任务的安全性,同时还要加大对无人机等专业救援设备的购置
	协同指挥	指挥协同	建立集中统一高效的应急指挥体系,健全和优化平战结合、上下联动的应对指挥工作机制,做到指令清晰、系统有序、条块畅达、执行有力的协同
		联动协同	建立应急管理机构与医疗机构、高校和科研院所、第三方检测机构的联动协同
		信息协同	应当及时、准确、客观、全面的第一时间要向社会发布简要信息,包括授权报告、组织报道、接受采访、举行新闻发布会等

续表

		资源配置	包括应急救援人力、资金、物资、信息、技术等资源配置	
运行机制子项 T17	资源配置监管	资源监管	对应急救援人力、资金、物资、信息、技术等资源进行监管	
		储备布局选址	储备仓库选址要尽可能靠近高速公路、铁路和机场等交通干线和枢纽	
		物资响应调度	实现"一键式"调度,使物质资源按照"发送需要—分析决策—实时补给"的流程得到保障	
		物资储运能力	包括航空、公路、铁路和船舶运输的装备模块化的运输和投送能力	
		物资远程投送	推进与航空运输公司、火车站、机场、大型物流公司等单位签订联勤保障协议,实现立体多元投送	
	合作参与运行	周边合作	承担主体的一方与其周边各方共同应对的应急救援合作形式	
		社会参与	是指组织引导社会力量共同参加应急救援工作	
	协同科研攻关	协同科研攻关	依托高校科研平台、国家重点实验室、研究中心、重点企业和第三方检测企业协同攻关应急核心技术	
		攻关成果转化	推动高校科研平台、国家重点实验室、研究中心、重点企业等应急科技成果转化应用	
	善后处置	调查与评估	对灾害的起因、影响、责任、经验教训和恢复重建等问题进行调查评估和处理	
		责任与奖惩	对有关责任人给予处罚或行政处分,构成犯罪的,送司法机关处理;对做出突出贡献的先进集体和个人要给予表彰和奖励	
		恢复与重建	根据事故恢复重建计划,组织实施恢复重建工作	

其中,"指标内容解释"为该子项三级指标内容的"内容解释"。

10.1.1.8 监测预警子项

(1)通用文本表达式

监测预警子项能力提升内容＝(1个一级指标内容,7个二级指标内容,34个三级指标内容)。

一级指标内容＝{监测预警}。

二级指标内容＝{灾害监测预警体系,灾害排查与监控体系,灾害监测体系,灾害风险评估体系,灾害预测体系,灾害预警体系,灾害预警发布体系}。

三级指标内容＝{【监测与预警制度,监测与预警系统,社会预警机制,技术支撑机制,监测与预警模式】,【风险辨识,风险隐患排查,风险隐患监控,风险源头监控,重大危险源监控】,【监测方法,监测模式,监测对象,监测平台,监测技术,监测网络,监测数据采集】,

【孕灾环境稳定性,致灾因子危险性,承灾体脆弱性,综合风险损失度】,【预测目标,预测技术,预测时间,预测方法,预测内容】,【预警方法,预警平台,预警级别,预警信息】,【预警发布条件,预警发布程序,预警发布内容,预警发布手段】〉。

(2)通用树状图表达式(图 10-8)

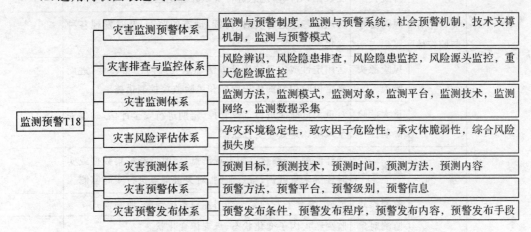

图 10-8　监测预警子项能力提升 3 级指标内容树状图

(3)通用"一张表格"表达式(表 10-8)

表 10-8　监测预警子项能力提升 3 级指标内容"一张表格"

适用救援灾害:自然灾害、事故灾难、公共卫生事件、社会安全事件等分灾害 Vij				
适用救援区域:省级、副省级、地区级、区(县)级、街道(镇)级、社区(村)级等分区域 Gij				
适用救援过程:准备分过程 T1 监测预警子项 T18				
能力提升一级指标内容(0-分值Ⅰ)	能力提升二级指标内容(0-分值Ⅱ)	能力提升三级指标内容(0-分值Ⅲ)	指标内容解释	专家打分(0-1)
监测预警子项 T18	灾害监测预警体系	监测与预警制度	主要包括风险隐患监测、信息接报与处理(应急值守制度)、风险评估、预警信息发布和传递、媒体管理制度等制度	
		监测与预警系统	是指以一定结构形式联结构成的具有某项预测与预警功能的信息平台	
		社会预警机制	是指社会参与预警过程和方式等机制	
		技术支撑机制	是指科学技术对监测预警提供支持过程和方式等机制	
		监测与预警模式	是指对监测与预警提供支持的模式	

续表

监测预警子项 T18	灾害排查与监控体系	风险辨识	超前辨识各类突发攻关事件等方面存在的风险源	
		风险隐患排查	全面排查大尺度空间、大时间跨度上的灾害宏观变化状况数据,对风险隐患进行辨识并登记建档	
		风险隐患监控	对风险隐患进行实时、持续、动态的监测,及时发现各种变化	
		风险源头监控	运用定性或定量的统计方法确定其风险严重程度,进而确定风险控制的优先顺序和风险监控控制措施	
		重大危险源监控	对重大危险源进行重点管控,定期进行安全评估,确保安全风险始终处于受控状态	
	灾害监测体系	监测方法	抽样监测:一般建立固定观测点,定时调查采集数据或实时连续采集数据;重点监测:对关键地点进行实时监测	
		监测模式	形成"综合平台预警＋部门专业系统预警"监测模式	
		监测对象	监测致灾因子变化状态、承灾体变化状态	
		监测平台	包括空中遥感监测、地面人工监测和仪器自动监测、地下人工监测和仪器自动监测等平台	
		监测技术	物理技术:通过仪器量测监测对象物理状态;化学技术:通过化学方法对监测对象进行监测;生物技术:利用各种反映信息来对灾害进行监测;访问调查:通过群众走访、问卷调查,或查阅有关资料,获取与灾害有关的数据;公众报告:公布灾害报告、呼救电话号码、网址、电子邮箱等	
		监测网络	建立统一的、规范的、永久的连续灾害观测网络,实现数据实时传输与共享	
		监测数据采集	建立空间性、连续性、完备性、准确性的灾害监测数据采集	
	灾害风险评估体系	孕灾环境稳定性	评估区域内的不稳定因素并将其量化甚至时空化,为灾害风险评估提供基底参数	
		致灾因子危险性	评估致灾因子的强度及其发生的可能性	
		承灾体脆弱性	评估承灾体受到灾害打击时的易损程度和恢复能力	
		综合风险损失度	评估承灾体在一定危险性的灾害风险事件下损失大小	

续表

监测预警子项 T18	灾害预测体系	预测目标	运用逻辑推理、数值模拟和综合分析等方法,推测和评估未来一定时期内灾害的发展变化情况和可能的危险性与破坏损失程度	
		预测技术	利用 GIS、GPS 和 RS 集成技术、传感器技术、无人机等各种监测技术对潜在灾害的发生、发展进行预测	
		预测时间	可分为长期预测、中期预测、短期预测	
		预测方法	包括相关分析法、类比分析法、专家会商法、计算机模拟等	
		预测内容	分为时间预测(预测灾害发生的事件)、区域性预测(预测灾害发生的地区)和综合预测(预测未来不同时间、不同地区发生的灾害)	
	灾害预警体系	预警方法	明确预警方法、渠道以及监督检查措施和信息交流与通报程序,以及预警期间采取的应急措施	
		预警平台	建立预警平台和相关技术支持平台	
		预警级别	一般划分为四级:Ⅰ级(特别严重)、Ⅱ级(严重)、Ⅲ级(较重)和Ⅳ级(一般)	
		预警信息	包括类别、预警级别、起始时间、可能影响范围、警示事项、应采取的措施和发布机关	
	灾害预警发布体系	预警发布条件	即将发生或者发生的灾害可能性增大时	
		预警发布程序	一是发布警报并宣布有关地区进入预警期;二是向上一级人民政府和上一级主管部门报告;三是向当地驻军或者相关地区的人民政府和公众通报	
		预警发布内容	包括突发公共事件的类别、预警级别、起始时间、可能影响范围、警示事项、应采取的措施和发布机关等	
		预警发布手段	包括电话、手机、广播、电视、报刊、网络、警报器、宣传车,也包括鸣锣敲鼓、奔走相告等	

其中,"指标内容解释"为该子项三级指标内容的"内容解释"。

10.1.1.9 培训演练子项

(1)通用文本表达式

培训演练子项能力提升内容=(1 个一级指标内容,9 个二级指标内容,61 个三级指标内容)。

147

一级指标内容＝｛培训演练｝。

二级指标内容＝｛培训演练体系,培训演练基地,培训演练人员,培训演练形式,演练内容,演习内容,指挥训练,心理训练,演练设施｝。

三级指标内容＝｛【基地条件,专业课程,专业教官,专业队伍管理,专业队伍评定,分级分类建档】,【设计建设标准化,管理标准化,培训演练标准化,培训演练资金保障,多兵种联合培训演练】,【公务员,专业人员,岗位人员,社区居民】,【范围,计划,内容,形式,对象,要求,虚拟仿真,后效果】,【演练目标,演练组织,演练方案,演练形式,演练内容,演练过程,演练人员,演练体验场所,演练信息系统,演练考核总结】,【单项演习,组合演习,综合演习】,【"数据＋"训练手段,"网络＋"训练手段,"平台＋"训练手段】,【自我心理放松,黑暗适应,高空适应,阴森恐怖适应,火灾现场适应,伤残及尸体适应,污腐脏臭适应,危险动物接触,本体受伤体验】,【指挥协调仿真模拟,危化品火灾扑救,工业带压堵漏,人员应急逃生,防护专业装备,事故演练,能量控制救援,限制空间救援,高处应急救援,化学品伤害救援,危化品运输救援,电气伤害救援,水上搜救救援】｝。

（2）通用树状图表达式（图 10-9）

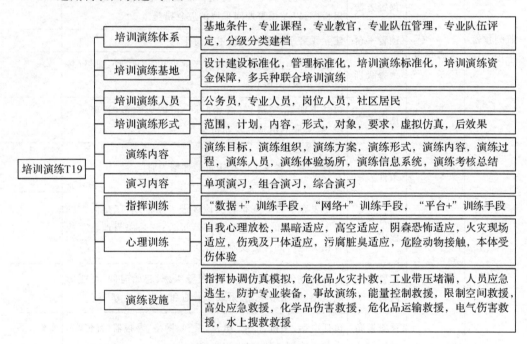

图 10-9　培训演练子项能力提升 3 级指标内容树状图

148

（3）通用"一张表格"表达式（表 10-9）

表 10-9 培训演练子项能力提升 3 级指标内容"一张表格"

适用救援灾害：自然灾害、事故灾难、公共卫生事件、社会安全事件等分灾害 Vij

适用救援区域：省级、副省级、地区级、区（县）级、街道（镇）级、社区（村）级等分区域 Gij

适用救援过程：准备分过程 T1 培训演练子项 T19

能力提升一级指标内容（0-分值Ⅰ）	能力提升二级指标内容（0-分值Ⅱ）	能力提升三级指标内容（0-分值Ⅲ）	指标内容解释	专家打分（0-1）
培训演练子项 T19	培训演练体系	基地条件	包括灾难专业培训、实训演练、救援队伍评级、技术研究、新装备检测实验、职业技术鉴定、学术交流等应急救援实训演练基地	
		专业课程	分行业领域、分专业工种分别设计和开发具有前沿性、实践性、针对性的系列培训教材	
		专业教官	包括基地师资力量储备，充实基地培训师资力量	
		专业队伍管理	出台《专业应急救援队伍管理办法》，理顺专业应急救援队伍管理工作机制	
		专业队伍评定	制定专业应急救援队伍考核能力评定实施细则	
		分级分类建档	制定专业应急救援人员教育培训档案管理细则，实施教育培训分级分类建档	
	培训演练基地	设计建设标准化	形成统一的场地、装备、建筑物、训练场地及设施配备标准，发布基地设计建设标准，统一场地、装备、建筑物、训练场地及设施配备、通信信息等	
		管理标准化	包括救援方案、管理体系、应急响应、侦检测、作业现场、HST5 管理、救援取费等管理标准，还包括基地设计建设、装备配置、训练、考核、档案管理等标准	
		培训演练标准化	针对应急救援对体能、专业、心理、操作等特殊性要求，建立课程设计、训练及评估考核标准	
		培训演练资金保障	出台相关财政政策扶持，建立应急救援培训演练基金	
		多兵种联合培训演练	事故呈现出耦合复杂特征，实战中常常是多兵种联合作战，日常实训中要加强多兵种联合培训演练	

续表

培训演练 子项 T19	培训演练 人员	公务员	重点是熟悉、掌握应急预案和相关工作制度,综合业务培训演练,应急值守、信息报告、组织协调、技术通讯、预案管理等方面的培训演练,提高排除安全隐患和高效应对处置事件的能力培训演练
		专业人员	包括相关危险品特性等技术方面的内容,以及现场救护与应急自救、应急设备操作、应急装备使用等技能方面的内容
		岗位人员	针对保安、门卫、巡查、值班人员等,培训演练内容主要是人员素质、文化知识、心理素质、应急意识与能力
		企业员工	结合危险分析结果、各危险源特点以及应急救援的要求,对本单位内部全体员工进行有针对性、分层次的培训演练
	培训演练 形式	社区居民	培训演练重点应该是遵守应急指挥人员的命令,同时了解在发生突发事故采取何种相应的应急响应
		范围	包括政府主管部门、社区居民、企业全员、专业应急救援队伍等的培训演练
		计划	包括采用各种教学手段和方式、自学、讲课、办培训班等计划
		内容	包括法规、条例和标准、安全知识、各级应急预案、抢险维修方案、专业知识、应急救护技能、风险识别与控制、基本知识、案例分析等内容
		形式	主要有专题培训、学术讲座、经验交流、研讨会、视频课件、广播电视、远程教育等先进手段,辅以情景模拟、预案演练、案例分析等多种形式开展培训
		对象	包括领导和管理人员、工作人员、应急抢险人员、一般民众等
		要求	规定每年每人应进行培训的时间和方式,定期进行培训考核
		虚拟仿真	打造高真实度、高沉浸感和易交互的先进培训模式,包括:认识煤矿、安全意识培训、矿图识别、导航训练、逃生训练、矿井灾害模拟、4D动感、救援装备培训、救援演练、考核评价等功能
		后效果	包括个人专业能力、应急指挥调度、指挥决策方面、事故救援处理能力、事故总结分析能力等

培训演练子项 T19	演练内容	演练目标	提高应急动员、指挥控制、事态评估、资源管理、联络通信、应急设备、警报公告、公共信息、公众保护、人员安全、交通管制、人员管理、医疗服务、外部增援、现场控制、文件资料、调查分析等能力	
		演练组织	包括模拟演练的准备工作、选择合适的模拟演练地段、组织相关人员编制详细的演练方案、组织参加演练人员进行学习、筹备好演练所需物资装备、提前邀请相关人员参加演练并提出建议等	
		演练方案	为使演练事故的情况设置逼真,需要考虑事故细节描述、日程安排、演练条件、安全措施等演练方案	
		演练形式	模拟场景演练:以桌面练习和讨论的形式对应急过程进行模拟演练;单项演练:是指针对某项应急响应功能进行的演练活动;综合演练:是指针对某一类型突发公共事件整体应急处置能力的演练活动;区域性应急演练:是各个机构、组织或群体人员,执行与真实事件发生时相一致的责任和任务的演练活动	
		演练内容	基础训练:主要是指队列训练、体能训练、防护装备和通信设备的使用训练等内容;专业训练:主要包括专业常识、堵源技术、抢运和清消,以及现场急救;技术战术训练:是救援队伍综合训练的重要内容和各项专业技术的综合运用;自选课目训练。自选课目训练可根据各自的实际情况,选择开展如防化、气象、侦险技术、综合演练等项目的训练	
		演练过程	演练准备:制定应急演练计划→成立演练策划组→确定演练时间和地点→确定演练目标和规模→参演人员培训→演练基本情况通报→演练前的检查工作→完成演练准备工作;演练实施:模拟场景演练、实战演练(现场演练)及模拟与实战结合演练;演练总结评估:归纳、整理演练中发现的问题,提出整改建议等	
		演练人员	一是事故应急救援的演练者,从指挥员至参加应急救援的每一个专业队成员都应该是现职人员;二是考核评价者,即事故应急救援方面的专家或专家组	
		演练体验场所	扶持体验式场所的建设,让更多的人通过这种集知识性、教育性和互动体验式的培训方式,更好地掌握应急避险与自救互救知识和技能	

续表

培训演练 子项 T19	演练内容	演练信息 系统	采用虚拟现实(VR)技术、360°环屏投影播放技术、10.1 环绕立体声技术、3T4 电影技术、计算机网络协同处理技术为培训演练提供一流"沉浸式"培训环境	
		演练考核 总结	演练中应由专家和考评人员对每个演练程序进行考核与评价	
	演习内容	单项演习	通信联络、通知、报告程序演练;人员集中清点、装备及物资器材到位(装车)演练;化学监测动作演练;化学侦察动作演练;防护行动演练;医疗救护行动演练;消毒去污行动演练;消防行动演练;公众信息传播演练;其他有关行动演练	
		组合演习	包括为了发展或检查应急组织之间及其与外部组织之间的相互协调性而进行的演习,涉及各种组织	
		综合演习	主要目的是验证各应急救援组织的综合执行任务能力,检查他们之间相互协调能力,检验各类组织能否充分利用现有人力、物力来减小事故后果的严重度及确保公众的安全与健康	
	指挥训练	"数据+" 训练手段	以多源数据融合仿真、海量资源聚合、实体虚拟世界融合为抓手,打造全景应急救援指挥数据服务、全网安全感知的立体化数据服务体系。实现全方位再现灾害发展过程的场景,全状态模拟仿真应急救援指挥动态,多途径进行空间分析研判,实现最短时间做出决策部署,为不同角色的应急救援指挥人员打造定制化数据依据,通过"数据+"指挥训练手段完成自动推送、信息交互和实战应用,提升应急救援指挥训练能力	
		"网络+" 训练手段	构建应急救援"网络+"指挥训练手段,研究以应急救援体系、灾害救援工作需求为出发点,以训练就是实战为导向,开展灾害发生场景透视还原、虚拟仿真、信号覆盖和跨网通信等全景指挥训练指挥支撑,推动灾害救援训练场景全要素数字化和虚拟化、全状态实时化可控、指挥调度管理协同化智能化。展现数据沙盘等多维度仿真预案推演、系统实景过程化预案呈现、应急救援资源动态指挥为模拟。通过大数据全域标识、状态精准感知、数据实时分析、模型科学决策、智能精准执行,实现灾情再现下的模拟、监控、诊断、预测和控制	

培训演练 子项 T19	指挥训练	"平台＋" 训练手段	构建应急救援"平台＋"指挥训练手段,即利用信息化平台提高应急救援的训练质量,核心为建立全景数据透视仿真原型平台,用于支撑应急救援指挥训练实战应用,主要有应急救援平台,数据支撑服务平台和指挥模拟平台
	心理训练	自我心理 放松	训练的具体方法与常规心理咨询师所使用的方法相同,最终通过生理上的状态变化(呼吸、心跳)和心理状态变化,让大脑和身体恢复正常放松状态
		黑暗适应	其训练项目一般包括洞穴黑暗、山地黑夜、城市封闭空间黑暗等,提高救援人员对黑暗环境的自我心理控制能力
		高空适应	具体的训练方法,可直接采用常规户外拓展的经典项目,包括高空断桥、悬空突断、标准蹦极、徒手攀岩等,也可以与绳索救援专业训练一起进行,如:崖降、楼降、桥降、溪降
		阴森恐怖 适应	包括在断壁残垣、密云浓雾、恐怖阴森或肮脏恶臭的地带开展工作的训练
		火灾现场 适应	需要模拟爆炸、倒塌、浓烟、高温、有毒等危险条件,同时让受训人员辨别物质燃烧时的火焰状态、颜色、燃烧产物的浓度等,掌握有关知识,体验危险情境
		伤残及尸 体适应	对于伤残的人体或尸体,是救援人员需要面对的重大刺激源,心理刺激强度较大。因此,对此类场景的心理训练非常必要
		污腐脏臭 适应	救援人员经常会遇到高度腐烂的动物尸体,其气味、形态、形状会给人以高度恶心的感觉。密林腐尸取样即为模拟此类场景进行训练,污河涉渡也是着重提升救援人员对高度腐烂、恶心场景的适应能力
		危险动物 接触	户外山地救援过程中,经常会遭遇蝎子、毒蚁、毒蚊、毒蛇、黄蜂、蜘蛛、老鼠、蜈蚣、野猪等危险昆虫或哺乳动物,救援人员应提前学习相关的危险动物理论知识,了解其生活习性,避免遭遇
		本体受伤 体验	救援人员自身经常也会面临各类实际伤害风险,如:交通意外、滑坠、砸伤、被器械所伤、碰伤、扭伤、晒伤、中暑、热衰竭、抽筋、蛇虫咬伤等。为使救援人员有较好的承受能力,开展相应的心理训练

续表

		指挥协调仿真模拟	模拟应急指挥演练中心,模拟典型事故的特征与发展过程,训练应急人员的判断力和应急反应能力,可以进行单人、双人、群体训练	
		危化品火灾扑救	模拟石化生产过程中气、液火灾等各类火灾,对油气生产与石化企业相关人员进行训练	
		工业带压堵漏	采用针对性训练,培养对油气生产及石化企业应急救援队员进行工业带压堵漏训练	
		人员应急逃生	训练人员在紧急情况下的自我保护技能和安全标识的识别与安全通道选择能力,涵盖火场逃生、高处逃生及人员搜救等培训	
		防护专业装备	训练应急救援人员对各类先进应急防护装备的正确使用,涵盖火灾应急防护、有毒物质泄漏应急防护、辐射泄漏应急防护等装备正确使用培训	
培训演练子项 T19	演练设施	事故演练	建立仿真事故场景,模拟坍塌、挤压事故造成的人员被困、埋压,训练应急救援队员在发生地震、火灾等正确使用各种救援器材培训	
		能量控制救援	建设模拟工艺隔离、电气隔离、机械隔离等能量隔离的设施和工具,训练操作人员熟练掌握各种能量隔离的操作步骤及对各种隔离锁定用具的使用能力	
		限制空间救援	建设可移动式的进入限制空间作业训练模拟场所,分为立式罐、卧式罐等2种形式,对现场作业人员进行纵向及横向应急救援训练	
		高处应急救援	可模拟训练自由落体、高空缓降、高空救援、外部救援、高空逃生等培训演练场景	
		化学品伤害救援	培训石化企业员工在受到化学品伤害时自救和互救能力,包括气体检测、泄漏控制、应急逃生、洗消处理、化学品灼伤处理等能力训练	
		危化品运输救援	对危化品从业人员进行危化品运输、储存过程安全技术及应急技能进行训练	
		电气伤害救援	培训人员如何避免受到电气伤害和受到伤害后如何救援	
		水上搜救救援	包括配备水上搜救装备、器材,训练水上应急技能等培训	

其中,"指标内容解释"为该子项三级指标内容的"内容解释"。

10.1.1.10　宣传教育子项

(1)通用文本表达式

宣传教育子项能力提升内容＝(1 个一级指标内容,5 个二级指标内容,28 个三级指标内容)。

一级指标内容＝｛宣传教育｝。

二级指标内容＝｛宣传教育目标,宣传教育保障,宣传教育内容,宣传教育形式与手段,心理治疗宣传教育｝。

三级指标内容＝｛【公众知识,基层知识,科普场馆,减灾防灾日】,【舆情收集渠道,新闻发布制度,队伍保障】,【预案,组织,宣传员出征,新闻发言人,力量协同,队伍,装备,法律法规宣传,预案宣传,知识宣传,自救互救宣传】,【形式,手段,学校教育,社区公众教育,从业人员教育】,【自救互救,心理承受能力,心理咨询和治疗,物质和精神关爱,心理恢复准备】｝。

(2)通用树状图表达式(图 10-10)

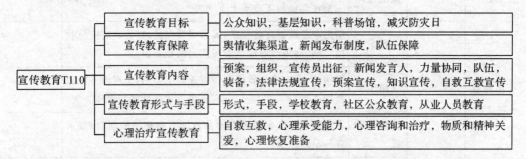

图 10-10　宣传教育子项能力提升 3 级指标内容树状图

(3)通用"一张表格"表达式(表 10-10)

表 10-10　宣传教育子项能力提升 3 级指标内容"一张表格"

适用救援灾害:自然灾害、事故灾难、公共卫生事件、社会安全事件等分灾害 Vij				
适用救援区域:省级、副省级、地区级、区(县)级、街道(镇)级、社区(村)级等分区域 Gij				
适用救援过程:准备分过程 T1 宣传教育子项 T110				
能力提升一级指标内容(0-分值Ⅰ)	能力提升二级指标内容(0-分值Ⅱ)	能力提升三级指标内容(0-分值Ⅲ)	指标内容解释	专家打分(0-1)
宣传教育子项 T110	宣传教育目标	公众知识	推动应急管理进农村、进社区、进学校、进企事业单位、进家庭、进公共场所,全面普及应急基础知识和基本技能,提高公众应急避险意识和自救互救能力	

续表

		基层知识	分级分类组织开展突发公共事件应对法、安全生产法等法律法规和突发公共事件等业务知识宣传教育
	宣传教育目标	科普场馆	面向社会公众建设一批集科普、教育和实训为一体的应急安全教育体验基地
		防灾减灾日	开展"防灾减灾日"等活动,涉及应急避险、逃生自救、居家安全、防震减灾和公共安全等安全防范知识教育
		舆情收集渠道	建立日常舆情监测网络,畅通舆情信息收集渠道
	宣传教育保障	新闻发布制度	利用新闻发布会、现场接受采访、更新官方网站,甚至是博客和微博的方式,定期向媒体、社会提供权威、准确的第一手信息
		队伍保障	一是在人员选拔方面下功夫;二是在人员培训上下功夫;三是在奖惩制度改革上下功夫
宣传教育子项 T110		预案	制定应急救援宣传预案,成为引导舆论、宣传政府应急救援策略、展现政府应急救援能力的重要窗口
		组织	架构前、后方应急救援宣传指挥组织体系,实现前方应急救援执行行动方案,后方实施应急救援驰援和保障方案
		宣传员出征	在突发事故灾害救援启动及救援力量集结的同时,要求宣传员随队出征
		新闻发言人	就是以部门为发布主体,以新闻界为传播对象,以突发灾害事故救援为内容,以采访、记者招待会和新闻发布会等为形式的新闻发言人
	宣传教育内容	力量协同	构建应急救援队伍内部宣传部门的协同,部门的宣传部门及人员与地方媒体及媒体记者要协同合作
		队伍	配齐配强宣传人员,不仅需要有新闻专业背景,同时对应急救援也应具备专业级别的熟识;加强宣传骨干力量培训;培训新闻发言人
		装备	必须配齐应急救援新闻宣传使用的照相、录像、录音、采编、传输等器材
		法律法规宣传	既要让政府各部门工作人员掌握,也要让社会公众充分了解应急救援法律法规
		预案宣传	预防与应急相结合、常态与非常态相结合对应急救援预案进行宣传、解读工作

宣传教育 子项 T110	宣传教育 内容	知识宣传	按照事前、事中、事后的不同情况,分类宣传普及应急救援知识。事前教育以了解突发公共事件的种类、特点和危害为重点,掌握预防、避险的基本技能;事中教育以自救、互救知识为重点,普及基本逃生手段和防护措施,如何开展自救、互救。事后教育以抚平心理创伤,恢复正常社会秩序为重点
		自救互救 宣传	按照事前、事中、事后的不同情况,分类宣传普及灾害事故现场灾民自救互救的能力
	宣传教育 形式与手 段	形式	规范齐全的应急救援教育教材、教育考评晋级体系、区域性的教育轮训基地,强化器材装备训练教育、用好社会教育资源
		手段	包括应急救援宣传手册、公益广告、电视广播、报刊、网络、图书等
		学校教育	学校将应急救援教育纳入学校日常教育当中,包括意识、知识、技能、心理素质的培养和训练,各类急救知识,以及网络交友等方面的自我保护措施等
		社区公众 教育	社区应定期组织有针对性的应急管理教育,以多种形式开展教育,特别是志愿者这一重要社会力量
		从业人员 教育	工作单位是公众生活中停留最多的地方之一,由于其本身的生产过程会带来各种风险,因此需要进行完善的应对突发公共事件的应急救援教育
	心理治疗 宣传教育	自救互救	鼓励社会公众灾时开展自救、互救的活动,减轻突发公共事件对个体心理的震荡
		心理承受 能力	通过公共安全教育,有效地增强社会公众的心理承受能力,减缓突发公共事件的冲击
		心理咨询 和治疗	应急管理部门应建立心理救援队伍,利用专业人士的科学知识和技能,排解心理脆弱者的精神压力,帮助他们客观、冷静地看待现实
		物质和精 神关爱	可以利用学缘、事缘、血缘、业缘、地缘的关系,疏导、安慰这些人,减少他们的精神压力,缓解突发公共事件所带来的心理伤害
		心理恢复 准备	由于突发公共事件带来的心理问题可能会有很长的间歇期,因而对患者的干预必须持之以恒

其中,"指标内容解释"为该子项三级指标内容的"内容解释"。

10.1.1.11 行为素养子项

(1)通用文本表达式

行为素养子项能力提升内容＝（1个一级指标内容，5个二级指标内容，19个三级指标内容）。

一级指标内容＝｛行为素养｝。

二级指标内容＝｛文化素养分类，文化素养内容，政府宣传机构素养，新闻媒体媒介素养，社会公众素养｝。

三级指标内容＝｛【政府应急文化，企业应急文化，社会应急文化】，【表达与交流能力，常识及知识面，应急意识，经验积累，行为准则，道德规范，价值观念】，【处理与媒体关系，灾情信息公开，引导社会舆论】，【关注生命个体，弘扬人性善良，发扬伦理报道】，【掌握应急救援知识，具备应急救援能力，提升应急救援素养｝。

(2)通用树状图表达式（图10-11）

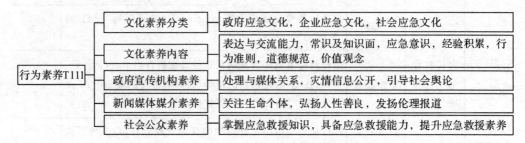

图 10-11 行为素养子项能力提升3级指标内容树状图

(3)通用"一张表格"表达式（表10-11）

表 10-11 行为素养子项能力提升3级指标内容"一张表格"

适用救援灾害：自然灾害、事故灾难、公共卫生事件、社会安全事件等分灾害 Vij				
适用救援区域：省级、副省级、地区级、区（县）级、街道（镇）级、社区（村）级等分区域 Gij				
适用救援过程：准备分过程 T1 行为素养子项 T111				
能力提升一级指标内容（0-分值Ⅰ）	能力提升二级指标内容（0-分值Ⅱ）	能力提升三级指标内容（0-分值Ⅲ）	指标内容解释	专家打分（0-1）
行为素养子项 T111	文化素养分类	政府应急文化	即政府应急行政管理、规划、指挥、协调等应急文化	
		企业应急文化	即企业内部员工应急文化养成、应急方案规划、应急救援演练、应急救援行动、应急物质条件、以及规章制度等文化	
		社会应急文化	即社会组织文化、社区和公众形成自救文化、他救文化，包括应急的物质条件、精神理念、非正式制度和行为模式等互救文化模式	

续表

		表达与交流能力	是指在应急救援过程中个体能够与他人流畅高效的沟通,能够清晰简洁的让别人快速明白自己的意思	
行为素养子项 T111	文化素养内容	常识及知识面	是指一般人所应具备且能了解的与灾害有关的应急方面的普通知识,包括生存技能、急救知识、应急救援与处置常识知识等	
		应急意识	从个体角度来看,应急意识则反映了其综合应急素养,包括知识储备、技能掌握度和风险感知力等	
		经验积累	经验来源于应急救援,有助于加强对灾害的各种认识,可以帮助个体更加熟练地避免发生次生、衍生、耦合等灾害造成的伤害	
		行为准则	要通过不断健全完善应急管理法律法规和标准规范,进一步对人的应急救援行为准则予以明确和规范	
		道德规范	是在突发公共事件发生时,组织或个人应明确自身承担的应急救援职责以及社会责任和义务	
		价值观念	是指个体或机构对应急救援工作的内涵、意义、作用等方面所形成的主观判断	
	政府宣传机构素养	处理与媒体关系	政府宣传机构是新闻媒体可靠的信息来源,新闻媒体是政府宣传机构发布信息的渠道,处理好这两者关系,充分发挥媒体的作用,提升政府自身的公信力	
		灾情信息公开	灾情信息实时公开,能最有效地减少社会次生灾害造成的不利影响,稳定人心,安定局势,科学合理地集合全社会的力量共渡难关	
		引导社会舆论	引导各阶层统一认识,明确应对危机面临的困难和应该采取的措施,可以起到广泛的社会动员,社会组织迅速集结力量,有效开展救援	
	新闻媒体媒介素养	关注生命个体	灾难能给民众带来的恐惧,不仅要关心他们的吃住,同样要关心他们心理健康	
		弘扬人性善良	报道普通人的感人事迹,让群众感到他们就是自己的一分子,才能增强社会各界夺取抗灾胜利的信心	
		发扬伦理报道	遵循灾情报道伦理,才能传达出爱与信心,才能懂得怎样与受灾民众一起面对灾难,并战胜灾难	

续表

		掌握应急救援知识	掌握突发公共事件的基本知识与理念、一般应急救援技能	
行为素养子项 T111	社会公众素养	具备应急救援能力	能够迅速获取、理解和应用应急救援信息、知识、规律和技能，并自觉做好与应急相关的防护、消除、避险等行为，参与有限的应急救援与防控	
		提升应急救援素养	应急救援知识培训进企业、进社区、进学校、进农村、进家庭，提高应急救援知识的覆盖率、知晓率和公众行为改变率，提升全民的应急救援行为素养	

其中，"指标内容解释"为该子项三级指标内容的"内容解释"。

10.1.1.12　教育科技子项

(1)通用文本表达式

教育科技子项能力提升内容＝(1 个一级指标内容,25 个二级指标内容,104 个三级指标内容)。

一级指标内容＝{教育科技}。

二级指标内容＝{国民教育体系,优化教育体系,创新教育体系,教育课程体系,师资队伍,教育学科,教育培训体系,教育资源保障,人才队伍培养方式,人才队伍培养种类,科研创新体系,"大应急"科技理念,科技创新原则,科技创新内容,实验室(中心),基地建设,信息化平台,装备现代化,设施智能化,3D 仿真推演,人工智能,无人化操作,航空救援,海上救援,国际交流}。

三级指标内容＝{【教育体系目标,教育体系方向,教育体系生态】,【健全基本框架,建立层次体系,制定考核评制】,【内容创新,形式创新,实战实训演练】,【教材体系,教学模式,"第二课堂"】,【专兼职教师,提升师资水平,提升教师科技能力】,【公共管理学院,公共管理学科,学位点,国际合作】,【资源共享机制,公众技能培训,社会公众意识】,【人才资源保障,教学设施保障,教育资金保障】,【优化课程设置,增设职业证书,打造复合人才,公共专业认证】,【决策型人才,执行型人才,信息型人才,专业型人才,国际型人才】,【创新运行机制,科技研发机制,人才培养机制】,【全贯通融治理,深谋略促升级,探新路赢跨界,强思维担使命】,【平战结合攻关,科研全链条创新,核心设备突破,协同创新集群,科技成果转化,整合共享大数据,信息技术应用,科研国际合作】,【基础理论,科研智库,科技协同创新,科技创新支撑平台,科技创新支撑学科,科普培训教育,国际科技交流】,【整合科技创新平台,布局研发机构,产学研交叉融合,科技创新平台联盟,国际交流平台,重点实验室】,【指挥协同中心,抢险救援中心,培训演练中心,物资储备中心,信息中心】,【基础网络,大数据融合,大数据风险识别,监测预警,协同指挥调度,大数据指挥决策,资源保障】,【规划与配备,更新、改造和维护】,【感知技术,设施神经化网络,感知数据把控】,【三维仿真展现,三维仿真推演】,【智能化模拟训练,智能分析救援能力,智能环境危险评估,智能救灾指挥决策】,【无人机智能化,无人设备救援】,【统一指挥体系,多种救援模式,网络布局,军民融合,航空救援任务】,【联合救援体系,专业救助机构,自救互救,日常训练,搜救装备研制,信息化建设},【大科学计划和工程,与世界组织合作,共享科研数据,共享救援力量,资金资源,人才交流}}。

(2)通用树状图表达式(图10-12)

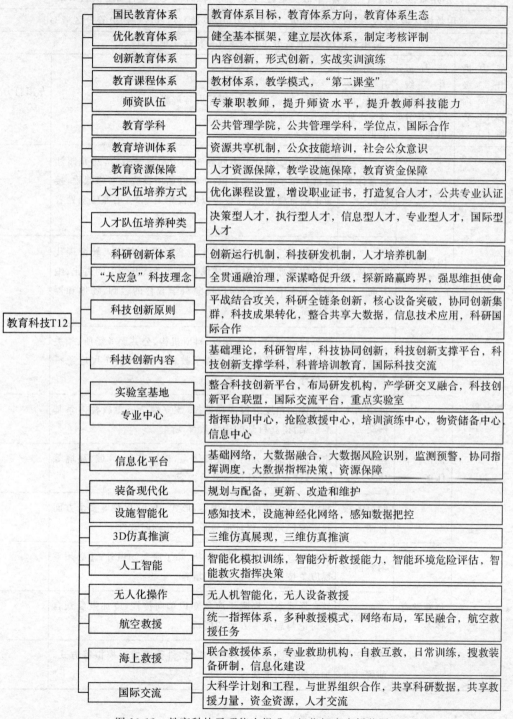

教育科技T12	国民教育体系	教育体系目标,教育体系方向,教育体系生态
	优化教育体系	健全基本框架,建立层次体系,制定考核评制
	创新教育体系	内容创新,形式创新,实战实训演练
	教育课程体系	教材体系,教学模式,"第二课堂"
	师资队伍	专兼职教师,提升师资水平,提升教师科技能力
	教育学科	公共管理学院,公共管理学科,学位点,国际合作
	教育培训体系	资源共享机制,公众技能培训,社会公众意识
	教育资源保障	人才资源保障,教学设施保障,教育资金保障
	人才队伍培养方式	优化课程设置,增设职业证书,打造复合人才,公共专业认证
	人才队伍培养种类	决策型人才,执行型人才,信息型人才,专业型人才,国际型人才
	科研创新体系	创新运行机制,科技研发机制,人才培养机制
	"大应急"科技理念	全贯通融治理,深谋略促升级,探新路赢跨界,强思维担使命
	科技创新原则	平战结合攻关,科研全链条创新,核心设备突破,协同创新集群,科技成果转化,整合共享大数据,信息技术应用,科研国际合作
	科技创新内容	基础理论,科研智库,科技协同创新,科技创新支撑平台,科技创新支撑学科,科普培训教育,国际科技交流
	实验室基地	整合科技创新平台,布局研发机构,产学研交叉融合,科技创新平台联盟,国际交流平台,重点实验室
	专业中心	指挥协同中心,抢险救援中心,培训演练中心,物资储备中心,信息中心
	信息化平台	基础网络,大数据融合,大数据风险识别,监测预警,协同指挥调度,大数据指挥决策,资源保障
	装备现代化	规划与配备,更新、改造和维护
	设施智能化	感知技术,设施神经化网络,感知数据把控
	3D仿真推演	三维仿真展现,三维仿真推演
	人工智能	智能化模拟训练,智能分析救援能力,智能环境危险评估,智能救灾指挥决策
	无人化操作	无人机智能化,无人设备救援
	航空救援	统一指挥体系,多种救援模式,网络布局,军民融合,航空救援任务
	海上救援	联合救援体系,专业救助机构,自救互救,日常训练,搜救装备研制,信息化建设
	国际交流	大科学计划和工程,与世界组织合作,共享科研数据,共享救援力量,资金资源,人才交流

图10-12 教育科技子项能力提升3级指标内容树状图

（3）通用"一张表格"表达式（表 10-12）

表 10-12　教育科技子项能力提升 3 级指标内容"一张表格"

适用救援灾害：自然灾害、事故灾难、公共卫生事件、社会安全事件等分灾害 Vij

适用救援区域：省级、副省级、地区级、区（县）级、街道（镇）级、社区（村）级等分区域 Gij

适用救援过程：准备分过程 T1 教育科技子项 T112

能力提升一级指标内容（0-分值 I）	能力提升二级指标内容（0-分值 II）	能力提升三级指标内容（0-分值 III）	指标内容解释	专家打分（0-1）
教育科技子项 T112	国民教育体系	教育体系目标	规定不同学段开展不同侧重的应急科学教育：幼儿园注重培养孩子的应急意识；小学开始增设应急必修课程，接受正规急救训练；高校可以增设相关专业，培养应急处置人才	
		教育体系方向	加大财政经费投入，将学生应急科学教育纳入教育现代化评估指标；增加应急成绩在日常考试升学中的占比；编制贯通大中小幼各学段应急科学教育的教师、场地和器材配备等基本标准	
		教育体系生态	统筹政府部门、高等学校、科研机构、公共服务场所、相关企业和中小学校的应急科学教育资源，开展全民应急科学教育	
	优化教育体系	健全基本框架	从整体的角度进行宏观把控，建立健全应急教育体系基本框架，树立科学的应急教育观念	
		建立层次体系	建立层次结构分明的教育体系，根据受众、区域、环境等差异，针对性设计应急教育内容	
		制定考核机制	制定考核评估机制，从内容、形式、成果、保障等多个方面制定考评标准，保证应急教育体系的时效性	
	创新教育体系	内容创新	要对应急教育内容进行创新，除了应急知识外，还必须重视应急技能和心理方面的培养	
		形式创新	教育形式不能局限于应急知识单向传授，应加强受众自主讨论与思考等方面的创新	
		实战实训演练	依托 VR 设备、救援培训基地、科普馆情景模拟等方式，加强实战实训演练	

续表

教育科技 子项 T112	教育课程 体系	教材体系	包括生命与健康、科学与理性、精神与价值等理论知识，还包括应急逃生、自救互救等方面的实践训练	
		教学模式	通过情境创设、交往互动、小组讨论、探索体验等方式，增强应急科学教育的趣味性、互动性和实效性	
		"第二课堂"	用好安全教育平台和各类安全教育资源，在各类科技馆中植入应急科学教育内容；推进应急科学教育进军训、进野外教学实践	
	师资队伍	专兼职教师	建立应急师资人才库，进行注册管理和教学跟踪，提高师资教学能力。同时聘任应急管理部门人员作为兼职教师、校外应急辅导员	
		提升师资 培训水平	把应急科学教育师资培训纳入教师教育体系，建立面向全体教师的全员培训、面向学校管理人员的岗位培训、面向应急科学教育专兼职教师的资质培训等	
		提升教师 科技能力	将虚拟现实、增强现实、AI 等现代信息技术融入应急科学教育的知识讲授、技能培训和应急演练，让学生身临其境完成应急学习任务	
	教育学科	公共管理 学院	融教学、科研、"实战"为一体，建设培养具有多重背景的复合型应急救援人才的公共管理学院	
		公共管理 学科	在现有"公共管理"一级学科下，设置"应急救援"二级学科，致力于培养应急救援领域的骨干人才和领导者	
		学位点	在公共管理学院，建立应急救援的硕士、博士学位点和博士后工作站	
		国际合作	建立起国际资源共享、人才交流的机制，进行跨国、多学科和全球化的应急救援体系学科合作	
	教育培训 体系	资源共享 机制	加强大中小学与政府、社区、农村、企业、部队、社会机构等的联系，共享"资源图谱"；设立安全体验教室，建设应急科学教育实训基地，并面向社会共享	
		公众技能 培训	加强防灾减灾、避险逃生、自救互救的知识宣传和普及动员，提高公众应急自救和救人能力；依托红十字会、消防部门、应急救援基地、科普纪念场馆和志愿者组织等机构，面向公众开展各类应急救援技能培训	
		社会公众 意识	面向社会公布灾情监测，着力推进应急救援社会化、结构网络化、抢救现场化的公众意识	

续表

教育科技 子项 T112	教育资源 保障	人才资源 保障	要加强人才资源建设,大力培养综合型、实战型应急人才
		教学设施 保障	为教学设施提供保障,依靠现代信息技术,通过教学软件、演练基地、远程教育等手段提高教学设施质量
		教育资金 保障	确保有足够的应急教育资金储备,并保证资金的合理规划使用
	人才队伍 培养方式	优化课程 设置	应加强工学结合,在课程的设置、编排、编写中,邀请长期从事应急救援一线的专家和管理者参与
		增设职业 证书	构建相应的职业资格制度,在法律上保证任何一类应急救援工作都能成为一种有明确规范的行业
		打造复合 型人才	在开展本职技能培训的同时,还应因地制宜加强相关安全行业的基础知识学习和事故处置的技战术训练
		公共专业 认证	开展公共管理学院的应急管理学科评估,进行应急救援专业认证考试
	人才队伍 培养种类	决策型人 才	为具有对事业、国家和人民具有高度责任感和很强事业心的分管应急工作的各级领导,培养 6 种核心能力:对宏观事态全面把握能力;对事态发展趋势有超常的预测能力;临危不惧、处乱不惊的心理素质;熟悉事件的产生、发展、影响以及化解方法;对事态有整体、科学、深刻、系统和动态地把握;能在事态发展的不同阶段迅速而准确地做出相应对策
		执行型人 才	为专门从事应急管理方面的工作或受过应急管理专门训练的各职能部门的负责人,培养 4 种核心能力:培养具备领悟力、贯彻力、协同能力;专业背景强、准确把握、果断决策;既能领悟决策层的精神,又能将其很好地贯彻下去;具备能从整体上准确把握事态进展,并制定出可操作性行动计划
		信息型人 才	为从事应急管理工作的专业技术人员,培养 3 种核心能力:具备对各种突发公共事件和灾难进行研究,并建立各种数据库和模型,预测事件发生的领域、可能性、频率和强度;帮助政府制定战略规划和应急预案;为政府培训、储备和交流应对服务
		专业型人 才	主要指公安、消防、事故救护、医疗、防疫等专业队伍和单位,培养具有一定的专业技能,能熟练掌握使用专业设备,现场处置效率极高
		国际型人 才	培养一批在国际领域有重要影响力的应急科学家、复合型专家,大力培育、引进优秀高级专家团队

续表

教育科技子项 T112	科研创新体系	创新运行机制	采用开放、共享、灵活的创新运行机制,吸纳国内外安全与应急领域科研院所、高等学校、企业和社会力量,进行应急领域科技创新	
		科技研发机制	面向应急领域重大科技需求,加强科技协同创新研发,开展共性关键技术攻关和重大智能装备研发,推动科技创新成果转化和落地	
		人才培养机制	开展科研队伍建设和优秀人才队伍培养,争创世界一流的安全与应急科研机构和学科建设	
	"大应急"科技理念	全贯通融治理	通过信息化、网络化、工具化、智能化手段来实现各种应急资源力量的深度融合与一体化,切实做到区域内灾害种类的全防全控,通过"三位一体"实力来推动防灾减灾救灾的"融治理"	
		深谋略促升级	提升应急科技敏锐度、认知力和响应速度,深度掌握全球科技发展在应急救援方面的新方向新应用。要加速应急救援装备升级换代和智能化应急救援装备发展,牵引带动应急救援装备建设实现整体跃升	
		探新路赢跨界	当前各类灾害、事故、异特情事件的安全风险跨界特点明显,要实现应急管理一体化发展,必须进行跨界创新	
		强思维担使命	打破制约改革创新的一切束缚和禁锢,紧跟应急管理形态之变、科技发展之变、风险隐患演化之变,积极应变、主动求变,持续深化应急管理创新发展	
	科技创新原则	平战结合攻关	坚持平时和战时的科技攻关体系,加强应急救援科技攻关能力建设	
		科研全链条创新	打通政、产、学、研、服的"堵点",弥合基础研究、应用研究、成果转化之间的"断点",加快基础研究成果及时向应用转化	
		核心设备突破	加快补齐高端应急救援装备短板,加快关键核心技术攻关,实现高端应急救援装备自主可控	
		协同创新集群	整合新兴学科、交叉学科和边缘学科,加强关键技术研究,推进共性技术、核心部件、重大产品、临床解决方案"全链条、模块化"协同创新	
		科技成果转化	做好科技创新服务、科技成果转化评估、知识产权和专利服务工作,推进新技术、新产品等研发与转化	

续表

教育科技子项 T112	科技创新原则	整合共享大数据	整合共享涉及各行各业的应急救援大数据
		信息技术应用	涉及大数据、云计算、物联网、地理空间、人工智能、区块链、5G等新技术应用
		科研国际合作	要加强同国际组织沟通交流,同有关国家进行科研合作。参与重大国际合作项目,共享科研数据和信息
	科技创新内容	基础理论	重点开展发展战略、政策理论、法规标准、应急救援等理论研究,为应急管理工作提供科学理论支撑
		科研智库	在应急救援基础理论研究、科技研发、成果推广、工程实践等方面,培养造就若干名杰出专家、领军人物、青年创新英才,形成结构合理、素质优良的科技创新人才高端智库。
		科技协同创新	面向应急救援领域重大科技需求,开展共性关键技术攻关和重大智能装备研发,推动科技创新成果转化和落地
		科技创新支撑平台	建设国家及省部级重点实验室(平台)、安全工程技术实验与研发基地,创建应急技术创新中心,打造国际一流的应急技术创新科研实验平台
		科技创新支撑学科	建设国家"双一流"重点应急管理学科,设立应急管理博士和硕士点,开展教学研究队伍建设和优秀学生人才培养,争创世界一流应急科研机构和学科建设
		科普培训教育	通过实验演示、模拟仿真、实物教学、情景构建、事故再现等科学技术,打造应急救援、紧急逃生等科普教育培训基地
		国际科技交流	加强与先进发达国家优势学科学术交流,积极推动科研人员出访、研究生留学。开展全方位、多层次、高水平的国际科技交流与合作
	实验室基地	整合科技创新平台	整合重点实验室、工程技术研究中心、产业技术研究院等重大科技创新平台,凝练基础研究、关键核心技术攻关、产业共性关键技术研发等主攻方向
		布局研发机构	包括省级、市级工程技术中心、企业技术中心以及公共卫生科技平台等新型研发机构等
		产学研交叉融合	以现有的公共管理学院为主体,包括管理学院、社会学院、法学院、新闻学院、哲学学院、大数据研究院等以及相关企业,多学科领域交叉融合开展研究

续表

			发挥高新技术产业、高校和科研院所等优质资源集聚的优势,协同推进应急救援科技创新平台联盟建设	
教育科技子项 T112	实验室基地	科技创新平台联盟	发挥高新技术产业、高校和科研院所等优质资源集聚的优势,协同推进应急救援科技创新平台联盟建设	
		国际交流平台	开放建设应急救援国际交流平台	
		重点实验室	建设一些应急救援国际、国家、省部级、市厅级等重点实验室	
	专业中心	指挥协同中心	承担应急值守、调度指挥、信息处理、装备管理、技术培训、战术训练、后勤保障等职责,具有明确的运行机制、队伍编制、联动方式、调度指挥程序及日常管理职责分工	
		抢险救援中心	根据应急救援处置的任务需求,合理调配应急救援资源和力量。救援统一调动指挥,救援力量调派迅速,救援行动高效	
		培训演练中心	一是满足以综合性消防救援队伍日常培训演练需要;二是实现对政府相关部门和人员、地区消防救援队伍和社会化应急救援力量、企业专兼职应急队伍的分期应急培训和演练;三是提供区域性的应急救援比武场地;四是将应急培训和演练场所面向社会,提供应急技能培训、专业技能培训的资源共享资讯平台	
		物资储备中心	应结合区域、功能、专业等不同特点,根据实际应急救援需要、种类和规模需求进行建设,还应考虑近、中、远期的储备要求	
		信息中心	及时获取预警性和灾害性的动态信息,增强指挥范围内救援队伍指挥信息下达和灾情分析研判能力	
	信息化平台	基础网络	纵向连接到国家、省、地(市)、县(区)、街道(镇)五级,横向连接到各级行政部门、各级机构	
		大数据融合	依托应急指挥中心平台,把分散在各部门的风险防控大数据资源"聚通用"	
		大数据风险识别	积极探索大数据在风险识别管控方面的应用,提升监测预警现代应急管理智能化水平	
		监测预警	对异常信息、网络舆情、突发公共事件、危险源、人群流动等风险进行实时监测预警,整合各级机构的监测预警系统	

续表

教育科技子项 T112	信息化平台	协同指挥调度	实现当前态势全面感知、应急值守、综合监测、风险评估、预警响应、指挥调度、关键指令实时下达、多级组织协同联动、资源统筹调度、信息统一发布、发展趋势智能预判、辅助决策、应急评价、在线培训、模拟演练等
		大数据指挥决策	着力构建"全面感知、动态监测、智能预警、扁平指挥、快速处置、精准监管、人性服务"的应急管理大数据决策保障体系
		资源保障	包括应急医疗技术、应急队伍、应急物质、应急财力、应急交通运输、应急通信系统等保障
	装备现代化	规划和配备	加强无人机、救援机器人等现代应急救援技术装备的规划和配备
		更新、改造和维护	不断提升应急救援装备配备水平,定期进行更新、改造和维护
	设施智能化	感知技术	在传统技术基础上加入卫星监测、电磁感应、人工智能等技术,使其具有更强的风险感知能力
		神经网络技术应用	加快建设基础设施神经化网络,在感知风险数据的同时运用大数据分析,实时判断并获取风险源相关信息
		感知数据把控	要通过对应急救援感知数据的精准把控,与信息系统协调衔接,实现自主数据传输、动态实时预测、预警信息发布等应急功能
	3D仿真推演	三维仿真展现	系统以二维GIS、三维仿真为展现方式,实现"以推演促常态管理,以推演提升应急处置能力"目的,最终达到提高应急救援意识与处置能力的关键作用
		三维仿真推演	以典型事故应急预案为蓝本,实现应急救援仿真推演
	人工智能	智能化模拟训练	可以运用科技的力量模拟救援过程中的实际情况,监测到救援人员的身体以及心理变化,预测不同环境对于救援人员以及救援行动的影响因素和程度,制定更为安全完善的救援计划
		智能分析救援能力	运用人工智能技术和大数据,对救援队伍以及单个救援人员的各项数据进行统计分析和综合评估,使整个救援队伍作战能力的劣势和不足之处一目了然

教育科技子项 T112	人工智能	智能环境危险评估	人工智能机器人可以迅速进入灾区,对灾区的实时情况进行监测,并对救援环境进行分析判断,并且代替救援人员进入危险的灾区并对现场情况进行实时传播并进行分析,减少了人员伤亡
		智能救灾指挥决策	利用人工智能对于现场实时数据的勘查与分析,并对作战部队的战斗力评估,以及整个事件的实时监控,真正起到辅助指挥决策的目的
	无人化操作	无人机智能化	利用互联网及机器的远程操作特性,通过机器人之间的自我组织实现智能化生产,使人从风险环境中脱离,从而达到保护人身安全的目的
		无人设备救援	依托新一代信息技术、遥感技术、人工智能等,实现无人设备代替人进入危险区域,完成现场勘查、人员搜救、事故控制等任务
	航空救援	统一指挥体系	建设航空应急救援统一指挥平台,将空军、武警、交通运输部、民航管理部门及通航企业等各方力量集聚一起,统一救援调度
		多种救援模式	以通用航空企业为主要力量,以政府和军队力量为主导,社会力量参与,打造半军事化的社会化航空应急救援模式
		网络布局	从通航机场建设入手,加强航空救援基地和网点布局,建立覆盖全国航空应急救援网络
		军民融合	推动空域使用军民融合,实现应急物质保障军地共建,加快军地航空技术军地共用
		航空救援任务	主要担负空中侦查探测、空中指挥调度、空中消防灭火、空中紧急输送、空中搜寻救助、空中特殊吊载、空中应急通信以及国际救援等任务
	海上救援	联合救援体系	形成"专群结合、军地结合"的快速应变海上搜救应急模式,明确救援组成、组织指挥,详细规定救护指挥程序和方法;完善落水人员的搜、捞、转、送及救治流程和方法
		专业救助机构	建设从海到岸一系列海上专业救助机构,以实现海、空立体救助,包含海上搜救队、医院船医疗队、救护艇医疗队、卫生运输船医疗队、救护直升机医疗小分队以及码头救护所等立体救护机构

续表

			指标内容解释	
教育科技子项 T112	海上救援	自救互救	一是加强海上现场自救及互救技能培训;二是严格遵循海上自救互救原则;三是加大海上自救互救技术骨干力量培养	
		日常训练	将海上救生训练纳入各级救援机构的日常训练中,需要救援人员具有娴熟的救生技术	
		搜救装备研制	改善"搜、捞、救、转、送"装备性能,可以解决海上救生搜寻定位难、捞救难的问题;研制新型海上救生装备,改善换乘工具和医疗设备抗风浪的性能;完善医院船建设,提高在海上即可获得确定治疗救治的能力;革新伤员快速转运工具以提高伤病员后送的效率,提高伤病员抢救的成功率	
		信息化建设	海上救援离不开信息化保障,一套完整、统一、顺畅的救护信息流传输、处理、控制系统,可实现伤员搜寻、伤员信息的快速传输和救援数据库建立,提高救治效率	
	国际交流	大科学计划和工程	充分整合知识、技术、人才等全球创新要素,构建内核强劲、合力强大的全球创新生态系统,积极参与牵头组织国际大科学计划和工程	
		与世界组织合作	与多个国际组织(非政府组织)的合作,同有关国家进行科研合作	
		共享科研数据	在保证国家安全的前提下,与别国共享科研数据和信息,共同研究提出应对策略	
		共享救援力量	可以在短时间内调集国际上具有各种技能的救援人员,共享其救援力量	
		资金资源	国际组织具有很强的筹资能力,能够迅速地在国内外筹措资金,共享其资金资源	
		人才交流	与世界顶级公共管理学院建立起资源共享、人才交流的机制	

其中,"指标内容解释"为该子项三级指标内容的"内容解释"。

10.1.1.13　灾害医学子项

(1)通用文本表达式

灾害医学子项能力提升内容＝(1个一级指标内容,6个二级指标内容,39个三级指标内容)。

一级指标内容＝{灾害医学}。

二级指标内容＝{医学研究方向,医学能力建设,医学救治实施,医学区域网络,医学基础研究,医学教育内容}。

三级指标内容＝{【灾害人员伤残规律,灾害人员创伤康复,灾害伤残者预测,灾害中西医医疗】,【医学救援战略规划,医学救援组织机构,医学救援人才队伍,医学救援运行机制,医学救援后勤保障,医学救援教育培训,医学救援经费投入,医学救援预案】,【现场救治原则,现场医疗救护,现场伤员分类,医疗救援准备,公众心理治疗,医疗总结分析】,【医学救援指挥中心,医学救援综合基地,区域医学救援中心,紧急医学救援站点,医学救援能力】,【医学救援管理,人才培养和培训,物资储备技术,科研攻关和产业,宣教和社会参与,国际交流合作】,【医治基本流程,医治处理原则,急救基本技术,伤员检伤分类,伤员后送与转院,传染病预防和处理,心理障碍,医学管理,教学内容】}。

(2)通用树状图表达式(图10-13)

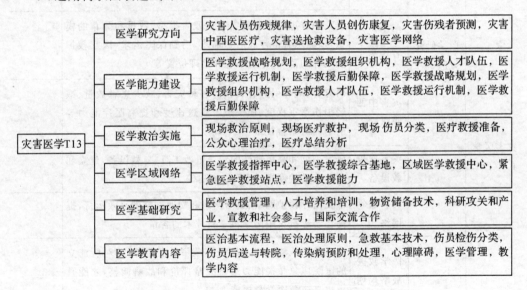

图10-13　灾害医学子项能力提升3级指标内容树状图

（3）通用"一张表格"表达式（表10-13）

表 10-13　灾害医学子项能力提升 3 级指标内容"一张表格"

适用救援灾害：自然灾害、事故灾难、公共卫生事件、社会安全事件等分灾害 Vij				

适用救援区域：省级、副省级、地区级、区（县）级、街道（镇）级、社区（村）级等分区域 Gij				

适用救援过程：准备分过程 T1 灾害医学子项 T113				

能力提升一级指标内容（0-分值Ⅰ）	能力提升二级指标内容（0-分值Ⅱ）	能力提升三级指标内容（0-分值Ⅲ）	指标内容解释	专家打分（0-1）
灾害医学子项 T113	医学研究方向	灾害人员伤残规律	积极探索各种灾害致人伤残的规律和特点，制定各种中西医结合的卫生应急保障方案	
		灾害人员创伤康复	包括机体创伤反应、各种灾害伤情严重度评估、多器官功能障碍综合征的机制和防治，创伤细胞分子生物学、创伤修复分子生物学及组织工程学研究，机体功能康复和心理创伤康复研究	
		灾害伤残者预测	研究和改进预测各种灾害伤残者类型、数量和分布的模型，预测患者治疗和后送需求、后勤保障需求、医疗救护队展开的范围、作业环境和地理位置等	
		灾害中西医医疗	研究、发展和引进有关预防各种灾害、减少患者数量、减轻损伤严重程度、加快患者后送速度和提高医疗能力等的中西医结合技术	
		灾害送抢救设备	研发小型和高机动性的后送抢救工具、急救设备，建立和完善流动的便携式 IT3U 病房等	
		灾害医学网络	保证医疗救护网络、通信网络和交通网络的高效运行，提高在实际抗灾中医学科学新技术的含量	
	医学能力建设	医学救援战略规划	建立长期战略规划，识别、选择并逐步培育，并对所建立的医院应急救援能力进行战略评价和战略调整，才能真正提高应急医学救援能力	
		医学救援组织机构	通常成立主管牵头的突发公共事件处置领导小组，下设组织协调办公室，由分管副职领衔，医护、政工、后勤等部门相关人员参加，统筹安排组织协调医院应对突发公共事件中的救援活动、人员情绪稳定与疏导、各种保障及隔离、警戒、保卫等工作。还可设立医学救援督导组、技术专家组，隶属于领导小组	

灾害医学 子项 T113	医学能力 建设	医学救援 人才队伍	要把握好三个环节:一是队伍的数量、规模和性质,可划分为一线救援队伍、后备救援队伍、专家救援队伍,可按一线精兵、二线强兵、三线重兵的原则进行组建;二是人员的准入条件,准入内容包括专业、性别、年龄、技术水平、健康状况和心理素质等;三是队伍的科学管理,保持人员的相对稳定性
		医学救援 运行机制	严格的组织管理机制,灵敏的信息网络机制,快速的预警反应机制,完善的规章制度实施机制,健全的物资保障机制,可操作的能力评估机制
		医学救援 后勤保障	主要是医疗保障(包括设备、器械、药品、耗材、血源、防疫防护装备和培训演练器材等),通信保障(包括手持移动电话、车载无线电话、无线电对讲机、车载无线电台、海事卫星电话和超短波电台等);机动保障(主要是工作用车:救护车、诊断车、指挥车等,在有条件的情况下,还要装备辅助用车:制氧车、通讯车、运输车等;生话用车:发电车、供水车、炊事车等);生活保障(包括帐篷、睡袋、折叠床、被装、雨具、照明用具、应急食品、炊具及个人生活用品等)和抚恤保障(包括应急时期的特殊补助津贴、因公生病的全额医疗费和伤亡的抚恤金及特殊的奖励政策等)
		医学救援 教育培训	一方面要加强全员基础知识培训;要通过短期培训和专题讲座、网络教育等形式进行医师急救医学知识以及急救设备培训;另一方面要注意抓好医师的专业知识培训,拓展其知识面
		医学救援 经费投入	投入一定资金,储备一定的应急救援物质,包括物资储备、环境储备、技术队伍储备以及信息储备等
		医学救援 预案	要从领导机构、预警报告、信息收集处理、技术支持、现场控制、疏散隔离、保障机构、人员稳定、应急设施设备、药品器材、车辆及其他各类物资的储备和筹措、队伍建设、平时演练等方面进行科学编制
	医学救治 实施	现场救治 原则	灾害事故现场救援有别于一般院外急救和院内抢救,要突出"快、准、及时、高效"等
		现场医疗 救护	加强灾害现场临时医疗救护系统,加强现场救治

续表

		现场伤员分类	建立批量灾害伤员分类系统,加快伤员后送,尽可能缩短伤患者得到手术治疗的时间	
	医学救治实施	医疗救援准备	展开各类灾害应对和伤员救治,包括救治理论准备、组织准备、人才准备、装备准备	
		公众心理治疗	突发灾害事件的强烈刺激可使人失去常态,表现出恐惧感和对谣言的轻信等,给患者和公众造成的精神创伤是明显的,应对公众心理危害进行治疗	
		医疗总结分析	总结历次灾害事件中医疗暴露出来的问题,针对性加以改革和改组	
灾害医学子项 T113	医学区域网络	医学救援指挥中心	完善紧急医学救援指挥中心的功能,实现与地方各级应急指挥中心和各类应急平台间的互联互通,满足紧急医学救援应急值守、信息报告、指挥调度和辅助决策等工作需要	
		医学救援综合基地	按区域布局建设紧急医学救援综合基地,基地建设采用"平急结合"的方式,重点加强灾害模拟场景构建和专业教育、培训演练基地建设,紧急医学救援相关学科、科技研发基地建设,批量重症伤员收治、医疗救援信息联通和指挥基地建设,直升机停机坪和航空医疗救援队伍装备基地建设	
		区域医学救援中心	在区域布局、规划建设紧急医学救援中心,平时注重体制机制和能力水平建设;突发公共事件发生时,能快速应对、高效处置,有效减少伤员的死亡和致残	
		紧急医学救援站点	推进区域紧急医学救援站点建设,以各级政府为重点,以医疗机构、疾控机构和院前医疗急救机构为基础,建设紧急医学救援站点,有效提升现场医学救援处置能力和伤员接收救治能力	
		医学救援能力分布	提升各级政府的医学救援能力站点地理分布	
	医学基础研究	医学救援管理	巩固和发展部门配合、军民融合、条块结合、资源整合的紧急医学救援协调联动机制,完善紧急医学救援预案管理,规范紧急医学救援的预案启动、应急响应终止和总结评估等工作	

灾害医学 子项 T113	医学基础 研究	人才培养 和培训	推进紧急医学救援学科建设,加强临床医学、预防医学等紧急医学救援能力培养,开展紧急医学救援相关学科研究生学历教育。继续完善紧急医学救援培训演练大纲和教材,对管理人员、应急队员和业务骨干实施规范化、常态化的培训演练
		物资储备 技术	加强紧急医学救援物资动态管理,推进建设紧急医学救援急缺药品的国家级区域储备中心。不断完善紧急医学救援物资储备目录,建立健全应急物资储备调用制度
		科研攻关 和产业	加强紧急医学救援理论、方法和应用技术研究,鼓励和支持高等院校、研究机构、医疗卫生单位和相关企业建立产、学、研、用协同创新机制。积极推进紧急医学救援关键装备与技术的科研开发、成果转化、产业制造和推广应用
		宣教和社 会参与	大力促进紧急医学救援知识普及与技能训练,开展进学校、进企业、进社区、进农村、进家庭等活动,积极推动全社会参与紧急医学救援工作
		国际交流 合作	加强紧急医学救援领域的国际交流与合作,积极开展国际考察、培训和联合演练等活动,引进国际上先进理论、技术、装备与管理模式
	医学教育 内容	医治基本 流程	各种灾害的医治基本流程
		医治处理 原则	各种灾害的医治处理原则
		急救基本 技术	包括止血、包扎、骨折固定、抗休克、人工呼吸、心肺复苏、解毒等急救技术
		伤员检伤 分类	包括现场分类、收容分类、后送转院分类和医疗分类等
		伤员后送 与转院	包括后送的时机和条件、后送的要求、后送的组织、后送的体制、后送的方式和转院到达后的交接等
		传染病预 防和处理	包括各种灾害传染病的种类、传染病流行的特点和预防控制传染病的方法等
		心理障碍	包括灾害引起心理障碍的表现特点和防治的措施等
		医学管理	包括医疗队的组织、灾区医疗站(临时医院)的编组与展开、救治机构的部署、药材物资的保障等
		教学内容	涉及临床医学、预防医学、危重监护医学、社会学、管理学、灾害学、伦理学、法学、心理学、公共卫生学等

其中,"指标内容解释"为该子项三级指标内容的"内容解释"。

10.1.1.14　灾害产业子项

(1)通用文本表达式

灾害产业子项能力提升内容＝(1个一级指标内容,4个二级指标内容,20个三级指标内容)。

一级指标内容＝{灾害产业}。

二级指标内容＝{灾害产业分类,灾害产业重点产品,灾害产业公众产品,灾害产业集聚}。

三级指标内容＝{【预防监测预警类,处置和防护类,保障类】,【监测预警、预防防护、生命救护、抢险救援、救援保障、新型通信装备、专用紧急医学救援、特种交通应急、抢险救援装备、无人救援装备、处置专用装备】,【公众模拟体验,公众科普示范区】,【产业集聚发展,重点企业发展,产业交流合作,区域中心】}。

(2)通用树状图表达式(图10-14)

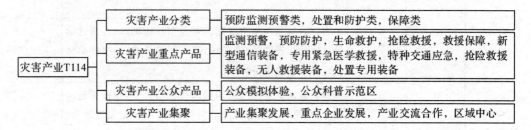

图10-14　灾害产业子项能力提升3级指标内容树状图

(3)通用"一张表格"表达式(表10-14)

表10-14　灾害产业子项能力提升3级指标内容"一张表格"

适用救援灾害:自然灾害、事故灾难、公共卫生事件、社会安全事件等灾害 Vij				
适用救援区域:省级、副省级、地区级、区(县)级、街道(镇)级、社区(村)级等分区域 Gij				
适用救援过程:准备分过程 T1 灾害产业子项 T114				
能力提升一级指标内容(0-分值Ⅰ)	能力提升二级指标内容(0-分值Ⅱ)	能力提升三级指标内容(0-分值Ⅲ)	指标内容解释	专家打分(0-1)
灾害产业子项 T114	灾害产业分类	预防监测预警类	指在突发公共事件发生前对可能发生的伤害和危险进行预防,对危险信号进行监测和预警的产业	
		处置和防护类	是指突发公共事件发生期间,用于事件处置,信息传达和基本防护类的产业	
		保障类	是指突发公共事件发生后提供的应急救援服务、应急保障物资类的产业	

		监测预警	自然灾害方面的监测预警设备,事故灾难方面的监测预警装备,公共卫生方面的应急检测装备,流行病监测、诊断试剂和装备,社会安全方面监测预警产品	
灾害产业子项 T114	灾害产业重点产品	预防防护	开发先进、适用、安全、高可靠的应急救援防护新产品,发展防护服、医用口罩、防毒面具等防护产品及其关键原辅材料	
		生命救护	发展生命搜索与营救、医疗应急救治、卫生应急保障等产品	
		抢险救援	发展消防、建(构)筑物废墟救援、矿难救援、危险化学品事故应急、工程抢险、海上溢油应急、道路应急抢通、航空应急救援、水上应急救援、核事故处置、特种设备事故救援、突发环境事件应急处置、疫情疫病检疫处理、反恐防爆处置等产品	
		救援保障	发展突发公共事件现场信息快速获取、应急通信、应急指挥、应急电源、应急后勤等保障产品;	
		新型通信装备	推动重大自然灾害的应急通信便携装备、便携指挥装备、灾害事故现场自组网通信装备、灾害事故现场感知装备、宽窄带融合数字集群通信装备、小型高度集成卫星通信装备等产品	
		专用紧急医学救援	重点发展疫苗和药品及家用应急包、应急救援止血系统、医学急救药械、公共场所公众自救互救设备、车载应急箱等应急医疗产品,呼吸机、负压救护车、便携式紧急医学救援设备、便携式/机动式卫生应急后勤保障装备、食用品安全快速监测装备、应急水质监测装备、卫生应急现场快速检测及应急消毒装备等产品	
		特种交通应急	重点发展道路、桥梁、港口、机场等基础设施恢复、修复装备,包括隧道救援车、架桥机、冰雪清除机械、环保型融雪剂等道路应急抢通装备,探测、灭火、救援、医疗等航空救援装备,专业消防救助船舶、应急救援船等水域救援装备	
		抢险救援装备	重点发展特种消防成套处置装备、应急排涝关键技术及装备、多功能化学侦检消防装备、大型工程救援装备、智能火灾探测及灭火系统、水域水下救援装备、电力应急保障装备、便携机动救援等装备	

续表

灾害产业 子项 T114	灾害产业 重点产品	无人救援 装备	重点发展消防救援、消防安全、公共安防、火灾侦查、填充支护、巷道清理、管道安装、井筒巡检、井下抢险、应急防暴、反恐排爆等机器人;现场勘察、人员搜索、物资投放、森林消防、水文探测、巡检监控、灾害评估等无人机
		处置专用 装备	重点发展移动式医疗垃圾快速处理装备、禽类病原体无害化快速处理装备、有害有毒液体快速处理技术装备、移动式可再生能源/水处理装备、土壤/大气/水污染快速处理装备;应急高空作业、大型爆破拆除、地下管网安全运行监控等装备
	灾害产业 公众产品	公众模拟 体验	包括应急救援文化主题公园、纪念馆、科普园地(基地)、应急避险模拟体验馆、社区防灾体验中心等应急体验场所建设
		公众科普 示范区	推进综合减灾示范区、安全社区、卫生应急综合示范县(市、区)、地震安全示范社区、地震科普示范学校等建设
	灾害产业 集聚	产业集聚 发展	依托高新区、经济开发区、产业转移园区,推动应急产业集聚发展
		重点企业 发展	培育形成一批技术水平高、服务能力强、拥有自主知识产权和品牌优势、具有国际竞争力的大型应急企业集团
		产业交流 合作	鼓励企业引进、消化、吸收国外应急产业领域的先进技术和先进服务理念,提升企业竞争力
		区域中心	建设若干区域性应急救援中心,主要承担应对特别重大灾害时就近快速响应、组织专业救援、调运应急资源、协助灾区党委政府实施专业指挥协调等任务

其中,"指标内容解释"为该子项三级指标内容的"内容解释"。

10.1.2　响应分过程子项

包括快速反应、灾害心理、灾害识别、环境识别、社会动员、舆情监控等响应分过程6个子项的能力提升一级、二级、三级指标内容规范格式表达。

10.1.2.1　快速反应子项

(1)通用文本表达式

快速反应子项能力提升内容＝(1个一级指标内容,5个二级指标内容,21个三级指标内容)。

一级指标内容＝{快速反应}。

二级指标内容＝{预案启动,响应动作,响应速度,军地联动,政府协调}。

三级指标内容＝{【启动预案,响应级别】,【人民政府启动,救援队伍启动,救援物质启动,救援财力启动,救援避难场所启动,救援技术启动】,【救援决策速度,救援反应速度,救援到达速度,救援处置速度】,【应急协调,应急程序,应急信息通报,应急救援力量,应急联合保障】,【政府制度协调,政府人员协调,政府信息协调,政府资源协调】}。

(2)通用树状图表达式(图 10-15)

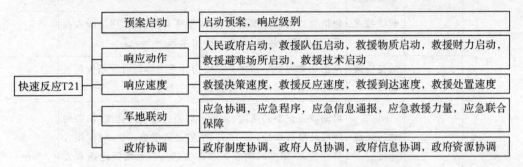

图 10-15 快速反应子项能力提升 3 级指标内容树状图

(3)通用"一张表格"表达式(表 10-15)

表 10-15 快速反应子项能力提升 3 级指标内容"一张表格"

适用救援灾害:自然灾害、事故灾难、公共卫生事件、社会安全事件等分灾害 Vij				
适用救援区域:省级、副省级、地区级、区(县)级、街道(镇)级、社区(村)级等分区域 Gij				
适用救援过程:响应分过程 T2 快速反应子项 T21				
能力提升一级指标内容(0-分值Ⅰ)	能力提升二级指标内容(0-分值Ⅱ)	能力提升三级指标内容(0-分值Ⅲ)	指标内容解释	专家打分(0-1)
快速反应子项 T21	预案启动	启动预案	当确定突发公共事件级别后,各级人民政府应迅速启动应急预案,调集应急救援队伍、应急救援物资,派出应急协调人员和专家赶赴突发公共事件现场,并成立现场应急指挥部	
		响应级别	划分为特别重大(Ⅰ级)、重大(Ⅱ级)、较大(Ⅲ级)和一般(Ⅳ级)四级	
		人民政府启动	包括省、市、区(县、市)、街道(镇)、社区、村等各级政府	
		救援队伍启动	包括指挥型、综合型、骨干型、专业型、医疗型、基层专(兼)职型、专家型、志愿者型、搜救犬型等应急救援队伍	
		救援物质启动	包括专用救援装备、医疗装备、生活物品、通信装备、交通运输、公共设施、工程防御、救援物质等	

续表

快速反应 子项 T21	响应动作	救援财力 启动	包括财政经费、银行信贷、社会捐赠、保险赔付等	
		救援避难 场所启动	包括体育馆式、人防工程式、公园式、城乡式、林地式等	
		救援技术 启动	包括应急救援通信技术、协同指挥调度技术、现场施救技术、交通运输技术、资源保障技术等	
	响应速度	救援决策 速度	是指从灾害发生到建立一级指挥系统和临时现场指挥系统做出第一批决策并发出指令的速度	
		救援反应 速度	启动应急预案的速度、救援人员到达现场的速度(第一时间赶赴事件现场,第一时间采取处置措施,第一时间报告事件情况,第一时间发布事件信息)、救灾物资运送和发放的速度	
		救援到达 速度	迅速派遣专业应急救援队伍、救援物资、医疗救护队伍前往事发现场的速度	
		救援处置 速度	轻装快反速度:第一时间集结,利用飞机、汽车、摩托车等交通工具轻装快速推进,第一时间到达救援现场,第一时间开展人员搜救,着力强调第一时间的搜救速度;重装携行速度:在表层搜救结束后,对需要专业救援器材救援的人员进行第二层次的搜救,着力突出深埋压、救援难度较大的人员搜救能力	
	军地联动	应急协调	完善军队和武警部队参与救灾的应急协调机制,明确需求对接、兵力使用的程序方法	
		应急程序	明确工作程序,细化军队和武警部队参与的工作任务	
		应急信息 通报	完善军地间预报预警、灾情动态、救灾需求、救援进展等信息通报制度	
		应急救援 力量	完善以军队、武警部队为突击力量,以公安消防等专业队伍为骨干力量的应急救援力量	
		应急联合 保障	完善军地联合保障机制,提升军地应急救援协助水平	
	政府协调	政府制度 协调	首先,应当体现在社会主体参与应对突发公共事件的制度框架是否完善上。其次,还应体现在政府合作协议框架的完备性方面。最后,表现在相关制度的修正和变革能力,即对既定应急制度的评估和应急制度修正能力等	

快速反应 子项 T21	政府协调	政府人员 协调	首先,就应表现为社会主体应对突发公共事件在价值认知上的一致性程度;其次,体现在应急组织机构及职能的完整性上;第三,表现为社会成员的响应水平,主要包括政府官员和社会主体的应急知识与能力
		政府信息 协调	包括了政府信息协调获取能力、政府信息协调决策能力和政府信息协调供给能力。它主要涉及对正式信息的获取和非正式信息的获取两大方面,对信息的分析、整合及其信息向政策的转化,信息公开和信息渲染
		政府资源 协调	包含政府物资协调能力和政府资金协调能力两大组成部分,分为资源储备能力、资源调度能力和资源使用能力。主要强调物资和资金的储备是否能满足应急所需,关注资源的临时筹措和物流运输两方面,关注资源分配、损失弥补两大方面

其中,"指标内容解释"为该子项三级指标内容的"内容解释"。

10.1.2.2　灾害心理子项

(1)通用文本表达式

灾害心理子项能力提升内容＝(1 个一级指标内容,12 个二级指标内容,63 个三级指标内容)。

一级指标内容＝｛灾害心理｝。

二级指标内容＝｛心理问题障碍认知,心理问题应激源认知,心理问题行为认知,心理问题干预对象,心理问题干预范围,心理问题干预程序,心理问题干预模式,心理问题干预措施,心理问题反应诊断,心理问题自救方法,心理问题干预技术,心理问题救助形式｝。

三级指标内容＝｛【焦虑心理障碍,恐惧心理障碍,创伤应激心理障碍,哀伤心理障碍,抑郁心理障碍,从众心理障碍,内疚与负罪感障碍】,【准备不足应激反应,灾害现场应激反应,救援中伦理挑战,社会期望和舆论】,【自杀行为,报复与攻击行为,打砸抢烧行为】,【事件受害者,事件救援者,两类相关者,间接了解事件者】,【干预基础理论,干预援助队伍,干预范围和目标,干预服务标准,干预实施措施,干预工作制度,干预资源保障,干预社会支持】,【提高反应速度,组建志愿团队,进行调查评估,制定干预决策,合理资源配置,推动媒介管理】,【干预平衡,干预认知,干预心理转变】,【建立社会干预系统,提高认知干预水平,提供干预信息,帮助度过悲哀过程,提供干预应对方法,配合干预药物治疗,建立干预网络】,【生理方面诊断,认知方面诊断,情绪方面诊断,行为方面诊断】,【疑病心理自救,恐慌心理自救,焦虑心理自救,抑郁心理自救,强迫心理自救,伴随征候自救】,【沟通技术,心理支持技术,会谈疏泄技术,心理急救技术,心理晤谈技术,松弛技术,认知—行为技术,眼动处理技术】,【心理问题现场救助,心理问题自助,心理问题他助】｝。

（2）通用树状图表达式（图 10-16）

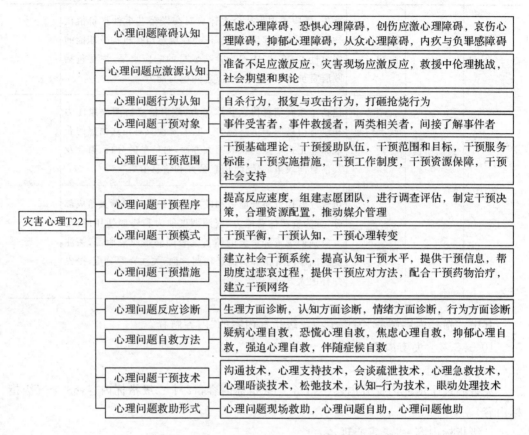

	心理问题障碍认知	焦虑心理障碍，恐惧心理障碍，创伤应激心理障碍，哀伤心理障碍，抑郁心理障碍，从众心理障碍，内疚与负罪感障碍
	心理问题应激源认知	准备不足应激反应，灾害现场应激反应，救援中伦理挑战，社会期望和舆论
	心理问题行为认知	自杀行为，报复与攻击行为，打砸抢烧行为
	心理问题干预对象	事件受害者，事件救援者，两类相关者，间接了解事件者
	心理问题干预范围	干预基础理论，干预援助队伍，干预范围和目标，干预服务标准，干预实施措施，干预工作制度，干预资源保障，干预社会支持
灾害心理T22	心理问题干预程序	提高反应速度，组建志愿团队，进行调查评估，制定干预决策，合理资源配置，推动媒介管理
	心理问题干预模式	干预平衡，干预认知，干预心理转变
	心理问题干预措施	建立社会干预系统，提高认知干预水平，提供干预信息，帮助度过悲哀过程，提供干预应对方法，配合干预药物治疗，建立干预网络
	心理问题反应诊断	生理方面诊断，认知方面诊断，情绪方面诊断，行为方面诊断
	心理问题自救方法	疑病心理自救，恐慌心理自救，焦虑心理自救，抑郁心理自救，强迫心理自救，伴随症候自救
	心理问题干预技术	沟通技术，心理支持技术，会谈疏泄技术，心理急救技术，心理晤谈技术，松弛技术，认知–行为技术，眼动处理技术
	心理问题救助形式	心理问题现场救助，心理问题自助，心理问题他助

图 10-16　灾害心理子项能力提升 3 级指标内容树状图

（3）通用"一张表格"表达式（表 10-16）

表 10-16　灾害心理子项能力提升 3 级指标内容"一张表格"

适用救援灾害:自然灾害、事故灾难、公共卫生事件、社会安全事件等分灾害 Vij				
适用救援区域:省级、副省级、地区级、区(县)级、街道(镇)级、社区(村)级等分区域 Gij				
适用救援过程:响应分过程 T2 灾害心理子项 T22				
能力提升一级指标内容（0-分值Ⅰ）	能力提升二级指标内容（0-分值Ⅱ）	能力提升三级指标内容（0-分值Ⅲ）	指标内容解释	专家打分（0-1）
心理干预子项 T22	心理问题障碍认知	焦虑心理障碍	分为急性发作型和慢性持续型两种,急性焦虑症状会出现心悸心慌、胸闷气促、头晕出汗、伴随严重的濒死感;慢性焦虑状态时,则处于长期的担忧、过分的紧张、高度的恐慌中,还会增加心血管系统、呼吸系统和消化系统的患病率

182

心理干预 子项 T22	心理问题 障碍认知	恐惧心理 障碍	恐惧是人类对特定刺激事件采取的自我防御,表现为回避所惧怕的事物,试图摆脱或逃避而又无能为力的情感体验	
		创伤应激 心理障碍	导致当事人延迟出现和长期持续的精神障碍,在此期间重现性体验、持续回避、过度警觉的状态时刻伴随灾民的生活,造成其严重功能损害。	
		哀伤心理 障碍	灾情发生后,许多人已经失去了父母、子女和亲属,还有人自己的亲人生死未卜,都会沉浸在悲痛与哀伤当中	
		抑郁心理 障碍	主要包括:情绪低落、高兴不起来;空虚无聊,对任何事情都没有兴趣;精力缺乏,思维迟滞;行动迟缓、无精打采;食欲下降,体重减轻;性欲低下,性功能差;睡眠障碍;自我评价低;自杀的念头和行为	
		从众心理 障碍	盲从是一种普遍的心理现象,它是公众的非理性的心理反应在发生意外的事件下产生的,表现为把多数人的认识看成是正确的,把他人的判断作为自己的判断	
		内疚与负 罪感障碍	当灾害来临时,只能眼睁睁看着灾难摧毁身边的一切。这会让他在心理上产生对自己能力的不信任,并对自我的价值予以否定,形成负罪感。面对亲友的死亡、听到亲友被埋在废墟当中声嘶力竭地呼救声,而自己却没有能力施救,眼睁睁看着他们死去,群众充满了内疚感	
	心理问题 应激源认 知	准备不足 应激反应	感觉自己没有做好应急救援的充分准备,出现担心、焦虑、恐惧、易激惹、过度敏感等心理应激反应	
		灾害现场 应激反应	当亲眼看见灾害造成的严重后果及失去亲人的悲伤场面时,巨大的心理冲击导致出现心理创伤,感到震惊、恐惧、悲伤、无助;高强度的救援任务、艰苦的救援环境、医疗支持不足也会对人员造成严重的心理应激反应	
		救援中伦 理挑战	人员不可避免要面临救援对象的选择、患者隐私的保护、知情同意与特殊干涉等伦理困境,这不可避免地会对人员的身心健康产生消极影响	
		社会期望 和舆论	过高的期望和过多关于灾害的舆论报道,尤其是歪曲事实或救治不力指责的报道,会让人员倍感压力,产生焦虑、恐惧及职业认同感下降	

续表

		自杀行为	灾民面临肢体残疾、亲人离世、经济损失、生活秩序被打乱等问题,如果此时灾民没有足够的心理承受素质且缺乏社会支持,自杀行为的概率会增加	
	心理问题行为认知	报复与攻击行为	是指因个人的愿望或利益受到阻碍、损害时,为了宣泄自己内心的不满与愤恨,实施的严重危害公共安全和社会稳定犯罪行为	
		打砸抢烧行为	在重大突发公共事件过后,会引起民众不满情绪升级,小部分人群会煽动广大民众对政府进行示威、游行、打砸抢烧等行为。	
心理干预子项 T22	心理问题干预对象	事件受害者	事件中受到身心创伤、遭受经济损失的直接或间接受害人,他们身体和心灵都承受巨大打击,这是心理危机干预的最主要对象	
		事件救援者	救援人员面对灾难现场的惨状也会感到恐惧、悲伤,会给他们造成很大的心理压力,救援失败后的自责、甚至对自己职业的质疑,会使救援人员很容易患上创伤后应激障碍	
		两类相关者	受害者和救援者心理或者行为上产生的变化,或者对于自身创伤体验的倾诉,都会给周围的亲人、朋友造成一定的心理压力	
		间接了解事件者	包括后方志愿者、媒体工作者、收看媒体而受到创伤的民众和心理援助者,在目击或耳闻破坏性场景和创伤者遭遇后,过于投入和身临其境,超过自身的心理承受极限,导致各种心理异常的现象	
	心理问题干预范围	干预基础理论	形成一套本土化的、行之有效的心理危机干预技术和干预模式等基础理论	
		干预援助队伍	加强心理学相关专业及此类服务业的培育和发展,其中,一个重要的途径是遴选专家培训心理干预援助人员	
		干预范围和目标	心理健康援助的对象应覆盖所有与灾害事件相关的人员,除了受害者和幸存者之外,还应包括遭难家属的亲戚、朋友、同事及其他利益相关者、参与施救的专业人员、政府公务员、志愿者、媒体报道者及其他易感人群。心理健康援助不能只是解决心理问题,还应预防心理问题的发生	

续表

心理干预子项 T22	心理问题干预范围	干预服务标准	最低治疗目标是在心理上帮助病人解决危机,使其功能水平至少恢复到危机前水平;最高目标是提高病人的心理平衡能力,使其高于危机前的平衡状态	
		干预实施措施	确定各地卫生行政主管部门作为灾后心理援助的主管部门,构建心理援助专业机构,建立覆盖城乡的专业系统	
		干预工作制度	建设心理健康援助专业机构的自我防护能力,建立专业机构的相关保密制度,开展形式灵活的心理健康援助活动;适应特定人、时、地的需要,采取灵活多样的形式提供服务	
		干预资源保障	在政府预算中留出相应比例预算支出运用于心理健康援助制度的落实及救助活动的开展。省、市、县各投入一定比例定向解决经费不足及设施投入问题,也可以在公费医疗或合作医疗费用中解决	
		干预社会支持	可分为工具性支持和情感性支持两部分:工具性支持包括各种物质性或策略性帮助,以解决问题为取向;情感性支持通常在应激过程中以针对情绪变化的应对为取向,对情绪失调者的恢复具有重要作用	
	心理问题干预程序	提高反应速度	第一时间到达现场采取措施,启动预案;承认危机的存在,对灾后人群进行告知和解释;组织正面舆论,为良好的心理应对营造氛围	
		组建志愿团队	呼吁医院、高校、心理研究所、慈善基金会等团体组建心理干预志愿队	
		进行调查评估	在第一时间内,心理干预小组展开对重大突发公共事件的调查,并评估事件为灾民带来的心理伤害,以及当地应对心理危机的能力和资源评估	
		制定干预决策	在第一时间内,对组织成员进行动员和正确的思想调整,制定科学、高效的心理干预管理流程,并在合适的时间发布精准的灾后信息	
		合理资源配置	事件发生后,及时调动必要的人力资源和物质资源,合理利用当地的心理学仪器、心理咨询场地,聘请高校心理专家参与心理救灾	
		推动媒介管理	同媒体保持良好关系,有效引导媒体议题,及时疏导信息控制舆论,合理地发布心理危机干预技巧,新闻发言人能以正能量感染公众	

续表

心理干预子项 T22	心理问题干预模式	干预平衡	心理干预的工作重点应该放在稳定受害者的情绪,使他们重新获得危机前的平衡状态	
		干预认知	心理干预工作者帮助受害者认识到存在于自己认知中的非理性和自我否定成分,重新获得思维中的理性和自我肯定的成分,从而使其能够实现对生活危机的控制	
		干预心理转变	分析受害者的危机状态,应该从内、外两个方面着手,除了考虑受害者个人的心理资源和应对能力外,还要了解其同伴、家庭、职业、宗教和社区的影响	
	心理问题干预措施	建立社会干预系统	对受害者来说,从家庭亲友的关心与支持、心理工作者的早期介入、社会各界的热心援助到政府全面推动灾后重建措施,这些都可极大缓解受害者心理压力	
		提高认知干预水平	恐惧、焦虑和抑郁情绪反应可以严重地损害人的认知功能,甚至造成认知功能障碍,从而使人陷于难于自拔的困境,失去了目标,觉得活着没有价值或意义,丧失了活动的能力和兴趣,甚至自恨、自责、自杀。因此应提高个体对应激反应的认知水平,纠正其不合理思维,以提高应对生理、心理的应激能力	
		提供干预信息	面对突发公共事件,政府的权威信息传播的越早、越多、越准确,就越有利于维护社会稳定和缓解个体不良情绪	
		帮助度过悲哀过程	受害者在经受了难以承受的打击之后,往往无力主动与人接触,因此必须动员亲友们提供具体的帮助,可暂时接替受害者的日常事务,保证他们得到充分的休息,使他们能正视痛苦,找到新的生活目标	
		提供干预应对方法	理解、支持、安慰,给予希望和传递乐观精神,可使受害者看到光明前景,有效地应付危机。强制休息、鼓励积极参与各种体育活动,可有效地转移注意力	
		配合干预药物治疗	药物治疗是心理干预的辅助方法,它能够明显缓解抑郁、焦虑症状,改善睡眠质量,减少回避症状,躯体症状的改善可以影响到个体情绪的改变	
		建立干预网络	完整的救援体系应该包括心理救助等方面的内容,建立干预网络以更加体现政府对受灾区人民的人性化关怀	

续表

心理干预子项 T22	心理问题反应诊断	生理方面诊断	包括疲乏、头痛、头晕、失眠、噩梦、心慌、食欲不振、肠胃不适,容易犯困,睡眠质量差,入睡难、易惊醒,肌肉紧张等	
		认知方面诊断	包括感知异常、记忆力下降、注意力不集中、思考与理解困难、判断失误等,并出现坐立不安、回避、举止僵硬、拒食或暴饮暴食、酗酒等异常行为,认知上存在偏差,注意力不集中,缺乏自信,记忆力减退等	
		情绪方面诊断	包括悲痛、愤怒、恐惧、抑郁、焦虑、情绪波动大,对外界刺激过分敏感,容易被激怒,并常常会出现极度恐慌、焦虑、怀疑等情绪	
		行为方面诊断	包括自责,退缩,尽可能地逃避与人接触	
	心理问题自救方法	疑病心理自救	应当注意不要过度紧张,主动地、全面地了解灾害有关知识可有效避免,做到心中有数	
		恐慌心理自救	即便有情绪反应,也不必紧张,因为按照专家的建议可以相信做到泰然处之	
		焦虑心理自救	应该自己去认识灾害,提高自知力,也对自己的不良个性有自知之明,投射、幽默、补偿、合理化等都是可取的方法	
		抑郁心理自救	阅读有益读物,积极从事体育锻炼,参加文娱活动,观看使人开怀大笑的演出等都可缓解此症	
		强迫心理自救	可以采用分散注意力的方法,要建立良好的生活习惯,注意良好的饮食,还要注意调节性情,不发脾气	
	心理问题干预技术	伴随征候自救	要学会接纳自己的这些情绪反应,越是克制往往就会产生神经衰弱。突发公共事件发生时,不轻信传言	
		沟通技术	建立和保持医患双方的良好沟通和相互信任,有利于当事者恢复自信和减少对生活的绝望感,保持心理稳定和有条不紊的生活,以及改善人际关系	
		心理支持技术	可以应用暗示、保证、疏泄、环境改变、镇静的药物等方法,如果有必要可考虑短期的住院治疗,有关指导、解释、说服主要应集中在放弃自杀的观念上	
		会谈疏泄技术	会谈疏泄被压抑的情感,认识和理解危机发展的过程及与诱因的关系,学习问题的解决技巧和应对方式,帮助求助者建立新的社交天地,鼓励他们积极面对现实和注意社会支持系统的作用	

续表

心理干预 子项 T22	心理问题 干预技术	心理急救 技术	对灾后受助者立刻开展心理急救,它是一套系统化技术, 思想是灾后幸存者还未有严重身心障碍,通过心理救助 者的支持和关爱,其早期心理反应可以得到有效控制	
		心理晤谈 技术	主要是采取一种结构化小组讨论的形式,通过系统交谈 来减轻其心理压力,使救助者在认知及感情上淡化创伤 体验	
		松弛技术	对所有被干预者教会一种放松技术:呼吸放松、肌肉放 松、想象放松	
		认知—行 为技术	是心理危机干预治疗中的基础疗法,针对受助者在创伤 后的自我评价,帮助病人控制不正常的想法与行为	
		眼动处理 技术	是一种以暴露为基础的治疗技术,病人在持有创伤性回 忆相关的负面认知时,受害者随医师移动的手指快速眼 动,然后被要求描述一种不相关的正面认知,医师对病人 的创伤记忆强度及正面认知信念进行评价	
	心理问题 救助形式	心理问题 现场救助	对幸存者、救助人员、罹难人员家属、社会大众等进行集 体晤谈、崇拜引导、宣泄、沟通、挑战、疏导和放松等	
		心理问题 自助	指受害者有意识的调节自身情绪、改善心理问题的行为 和活动,心理自助可以帮助人们获得勇气、信心和力量	
		心理问题 他助	是指通过心理干预组织或专业服务者提供心理支持,帮 助危机个体摆脱心理困境,包括传统的个案支持、小组支 持、社会支持等	

其中,"指标内容解释"为该子项三级指标内容的"内容解释"。

10.1.2.3 害识识别子项

(1)通用文本表达式

灾害识别子项能力提升内容=(1个一级指标内容,5个二级指标内容,22个三级指标内容)。

一级指标内容={灾害识别}。

二级指标内容={灾害种类,灾害演变,灾害特性,灾害风险,灾害受灾体}。

三级指标内容={【自然灾害,事故灾难,公共卫生灾害,社会安全灾害】,【原生灾害,次生灾害,衍生灾害,耦合灾害】,【灾害特点,灾害程度,灾害范围】,【灾害风险识别,灾害风险研判】,【人员伤亡,工程设施破坏,交通线破坏,生命线破坏,水利工程破坏,农作物破坏,土地资源破坏,水资源破坏,室内财产破坏】}。

10.1.2.4 环境识别子项

(1)通用文本表达式

环境识别子项能力提升内容＝(1 个一级指标内容,8 个二级指标内容,43 个三级指标内容)。

一级指标内容＝{环境识别}。

二级指标内容＝{城镇布局形式,城镇社会环境,城镇自然地理环境,城镇道路网环境,城镇居民地环境,城镇水系环境,城镇人文景观环境,城镇气象气候环境}。

三级指标内容＝{【块状布局,带状布局,环状布局,串联状布局,组团状布局,星座状布局】,【政治环境,经济环境,文化环境】,【地理位置,地形地貌特点,水系水文和特点,植被与土壤特点,区域气候特点,海陆空交通特点,居民地布局特点】,【方格式,放射式,扇形,自由式,方格环形放射式,环形放射式,混合式交通网式,方格与扇形组合式,星形组合式】,【行列式,周边式,点群式,混合式】,【树枝状水系,扇形水系,羽状水系,平行状水系,格子状水系,向心状水系,放射状水系】,【文物古迹,革命活动地,活动场所景观,特殊人文景观,人口】,【气象,气候】}。

(2)通用树状图表达式(图 10-18)

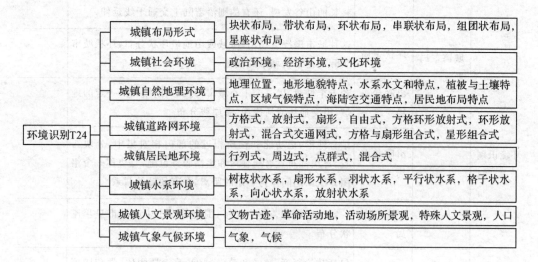

图 10-18　环境识别子项能力提升 3 级指标内容树状图

（3）通用"一张表格"表达式（表 10-18）

表 10-18 环境识别子项能力提升 3 级指标内容"一张表格"

适用救援灾害：自然灾害、事故灾难、公共卫生事件、社会安全事件等分灾害 Vij				
适用救援区域：省级、副省级、地区级、区（县）级、街道（镇）级、社区（村）级等分区域 Gij				
适用救援过程：响应分过程 T2 环境识别子项 T24				
能力提升一级指标内容（0-分值Ⅰ）	能力提升二级指标内容（0-分值Ⅱ）	能力提升三级指标内容（0-分值Ⅲ）	指标内容解释	专家打分（0-1）
环境识别子项 T24	城镇布局形式	块状布局	城镇居民点中最常见的基本形式，这种布局形式便于集中设置市政设施，土地利用合理，交通便捷，容易满足居民的生产、生活和游憩等需要	
		带状布局	这种城市布局形式是受自然条件或交通干线的影响而形成的，有的沿着江河或海岸的一侧或两岸绵延，有的沿着狭长的山谷发展，还有的则沿着陆上交通干线延伸	
		环状布局	这种城市围绕着湖泊、海域或山地呈环状分布，环状城市实际上是带状城市的变式	
		串联状布局	若干个城镇，以一个中心城市为核心，断续相隔一定的地域，沿交通线或河岸线、海岸线分布	
		组团状布局	结合地形，把功能和性质相近的部门相对集中，分块布置，每块都布置有居住区和生活服务设施，每块称一个组团。组团之间保持一定的距离，并有便捷的联系	
		星座状布局	一定地区内的若干个城镇，围绕着一个中心城市呈星座状分布	
	城镇社会环境	政治环境	包括政治制度、政党和政党制度、政治性团体、党和国家的方针政策、政治气氛等	
		经济环境	主要是由社会经济结构、经济发展水平、经济体制、宏观经济政策、社会购买力、消费者收入水平和支出模式、消费者储蓄和信贷等要素构成	
		文化环境	是指包括影响一个社会的基本价值、观念、偏好和行为的风俗习惯和其他因素，包括教育、科技、文艺、道德、宗教、价值观念、风俗习惯等	

续表

		地理位置	经纬度位置或 X、Y、Z 坐标	
环境识别子项 T24	城镇布局形式	地形地貌特点	地形组成、地势特点、地表形态、地形分布	
		水系水文和特点	水系特点——河流长度、流向、流域面积、支流数量、河网密度、落差或峡谷分布;水文特点——水量大小、水位季节变化大小、汛期长短、含沙量大小、结冰期长短、有无凌汛、水能	
		植被与土壤特点	植被类型、水平分布规律、垂直自然带特点;土壤类型、分布、特点	
		区域气候特点	气候类型,气温特点(冬夏气温高低、温差大小、气温分布、温度带),降水特点(降水总量、降水空间分布和季节变化、水热配合情况、干湿状况),光照状况,气候分布,气象灾害	
		海陆空交通特点	指铁路、水运(河运、海运)、公路、航空、管道等运输方式的交通线以及运输设施的布局,包括铁路车站、枢纽、牵引动力类型,水运航道、船闸、港口码头,公路车站及客货运设施,航空港、机场和管道油气泵站等	
		居民地布局特点	是有建筑群、道路网、绿化系统以及其他设施等物质要素所组成的小区综合体,形式为:围合式、行列式、混合式、点群式等	
	城镇社会环境	方格式	每隔一定距离设置纵向和横向的接近平行的道路,方格式道路网不一定是严格垂直和平行的	
		放射式	其特点是城市有明显的市中心或广场,各条街道均通向这里	
		扇形	城市干道以对外交通车站或港口前的中心广场为轴向外布置成扇形	
		自由式	城市道路根据地形特点,或依地势高低展筑而成,道路网无一定的几何形状	
		方格环形放射式	实为内方格外放射,并以环线相连的布局形式	
		环形放射式	有若干条环线和起自城市中心或环线上的某一点的射线组成	
		混合式交通网式	其特点是城市主体地区采用方格式布局,以外设方形或多边形环路,加放射对角线式直通道路	

续表

环境识别子项 T24	城镇道路网环境	方格与扇形组合式	在规模较大的城市,由方格与扇形道路结构组合而成
		星形组合式	即一个城市的道路网由数个星形道路系统组合而成
	城镇居民地环境	行列式	条式单元住宅或联排式住宅按一定朝向和合理间距成排布置
		周边式	这种形式组成的院落较完整,一般较适用于寒冷多风沙地区,可阻挡风沙及减少院内积雪
		点群式	布置灵活,便于利用地形
		混合式	以行列式为主,结合周边式布置
	城镇水系环境	树枝状水系	主要支流为树枝状,是水系发育中最常见的类型
		扇形水系	主支流结合形成的流域呈扇形,这种水系汇流时间集中,容易引发暴雨
		羽状水系	干流两侧支流分布均匀,与羽毛状水系相似。汇流时间长,暴雨后洪水过程缓慢
		平行状水系	支流几乎与干流平行,暴雨中心由上游向下游移动时,容易发生洪水
		格子状水系	它是由干支流沿两组垂直相交的构造线发育而成
		向心状水系	支流近似平行排列汇入干流的水系,当暴雨中心由上游向下游移动时,极易发生洪水
		放射状水系	由干支流沿着两组垂直相交的构造线发育而成的
	城镇人文景观环境	文物古迹	包括古文化遗址、历史遗址和古墓、古建筑、古园林、古窟卉、摩崖石刻、古代文化设施和其他古代经济、文化、科学、军事活动遗物、遗址和纪念物
		革命活动地	包括现代革命家和人民群众从事革命活动的纪念地、战场遗址、遗物、纪念物等
		活动场所景观	包括现代经济、技术、文化、艺术、科学活动场所形成的景观

续表

环境识别 子项 T24	城镇人文 景观环境	特殊人文 景观	包括地区特殊风俗习惯、民族风俗,特殊的生产、贸易、文化、艺术、体育和节目活动,民居、村寨、音乐、舞蹈、壁画、雕塑艺术及手工艺成就等丰富多彩的风土民情和地方风情
		人口	包括人口数量增长、结构变动、人口模式及其转变、迁移和流动、人口分布、城市化以及人口素质等
	城镇气象 气候环境	气象	发生在天空中的风、云、雨、雪、霜、露、虹、晕、闪电、打雷等一切大气的物理现象
		气候	主要的气候要素包括光照、气温和降水等,气候类型有:热带季风气候,亚热带季风气候,温带季风气候,温带大陆性气候,高山高原气候

其中,"指标内容解释"为该子项三级指标内容的"内容解释"。

10.1.2.5　社会动员子项

(1)通用文本表达式

社会动员子项能力提升内容=(1 个一级指标内容,3 个二级指标内容,24 个三级指标内容)。

一级指标内容={社会动员}。

二级指标内容={动员实施措施,动员实施内容,动员实施对象}。

三级指标内容={【法律法规,网络体系,运行机制,面向目标,运行程序,应用手段,分类分级,网络媒体,分析评价,奖励惩罚】,【人力动员,物资动员,财力动员,避难场所动员,交通运输动员,普及知识动员,自救互救动员】,【政府部门动员,组织动员,社区动员,企业动员,非政府组织动员,志愿者动员,媒介动员】}。

(2)通用树状图表达式(图 10-19)

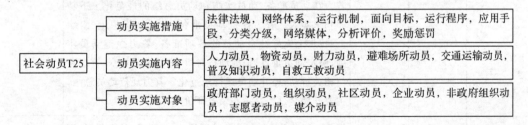

图 10-19　社会动员子项能力提升 3 级指标内容树状图

（3）通用"一张表格"表达式（表 10-19）

表 10-19　社会动员子项能力提升 3 级指标内容"一张表格"

适用救援灾害：自然灾害、事故灾难、公共卫生事件、社会安全事件等分灾害 Vij

适用救援区域：省级、副省级、地区级、区（县）级、街道（镇）级、社区（村）级等分区域 Gij

适用救援过程：响应分过程 T2 社会动员子项 T25

能力提升一级指标内容（0-分值Ⅰ）	能力提升二级指标内容（0-分值Ⅱ）	能力提升三级指标内容（0-分值Ⅲ）	指标内容解释	专家打分（0-1）
社会动员子项 T25	动员实施措施	法律法规	制定社会动员专门政策文件和地方性法规，明确社会动员的职责分工、工作体制和运行机制，规范社会动员主体、动员对象范围及其相应责任、权利和义务，以及组织实施社会动员的条件、程序、方法和要求	
		网络体系	发挥党政机关、群团组织、企事业单位、志愿服务组织和社区的作用，把社区、社会组织、非公企业、商务楼宇作为重要载体，以街巷长、小巷管家、社区工作者、网格员、志愿者为主要骨干力量，以互联网新媒体和网格化体系为抓手，健全现代社会动员网络体系	
		运行机制	把体制内动员与体制外动员、传统动员与现代动员有机融合，改进和创新社会动员机制。遵循属地为主、分级负责的原则，健全省、市、区（县）、街道（乡镇）、社区（村）五级社会动员体系及运行机制	
		面向目标	厘清动员内容，突出动员重点，提升动员目标的精准度、动员内容的针对性、动员对象的参与度和动员范围的覆盖面	
		运行程序	着力在动员准备、动员实施和动员总结的规范化上下功夫和求实效。着力规范动员准备，主要从思想上、组织上、技术上做好社会动员的各项准备；着力规范动员实施，确定动员重点，把握动员时机，广泛发动群众，有序参与相关行动，提升动员运行规范化。着力规范动员总结，主要开展全过程总结和绩效评价	
		应用手段	把单一行政手段转变为法律手段、经济手段、社会手段、道德手段、群众工作等社会公众认同和广泛参与的社会动员创新手段。注重依靠社会组织开展社会动员，通过政府购买服务、委托专业服务等方式，发挥社会组织根植民众、专注公益、影响广泛等优势等；注重依托新媒体开展社会动员，运用网站、微博、微信、QQ、手机 APP 和网格等	

社会动员 子项 T25	动员实施 措施	分类分级	依据事件重要程度、灾害危害程度,确定动员层级、动员范围、动员主体,构建省级、市级、区级、街镇、社区等层面的五级社会动员机制,分级负责发动、组织、协调好社会力量,实施相应级别的社会动员响应
		网络媒体	通过卫星、网站、微博、微信、QQ、手机 APP 和网格等进行社会动员,可以快速提高突发公共事件的关注度
		分析评价	着重分析评价动员的发动程度、参与程度和实现程度。精确评估发动程度,重点对动员主体广泛发动群众的程度与成效进行评估,主要运用社会动员速度、方式方法、覆盖范围、保障体系进行定性定量的精确分析评价;精准评估参与程度,重点对动员主体发动群众参与的范围和程度进行评估,主要运用响应范围、参与度等指标进行定性定量的精准分析评价;精细评估实现程度,重点对动员目标及实际效果进行评估,主要通过目标实现、参与效果、社会反响等进行定性定量的精细分析评价
		奖励惩罚	奖励与惩罚制度具有激励与控制动员客体的双重功能,运用于动员过程中将有助于目标的实现
	动员实施 内容	人力动员	是指为应对处置突发公共事件,对社会上可满足应急需求的人力资源进行挖掘、分配、利用的活动
		物资动员	是指为应对突发公共事件,对社会上可满足应急需求的物资进行集中储藏、征收、调配、使用的活动
		财力动员	是指在突发公共事件来临时,筹集、拨付应急所需资金的活动
		避难场所 动员	是指在突发公共事件来临时,开放既定的应急避难场所,并对可能或者可以被开辟为应急避难场所的建筑物进行征用
		交通运输 动员	是指为应对突发公共事件,提高交通运输应急能力,组织和利用国家、社会交通运输力量,运送应急人员、应急装备、应急物资
		普及知识 动员	是指为应对突发公共事件,向社会公众宣讲、普及应急知识,传播公共安全文化
		自救互救 动员	是指为应对突发公共事件,提高其在紧急状态下逃生避险、自救互救的技能

续表

		政府部门动员	包括政治动员、内部动员和基层动员。政治动员是政府部门在应对特大或者重大突发公共事件时采取的主要方式;内部动员是突发公共事件发生后政府部门社会动员的一种重要方式;基层动员是政府部门社会动员中常见的一种方式	
		组织动员	依托于政府的各级组织进行上传下达的动员,达到被动员人对灾难的认知,从而能及时地参与救援中	
社会动员子项 T25	动员实施对象	社区动员	社区动员目的在于社区参与,这样可以增强公众的公共安全意识,及时排除公共安全隐患,也可以在第一时间有效地组织公众进行逃生避险、自救互救	
		企业动员	包括对急需的应急物资实行动员生产,及时提供高质量的产品与服务;奉献爱心,捐献财物;凭靠应急技术和产品,直接参与救灾;开展金融服务分担风险	
		非政府组织动员	可以动员协会、社团、基金会、慈善会、非营利公司或者其他法人等非政府组织参与应急救援管理	
		志愿者动员	志愿者动员从组织程度上看,既有志愿者组织动员,也有个人自发的"单兵行动"动员	
		媒介动员	媒介动员的目的在于大众传媒,大众传媒一直以来都是宣传者使用的方法,具有时效性,能快速地将信息发布	

其中,"指标内容解释"为该子项三级指标内容的"内容解释"。

10.1.2.6 舆情监控子项

(1)通用文本表达式

舆情监控子项能力提升内容=(1个一级指标内容,10个二级指标内容,44个三级指标内容)。

一级指标内容={舆情监控}。

二级指标内容={监控策略,监控方法,监控分析,监控原则,监控控制,监控保障,监控技术,监控平台,监控队伍,监控绩效}。

三级指标内容={【组织保证,日常监测,形成联动,有效评估】,【舆情监测,舆情收集,舆情预判,舆情查核】,【热点话题识别,倾向性分析,主题跟踪分析,自动摘要分析,趋势分析,事件分析】,【风险免疫力,内生型风险,新媒体矩阵,信息管道,传播力,两场联动,社会心态,全流程治理】,【自动预警,统计报告,控制与引导,信息发布】,【网络监控立法,网络监控机制,上下工作机制,信息发布制度,网络资源共享】,【规范信息服务,关键技术和产品,网络舆情分析,网络安全技术】,【数据采集,数据分析,功能模块,处置能力】,【技术人才培养,监控队伍壮大】,【监测绩效评估,监测情况考核,监测总结反思】}。

（2）通用树状图表达式（图10-20）

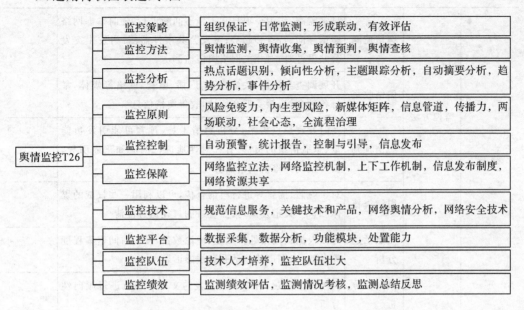

图10-20　舆情监控子项能力提升3级指标内容树状图

（3）通用"一张表格"表达式（表10-20）

表10-20　舆情监控子项能力提升3级指标内容"一张表格"

适用救援灾害：自然灾害、事故灾难、公共卫生事件、社会安全事件等分灾害 Vij				
适用救援区域：省级、副省级、地区级、区（县）级、街道（镇）级、社区（村）级等分区域 Gij				
适用救援过程：响应分过程 T2 舆情监控子项 T26				
能力提升一级指标内容（0-分值Ⅰ）	能力提升二级指标内容（0-分值Ⅱ）	能力提升三级指标内容（0-分值Ⅲ）	指标内容解释	专家打分（0-1）
舆情监控子项 T26	监控策略	组织保证	专门成立舆情管理办公室，与各大互联网站建立紧密的联系、沟通机制，通过资格认证制度管理网络舆情管理队伍素质	
		日常监测	加大舆情监看力度，遇有相关敏感信息及时上报	
		形成联动	能够在短时间内调动和整合各种力量，形成联动，产生危机应对的合力	
		有效评估	包括危机情况、采取措施、对下一阶段走向的研判、对前一阶段应对的总结、反思与建议等评估	

续表

舆情监控 子项 T26	监控方法	舆情监测	日常监测:作为一项日常工作不间断进行,随时掌握网络舆论导向、特点和趋势;突发公共事件监测:当发生突发公共事件时,对相关网络舆情监测	
		舆情收集	开展调查与访谈,关注报刊、广播、电视、网络等媒体,举行各种会议,接受群众信访,收集舆情信息	
		舆情预判	及时发现热点舆情,分析舆情走势,预判可能引发负能量、恐慌情绪的舆情,有针对性地进行回应和正面引导,及时发现并澄清网络谣言	
		舆情查核	对于虚假、谣言等进行舆情查核,可以利用一些权威的媒体和官方渠道发声,按照统一的口径做好澄清	
	监控分析	热点话题分析	可以根据新闻出处权威度、评论数量、发言时间密集程度等参数,识别出热门话题和敏感话题	
		倾向性分析	对于每个话题,对每个人发表的文章的观点进行倾向性分析	
		主题跟踪分析	分析新发表文章、帖子的话题是否与已有主题相同	
		自动摘要分析	对各类主题,各类倾向话题,能够形成自动摘要分析	
		趋势分析	分析某个主题在不同的时间段内的趋势,并进行分析	
		事件分析	对突发公共事件进行跨时间、跨空间综合分析,获知事件发生的全貌并预测趋势	
	监控原则	风险免疫力	能形成对负面舆情或形象危机的"风险免疫力",起到抵御谣言、消解质疑、缓和矛盾、维持信任的积极作用	
		内生型风险	要切实加强风险内控,切实规避因人员、制度等主观或内部因素所导致的"内生型风险"舆情和形象风险	
		新媒体矩阵	政务新媒体发展应成为政务"新媒体矩阵"的合成作战模式,从单兵作战转为集团军作战,实现传播效果和服务效能最大化	
		信息管道	积极抢占"信息管道"第一时间传播的先机来发布官方信息,引导媒体报道和舆论走向,规避造谣传谣和小道消息的干扰,给公众带来安全感、树立公共部门的负责可靠形象	
		传播力	应提质增效,形成集合数量、质量、速度、成效等多维度因素的综合能力,提升宣传质量、提高宣传速度、扩大宣传范围、延展宣传触角,全面提高应急宣传的质量和效能,强化应急宣传的"传播力"	

舆情监控子项 T26	监控原则	两场联动	应兼顾现场和舆论场的联动,既要确保两个场域工作的有序进行、互不干扰,也要通过现场救援和舆论场公关的有机联动,以达到更好的应急救援成效
		社会心态	对于负面舆情的回应既要迎合社会大众普遍心态,又要适度调整极少数群众的不良心态,形成科学的工作方式
		全流程治理	应建立全流程舆情治理机制,做好收集、会商、研判、评估、回应、引导、处置等一系列工作,对收集到的舆情加强分析研判并进行分类处置,并加强动态更新和循环优化
	监控控制	自动预警	对突发公共事件涉及内容安全的敏感话题及时发现并自动预警
		统计报告	根据舆情分析引擎处理后的结果,自动生成统计报告
		控制与引导	对于那些涉及国家机密、商业机密和个人隐私的舆情,以及受国外组织教唆、丑化国家形象的舆情,应采取必要的控制措施
		信息发布	经查证属实信息,经媒体发布,为危机解决降低阻力
	监控保障	网络监控立法	制订"突发公共事件网络舆情监管法",完善网络立法,为有效应对各种突发公共事件网络舆情的法制保障
		网络监控机制	要完善制度和机制建设,从制度上明确政府监控的原则和方法、途径、技术等
		上下工作机制	政府部门之间、政府部门和非政府组织,甚至与社会群体应信息沟通顺畅,最大限度地进行信息沟通和资源共享,通报情况、研究问题、完善机制、推动工作
		信息发布制度	信息公布一般主张"谁负责、谁公开"的原则,可以通过政府相关部门的官方微博、政府门户网站或行业网站上开设专栏、新闻发言人、在线新闻发布等方式
		网络资源共享	政府部门之间、政府部门和非政府组织,甚至与社会群体包括网络虚拟社团之间都应该建立沟通的渠道,可通过部门联动、专门的平台来实现信息资源共享
	监控技术	规范信息服务	利用先进的技术,完成覆盖相关部门的信息规范化处理、存储和报送功能,实现信息传递短、平、快的特点
		关键技术和产品	使用国产安全技术产品,限制出口安全技术,对国外安全产品进行严格检查和技术改造,提高舆情软件的研发技术和能力

续表

	监控技术	网络舆情分析	包括自然语言处理技术、信息检索技术以及数据挖掘技术,有害信息的内容过滤技术,识别图片和音视频等的多媒体信息智能识别技术,以及对非法信息进行处置的信息控制阻断技术等研究和运用	
		网络安全技术	发展信息安全技术,包括防火墙、数字签名、身份识别、内容审查、入侵检测等,提高社会信息系统和网络操作系统的物理安全程度	
	监控平台	数据采集	实现属地网站、论坛、博客、微博、微信公众号等网络平台账号和与属地相关的网络新闻信息的全量采集、存储,自动抓取互联网上突发公共事件相关新闻报道、微博、博客、论坛等媒体资源信息	
舆情监控子项 T26		数据分析	时时推送和展示网络信息发展态势,快速、全面、准确灵活的从中甄别出敏感舆情,运用可视化分析和风险评估功能模块,理清舆情的传播路径、评估敏感舆情的风险、了解敏感舆情的覆盖范围、分析互联网上舆情状态和发展演化趋势	
		功能模块	实现突发公共事件热点话题、敏感话题识别,观点倾向性分析,主题跟踪,趋势分析,敏感话题自动报警等功能。具备本地化数据采集、自动监测预警、可视化分析研判、风险评估、账号监测画像、舆情态势展示等功能	
		处置能力	建立相关业务指标体系,精准、及时、全面地掌握关于本区域的互联网舆情信息,提高舆情发现、溯源、应对、处置能力	
	监控队伍	技术人才培养	对于在岗的网络技术人才应加大培训,多去学习,高薪聘请网络技术方面的专家来担任指导	
		监控队伍壮大	第一,提高网络监控队伍人员素质;第二,加快培养体制内为执政者说话的网评员;第三,注重发动社会热心人士组成"网评员"队伍;第四,每年至少开展一次以上的集中培训,以便能采用网民容易接受的方式"说话"	
		监测绩效评估	评估指标可包括网络舆情信息收集、网络信息分析和危机研判、网络舆情控制等方面	
	监控绩效	监测情况考核	由各级政府牵头建立突发公共事件网络舆情监测考核机制,并将其纳入绩效年度部门考核	
		监测总结反思	通过舆情评估和总结,能够更有效地建立或完善网络舆情信息工作的规划,对将来的工作进行指导	

其中，"指标内容解释"为该子项三级指标内容的"内容解释"。

10.1.3　处置分过程子项

包括协同指挥、队伍施救、施救装备、医疗医治、自救互救、基层治理、灾民保护、社会治安、灾情统计、信息发布、灾金使用、捐赠管理等处置分过程 12 个子项的能力提升一级、二级、三级指标内容规范格式表达。

10.1.3.1　协同指挥子项

(1)通用文本表达式

协同指挥子项能力提升内容＝(1 个一级指标内容，17 个二级指标内容，114 个三级指标内容)。

一级指标内容＝{协同指挥}。

二级指标内容＝{大平台体系，大指挥机制，指挥协同联动，指挥能力，数据实时采集，数据库建立，数据交换与共享，指挥通信平台，指挥协同平台，指挥调度平台，指挥辅助决策平台，军地联合指挥平台，指挥员心理素质，指挥员指挥能力，指挥团队组成，指挥团队品质，指挥团队能力}。

三级指标内容＝{【先进技术中心，资源数据网，重要支撑节点，联动机制】，【指挥通信"韧性"，"1＋1＋N"式指挥模式，扁平化指挥机制】，【部门联动，地域联动，军民联动，条块联动，跨国联动】，【智能计算，智能通信，智能指挥，智能切片，智能决策，智能可视】，【卫星遥感数据，无人机遥感数据，野外测量数据，卫星导航数据，3S 集成车船数据，物联网数据，视频摄像头数据，专业数据，网络舆情数据】，【基础数据库，地理空间数据库，环境数据，资源数据库，事件数据库，预案数据库，模型数据库，知识数据库，案例数据库，文档数据库】，【平台上下间，平台与专业间】，【通信反应，通信融合，通信互通，通信对抗，机动通信，有线通信，机动通信，有线通信，短距无线通信，移动通信，固定卫星通信，移动卫星通信，集群通信，微波通信，超短波通信】，【监测预警，图像接入，电话报警定位，地理信息，GNSS 车辆监控，时间同步，数字录音，指挥调度，预警分析智能，指挥辅助决策，模拟演练，移动通信】，【通信终端通用接入，视频源统一接入，与各平台联动，视频会商，信息发布】，【准备过程辅助决策，响应过程辅助决策，处置过程辅助决策，保障过程辅助决策，善后过程辅助决策】，【法律制度保障，联合指挥体系，联合指挥机制，联合力量协调，科技研发融合】，【气质和性格，情绪及心理承受，侥幸和从众心理，认知水平，价值观，责任感】，【指挥员决策，指挥员创新，指挥员协调，指挥员调度，指挥员抉择，指挥员瞻前推断，指挥员灵活应变】，【作战指挥组，安全保卫组，通信指挥组，宣传报道组，后勤保障组，技术专家组，医疗救护组】，【信任品质，包容品质，谦虚品质，平等品质，良性竞争品质，资源共享品质，统一目标品质】，【自我防护意识，自我保护常识，个人防护装备，生活医疗用品，周围环境影响，自身心理健康】}。

（2）通用树状图表达式（图 10-21）

协同指挥T31	大平台体系	先进技术中心，资源数据网，重要支撑节点，联动机制
	大指挥机制	指挥通信，指挥模式，扁平化指挥机制
	指挥协同联动	部门联动，地域联动，军民联动，条块联动，跨国联动
	指挥能力	智能计算，智能通信，智能指挥，智能切片，智能决策，智能可视
	数据实时采集	卫星遥感数据，无人机遥感数据，野外测量数据，卫星导航数据，3S集成车船数据，物联网数据，视频摄像头数据，专业数据，网络舆情数据
	数据库建立	基础数据库，地理空间数据库，环境数据，资源数据库，事件数据库，预案数据库，模型数据库，知识数据库，案例数据库，文档数据库
	数据交换与共享	平台上下间，平台与专业间
	指挥通信平台	通信反应，通信融合，通信互通，通信对抗，机动通信，有线通信，机动通信，有线通信，短距无线通信，移动通信，固定卫星通信，移动卫星通信，集群通信，微波通信，超短波通信
	指挥协同平台	监测预警，图像接入，电话报警定位，地理信息，GNSS车辆监控，时间同步，数字录音，指挥调度，预警分析智能，指挥辅助决策，模拟演练，移动通信
	指挥调度平台	通信终端通用接入，视频源统一接入，与各平台联动，视频会商，信息发布
	指挥辅助决策平台	准备过程辅助决策，响应过程辅助决策，处置过程辅助决策，保障过程辅助决策，善后过程辅助决策
	军地联合指挥平台	法律制度保障，联合指挥体系，联合指挥机制，联合力量协调，科技研发融合
	指挥员心理素质	气质和性格，情绪及心理承受，侥幸和从众心理，认知水平，价值观，责任感
	指挥员指挥能力	指挥员决策，指挥员创新，指挥员协调，指挥员调度，指挥员抉择，指挥员瞻前推断，指挥员灵活应变
	指挥团队组成	作战指挥组，安全保卫组，通信指挥组，宣传报道组，后勤保障组，技术专家组，医疗救护组
	指挥团队品质	信任品质，包容品质，谦虚品质，平等品质，良性竞争品质，资源共享品质，统一目标品质
	指挥团队能力	自我防护意识，自我保护常识，个人防护装备，生活医疗用品，周围环境影响，自身心理健康

图 10-21　协同指挥子项能力提升 3 级指标内容树状图

（3）通用"一张表格"表达式（表 10-21）

表 10-21　协同指挥子项能力提升 3 级指标内容"一张表格"

适用救援灾害:自然灾害、事故灾难、公共卫生事件、社会安全事件等分灾害 Vij

适用救援区域:省级、副省级、地区级、区(县)级、街道(镇)级、社区(村)级等分区域 Gij

适用救援过程:处置分过程 T3 协同指挥子项 T31

能力提升一级指标内容（0-分值Ⅰ）	能力提升二级指标内容（0-分值Ⅱ）	能力提升三级指标内容（0-分值Ⅲ）	指标内容解释	专家打分（0-1）
协同指挥子项 T31	大平台体系	应急技术平台	建成应急技术平台,它是某应急管理的中心枢纽,上通下联、左右衔接,既能汇聚共享全域各类信息,又具备强大指挥调度能力	
		资源数据网	建立统一的应急救援物资装备、人才、预案、队伍等若干个大数据库,并实时接入消防、气象、海事、交通、测绘等相关重要数据,建立起"应急资源一张图"	
		重要支撑节点	要通过多渠道、全方位的互联互通,强化部门间的纵向、横向"链接"节点,形成立体化、多层次、网状式的应急救援节点	
		联动机制	健全与其他部门应急联动、同步响应工作机制并付诸实施,健全军队和武警部队参与应急救援协调机制	
	大指挥机制	指挥通信	接入公网、电子政务网、专线、卫星链路,配置卫星、微波、短波通信等设备,谋划构建应急救援通信专用"高速公路"	
		指挥模式	包括"1+1+N"式指挥模式,第一个"1"为一个综合应急指挥中心;第二个"1"是根据专项应急预案而设的专项指挥部;第三个"N"可在指挥中心设置若干间专属工作室,可随时"座席备勤"	
		扁平化指挥机制	首先,应急指挥中心充分融合运用指挥车、无人机、移动应急平台等技术手段,能第一时间看到并指挥事发现场;其次,积极运用视联网、防汛、林业等视频会议系统.实现应急指挥中心直达各级政府和事发现场的指挥通道;最后,充分利用电视、网络、手机短信、村村通广播、社区电子阅报亭 LED 滚动发布等方式,建设预警信息全网发布体系	

续表

协同指挥 子项 T31	指挥协同 联动	部门联动	相邻部门间应建立部门联动机制,在处置突发公共事件 方面相互支持	
		地域联动	相邻地区间应建立地域联动机制,在处置突发公共事件 方面相互支持	
		军民联动	包括人民解放军、武警官兵和民兵预备役部队与政府和 社会力量的应急救援联动,更能临危受命、力挽狂澜	
		条块联动	属地政府在应急救援处置过程中,要主动联系属地内的 中央直属部门、企业等单位,实现条块联动	
		跨国联动	需要根据风险评估的结果,通过外交渠道,与相邻国家、 地区建立应急救援处置合作关系	
	指挥能力	智能计算	能满足"任何地点、任何时间、任何人、任何物"之间的智 能计算需求,移动边缘计算技术将为应急救援场景提供 随时可获得的计算能力	
		智能通信	随时、随地、随身的多媒体智能通信能力	
		智能指挥	灾害现场综合态势展示与"一张图"智能指挥调度	
		智能切片	提升突发公共事件现场的网络智能切片的可靠性	
		智能决策	随时、随地、随身的提升突发公共事件辅助决策能力	
		智能可视	随时、随地、随身的提升突发公共事件多媒体可视化能力	
	数据实时 采集	卫星遥感 数据	采用遥感卫星实时获取灾区光学、雷达、高光谱等遥感影 像数据	
		无人机遥 感数据	采用无人航空飞行器实时获取灾区光学、雷达、高光谱等 遥感影像数据	
		野外测量 数据	采用野外测量技术实时获取灾区电子地图、影像数据	
		卫星导航 数据	采用卫星导航技术实时获取灾区定位数据	
		3S 集成车 船数据	采用 3S 集成车、3S 集成船实时获取灾区电子地图、影像 数据	
		物联网数 据	采用物联网中的各种传感器实时获取灾区相关数据	
		视频摄像 头数据	采用视频摄像头实时获取灾区视频数据	
		专业数据	采集各单位的专业数据	
		网络舆情 数据	采用网络爬虫实时获取灾区网络舆情数据	

续表

		基础数据库	应急资源数据库:包括应急管理机构、应急人力资源、应急财力资源、应急物资设备、应急通信资源、应急运输资源、应急医疗资源和应急避难场所等;重大危险源数据库:包括危险源名称、危险源描述、危险品类别、危险等级、所在位置、所属单位、安全责任人、联系电话、影响范围和可能灾害形式等;重点防护目标数据库:包括国家级和省级重要部门、骨干管网、核设施、航天基地、战略物资储备基地、机场、港口和码头等;专题数据库:包括人口统计信息、经济统计信息、安全分区信息、地震地质信息、气象水文信息、土地信息、环保信息和矿业信息等	
协同指挥子项 T31	数据库建立	地理空间数据库	包括自然地理中的地貌、水系、植被以及人文地理中的居民地、道路、境界、特殊地物、地名等要素,以及相关的描述性元数据	
		环境数据库	包括社会公众动态、地理环境变动、外界异常动向等数据库,采用国家发布的人口基础、社会经济等数据库	
		资源数据库	包括人员、资金、物资、设施、技术等保障资源数据库;救援队伍、应急储备物资和救援装备、应急通信系统、医疗急救机构、医务人员及药品、交通运输工具、应急资金储备等数据库	
		事件数据库	事件接报数据库:包括事件标题、事件地点、事发时间、报送单位、事件描述和影响程度等;预测预警接报数据库:包括预警标题、报送单位、预警级别、事件类型、预警内容、影响时间、影响范围和防范措施等;信息发布数据库:包括发布标题、类型、对象、内容、范围、时间和发布渠道等;监测监控数据库:包括风险隐患监测信息和事件现场监测监控信息等;值班管理数据库:包括值班日志、排班表等;指挥调度数据库:包括标题、研判结果、领导批示、调度记录、会商记录和处置记录等;系统管理数据库:包括系统管理(操作)人员权限、记录和软硬件使用情况、变化情况等	
		预案数据库	包括国家总体应急预案、专项应急预案、部门应急预案、省总体应急预案、专项和部门应急预案、市和县市区应急预案、大型活动应急预案和大型企事业单位等应急预案数据库	
		模型数据库	包括各类突发公共事件信息识别与模型、综合预测预警模型(次生、衍生灾害预警模型、人群疏散避难模型等)、智能研判模型和评估模型等数据库	

207

续表

数据库建立	知识数据库	常识类数据库：包括应急相关的法律法规、技术规范、常识和经验等；累积知识数据库：包括应急工作中积淀、总结、提高形成的知识信息等；策略知识数据库：包括应急知识分析、总结的手段和方式等	
	案例数据库	包括案例基本信息和案例扩展信息，以及与案例相关图片、音视频等多媒体数据库	
	文档数据库	主要存储现有的相关文件和应急平台产生的正式文档、公文、多媒体等数据库	
数据交换与共享	平台上下间	实现总应急平台与下级政府、本级部门应急平台数据的交换与共享	
	平台与专业平台间	解决总应急平台与安监、公安、地震、国土资源、环保、林业、农业、气象、水利、卫生等联动单位，以及其他需要与总应急平台的数据交换、共享问题	
协同指挥子项 T31	指挥通信平台	通信反应	组织能力、机动能力、展开能力、沟通能力等通信快速反应能力
		通信融合	包括语音电话、应急通讯、视频会议、应急监控及即时通讯等多种应急通信的统一融合调度管理功能，实现统一的应急通信指挥调度
		通信互通	与消防、部队、武警、公安、各级政府、不同单位的通信互通能力
		通信对抗	通信抗干扰能力、电磁兼容能力、保密能力等
		机动通信	陆、海、空机动通信能力
		有线通信	电力线、电话线、双绞线、光纤等
		短距无线通信	蓝牙、ZigT2T5T5（紫蜂）、Wi-Fi、UWT2（超宽带）、60GHz、IrT4T1（红外）、RFIT4（射频识别）、NFT3（近场通信）、VLT3（可见光）、专用短程通信、LTT5-V 通信等
		移动通信	3G、4G、5G 等
		固定卫星通信	亚星-2、亚星-3S、亚星-4、亚太-v、亚太-1T1、亚太-2R、亚太-6 号，中卫-1 和鑫诺-1、鑫诺 2 号等
		移动卫星通信	海事卫星、亚洲蜂窝卫星、欧星、铱星、全球星、天通一号01、02、03 星等
		集群通信	支持基本集群业务有单呼、组呼、广播呼叫、紧急呼叫等
		微波通信	微波通信是一种无线通信方式，依靠电磁波（无线电波）在空间的传播来传递消息
		超短波通信	是无线电通信的一种，通信距离较远

续表

协同指挥子项 T31	指挥协同平台	监测预警	负责防护目标、重大危险源、关键基础设施等监控目标的动态监控,掌握监控目标的空间分布和运行状况信息,并实现隐患分析和风险评价,达到监测预警的目的	
		图像接入	接入灾害事故现场图像信息、监控信息、视频会议图像信息、各联动单位传来的监控信息等资源,直观了解灾害现场情况、进行异地会商和实施可视指挥调度	
		电话报警定位	公众通过手机拨打 119 报警电话,经过位置服务平台,将报警的位置经纬度数据信息送到 119 指挥中心	
		地理信息	为应急救援指挥调度提供辅助决策信息,将应急业务数据与电子地图、遥感影像紧密结合,实现应急救援业务数据形象化、可视化、空间化	
		GNSS 车辆监控	对正在出警的车辆进行实时监控,其位置可显示在 GIS 地理信息地图上,可以接收指挥中心传来的命令	
		时间同步	利用时钟同步机制,对软硬件实现时钟同步和时间校准	
		数字录音	用于事件中报警信息核实、调度指令辅助记录,事后事件审核、分析评估等情况	
		指挥调度	主要包括电话受理、警情辨识和记录、出动方案编制、作战及联动命令下达、指挥通信记录、战评和归档等	
		预警分析智能	根据预先定义的事件关注点、事件链等模型,通过智能匹配、自动关联分析潜在风险,预先对应急突发公共事件进行智能预警分析	
		指挥辅助决策	通过对有关专业知识信息以及类似历史案例等进行智能检索和分析,并咨询专家意见,提供应对突发公共事件的指挥辅助决策方案	
		模拟演练	包括制定模拟演练计划、模拟演练数据、构建模拟场景、演练过程控制、演练方案分发/汇总、演练方案接收/上报、演练过程记录/回放、模拟演练评估等	
		移动通信	进行移动现场语音、视频和数据采集、消息传输、指挥调度	
	指挥调度平台	通信终端通用接入	可实现固话、IP 电话、可视电话、对讲机、警务通、喇叭、手机、单兵终端、短波电台等各类通信终端的统一综合接入,能够在调度台上实现一键指挥调度各类通信终端	
		视频源统一接入	实现与视频监控系统、视频会议系统、单兵系统的联动,实现各类视频源(监控图像、视频监控点、移动单兵图像、动中通、岗位可视电话等)的统一接入,达到会场视频图像、监控图像、可视通话图像、卫星回传等图像上大屏	

续表

	指挥调度平台	与各平台联动	可实现与各平台的联动,获取各平台数据库的数据,以及相关定位数据等资源,实现各类数据的共享
		视频会商	具备可视话机、视频会议终端、监控图像、固话、手机等各类音视频终端之间的融合视频会商功能,可查看各类监控视频源(视频监控点、移动单兵图像、动中通、岗位可视电话等)的视频
		信息发布	可通过短信、广播、电视等多媒体终端发布语音、文本、视频,高效的实现发布通知公告、重要会议、重大事项、应急通告等信息
	指挥辅助决策平台	准备过程辅助决策	根据不同的应急事件类型和处理流程,构建起准备过程辅助决策
		响应过程辅助决策	根据不同的应急事件类型和处理流程,构建起响应过程辅助决策
协同指挥子项 T31		处置过程辅助决策	根据不同的应急事件类型和处理流程,构建起处置过程辅助决策
		保障过程辅助决策	根据不同的应急事件类型和处理流程,构建起保障过程辅助决策
		善后过程辅助决策	根据不同的应急事件类型和处理流程,构建起善后过程辅助决策
	军地联合指挥平台	法律制度保障	在相关法律法规中应明确军队参与突发公共事件的地位、作用和任务,明确应急救援的启动程序以及沟通协调的规范流程,理顺军地联合应急指挥权责关系
		联合指挥体系	建立应急管理区与各大战区的协调机制,向应急协作区派驻军代表和工作人员,针对不同风险特点,协调开展共同预防、协同训练、联合指挥、联勤保障,建立突发公共事件应对的军民联合指挥体系
		联合指挥机制	加强军地联合应急预案、军地应急联席会议、军地应急联动协调官和联络员制度、军地共享指挥平台、军地联合应急值守、军地灾情应急会商、军地综合保障、军地联训联演制度等机制建设
		联合力量协调	由战区所辖地方政府牵头,成立以地方政府为主、军队和预备役部队主要领导共同参与的军地联合应急指挥部,集中统一使用地方政府、当地驻军部队、相关军分区、武警部队等指挥器材和抢险救灾力量
		科技研发融合	建立军事基地、设施、设备、信息和实验室统筹共享机制,发挥我国军事科技研发投入巨大、资源雄厚的优势,带动应急科技发展

协同指挥子项 T31	指挥员心理素质	气质和性格	气质可以反映一个人的个性特点,分为抑郁质、多血质、黏液质以及胆汁质;性格是个体对现实事物的态度和习惯所显现出的心理特性,分为腼腆、暴躁、果断等,指挥员应具有胆汁质气质和果断性格	
		情绪及心理承受	情绪是个体对外部事物的主观态度及由此所产生的相关行动和反应,控制好自身情绪波动、迅速将心理状态调整好;心理承受是个体对其造成的心理影响和异常情绪的接受能力和调整能力,体现了其忍耐性,适应心理承受能力越强,则越能够对抗危机困境	
		侥幸和从众心理	包括侥幸心理(是个体忽视客观事物的本质规律,仅凭自身浅显的认知和过于乐观的想法就采取行动)和从众心理(是个体受到其周围群体思想或行动的影响,改变自己原有的想法,与其他人保持一致心理现象)	
		认知水平	认知是个体对知识的获得、运用和加工的过程,需要具备良好的认知水平,能够识别判断外界信息、快速反应,从而做出正确的应急行为	
		价值观	价值观能够使个体区分对错好坏,用于对客观事物进行判断,可以使人的行为带有稳定的倾向性。正确的价值观有助于完成应急任务时具有清晰正确的判断,并据此指引他们按照正确的方式解决问题	
		责任感	责任感是使人向前的内驱力,其能够让个体感受到自身存在的价值,做出更多具有意义的事情。责任感可以帮助人们坚定信念,鼓起勇气,沉着冷静地进行应对,妥善完成应急工作	
	指挥员指挥能力	指挥员决策	包括分析紧急状态确定相应报警级别,指挥、协调应急反应行动,与外部应急反应人员、部门、组织和机构进行联络,直接监察应急操作人员行动,最大限度地保证现场人员和外援人员及相关人员的安全,协调后勤方面以支援应急反应组织,应急反应组织的启动,应急评估、确定升高或降低应急警报级别,决定请求外部援助;决定应急撤离,决定事故现场外影响区域的安全性	
		指挥员创新	包括指挥员人才结构、创新能力、判断能力等	
		指挥员协调	包括指挥部门协调、上下级协调、社会协调、军队协调、周边协调等能力	

续表

协同指挥子项 T31	指挥员指挥能力	指挥员调度	包括指挥员为满足应急资源的需求,协调指挥和派遣人力、物力、交通运输等资源的能力	
		指挥员抉择	突发公共事件往往突然发生并对社会公众的生命财产安全造成严重的威胁,且起因、演进路线和未来的发展方向不明,指挥员必须当机立断,果敢做出抉择	
		指挥员瞻前推断	必须在既往处置突发公共事件丰富经验的基础上,指挥员具有很强的瞻前推断能力	
		指挥员灵活应变	由于突发公共事件会不断发展变化,这必然要求指挥员灵活、机动,具有很强的灵活应变能力	
	指挥团队组成	作战指挥组	组织进行侦察、救人、堵漏、排爆、洗消等行动的落实,拟定抢险救援实施措施,研究解决抢险过程中的技术难题,组织指挥供水、供电、供气、急救、工程抢险等部门的协同作战,发布命令	
		安全保卫组	负责现场警戒、车辆疏通、秩序维护和领导的安全	
		通信指挥组	负责现场有线、无线、卫星通信联络,保障通信畅通	
		宣传报道组	负责搞好战前动员,掌握、收集情况,组织现场宣传、鼓动和新闻报道工作	
		后勤保障组	负责全体参战人员的食、宿及个人防护器材、参战车辆的油料、灭火剂、器材装备供应、机械维修等	
		技术专家组	负责对救援方案进行论证审查,编写应急救援工作资料,研究创新培训手段,救援技术的学术研究与交流	
		医疗救护组	负责现场应急人员救护、实施洗消等工作	
	指挥团队品质	信任品质	在面对事故时,指挥团队成员之间可能会存在许多压力和问题,此时要相互信赖,彼此支撑,用团队的力量去积极应对	
		包容品质	指挥团队成员要相互包容,虚心听取对方的意见,容忍彼此的缺点和不足,从而营造和谐的团队氛围,有助于顺利开展应急行动	
		谦虚品质	指挥团队中的每位成员都有自己的优势和长处,只有保持谦虚的态度,学习别人的专长,这样才能促进彼此进步,提高团队应急能力	

续表

协同指挥子项 T31	指挥团队品质	平等品质	只有指挥团队成员之间相互平等,才能保证彼此间没有不满的情绪,从而保证目标的统一性,推动团队更加高效地完成应急任务	
		良性竞争品质	指挥团队成员在良性竞争时应当在不损害彼此和团队的利益的前提下,互惠互利,互帮互助,最大限度地提升自己的应急能力	
		资源共享品质	当指挥团队成员都有了资源共享意识,彼此讨论学习,交流经验,才能使团队和个人的应急能力都能取得更大的提升	
		统一目标品质	只有明确了统一目标,团队才能凝聚团队意识,进行团结协作,齐心协力地朝着目标前进,继而发挥出团队最大的应急能力	
	指挥团队能力	自我防护意识	除了应具有高度的责任意识和奉献精神外,树立强烈的自我防护意识非常重要。只有在有效保护自身的前提下,才能更好地完成应急救援和处置工作	
		自我保护常识	注意身边的潜在危险源,注意区域环境和极端气候条件的伤害,避免单独作业,掌握应急自救常识	
		个人防护装备	应熟悉个人防护用品的性能特点,坚持根据不同的救援环境正确使用个人防护用品	
		生活医疗用品	一定要携带充足的食品和水,同时携带必需的药品,为应急救援工作提供保障支持	
		周围环境影响	在实施应急救援和处置时,必须时刻关注周围环境变化	
		自身心理健康	由于长期处于恶劣的环境、面对惨烈的场面,加上长时间的超大负荷工作,其身心疲惫和精神压力可想而知。为此,应注意在紧张的救援工作间隙注意自身的压力释放与调节	

其中,"指标内容解释"为该子项三级指标内容的"内容解释"。

10.1.3.2　队伍施救子项

(1)通用文本表达式

队伍施救子项能力提升内容＝(1 个一级指标内容,13 个二级指标内容,88 个三级指标内容)。

一级指标内容＝{队伍施救}。

二级指标内容＝{指挥型队伍,综合型队伍,骨干型队伍,专业型队伍,医疗型队伍,陆海空转运型队伍,专家型队伍,基层专(兼)职型队伍,社会型队伍,志愿型队伍,治安型队伍,心理救助型队伍,搜救犬型队伍}。

三级指标内容＝{【总指挥长,指挥参谋,一阶指挥对象,二阶指挥对象】,【综合性消防队伍】,【军队队伍,武警队伍,公安队伍,民兵预备役队伍】,【地震,防汛抗旱,气象,地质,海洋,林业,生产,环境污染,危化品,水上,轨交,核事故,防暴反恐,疫情,生物,卫生,市政设施,道路桥隧,工程,环境,通信,特种设备,施工,运输,安置,物价,物资,食品,治安,油气,工矿商贸,测绘,石化,野外,航空,海上,无人机】,【医疗组织机构,医疗指挥中心,医疗专家组,医疗卫生医治,医疗采供血,疾病预防控制,医疗心理,药品保障,防疫防护,药品器械事故,核辐射和中毒,精神卫生,卫生监督,医疗信息处理,紧急医学,传染病防控,中毒处置,核辐射处置】,【陆路医疗转运队伍,航空医疗转运队伍,水上医疗转运队伍】,【信息化专家队伍,专业领域专家队伍】,【县(区)队伍,街道(镇)队伍,企事业单位队伍】,【农村非专业队伍,社团非专业队伍,企业非专业队伍,社区非专业队伍】,【青年志愿者队伍,红十字志愿者队伍,其他组织志愿者队伍】,【时间防控治安型队伍,空间防控治安型队伍,人员防控治安型队伍,堵卡查缉治安型队伍,治安整治和打击队伍】,【心理救助志愿者队伍,心理救助专业人员队伍】,【救援犬队伍,搜救犬引导员队伍】}。

(2)通用树状图表达式(图 10-22)

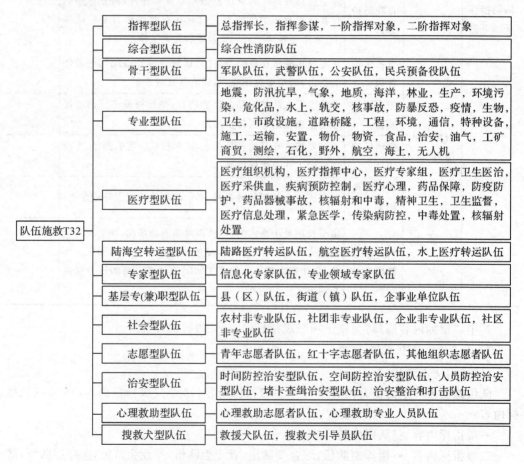

图 10-22　队伍施救子项能力提升 3 级指标内容树状图

(3)通用"一张表格"表达式(表 10-22)

表 10-22　队伍施救子项能力提升 3 级指标内容"一张表格"

适用救援灾害:自然灾害、事故灾难、公共卫生事件、社会安全事件等分灾害 Vij				
适用救援区域:省级、副省级、地区级、区(县)级、街道(镇)级、社区(村)级等分区域 Gij				
适用救援过程:处置分过程 T3 队伍施救子项 T32				
能力提升一级指标内容(0-分值Ⅰ)	能力提升二级指标内容(0-分值Ⅱ)	能力提升三级指标内容(0-分值Ⅲ)	指标内容解释	专家打分(0-1)
队伍施救了项 T32	指挥型队伍	总指挥长	个体特质:个体价值观、生理心理状况、救援经验、知识、性格、风险偏好;个体能力:风险辨识能力、危害控制能力、初期处置能力、紧急避险能力、救灾减灾能力;身体素质;思想素质;文化素质;专业素质;指挥能力;智慧经验;领导能力:创新能力、判断能力、反应能力、沟通能力、信息获取能力	
		指挥参谋	帮助总指挥长定下救援决心,个体特质:构成、分布、年龄、知识掌握、匹配程度、分析判断能力	
		一阶指挥对象	是指挥中心命令执行者,个体特质:上传下达和灵活应变能力,收集、处理并向上级指挥官反馈信息资源能力	
		二阶指挥对象	是一阶指挥对象的指挥对象,个体特质:处理突发公共事件的经验情况,学历情况,参加突发公共事件应急管理培训情况	
	综合型队伍	综合性消防队伍	主要由消防救援队伍和森林消防队伍组成,是应急救援的主力军和国家队,承担综合性应急救援任务	
	骨干型队伍	军队队伍	由当地不同性质的部队临时组建而成,主要参与重大灾害的应急救援工作	
		武警队伍	由武警内卫、武警交通、边防海警、武警森林、武警消防、武警黄金、武警水利、海警队伍等临时组建而成,主要参与重大灾害的应急救援工作	
		公安队伍	由当地不同性质的公安队伍临时组建而成,发挥公安快速反应、高效应对的能力和特点,在灾害抢险救援中发挥重要作用	
		民兵预备役队伍	一是退出现役应服预备役的军人,二是民兵和经过预备役登记的公民。形成编组相对独立,任务各有侧重,行动相互支援,应急应战一体化的力量体系	

续表

队伍施救子项 T32	专业型队伍	地震	主要负责地震引起的强烈地面振动及伴生的地面裂缝和变形,使各类建(构)筑物倒塌和损坏,设备和设施损坏,交通、通讯中断和其他生命线工程设施等被破坏,以及由此引起的火灾、爆炸、瘟疫、有毒物质泄漏、放射性污染、场地破坏等造成人畜伤亡和财产损失的灾害等的应急救援工作	
		防汛抗旱	主要负责发生洪涝、干旱、泥石流、山体滑坡等的应急救援工作	
		气象	主要负责因台风(热带风暴、强热带风暴)、暴雨(雪)、雷暴、冰雹、大风、沙尘、龙卷、大(浓)雾、高温、低温、连阴雨、冻雨、霜冻、结(积)冰、寒潮、干旱、干热风、热浪、洪涝、积涝等因素直接造成灾害的应急救援工作	
		地质	主要负责崩塌、滑坡、泥石流、地裂缝、地面沉降、地面塌陷、岩爆、坑道突水、突泥、突瓦斯、煤层自燃、黄土湿陷、岩土膨胀、砂土液化,土地冻融、水土流失、土地沙漠化及沼泽化、土壤盐碱化等地质灾害的应急救援工作	
		海洋	主要负责风暴潮、赤潮、海浪、海岸侵蚀、海雾、海冰、海底地质灾害、海水入侵、沿海地面下沉、河口及海湾淤积、外来物种入侵、海上溢油等海洋灾害,以及生物病害的应对和渔船水上事故的应急救援工作	
		林业	主要负责森林火灾、林业有害生物灾害事件、野生动物疫源病事件、重大林业生态破坏、林业安全生产、林区社会治安等的应急救援工作	
		生产	主要负责在生产经营活动中突然发生的,伤害人身安全和健康,或者损坏设备设施,或者造成经济损失的,导致原生产经营活动暂时中止或永远终止的意外事件的应急救援工作	
		环境污染	主要负责包括水污染事故、大气污染事故、危险废物污染事故、农药与有毒化学品污染事故、放射性污染事故等的突发公共事件现场环境污染应急检测、评估和处置的应急救援工作	
		危化品	主要负责具有毒害、腐蚀、爆炸、燃烧、助燃等性质,对人体、设施、环境具有危害的剧毒化学品和其他化学品的应急救援工作	

续表

队伍施救子项 T32	专业型队伍	水上	主要负责水上碰撞或触碰、触礁或搁浅、火灾或爆炸、风灾、冰损等，以及水上交通事故、船舶污染水域事故或船舶保安事件的应急救援工作	
		轨交	主要负责开展轨道交通运营突发公共事件应急救援工作	
		核事故	主要负责大型核设施(核燃料生产厂、核反应堆、核电厂、核动力舰船及后处理厂等)发生的意外事件的应急救援工作	
		防暴反恐	主要承担暴力恐怖袭击、暴乱骚乱、大规模流氓滋扰等重大治安事件、对抗性强的群体性事件、严重暴力犯罪和其他的应急救援工作	
		疫情	主要负责动物传染病、寄生虫病，对人与动物危害严重，需要采取紧急、严厉的强制预防、控制、扑灭等措施的应急救援工作	
		生物	主要负责由于人类的生产生活不当，破坏生物链或在自然条件下的某种生物的过多过快繁殖(生长)而引起的对人类生命财产造成危害的应急救援工作	
		卫生	主要负责传染病、食物中毒、职业中毒、群体性不明原因疾病等突发公共卫生事件应急处置和其他突发公共事件伤病人员医疗救治等的应急救援工作	
		市政设施	主要负责电力、供水、排水、燃气、供热、交通、市容环境等的应急救援工作	
		道路桥隧	主要承担道路和桥隧事故应急救援，其他突发公共事件(地质灾害、地震等)情况下的道路、桥隧的抢通保畅等的应急救援工作	
		工程	依托行业内相关企业组建完善建筑工程应急队伍，承担建筑工程抢险救灾工作等的应急救援工作	
		环境	主要开展空气质量监测，以及饮用水源地、重点污染源、辐射污染源等重点领域环境监测，组织开展环境安全风险管理工作，参与涉及环境污染类突发公共事件的应急救援工作	
		通信	主要负责有线、无线、移动通信，移动通信卫星，应急通信车，超短波无线电台等的应急救援工作	
		特种设备	主要负责涉及生命安全、危险性较大的锅炉、压力容器(含气瓶，下同)、压力管道、电梯、起重机械、客运索道、大型游乐设施和场(厂)内专用机动车辆等特种设备事故的应急救援工作	

续表

		施工	主要负责建筑施工事故和供水、供气事故的应急救援工作
队伍施救子项 T32	医疗型队伍	运输	主要负责港口、铁路、公路、水路等损毁的抢修和各类需队伍调运、群众疏散、物资调运时的运力保障的应急救援工作,包括交通组织与管制、出行服务与出行管控、交通运输、交通设施抢修等的应急救援工作
		安置	主要负责灾民生存需求、生活需求、居住需求、卫生与环境需求的应急救援工作
		物价	主要负责影响市场物价稳定和价格监测的突发公共事件的应急救援工作
		物资	主要负责开展粮食和救灾物资收储、管理和调运工作,确保粮食安全和救灾物资保障的应急救援工作
		食品	主要负责开展食品安全监测预警,参与应急处置和调查评估等的应急救援工作
		治安	主要负责开展突发公共事件现场及周边地区治安管理、安全保卫和交通管控、疏导工作,维护事发地区社会秩序安全稳定的应急救援工作
		油气	主要负责油气输送管道发生泄漏引起或可能引起中毒、燃烧、爆炸等后果,造成或可能造成重大财产损失、重大环境污染,影响和威胁社会秩序和公共安全的应急救援工作
		工矿商贸	主要负责冶金、有色、建材、机械、轻工、纺织、烟草、商贸等工矿商贸行业(领域)生产经营单位发生生产安全事故后的应急救援工作
		测绘	主要负责开展突发公共事件现场地理信息快速获取、分析、制图等工作,为应急救援工作提供测绘技术支持
		石化	主要负责石油化工生产经营单位发生生产安全事故后的应急救援工作
		野外	主要负责地图的识别与使用、野外宿营、野外饮食、野外常见伤病防治等
		航空	包括救援机队的必备机组、机务等人员、特勤救援人员、无人机操作员、大数据处理人员等
		海上	主要负责开展海上搜救和海上溢油污染、海上危险化学品事故应急处置的应急救援工作
		无人机	建设具有地方特色的无人机应急救援队伍,开设无人机驾驶、无人机救援等训练课程

		医疗组织机构	负责领导突发公共事件医疗卫生救援工作,承担医疗卫生救援的组织、协调任务,并指定机构负责日常工作	
		医疗指挥中心	负责接警,及时掌握突发公共事件现场的伤亡及救援情况,组织、调度网络医院和医疗救援队伍参加现场医疗救护,落实伤员后送等工作	
		医疗专家组	负责对突发公共事件医疗救援工作提供咨询建议、技术指导和支持	
		医疗卫生医治	负责现场医疗卫生救援和伤员转送,做好疾病预防控制和卫生监督工作	
		医疗采供血	负责储备和提供突发公共事件的临床急救用血	
		疾病预防控制	负责突发公共事件现场疫情及公共卫生事件的监测报告、水源保护和饮用水消毒,病媒生物及鼠害的监测和综合性杀灭措施,公共卫生危害因素监测、评估、消毒及卫生处理	
		医疗心理	负责建立康复中心,采取及时有效心理疏导措施、对心理应激伤员进行专业干预	
队伍施救子项 T32	医疗型队伍	药品保障	负责及时、合理地供应适用的药品,并使之处于良好状态	
		防疫防护	负责由于突发公共事件现场环境恶劣,结果导致疾病诱发因素增多,突发疫情概率加大,开展防疫防护工作	
		药品器械事故	负责开展药品医疗器械应急监测、检验、调查评估等工作	
		核辐射和中毒	负责核辐射和化学中毒事故现场的医疗救治工作	
		精神卫生	负责组织开展突发公共事件的精神卫生紧急救援,对高危人群的心理危机干预	
		卫生监督	负责突发公共事件现场食品卫生、饮用水卫生、公共场所卫生、传染病防治等卫生监督检查,指导督促有关单位和群众落实预防传染病、食物中毒、化学中毒等措施	
		医疗信息处理	负责能够实时采集、传输、分析、处理应急救援信息,切实保证医疗信息流通畅	
		紧急医学	由内科、外科、急诊、重症监护、麻醉、流行病学、卫生应急管理等方面的医护人员组成,负责选定相应专业和数量的人员组建现场应急救援队伍	

续表

队伍施救子项 T32	医疗型队伍	传染病防控	由传染病学、流行病学、病原微生物学、临床医学、卫生应急管理等专业人员组成,负责选定相应专业和数量的人员组建现场应急救援队伍	
		中毒处置	由食品卫生、职业卫生、环境卫生、学校卫生、临床医学、卫生应急管理等方面的专业人员组成,负责选定相应专业和数量的人员组建现场应急救援队伍	
		核辐射处置	由放射医学、辐射防护、辐射检测、临床医学、卫生应急管理等方面的专业人员组成,负责选定相应专业和数量的人员组建现场应急救援队伍	
	陆海空转运型队伍	陆路医疗转运队伍	建立陆路长途医疗转运协作机制,与铁路运输部门加强协作,提升大批量伤员转运的效率和安全性	
		航空医疗转运队伍	建立航空医疗转运协作机制,提升大批量伤员转运的效率和安全性	
		水上医疗转运队伍	建立水上医疗转运协作机制,提升大批量伤员转运的效率和安全性	
	专家型队伍	信息化专家队伍	包括计算机硬软件、网络、云计算、物联网、移动网络、人工智能、大数据、数据库等领域的专家	
		专业领域专家队伍	包括自然灾害、事故灾难、公共卫生灾害、社会安全灾害等专业领域应急处置类、咨询服务类、监督检查类、评审评估类、宣传培训类等专业技术人才	
	基层专(兼)职型队伍	县(区)队伍	各县级人民政府要以公安消防队伍及其他优势专业应急救援队伍为依托,建立或确定"一专多能"的县级综合性应急救援队伍。除承担消防工作以外,同时承担综合性应急救援任务	
		街道(镇)队伍	街道、乡镇要组织民兵、预备役人员、保安员、基层警务人员、医务人员等有相关救援专业知识和经验人员的队伍,组织群众自救互救,参与抢险救灾、人员转移安置、维护社会秩序,配合专业应急救援队伍做好各项保障,协助有关方面做好善后处置,物资发放等工作	
		企事业单位队伍	易燃易爆物品、危险化学品等危险物品的生产、经营、储存、运输单位,矿山、金属冶炼、城市轨道交通运营、建筑施工单位,以及宾馆、商场、娱乐场所、旅游景区等人员密集场所经营单位,应当建立应急救援队伍	

	社会型队伍	农村非专业队伍	包括农村基层干部、民兵、青壮年劳力等	
		社团非专业队伍	包括社团组织专兼职消防队、安全员等	
		企业非专业队伍	包括企业专兼职消防队、安全员等	
		社区非专业队伍	包括城管协管员、综治巡防员、人民调解员、义务消防员等	
	志愿型队伍	青年志愿者队伍	依托团委组建一支青年志愿者应急救援队伍	
		红十字志愿者队伍	依托红十字会组建一支红十字志愿者应急救援队伍	
		其他组织志愿者队伍	依托社会和其他组织建立各种志愿者应急队伍	
队伍施救子项 T32	治安型队伍	时间防控治安型队伍	构建全天候监视网,充分发挥从事监控活动的警察、保安人员及居民巡逻作用	
		空间防控治安型队伍	第一,加强社会面和重点地区巡逻防控;第二,加强道路巡逻;第三,加强板房区治安防范,保障群众安居乐业;第四,加强特种行业和复杂场所治安管理;第五,加强对重点单位的安全保卫	
		人员防控治安型队伍	首先,要加强重点人员管控;其次,要严控外来暂住人口、解除劳教人员和刑满释放人员、无业闲散人员	
		堵卡查缉治安型队伍	在交通要道和治安复杂地区要设置固定卡点、临时卡点,进行定时、不定时堵卡查缉,对过往车辆和人员进行盘查,重点盘查载有废旧金属、救灾物资、电力通信设备、设施的车辆	
		治安整治和打击队伍	加强警情分析研判,重拳打击各类违法犯罪活动,千方百计遏制盗窃、扒窃、抢劫、诈骗等案件的发生,最大限度地保障人民群众的合法权益,维护灾区社会稳定	
	心理救助型队伍	心理救助志愿者队伍	除专业干预人员外,培训大批成熟、自我控制力强的心理救助志愿者	
		心理救助专业人员队伍	第一类是心理危机干预督导;第二类是心理危机干预的实施者;第三类是危机干预的志愿者和其他一些社会工作者	
	搜救犬型队伍	救援犬队伍	拥有的搜救犬是经过特殊训练,能根据人体气味信息做出规律性应答反应,以搜寻被困、失踪人员	
		搜救犬引导员队伍	搜索犬需要有专门的训导员来引导和训练	

其中,"指标内容解释"为该子项三级指标内容的"内容解释"。

10.1.3.3　施救装备子项

(1)通用文本表达式

施救装备子项能力提升内容＝(1个一级指标内容,14个二级指标内容,80个三级指标内容)。

一级指标内容＝{施救装备}。

二级指标内容＝{生命搜索装备,救援人员自带装备,医疗救护类装备,救援破拆设备,救援工程类装备,排风水与供水装备,气体检测装备,便携式照明灯装备,救援灭火装备,救援工程装备,信息化通信装备,后勤保障类装备,救援直升机装备,救援无人机装备}。

三级指标内容＝{【声波生命探测仪,光学声波生命探测仪,红外线生命探测仪,废墟雷达生命探测仪,消防雷达生命探测仪,本安型生命探测仪】,【个体防护装备,救援人员搜救装备,氧气呼吸器装备,氧气自救器装备】,【急救医疗仪器设备,急救药品,急救运输工具,急救通信器材,移动医院设备,智慧医疗备,公共卫生防护用品】,【荷马特破拆装备,液压破拆工具装备,成套支护及破拆装备,大口径水平钻机装备,多功能快速钻机装备,履带式全液压钻机装备,液压链条锯装备,抓取牵拉装备,凿破剪切技术装备,顶撑扩张技术装备】,【推挖装吊类装备,冲击爆破类装备,挖装作业类装备,浇筑作业类装备,钻爆作业类装备,钻灌作业类装备,电网作业类装备,安装作业类装备】,【巷道自动排风装备,高压软体排水管装备,移动式减灾泵站装备,远程供水装备,两栖移动式供水装备】,【多气体检测仪,多种气体检测仪,空气呼吸器监测仪,空气呼吸器面罩仪,便携式气相色谱仪】,【便携式照明灯,充气发电照明车,救生照明线】,【灭火消防车,举高消防车,专勤消防车,战勤保障消防车,消防灭火侦察机器人,防爆消防侦察机器人】,【机械化营救装备,随身携带装备,现场指挥装备,通道顶管构建装备,橡胶磁堵漏装备,柔性施压封堵装备,机械化架桥装备,大口径发射器装备,本安型钻机姿态仪】,【通信指挥类装备,无线通信装备,特种环境通信装备】,【运输保障类装备,生活保障类装备】,【空中侦察勘测装备,空中紧急输送装备,空中搜寻救助装备,空中消防灭火装备,空中指挥调度装备,空中应急通信装备】,【现场监测装备,指挥调度装备,通信中继装备,搜索救援装备,物资工具投放装备,受灾评估装备】}。

(2)通用树状图表达式(图10-23)

	生命搜索装备	声波生命探测仪,光学声波生命探测仪,红外线生命探测仪,废墟雷达生命探测仪,消防雷达生命探测仪,本安型生命探测仪
	救援人员自带装备	个体防护装备,救援人员搜救装备,氧气呼吸器装备,氧气自救器装备
	医疗救护类装备	急救医疗仪器设备,急救药品,急救运输工具,急救通讯器材,移动医院设备,智慧医疗备,公共卫生防护用品
	救援破拆设备	荷马特破拆装备,液压破拆工具装备,成套支护及破拆装备,大口径水平钻机装备,多功能快速钻机装备,履带式全液压钻机装备,液压链条锯装备,抓取牵拉装备,凿破剪切技术装备,顶撑扩张技术装备
	救援工程类装备	推挖装吊类装备,冲击爆破类装备,挖装作业类装备,浇筑作业类装备,钻爆作业类装备,钻灌作业类装备,电网作业类装备,安装作业类装备
施救装备T33	排风水与供水装备	巷道自动排风装备,高压软体排水管装备,移动式减灾泵站装备,远程供水装备,两栖移动式供水装备
	气体检测装备	多气体检测仪,多种气体检测仪,空气呼吸器监测仪,空气呼吸器面罩仪,便携式气相色谱仪
	便携式照明灯装备	便携式照明灯,充气发电照明车,救生照明线
	救援灭火装备	灭火消防车,举高消防车,专勤消防车,战勤保障消防车,消防灭火侦察机器人,防爆消防侦察机器人
	救援工程装备	机械化营救装备,随身携带装备,现场指挥装备,通道顶管构建装备,橡胶磁堵漏装备,柔性施压封堵装备,机械化架桥装备,大口径发射器装备,本安型钻机姿态仪
	信息化通信装备	通信指挥类装备,无线通信装备,特种环境通信装备
	后勤保障类装备	运输保障类装备,生活保障类装备
	救援直升机装备	空中侦察勘测装备,空中紧急输送装备,空中搜寻救助装备,空中消防灭火装备,空中指挥调度装备,空中应急通信装备
	救援无人机装备	现场监测装备,指挥调度装备,通信中继装备,搜索救援装备,物资工具投放装备,受灾评估装备

图10-23 施救装备子项能力提升3级指标内容树状图

（3）通用"一张表格"表达式（表10-23）

表 10-23　施救装备子项能力提升 3 级指标内容"一张表格"

适用救援灾害：自然灾害、事故灾难、公共卫生事件、社会安全事件等分灾害 Vij

适用救援区域：省级、副省级、地区级、区（县）级、街道（镇）级、社区（村）级等分区域 Gij

适用救援过程：处置分过程 T3 施救装备子项 T33

能力提升一级指标内容（0-分值Ⅰ）	能力提升二级指标内容（0-分值Ⅱ）	能力提升三级指标内容（0-分值Ⅲ）	指标内容解释	专家打分（0-1）
施救装备子项 T33	生命搜索装备	声波生命探测仪	是利用声音的震动来搜索遇险者的仪器，废墟中的幸存者只要发出微弱的声音，就可以找到他们	
		光学声波生命探测仪	有细小的类似于摄像机的 360°旋转探头，地面上的救援人员通过它可以看清探头拍摄的地方有无遇险者	
		红外线生命探测仪	利用红外线的原理，通过遇险者身体散发的热能来探测幸存者位置	
		废墟雷达生命探测仪	是一款专为地震、雪崩、建筑物坍塌等灾害救援现场设计的高科技专业救援设备，实现在废墟中快速探测、搜救幸存者	
		消防雷达生命探测仪	可在较远的距离内探测到生命体的生命信号（呼吸、心跳、体动），并能准确测量被埋生命体的距离和位置信息	
		本安型生命探测仪	具备非接触探测、多目标实时显示、矿石煤炭等强介质穿透等功能	
	救援人员自带装备	个体防护装备	包括头面部保护装备、眼睛防护装备、听力防护装备、呼吸防护装备、躯体防护装备、手部防护装备、脚部防护装备、坠落防护装备等	
		救援人员搜救装备	基于通信电台、传感器芯片以及智能穿戴设备有机结合的搜救装备，实现对抢险人员的身份识别、动态监测、温度检测、主动报警、定位互救以及语音对讲等功能	
		氧气呼吸器装备	是一种与外界隔绝的新一代呼吸防护装备，它可实现定量供氧、自动补给供氧与手动补给供氧	
		氧气自救器装备	为救援人员提供独立的呼吸循环系统，彻底隔绝有毒有害气体	

施救装备 子项 T33	医疗救护 类装备	急救医疗 仪器设备	包括心电图机、呼吸机、心肺复苏机、心电监护仪、除颤仪 AET4、氧气瓶、负压吸引器、电动吸痰器、医用超声波、 自动洗胃机、气管插管及气管切开包、简易呼吸器、心脏 按压泵、负压骨折固定装置、微量注射泵、定量输液泵、监 护系统、体外膜式肺氧合（ECMO）装置、血气分析仪、小 型移动式床边 X 线机,体外起搏器、各式急救箱、急救 包、模型人、AED 模拟器、担架、搬运平车气床、骨折固定 装置、特种医疗救护装备等	
		急救药品	包括消毒、麻醉、止血、抗感染等应急药品及急救处置耗 材等	
		急救运输 工具	包括急诊救护车、空中救援直升机、救生艇、救生筏、无人 机救援及配送、5G 智慧救护车等	
		急救通信 器材	包括急危重症转诊车载设备、车载监控设备、无线对讲 器、车载 GPS 等	
		移动医院 设备	包括现代化车载移动设备、检验车、影像车、药械车、通讯 车、后勤保障车、门诊帐篷、住院帐篷、临时病床、移动手 术台、消毒设备、制氧供氧设备、发电机、移动数字医院系 统及其他移动医院设备等	
		智慧医疗 备	包括医学人工智能、医疗大数据、医学机器人、5G 远程医 疗及会诊、医疗互联网、智慧急救系统、健康监测设备、家 庭医用治疗仪器、家庭保健自我检测器材、中医器械、健 康评估、健康数据分析等	
	救援破拆 装备	公共卫生 防护用品	包括医用口罩、医用帽、医用酒精、防护服、防护面罩、防 护眼镜、84 消毒液、免洗手消毒液、核酸检测试剂、测温 计、血压计、远红外测温设备及卫生防疫消杀等	
		荷马特破 拆装备	具有剪、拉、连、拽、撬、支、撑、封、割等多种救援中经常用 到的功能	
		液压破拆 工具装备	包含液压机动泵、液压手动泵、液压扩张器、液压剪切器、 液压剪扩器、液压撑顶器,可完成扩张、剪切、剪扩、撑 顶等	
		成套支护 及破拆装 备	能支护有垮塌危险的巷道顶板、巷壁、房屋建筑等;可抬升 重物,或制造间隙,方便救援;可剪切、扩张、撬开、支起重 物,分离、夹持、牵拉物体,能迅速对障碍物进行破拆、分离	
		大口径水平 钻机装备	用于快速打通 600mm 的水平逃生通道,适用于各类隧道 土质	

续表

施救装备 子项 T33	救援破拆 装备	多功能快 速钻机装 备	可快速钻通塌体,为受困人员建立生命通道,并利用抽出 内钻杆后形成的贯通管路为被困人员补充氧气、给养和 通信器材等	
		履带式全 液压钻机 装备	当发生井下重大灾害造成巷道破坏、人员被困时,可作为 救援钻机用于打通保障通道	
		液压链条 锯装备	能切割木材、塑料管、煤层、砖墙、天然石材、矿山岩石等 各种软硬材质	
		抓取牵拉 装备	窗、门、栅栏、防盗网以及建筑外立面的广告牌等阻碍救 援的事故时有发生,对于这些的破拆,抓取或牵拉则成为 此类救援最为有效的手段	
		凿破剪切 装备	对建筑的门(锁)、窗、楼板内的钢筋,或工厂厂房、仓库的 屋顶及外围护结构,及车辆等的凿破剪切	
		顶撑扩张 技术装备	破拆中的顶撑、扩张作业,能将倒塌的石块、树木、建筑物 等障碍物进行扩张顶开	
	救援工程 类装备	推挖装吊 类装备	救援工作首位的便是清理废墟、抢通道路、打通应急救援 的生命路线,此类设备具有挖掘、推土、装吊等功能	
		冲击爆破 类装备	利用工具或者炸药作用于土石方,压缩、松动、破坏、抛掷 障碍物的破障装备	
		挖装作业 类装备	包括挖掘机、装载机、推土机、振动碾、自卸车、破碎锤、岩 石劈裂机等	
		浇筑作业 类装备	包括混凝土输送泵、混凝土搅拌运输车、混凝土摊铺机、 混凝土搅拌机、混凝土振捣台车、汽车式布料机、混凝土 泵车等	
		钻爆作业 类装备	包括液压履带钻机、手风钻、多臂凿岩台车、空压机等	
		钻灌作业 类装备	包括地质钻机、锚杆台车、制浆机、灌浆机、高喷台车、混 凝土喷射台车、砂浆泵、化灌泵、地质测斜仪、灌浆自动记 录仪等	
		电网作业 类装备	包括牵引机、张力机、高空作业车、汽车式起重机、绞磨 机、滑车套等	
		安装作业 类装备	包括焊接综合、钳工综合、电气安装、起重综合、管道综 合、龙吸水排水等作业车	

		巷道自动排风装备	为了抢险救灾,对巷道内浓度超限的有毒有害气体进行智能引排、稀释的装备	
施救装备子项 T33	排风水与供水装备	高压软体排水管装备	主要用于矿山透水、城市排涝、远距离供水等应急抢险工作的装备	
		移动式减灾泵站装备	适用于城市内涝、市政窨井及立交桥排水、城市道路排涝、高速公路隧道排水、大面积农田沼泽地抽排水、地下车库涵洞等低矮环境排水,以及消防供水以及对现有消防装备配套供水等	
		远程供水装备	主要用于解决应急救灾现场无水源、水源不足、水压低、供水量小等问题	
		两栖移动式供水装备	具备高压大流量远程供水,火场应急救援、水上船舶和作业平台灭火、城市内涝积水排渍、生活工业供水管网故障时的应急供水	
	气体检测装备	多气体检测仪	可检测测量 CH_4、O_2、CO、H_2S、CO_2、SO_2 及温度、风速等 7 种环境参数	
		多种气体检测仪	适用于防爆、有毒气体泄漏抢险、地下管道或矿井等场所	
		空气呼吸器监测仪	用于实时监测救援人员气瓶压力值及剩余时间数值、环境温度、人员活动状态、人员所处高度、电池电量的采集、心率和活动强度等信息	
		空气呼吸器面罩仪	集成热成像、扩音器、对讲机通讯、气瓶压力显示、照明、呼救报警功能	
		便携式气相色谱仪	是专门用于矿山、石化行业气体化验的专用机型,适合高低浓度气体同时存在的气体化验	
	便携式照明灯装备	便携式照明灯	可以用于井下普通移动照明、巡查及远距离环境侦测等	
		充气发电照明车	可为事故救援现场提供电力保障、气源保障、照明保障及成套救援装备保障	
		救生照明线	是针对复杂环境下的导向照明及通讯扩展设备,能够保障提供带有方向性的照明指示	
	救援灭火装备	灭火消防车	主要包含水罐消防车、泡沫消防车、压缩空气泡沫消防车、泡沫干粉联用消防车和干粉消防车等	
		举高消防车	主要包含云梯消防车、登高平台消防车和举高喷射消防车等 3 个品种	

续表

		专勤消防车	主要包含抢险救援消防车、照明消防车、排烟消防车、化学事故抢险救援、防化洗消消防车、核生化侦检消防车、通信指挥消防车等7个品种	
施救装备子项 T33	救援灭火装备	战勤保障消防车	主要包含供气消防车、器材消防车、供液消防车、供水消防车、自装卸式消防车(含器材保障、生活保障、供气、供液等集装箱)、装备抢修车、饮食保障车、加油车、运兵车、宿营车、卫勤保障车、发电车、淋浴车、工程机械车辆(挖掘机、铲车等)等14个品种	
		消防灭火侦察机器人	是集遥控、侦查、灭火为一体的高性能智能型消防灭火机器人,通过遥控装置,可实现拖水带行走、爬坡、跨障、喷射灭火以及进行火场侦察等功能	
		防爆消防侦察机器人	搭载防爆多元环境探测装置,将可能的重大危险源包括有毒有害气体、辐射热、核辐射、粉尘浓度、噪声、温湿度等13种参数同时检测	
	救援工程装备	机械化营救装备	包括起重机、电焊割机、掘进机、抽水机、冲锋舟等中型的机械装备和器材	
		随身携带装备	包括随身携带、伺机开展营救行动的锹、锤、锯、气袋、液压钳、应急灯、保险绳索、救生衣、救生圈等小型的工具装备和器材	
		现场指挥装备	现场指挥使用的信号枪、手持扩音喇叭、望远镜、袖标、飘带等应急指挥器材	
		通道顶管构建装备	支护和顶进同时进行,能够一次性成孔大断面救援通道,适用于坍塌巷道的井下快速构建救援	
		橡胶磁堵漏装备	采用稀土永磁技术组成橡胶磁弧板、磁块、堵漏帽、堵漏毯等不同形状,形成阻止泄漏所需的密封比压,实现磁力带压堵漏的目的	
		柔性施压封堵装备	当危险化学品在运输、生产、储存过程中各种罐体、管道、法兰、阀门等部位发生泄漏时,对泄漏部位进行有效的快速封堵	
		机械化架桥装备	是一种采用专用架设车完成架设和撤收作业的应急桥梁装备,主要用于道路交通应急抢通,替代被毁桥梁,克服中小河川、沟壑和沼泽等障碍	
		大口径发射器装备	实现灭火球或救生绳的远距离抛射,可应用于急流救援、冰上救援、船只之间、船岸之间的绳索连接等	
		本安型钻机姿态仪	适用于煤矿、非金属矿山及其他工程应用环境的角度测量	

续表

施救装备子项 T33	信息化通信装备	通信指挥类装备	包括通信指挥车、短波电台、便携卫星站、卫星电话、数字集群手持台、无线图传设备等	
		无线通信装备	搭建数据无线传输通道,将事发地点的现场图像、环境参数、救护队员生命体征等信息传输至后台指挥中心	
		特种环境通信装备	是为解决各种特殊及危险环境下话音通信问题而存在的一类装备,其中包括骨传导耳机类产品,电子抗噪通信耳机,声控肩咪控制按键,以及面罩扩音器类产品等	
	后勤保障类装备	运输保障类装备	包括运输车、工程拖车、工程修理车、加油车、电源车等	
		生活保障类装备	包括炊事车(轮式、轨式)、供水车、宿营车(轮式、轨式)、移动房屋(组装、集装箱式、轨道式、轮式)、净水车、淋浴车、食品车、消毒车(船)、垃圾箱(车、船)等	
	救援直升机装备	空中侦察勘测装备	配高精度侦测设备,开展灾区航拍、勘察、测绘、监测,实时将相关信息传送至指挥系统	
		空中紧急输送装备	进行空运、空投、机降索降等作业手段,快速向灾区投送救援力量、装备器材和救灾物资,转移疏散灾区或被困"孤岛"的遇险人员	
		空中搜寻救助装备	通过加装搜索灯、航空医疗等设备,可对遇险被困人员展开空中搜寻、定位、营救,并在第一时间运送到安全地带或后方医疗机构救治	
		空中消防灭火装备	利用吊桶、水箱等设备,对森林、草原等特殊火灾实施空中灭火等作业,及时对小范围火灾险情进行有效处置	
		空中指挥调度装备	保障指挥员及时飞临灾区,了解掌握灾情现状、发展趋势和救援救灾工作进展情况,对地处重点地区和复杂环境的救援队伍实施"面对面"指挥	
		空中应急通信装备	搭载通信设备,建立空中基站、中继平台,保障救援行动通信需要	
	救援无人机装备	现场监测装备	无人机受地形、夜间等环境条件限制小,可以灵活、随时进入现场进行监测	
		指挥调度装备	决策者依据无人机回传数据能够全面准确地掌握现场情况,做出科学有效的应对指挥	
		通信中继装备	在受灾区域的基站不再运行的情况下,无人机可通过机载中继机,充当临时通信设备	

229

续表

施救装备子项 T33	救援无人机装备	搜索救援装备	热成像技术和生命探测仪能使无人机在能见度低或掩盖物覆盖的地面进行探测,及时锁定受灾人员位置或探测有无生命迹象,定点施救	
		物资工具投放装备	当地面交通瘫痪,无法通过地面运输物资、救援设备,或无法进行海上救援时,大中型无人机都具有一定的荷载能力	
		受灾评估装备	无人机不受地理条件限制,能快速完成现场测绘进行灾后评估	

其中,"指标内容解释"为该子项三级指标内容的"内容解释"。

10.1.3.4　医疗医治子项

(1)通用文本表达式

医疗医治子项能力提升内容=(1 个一级指标内容,7 个二级指标内容,38 个三级指标内容)。

一级指标内容={医疗医治}。

二级指标内容={医疗医治工作原则,医疗医治实施要求,现场医疗医治工作,现场医疗医治处置,现场医疗医治能力,急救新技术应用,医疗转运与救治}。

三级指标内容={【分级救治,时效救治,分类救治,治送结合,集中救治,分期治疗】,【救援准备,技术能力,军民一体】,【现场指挥协调,现场队伍组建】,【临时性机构,现场组织指挥,现场联合救险组,临时现场救护,紧急赶赴现场,正确呼救,受灾人群伤情,抢险救援重点,现场医疗医治,自制伤口敷料,绿色抢救通道,消除精神创伤,保护好现场,克服条件艰苦】,【患者伤情分类,实行分区救援,内科救治,外科救治,卫生防疫,现场转送伤员】,【流动急救车,现场救治新模式,便携式急救箱,便携式急救切割器】,【陆路转运与救治,航空转运与救治,水上转运与救治】}。

(2)通用树状图表达式(图 10-24)

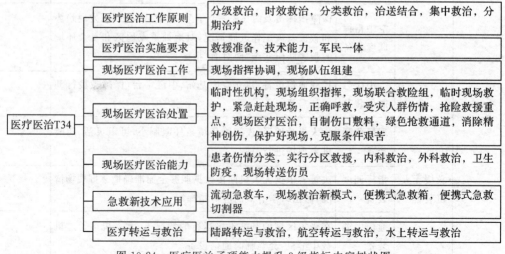

图 10-24　医疗医治子项能力提升 3 级指标内容树状图

230

(3)通用"一张表格"表达式(表 10-24)

表 10-24 医疗医治子项能力提升 3 级指标内容"一张表格"

适用救援灾害:自然灾害、事故灾难、公共卫生事件、社会安全事件等分灾害 Vij

适用救援区域:省级、副省级、地区级、区(县)级、街道(镇)级、社区(村)级等分区域 Gij

适用救援过程:处置分过程 T3 医疗医治子项 T34

能力提升一级指标内容(0-分值Ⅰ)	能力提升二级指标内容(0-分值Ⅱ)	能力提升三级指标内容(0-分值Ⅲ)	指标内容解释	专家打分(0-1)
医疗医治了项 T34	医疗医治工作原则	分级救治	分级救治通常按三级实施,即现场急救、前方医院的紧急或早期治疗,后方医院的专科治疗	
		时效救治	鉴于现场医疗条件的限制和伤员数量,必须从救治的规律出发,突出现场急救的时效作用	
		分类救治	一是实施急救分类,确定伤病员急救顺序;二是实施收容分类,将伤病员按伤员、病员、传染性病员和受染需要洗消伤病员、需要抢救或手术的伤员分类;三是救治分类,对伤病员进行详细检查,做出初步诊断,确定具体的救治措施;四是后送分类。确定需后送的伤病员,应采取的后送工具、后送体位、后送时间和地点等	
		治送结合	一是将符合后送条件的伤病员尽早送至确定性治疗机构,实施专科治疗;二是后送前完备伤员、野战病历、医疗后送文件袋等医疗后送文件,选择正确的后送体位,指派护送人员;三是要熟练掌握伤病员搬运技术和安置伤病员的方法,提高伤病员乘下载运输工具速度,缩短伤病员停留时间;四是对途中有危险的伤病员应暂缓后送,对需要后送危重伤病员,要指派护送医务人员	
		集中救治	采用集中模式实施救治:即集中伤员、集中专家、集中资源、集中救治,在统一医疗救援指挥下,各医疗专业分工负责,协同合作	
		分期治疗	分为以下三个阶段:即灾害特急期、灾害紧急期和灾后重建期的治疗	
	医疗医治实施要求	救援准备	一是抽组部分机动卫生力量组成野战医疗所、医疗队的形式,开赴灾区执行医学救援任务;二是原地驻守,进行部分或扩大收治伤病员;三是转移到另一个地区展开工作	

续表

医疗医治 子项 T34	医疗医治 实施要求	技术能力	除提高常态下急救医疗技术之外,还必须充分发挥军事医学优势,在核、化学、生物武器损伤防护等方面担当重任
		军民一体	都要由政府、军队、地方卫生机构及时联合组织救援力量,迅速赶赴事发现场,实施紧急救护
	现场医疗 医治工作	现场指挥 协调	建立现场指挥官制度、联席会议制度、专家组组长负责制度等工作制度,有效统筹现场紧急医学救援各项工作,及时有序落实医疗救治、疾病防控、卫生防疫、心理援助、健康宣教和物资保障等救援措施
		现场队伍 组建	一是建立健全分级分类的紧急医学救援队伍,建设紧急医学救援移动处置中心(帐篷队伍),升级完善紧急医学救援队伍(车载队伍),重点加强专业处置、装备保障和远程投送能力;二是完善现场紧急医学救援专家库,有效发挥专家指导现场处置的作用
	现场医疗 医治处置	临时性机 构	灾难突发性不可能有全员配置完整的救灾医疗机构,需要集中各方力量临时组织高效救援的医疗机构
		现场组织 指挥	所有紧急服务部门在统一协调现场救援指挥部的指挥下,紧张有序地做好各自的救援工作
		现场联合 救险	各部门专家应该组成联合救援组(如根据不同情况可组成公安人员、消防人员、化学专家与急救医师的救援组),共同进入事故现场
		临时现场 救护	一是检伤分类组:主要负责对伤员进行检伤分类;二是危重患者救治组:主要负责Ⅰ类伤员的救护;三是患者后送组:负责Ⅱ类患者的后送工作;四是诊治组:负责Ⅲ类伤员的救护;五是善后组:负责Ⅳ类患者的善后工作和其他后勤保障联络工作
		紧急赶赴 现场	灾后瞬间可能出现大批伤员,拯救生命,分秒必争,配备训练有素的医务人员紧急赴现场救援
		正确呼救	采用灵敏的通信设备,缩短呼救时间,这是提高院外抢救成功率的一个关键环节
		受灾人群 伤情	受灾人群的伤情复杂多变,受灾伤员常因得不到及时救治而发生创伤后感染,使伤情变得更为复杂
		抢险救援 重点	灾害事故现场的救治应遵循先救命后治伤,先重伤后轻伤;医护人员以救为主,其他人员以抢为主;先抢后救,抢中有救,尽快脱离事故现场

医疗医治子项 T34	现场医疗医治处置	现场医疗医治	对伤员所处的状态进行判断,分清伤情、病情的轻重缓急,迅速判断致命伤,保持呼吸道通畅,维持循环稳定,呼吸心搏骤停立即行心肺复苏	
		自制伤口敷料	当医疗物资补给困难或储备不足时,可用其他东西代替敷料和绷带,如清洁的手帕、干净纸巾或卷装卫生纸以及任何洁净的物品	
		绿色抢救通道	保证医疗救援网络通道、通信网络通道和交通网络通道的高效运行和无缝连接	
		消除精神创伤	灾害造成的精神创伤是明显的,对患者的救治除现场救护及早期治疗外,及时心理干预往往可能减轻这种精神上的创伤	
		保护好现场	尽力保护好事故现场,设立救护区标志。对事故现场伤情进行评估,伤员评估分类并标记	
		克服条件艰苦	要克服缺电、少水,食物、药品不足、生活条件十分艰苦等困难	
	现场医疗医治能力	患者伤情分类	现场救援时将患者按伤情进行分类	
		实行分区救援	一是初检分类区:主要进行检伤分类;二是危重症患者处理区,主要救治Ⅰ类患者;三是伤员后送等待转运和救护车待命的地点;四是诊治接收区:主要对Ⅲ类患者进行诊治;五是临时停尸站:为Ⅳ类患者善后地点	
		内科救治	包括高级心肺复苏方法、常见内科危重症处理和内科常见病治疗等。高级心肺复苏方法要求掌握心肺复苏的基本流程、常用药物和高级生命支持设备的使用方法等;常见内科危重症的处理要求掌握常见内科危重症的病因、发病机制、诊断方法、治疗原则及具体措施;内科常见病治疗要求掌握内科常见病的病因、发病机制、诊断方法、治疗原则及具体措施	
		外科救治	包括外科紧急救命手术、外科实用技术和常见外科疾病的诊治等。外科紧急救命手术要求掌握外科紧急救命手术的操作规程;外科实用技术要求掌握外科实用技术的操作规程;常见外科疾病诊治要求掌握常见外科疾病的诊治	

续表

医疗医治子项 T34	现场医疗医治能力	卫生防疫	包括卫生防疫知识和常见传染病诊治。卫生防疫要求掌握卫生防疫相关的基础知识和基本理论;常见传染病诊治要求掌握常见传染病的诊治	
		现场转送伤员	对有活动性大出血或转运途中有生命危险的急危重症者,应就地先予抢救、治疗,做必要的处理后再进行监护下转运;在转运中,医护人员必须在医疗仓内密切观察伤病员病情变化,并确保治疗持续进行;在转运过程中要科学搬运,避免造成二次损伤;合理分流伤病员或按现场医疗卫生救援指挥部指定的地点转送	
	急救新技术应用	流动急救车	急救车上增加了救命性的手术功能及可移动的自动心肺复苏系统功能	
		现场救治新模式	"信息化、网络化、整体化现场救治"新模式,环环相扣、无缝隙连接的现场救治新模式	
		便携式急救箱	采用防水拉链和防水迷彩布制作,内部有多个分袋,分别装有急救器材和药品	
		便携式急救切割器	在救治灾害伤与成批伤患者时可发挥重要作用	
	医疗转运与救治	陆路转运与救治	建立完善陆路长途医疗转运协作机制,与铁路运输部门加强协作,提升大批量伤员转运的效率和安全性	
		航空转运与救治	鼓励发展航空医疗转运与救治工作,制订支持航空医疗转运与救治发展的政策和保障措施,研究编制航空医疗转运与救治相关工作规范和技术指南,逐步开展航空医疗转运与救治的专业队伍和装备设施建设	
		水上转运与救治	按区域布局建设海(水)上紧急医学救援基地,重点加强海(水)上伤病救治队伍和设备条件等专业化建设;基地平时开展海(水)上紧急医学救援专业教育、陆海空相结合的培训演练和装备研发等工作;有效落实伤员医疗转运与救治等医学救援措施;加强本辖区相关医疗卫生机构的海(水)上紧急医学救援能力建设	

其中,"指标内容解释"为该子项三级指标内容的"内容解释"。

10.1.3.5 自救互救子项

(1)通用文本表达式

自救互救子项能力提升内容=(1个一级指标内容,8个二级指标内容,54个三级指标内容)。

一级指标内容＝{自救互救}。

二级指标内容＝{自救互救电话,自救互救种类,自救互救能力培养,自然灾害自救互救,事故灾难自救互救,社会事件自救互救,卫生事件自救互救,自救互救物资储备}。

三级指标内容＝{【紧急呼救电话】,【自救方法,互救方法,公救方法】,【体验馆,培训学校,公众普及,新媒体宣传,科普展览,科普经费投入,义务教育体系】,【地震灾害,高温天气灾害,寒潮灾害,雷电灾害,滑坡灾害,泥石流灾害】,【森林火灾灾害,家庭火灾灾害,密集场所火灾灾害,高楼火灾灾害,汽车火灾灾害,交通事故灾害,地铁火灾灾害,地铁毒气侵袭,地铁内可疑物品灾害,民用航空事故,铁路交通事故,水上交通事故,烟花爆竹燃放事故,危化品事故,燃气事故,触电事故,电梯事故】,【球场骚乱事件,游乐设施事故,公共场所险情,人防工程险情,街头抢劫,入室盗窃与抢劫,绑架,恐怖袭击事件】,【食物中毒,农药中毒,流行性感冒,病毒性肝炎,流行性出血,狂犬病】,【避险逃生类,生存求助类,饮用水、食品类,医用药品类,重要资料类】}。

（2）通用树状图表达式（图 10-25）

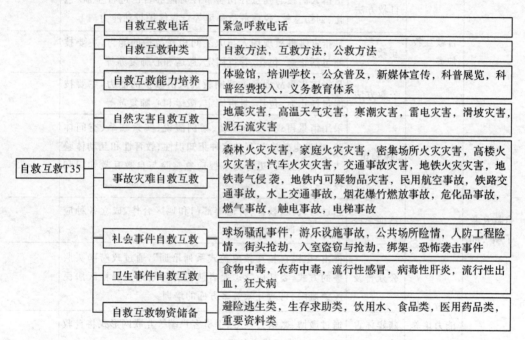

图 10-25 自救互救子项能力提升 3 级指标内容树状图

（3）通用"一张表格"表达式（表 10-25）

表 10-25　自救互救子项能力提升 3 级指标内容"一张表格"

适用救援灾害：自然灾害、事故灾难、公共卫生事件、社会安全事件等分灾害 Vij

适用救援区域：省级、副省级、地区级、区（县）级、街道（镇）级、社区（村）级等分区域 Gij

适用救援过程：处置分过程 T3 自救互救子项 T35

能力提升一级指标内容（0-分值Ⅰ）	能力提升二级指标内容（0-分值Ⅱ）	能力提升三级指标内容（0-分值Ⅲ）	指标内容解释	专家打分（0-1）
自救互救子项 T35	自救互救电话	紧急呼救电话	110 报警电话、122 交通事故报警电话、119 火灾报警电话、120 医疗急救求助电话	
	自救互救种类	自救方法	是指人们在遇到意外伤害事件时能够自己进行止血、包扎、创伤急救、脱离危险环境等自我保护行动能力	
		互救方法	是指灾害事故现场人与人之间相互救护的能力，主要技能包括止血、包扎、骨折固定、搬运和心肺复苏等	
		公救方法	是指灾害事故现场人帮助救援队伍救护的能力，主要技能包括止血、包扎、骨折固定、搬运和心肺复苏等	
	自救互救能力培养	体验馆	采用情景再现、现场互动、案例演说、实景临摹、空间体验、声光电效应与互动这种集知识性、教育性和互动体验式的培训方式，更好地掌握应急避险与自救互救知识和技能	
		培训学校	通过与人社、教育、街道等部门和地区合作，成立各种应急救援培训学校	
		公众普及	推出"全民自救互救覆盖式系列培训"，通过政府购买服务的方式，委托应急志愿者队伍有计划地开展社区居民应急避险、自救互救等多方面的培训	
		新媒体宣传	通过微博、微信公众号、手机客户端等互联网形式将自救互救相关内容推送给受众	
		科普展览	自救互救科普展览贯穿在新建公园或娱乐场所等公共设施建设之中	
		科普经费投入	由自救互救科普经费主要依靠政府财政投入的单一模式，向政府、社会和市场投入的多渠道模式转变	
		义务教育体系	通过理论授课，教具演示、现场实操教学，开展应急避险、自救互救演练等方式，全面提高人们的应急避险、自救互救意识和能力	

续表

自救互救 子项 T35	自然灾害 自救互救	地震灾害	自救:被压埋后尽量挣脱出来,要尽力保证一定的呼吸空间,注意外边动静伺机呼救,可用敲击的方法呼救,尽量寻找水和食物创造生存条件;互救:采取看、喊、听等方法寻找被埋压者;采用锹、镐、撬杠等工具挖掘被埋压者;找到被埋压者的头部,清理口腔、呼吸道异物,并依次按胸、腹、腰、腿的顺序将被埋压者挖出来;要使废墟下面的空间保持通风,递送食品,等时机再进行营救;对挖掘出的伤员进行人工呼吸、包扎、止血、镇痛等急救措施后,迅速送往医院	
		高温天气 灾害	保证睡眠,多喝白开水、绿豆汤等防暑饮品,饮食以清淡为宜;白天尽量减少户外活动时间,外出要做好防晒措施;如有人中暑,应将病人移至阴凉通风处,给病人服用防暑药品。如果病情严重,应立即送医院进行诊治	
		寒潮灾害	注意保暖,防止疾病乘虚而入;加固门窗、围板等易被大风吹动的设施;采取保护农作物、畜禽等措施	
		雷电灾害	在室内,远离门窗、水管、煤气管、暖气管等金属物体;关闭家用电器,并拔掉电源插头;在室外,远离孤立的大树、高塔、电线杆、广告牌等;在野外应尽量寻找低洼处,降低身体高度	
		滑坡灾害	处于滑坡体上,用最快的速度向两侧稳定地区撤离;处于滑坡体中部无法逃离时,找一块坡度较缓的开阔地停留,或可抱紧附近粗大的树木以求自保;处于滑坡体下方时,应该迅速沿滑坡体滑动方向两侧开阔空地撤离	
		泥石流灾害	发现有泥石流迹象,向沟谷两侧山坡或高地逃生;逃生时不要躲在有滚石和大量堆积物的陡峭山坡下面;不要停留在低洼的地方	
	事故灾难 自救互救	森林火灾 灾害	应及时拨打报警电话,报告起火方位、面积及燃烧的植被种类;身处火场时,要判明火势大小、风向,用湿衣服包住头,逆风逃生;如果被大火包围,要迅速向植被稀少、地形平坦开阔地段转移。当无法脱险时要选择植被少的地方卧倒,扒开浮土直到见着湿土,把脸贴近坑底,用衣服包住头	

237

续表

自救互救 子项 T35	自然灾害 自救互救	家庭火灾 灾害	发现火情,尽快扑灭初起之火,或设法延缓火势的发展蔓延;毗邻房间发生火灾,烟雾弥漫时,用浸湿的衣服、被褥堵住门窗缝隙;火势较大,可向头部、身上浇冷水或用湿毛巾、湿被单将头部包好,用湿棉被湿毯子将身体裹好,再冲出险区;如果浓烟太大,可用口罩或毛巾捂住口鼻,身体尽量贴近地面行进或者爬行,穿过险区;如住在比较低的楼层,可以利用结实的绳索或将床单、窗帘布撕成条拧成绳,拴在牢固的窗框、床架上,沿绳缓缓爬下	
		密集场所 火灾灾害	发生火灾后,应按照疏散指示标志有序逃生,切忌乘坐电梯;穿过浓烟时,要用湿毛巾、手帕、衣物等捂住口鼻,尽量使身体贴近地面,弯腰或匍匐前进;利用自制绳索、牢固的落水管、避雷网等可利用的条件逃生;当无法逃生时,应退至阳台或屋顶等安全区域,发出呼救信号等待救援;逃生时应随手关闭身后房门,防止浓烟尾随进入;逃生时不可互相推挤,不要急于跳楼	
		高楼火灾 灾害	逃生时,应用湿毛巾、口罩蒙口鼻,匍匐贴近地面撤离。也可向头部、身上浇冷水或用湿毛巾、湿棉被、湿毯子等将头、身裹好,再冲出去;被烟火围困时,应尽量在阳台、窗口等易于被发现和避免烟火近身地方;身上着了火,不要惊跑或用手拍打,应设法脱掉衣服、就地打滚灭火,也可以跳进水中或向身上浇水	
		汽车火灾 灾害	应尽快报警,并尽可能利用车载灭火器做初期扑救;扑救汽车火灾时,应利用掩蔽物体保护自己,防止因燃油箱爆炸而受伤;汽车猛烈燃烧时,轮胎很容易发生爆破;汽车起火后,驾乘人员应将车停靠路边,立即开启车门逃生	
		交通事故 灾害	发生交通事故后应立即停车,开启危险报警闪光灯,并在来车方向 50 米至 100 米处设置警示标志;车辆撞击失火时,驾驶员应立即熄火停车,让车内人员迅速离开车辆;车辆翻车时,驾驶人应抓紧方向盘,两脚钩住踏板,随车体旋转;车辆落水时,若水较浅未全部淹没车辆,应设法从车门处逃生。若水较深,车门难以打开,可用锤子等铁器打开车门或车窗逃生;车辆突然爆胎时,不可急刹车,应缓慢放松油门,降低速度,再慢慢向右侧路边停靠;车辆在行进间制动失效时,应不断踩踏制动板,拉起驻车器	

续表

自救互救 子项 T35	自然灾害 自救互救	地铁火灾 灾害	可利用每节车厢内放置的干粉灭火器灭火；列车行驶至车站时失火，按照车站的疏散标志指示方向疏散。如果火灾引起停电，可按应急灯指示标志有序逃生，并注意朝背离火源方向逃生；如果失火列车在隧道内无法运行时，在工作人员的指引下，有序地通过车头或车尾疏散门进入隧道，向临近车站撤离	
		地铁毒气 侵袭灾害	应当利用随身携带的手帕、餐巾纸、衣物等用品堵住口鼻、遮住裸露皮肤。如果有水或饮料，请将手帕、餐巾纸、衣物等用品浸湿，迅速朝远离毒源的方向撤离，有序地撤到空气流通处或毒源的上风口处躲避	
		地铁可疑 物品灾害	应立即报告工作人员，切勿自行处置；到达安全地点后，立即用流动水清洗身体裸露部分	
		民用航空 事故	遇空中减压，应立即戴上氧气面罩；在海洋上空发生险情时，要立即穿上救生衣；空中遇险时，个人应将眼镜和假牙摘掉，衣裤袋里的尖利物品都应丢进垃圾袋；遇有失事报警，赶紧准备一条湿毛巾，以备机舱内有烟雾时掩住口鼻；飞机紧急降落后，要听从工作人员指挥，迅速有序地由紧急出口滑落至地面	
		铁路交通 事故	列车发生危险品泄漏、火灾、爆炸时，车上人员应迅速向上风方向或高坡地段转移；发现跨越铁路的桥梁、高压线坍塌、倒地，大水冲毁桥梁或线路，机动车从桥上坠落或与铁路并行时侵入铁路限界，要及时向铁路部门报告或拨打 110 电话报警；机动车在道口内熄火、断轴、装载的货物脱落，要及时报告铁路值班人员，再实施救援处理	
		水上交通 事故	迅速穿上救生衣，根据船员的指挥，到救生艇、救生筏处集合；应尽量收集毛毯、衣服等保暖物品，并收集食物和淡水；情况紧急需跳水逃生时，应系紧救生衣；如没能穿上救生衣，跳水前要拿上救生圈或其他漂浮物（如塑料泡沫、木板等）；在海上如水温较低，落水者应避免不必要的游泳，可减少身体热量的散失，延长生存时间，争取获救	
		烟花爆竹 事故	点燃烟花爆竹后应迅速离开，在安全地带观看；未成年人必须在成人指导和监护下燃放烟花；不可倒置、斜置燃放烟花爆竹，不可对人、对物燃放	

续表

自救互救 子项 T35	自然灾害 自救互救	危化品事故	发生危险化学品事故时,不要在现场逗留、围观,应沿上风或侧上风路线迅速撤离;发生毒气或有害气体泄漏事故时,应立即用手帕、衣物等物品捂住口鼻。如有水最好把衣物浸湿后,捂住口鼻;撤离危险地后,要及时脱去被污染的衣服,用流动无污染的水冲洗身体;受到危险化学品伤害时,应立即到医院救治	
		燃气事故	居民家中发现燃气泄漏,应立即关闭燃气阀门,切断气源,打开门窗通风换气;不要开启或关闭任何电器设备,不要在室内使用固定或移动电话;液化气钢瓶着火时,可用湿毛巾从后向前盖住阀门将火扑灭,关闭阀门。可用湿毛巾、肥皂等将漏气处堵住	
		触电事故	居民室内发生触电事故,应迅速切断电源。严禁直接接触或使用潮湿物品接触触电者;要设法保持触电者呼吸畅通,并检查呼吸、脉搏情况。如伤者呼吸、心跳停止应立即进行心肺复苏,坚持长时间抢救	
		电梯事故	被困电梯内时,应立即用电梯内的警铃、对讲机或电话与外界联系等待救援;电梯突然停运时,不要试图扒门爬出,以防电梯突然开动;如果电梯运行中发生火灾,应将电梯停在就近楼层,并迅速利用楼梯逃生;运行中的电梯进水,应将电梯开到顶层,并通知维修人员;电梯下降速度突然加快或失去控制时,乘客应两腿微弯,上身向前倾斜	
	事故灾难 自救互救	球场骚乱事件	周围人群处于混乱时,应选择安全地点停留,以保证自己不被挤伤;要迅速、有序地向自己所在看台的安全出口疏散;远离栏杆,以免栏杆被挤折而伤及自身;不要在看台上拥挤或翻越栏杆,以免造成人员伤亡	
		游乐设施事故	出现险情时,千万不要乱动和自行解除安全装置,应保持镇静,听从工作人员指挥,等待救援;出现意外伤亡情况时,切忌恐慌、拥挤,应及时疏散、撤离	
		公共场所险情	发生拥挤或遇到紧急情况时,在相对安全地点做短暂停留;人群拥挤时,要用双手抱住胸口,防止内脏被挤压受伤;在人群中不小心跌倒时,应立即收缩身体,紧抱着头,尽量减少伤害;尽快就近从安全出口有序疏散;切勿逆着人流行进或抄近路	

自救互救子项 T35	社会事件自救互救	人防工程险情	当人防工程内发生火灾时,应用毛巾、衣物、手帕等捂住口鼻,低姿、快速有序地沿着地面或侧墙,朝有安全疏散指示标志的方向疏散;若被火灾困在人防工程内,应通过不断敲击水管方法发出呼救信号或拨打电话报警;快速有序撤离,切忌在工程出口拥堵,影响出逃速度;当工程局部发生坍塌、漏毒等意外情况时,要就近、就地利用简易防护器材进行个人防护	
		街头抢劫	被害人应大声呼救,并尽快报警;在僻静的地方或无力抵抗时,应保持镇静,不要与歹徒纠缠,宁可失去财物,也要保全人身安全;应尽量记清歹徒的人数、容貌、声音等特征,及作案车辆车牌号码、车型、车辆颜色和逃跑方向;发现歹徒尾随跟踪时,应快步向明亮的公共场所、人多的地方或到最近的住户按铃求援;或乘公交车、出租车离开,摆脱歹徒	
		入室盗窃与抢劫	发现家中被盗,应立即报警,并保护现场;遇到入室抢劫,在无抵抗能力的情况下,切勿激怒歹徒,应尽量与歹徒周旋,寻找机会脱身;记住歹徒的体貌特征、人数、口音、作案工具及作案用车辆车型、车牌号码和逃跑方向	
		绑架	被绑架时,人质应保持冷静,设法了解自己的位置;千万不要与绑匪发生争执,以免激怒绑匪;若绑匪问家中电话、地址,须据实相告,让家人及警方知情后实施营救;在确保自身不会受到更大伤害的情况下,尽可能与绑匪巧妙周旋;记住绑匪的容貌、特征、使用的车型、车牌号码及绑匪的对话内容;采取自救措施时,要抓住任何可逃生的机会	
		恐怖袭击事件	发生恐怖袭击事件时,要迅速撤离到安全区域,同时拨打报警救助电话,等待救援人员救助;地铁、轻轨等人员聚集场所发生恐怖袭击事件时,应迅速从危险区域脱身,服从救援人员引导或按照疏散标示有序疏散。暂时无法快速疏散的,应寻找相对安全地点暂避,同时利用一切方法迅速报警救助	
	卫生事件自救互救	食物中毒	立即停止食用可疑食品;大量喝水,稀释毒素;用筷子、勺把或手指压舌根部,轻轻刺激咽喉引起呕吐;误食强酸、强碱后,及时服用稠米汤、鸡蛋清、豆浆、牛奶等,以保护胃黏膜;用塑料袋留好可疑食物、呕吐物或排泄物,供化验使用	

续表

自救互救 子项 T35	卫生事件 自救互救	农药中毒	迅速把病人转移至有毒环境的上风方向通风处;立即脱去被污染的衣物,用微温(忌用热水)的肥皂水、稀释碱水反复冲洗体表 10 分钟以上;眼部被污染的,立即用清水冲洗,至少冲洗 10 分钟;口服农药后神志清醒的中毒者,立即催吐、洗胃,越早越彻底越好;昏迷的中毒者出现频繁呕吐时,救护者要将他的头放低,并偏向一侧;中毒者呼吸、心跳停止时,立即在现场施行人工呼吸和胸外心脏按压,待恢复呼吸心跳后,再送医院治疗	
		流行性感冒	有流感症状时,要及时去医院治疗,切勿带病上班或上课,以免传染他人;流感病人要注意多休息、多喝水;流感病人应与家人分开吃住;流感病人的擤鼻涕纸和吐痰纸要包好,扔进加盖的垃圾桶,或直接扔进抽水马桶用水冲走	
		病毒性肝炎	出现上述症状时,应立即到医院就诊,并根据病情的需要进行隔离;不要与肝炎病人共用生活用品,对其接触过的公共物品和生活物品进行消毒;不要与乙型、丙型、丁型肝炎病人及病毒携带者共用剃刀、牙具;与乙肝病人发生性关系时,要使用避孕套或提前接种乙肝疫苗	
		流行性出血	病人所有生活用具应单独使用,最好能洗净晒干后再用;病人使用的毛巾,要用蒸煮 15 分钟的方法进行消毒;病人尽量不要去人群聚集的商场、游泳池、公共浴池、工作单位等公共场所;病人应少看电视,防止引起眼睛疲劳而加重病情	
		狂犬病	被宠物咬伤、抓伤后,首先要挤出污血,用肥皂水反复冲洗伤口。然后用清水冲洗干净,最后涂擦浓度 75% 的酒精或者 2%～5% 的碘酒,尽快到市疾病预防控制中心或各区(县)卫生防疫站的狂犬病免疫预防门诊接种狂犬病疫苗	
	自救互救 物资储备	避险逃生类	多功能手电筒、应急安全绳、口罩(毛巾、防毒面具)属基础物资;高层楼宇、农村、山区等要配备防护手套;储备家用灭火器、多功能小刀等	
		生存求助类	防风打火机(火柴)、雨衣、求救哨、通信工具等	

续表

		饮用水、食品类	饮用水（饮料）、方便面或饼干等,建议储备巧克力（牛奶）、罐头、盐等保存期长、高热量食品	
自救互救子项 T35	自救互救物资储备	医用药品类	止痛、止泻、退烧等内服药和创可贴、酒精棉球（碘附棉棒）、纱布卷、消毒纸巾、止血药等外用药均属基础物资;老人和儿童还要配备心脏、高血压、糖尿病、儿童用药等特殊药品;储备止血带和医用夹板等	
		重要资料类	身份证（护照）、社保卡等复印件和房产证、银行卡（存折）、保险单、有价证券等复印件以及适量现金、备用钥匙等基础资料	

其中,"指标内容解释"为该子项三级指标内容的"内容解释"。

10.1.3.6　基层治理子项

（1）通用文本表达式

基层治理子项能力提升内容＝（1 个一级指标内容,7 个二级指标内容,33 个三级指标内容）。

一级指标内容＝｛基层治理｝。

二级指标内容＝｛基层体系,基层理念,基层文化,基层队伍,基层网格化管理,基层治理"智治",基层治理能力｝。

三级指标内容＝｛【组织体系,管理制度,宣传教育,重大风险防范,基础设施抗灾,社区居民联动】,【预防和控制,管理重点】,【危机意识,自救互救】,【队伍资源,队伍培训和演练,队伍物资保障】,【社区良性互动,社区自治组织,社区多网合一,优化网格结构,提升治理能力,一张网格管理,网格管理效能】,【推进"智防风险",网格化社会治理,基层信息服务平台,推进"智辅决策",智能化治理共享平台】,【预防能力,响应能力,动员能力,处置能力,救援能力,沟通能力,服务能力,保障能力】｝。

（2）通用树状图表达式（图 10-26）

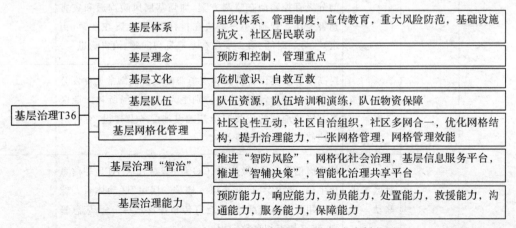

图 10-26　基层治理子项能力提升 3 级指标内容树状图

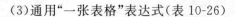

(3)通用"一张表格"表达式(表10-26)

表 10-26 基层治理子项能力提升 3 级指标内容"一张表格"

适用救援灾害:自然灾害、事故灾难、公共卫生事件、社会安全事件等分灾害 Vij

适用救援区域:省级、副省级、地区级、区(县)级、街道(镇)级、社区(村)级等分区域 Gij

适用救援过程:处置分过程 T3 基层治理子项 T36

能力提升一级指标内容(0-分值Ⅰ)	能力提升二级指标内容(0-分值Ⅱ)	能力提升三级指标内容(0-分值Ⅲ)	指标内容解释	专家打分(0-1)
基层治理子项 T36	基层体系	组织体系	建立或明确乡(镇)、街道、社区、村、学校、企业等基层应急管理的领导机构、工作机构、办公机构等,落实工作人员和必要的经费,充分整合现有的基层警务人员、医务人员、民兵、预备役、企事业应急队伍、志愿者队伍等基层应急救援队伍,明确责任和义务	
		管理制度	健全权威高效的制度执行机制,重点围绕应急值守、信息报送、先期处置、综合保障、人员培训等各项制度建设,研究制定覆盖应急管理全过程的标准化制度	
		宣传教育	以基层组织和单位为重点,推进建立政府主导和社会参与相结合,全民动员、协调联动的应急管理宣传教育培训工作格局。广泛开展应急管理"四进五有"(进农村、进社区、进学校、进企业;有机构、有预案、有队伍、有后勤保障、有科普宣教)活动	
		重大风险防范	构建"全民防灾"的基层应急管理工作格局,做深做实网格化服务管理工作。建立重大风险隐患台账,制定相应的分级管控和动态监测方案,加强基层风险沟通和灾害预警工作。做到"小事解决在村社、大事化解在乡镇(街道)",第一时间、第一现场在基层发现问题、消弭隐患	
		基础设施抗灾	提高基层重要设备设施和应急避难场所抗御常见突发公共事件的能力,加强社区特别是人口密集场所和工业区等高风险地区的公共安全基础设施配备及建设,有针对性地储备应急物资装备	
		社区居民联动	依托微信公众号、微信群、QQ群、智慧社区 APP 等信息化手段,细化"社区—小区—楼栋—居民"联动体系。综合运用各类宣传载体,广泛宣传和普及公共安全、应急管理、防灾救灾和自救知识	

基层治理子项 T36	基层体系	预防和控制	应急管理不仅着眼于现实的危机,更侧重潜在危机的预防和控制	
		管理重点	重点放在防灾减灾方面,关注风险隐患的排查,信息渠道的建设,自救互救能力的提高,制定有针对性的应急预案,形成及时灵敏的预警机制,建设畅通的信息沟通渠道,构建快速高效应急处置机制	
	基层理念	危机意识	将危机教育、自救常识引入课堂,通过实地演练、知识宣讲等各种形式全面提高公民的危机意识	
		自救互救	为居民提供形式多样的紧急避险、危机求生的教育,使得每个居民都具备自救互救能力	
	基层文化	队伍资源	充分整合基层党员、综治、"双报到"、民兵、医务、物业、网格员、志愿者等各类队伍资源	
		队伍培训演练	加强应急救援管理专业知识培训,要特别注重队伍储备和社会组织的人才建设,加强培训和锻炼,切实增强应急救援管理能力	
		队伍物资保障	建立健全应急物资储备管理制度,及时调整、充实应急物资储备目录,按照突发公共事件的类型和等级,对应急物资使用开展专门培训	
	基层队伍	社区良性互动	基层政府与社区自治组织、居民、企业、NGO 等进行良性互动	
		社区自治组织	社区在危机预警、应急准备、自救互救、灾后恢复等方面都具有巨大的资源优势,可以极大增强社区的预警能力、缓解社区应急资源的短缺、提高社区居民自救互救的能力,缩短灾后恢复期等	
		社区多网合一	依托社区形态合理划分基本网格单元,统筹网格内党的建设、社会保障、综合治理、应急管理、社会救助等工作,实现"多网合一",形成整体合力	
		优化网格结构	变"条块分割"为"纵横交错",实现从"上面千条线,下面一根针"向"上面千条线,下面一张网"的转变,整合各类平台与流程,实现"一网统管"	
		提升治理能力	基于社区网格化管理,锻造一支合格的工作队伍,提升应急救援治理能力	

续表

基层治理子项 T36	基层网格化管理	一张网格管理	将分散的治理力量、系统力量、管理网格等进行优化整合,把党的建设、综合治理、重点人员管控、应急管理、社会保障等工作统筹纳入基础网格体系,实现"大事全网联动、小事一格解决"	
		网格管理效能	充分发挥"社区云"、"一网统管"等支撑作用,打通横向和纵向壁垒,实现网格数据采集的智能化、电子化,提高数据共享化水平,优化和完善智能派单系统,加强网格与主管部门之间的工作协调和沟通衔接	
	基层治理"智治"	推进"智防风险"	针对公共风险,完善基层智能化监管体系,实时监测、科学预警、及时处置	
		网格化社会治理	把基层社区划分成若干责任网格,将灾区的人、地、物、事、组织及状况、动态信息等全部纳入网格治理模式	
		基层信息服务平台	利用现代"网络化＋大数据"的方式建立起基层线上服务平台,了解社区内居民的出入状况、行动轨迹和健康情况,对于有特殊情况的人员及时发出预警	
		推进"智辅决策"	要强化基层决策的前瞻性,把灾情等数据全面汇聚起来,及时研判市域社会稳定态势,超前谋划应对之策	
		智能化治理共享平台	将现代信息技术融入基层治理,建设融社情、警情、案情、舆情等于一体的基层智能化治理共享平台,促进技术融合、业务融合、服务融合,提高治理实效	
	基层治理能力	预防能力	从事应急预防的基层组织及其成员所具备的胜任应急预防工作的能力	
		响应能力	基层组织及其成员对上级的应急响应及时做出反应并开展相关应对工作的能力	
		动员能力	基层组织需要有动员广大志愿者积极参与应急救援行动和广大居民积极配合的能力	
		处置能力	包括基层组织及其成员应急处置理念的强化、思维方式的训练、处置技能的提升和物质手段使用的能力	
		救援能力	提升基层组织及其成员的应急救援能力,有助于提升基层整体应急治理能力	
		沟通能力	涉及重大突发公共事件所在地广大民众的风险沟通,必须通过当地基层组织及其成员进行	
		服务能力	在应对重大突发公共事件过程中,能够保质保量完成应急服务,最主要的是取决于基层的应急服务能力	
		保障能力	建立强大的基层应急保障系统,有助于提升整个应对突发公共事件的水平	

其中,"指标内容解释"为该子项三级指标内容的"内容解释"。

10.1.3.7　灾民保护子项

(1)通用文本表达式

灾民保护子项能力提升内容=(1 个一级指标内容,8 个二级指标内容,33 个三级指标内容)。

一级指标内容={灾民保护}。

二级指标内容={管理体系,救助制度,权利保护,救助方式,人身安全与尊严,基本生活权利,经济和文化权利,其他政治权利}。

三级指标内容={【专门管理机构,救助物资管理制度】,【灾害救助依据,灾害救助主体,灾害救助对象,灾害救助程序,灾害救助标准,灾害救助资金】,【获得救助权利,获得知情权利,获得灾后重建权利,获得再就业权利,获得精神救助权利】,【供水及卫生救助,食品救助,营养救助,医疗救助,居所救助】,【生存权与尊严,不受灾害负面影响,不受暴力影响】,【获得基本服务,获得充足物品】,【教育,财产和所有物,住房,工作与生计】,【证件,移徙自由,失踪或死亡亲人,言论自由,结社及宗教自由,选举权】}。

(2)通用树状图表达式(图 10-27)

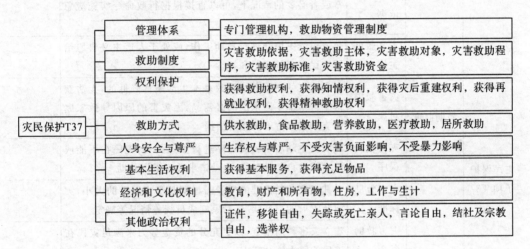

图 10-27　灾民保护子项能力提升 3 级指标内容树状图

（3）通用"一张表格"表达式（表 10-27）

表 10-27　灾民保护子项能力提升 3 级指标内容"一张表格"

适用救援灾害:自然灾害、事故灾难、公共卫生事件、社会安全事件等分灾害 Vij

适用救援区域:省级、副省级、地区级、区（县）级、街道（镇）级、社区（村）级等分区域 Gij

适用救援过程:处置分过程 T3 灾民保护子项 T37

能力提升一级指标内容（0-分值Ⅰ）	能力提升二级指标内容（0-分值Ⅱ）	能力提升三级指标内容（0-分值Ⅲ）	指标内容解释	专家打分（0-1）
灾民保护子项 T37	管理体系	专门管理机构	救灾工作的良好展开则需要健全统一的救灾管理机构	
		救助物资管理制度	建立健全救灾资金预算制度、救灾物资储备制度、灾害救助专项资金管理制度、救灾物资的使用监督制度	
	救助制度	灾害救助依据	对灾民的应急救助不以现存法律法规为必要,甚至在非常或者必要的情况下,可以直接根据行政命令实施应急救助	
		灾害救助主体	政府对受灾民众进行救助工作,或处于人道主义自愿给予灾民适当的安慰和补偿	
		灾害救助对象	因为灾害的原因直接导致基本生活条件降低的,无法获得维持基本生活水准的必需品,因灾害的原因导致家庭开支剧增家庭经济相对拮据	
		灾害救助程序	政府应主动启动救灾程序进行紧急救灾,灾民在不能或没有能力自救的时候,主动请求政府予以救助	
		灾害救助标准	对其灾害救助标准的衡量需根据其受灾程度的大小,灾前及灾后的财产状况,对家庭成员抚养情况等确定	
		灾害救助资金	建立灾害救助基金,以更充分的资金势力来满足灾民在灾后的巨大资金需求	
	权利保护	获得救助权利	灾民有请求政府救助的请求权,享有及时获得医疗救助的权利,享有获得基本生活资料的权利	
		获得知情权利	灾民有灾前获得灾害预警信息的权利,享有对灾情信息的知情权,享有对灾害救助款物的知情权	
		获得灾后重建权利	包括对民房的修复和重建以及对交通、水利、电力、通信等基础设施的抢修	
		获得再就业权利	政府可以采用灾后重建吸纳当地劳动力、提供劳动技能培训、劳务输出等,为失业灾民重新就业提供政策环境	
		获得精神救助权利	包括请专业人员定期为幸存者进行心理咨询和心理学知识讲座,为灾民安排生活援助给予鼓励和关怀	

续表

灾民保护子项 T37	救助方式	供水救助	应提供足够的并且是卫生的水,不能因缺水或引用不卫生的水而导致灾民健康问题	
		食品救助	满足灾民足够的营养需求的食品,力求通过足够的食品使灾民维持生存	
		营养救助	应确保满足一般灾民对营养及救助的需要,对于营养不良者、儿童、孕妇或哺乳妇女等特殊人群应提供特殊食物	
		医疗救助	通过合理的医疗救护,以防止灾民的超长发病率和死亡率,并防止救援的"重救轻防"、"重眼前轻可持续"的救援理念	
		居所救助	确保灾民有足够的和舒适安全的居住空间,确保灾民生活条件温暖和安全,维持正常的家庭社交生活	
	人身安全与尊严	生存权与尊严	采用疏散、迁移及其他救生措施来保护处境危险的灾民,充分尊重灾民的生存权、尊严、自由和安全	
		不受灾害负面影响	受灾害影响的灾民,无论是否流离失所,都应得到保护,免遭潜在的二次灾害和其他灾害的侵害	
		不受暴力影响	建立适当的机制来处理暴力行为,包括发生性暴力,基于社会性别的暴力、盗窃、抢劫等	
	基本生活权利	获得基本服务	确保灾民,特别是流离失所者能够未受阻碍和不受歧视地,享有能够满足其基本需求的服务	
		获得充足物品	应向灾民提供充足的食品、饮水和卫生、居住地、衣物以及基本的医疗服务	
	经济和文化权利	教育	应在灾后尽早尽快为儿童,不论其是否流离失所,提供重返课堂交易的便利	
		财产和所有物	在最大程度上打击抢劫、破坏、任意或非法挪用、占有或使用灾民的财产和所有物	
		住房	不加任何歧视地为实现从临时或过渡性住房,向临时或永久性住房的迅速过渡做好准备	
		工作与生计	全面启动恢复经济活动、工作机会和生计等	
	其他政治权利	证件	补办遗失或被毁坏的个人证件(如出生、结婚和死亡证明、保险证明、护照、个人身份和旅行证件、教育和保健证明等)	
		移徙自由	自行选择愿意去居住的地方——重返家园,或者融入其流离失所之时所居住的地方	

续表

		失踪或死亡亲人	帮助在灾难中失散的家庭成员与其他成员重新取得联系,确定失踪亲人命运与下落,收集死者身体残骸	
灾民保护子项 T37	其他政治权利	言论自由	应保护受灾害影响的人员不因他们交流或表达了对于救灾、恢复和重建行动意见和担忧而遭到敌视	
		结社及宗教自由	应酌情对灾民的宗教传统予以尊重,为宗教信仰实践活动提供机会	
		选举权	应采取措施确保受灾害影响人员,在选举中行使自己的选举权和被选举权	

其中,"指标内容解释"为该子项三级指标内容的"内容解释"。

10.1.3.8 社会治安子项

(1)通用文本表达式

社会治安子项能力提升内容=(1个一级指标内容,4个二级指标内容,18个三级指标内容)。

一级指标内容={社会治安}。

二级指标内容={防控网络体系,防控运行机制,防控维护任务,防控科技水平}。

三级指标内容={【重点地区防控网络,重点行业防控网络,重点人群防控网络,重点社区防控网络】,【形势分析研判机制,部门联动机制,区域协作机制】,【维护社会秩序,应急避险场所,排查和疏导,堵卡查缉,临时警务点,治安整治中的,案件打击力度,安全监管,治安专项整治】,【信息化综合平台,公共视频监控系统】}。

(2)通用树状图表达式(图 10-28)

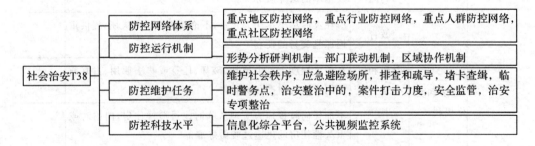

图 10-28 社会治安子项能力提升 3 级指标内容树状图

（3）通用"一张表格"表达式（表 10-28）

表 10-28 社会治安子项能力提升 3 级指标内容"一张表格"

适用救援灾害：自然灾害、事故灾难、公共卫生事件、社会安全事件等分灾害 Vij

适用救援区域：省级、副省级、地区级、区（县）级、街道（镇）级、社区（村）级等分区域 Gij

适用救援过程：处置分过程 T3 社会治安子项 T38

能力提升一级指标内容（0-分值Ⅰ）	能力提升二级指标内容（0-分值Ⅱ）	能力提升三级指标内容（0-分值Ⅲ）	指标内容解释	专家打分（0-1）
社会治安子项 T38	防控网络体系	重点地区防控网络	加强对公交车站、地铁站、机场、火车站、码头、口岸、高铁沿线以及幼儿园、学校、金融机构、商业场所、医院等重点场所安全防范；加强对偏远农村、城乡接合部、城中村等社会治安重点地区、重点部位以及各类社会治安突出问题防范	
		重点行业防控网络	加强旅馆业、旧货业、公章刻制业、机动车改装业、废品收购业、娱乐服务业等重点行业的治安管理工作；加强邮件、快件寄递和物流运输安全管理工作；持续开展治爆缉枪、管制刀具治理等整治行动，对危爆物品采取源头控制、定点销售、流向管控、实名登记等全过程管理措施	
		重点人群防控网络	加强社区服刑人员、扬言报复社会人员、易肇事肇祸等严重精神障碍患者、刑满释放人员、吸毒人员、易感染艾滋病病毒危险行为人群等的防范	
		重点社区防控网络	将乡镇（街道）和村（社区）的人、地、物、事、组织等基本治安要素纳入网格管理防范范畴	
	防控运行机制	形势分析研判机制	加强对社会舆情、治安动态和热点、敏感问题的分析预测，加强对社会治安重点领域的研判分析，及时发现苗头性、倾向性问题	
		部门联动机制	整合各部门资源力量，强化工作联动，增强打击违法犯罪、加强社会治安防控工作合力	
		区域协作机制	积极搭建治安防控跨区域协作平台，共同应对跨区域治安突出问题	
	防控维护任务	维护社会秩序	要加强对重点地区、重点场所、重点人群、重要物资和设备的安全保护，维护正常的社会秩序	
		应急避险场所	指定或建立与人口密度、城市规模相适应的应急避险场所，确保在紧急情况下公众安全、有序转移或疏散	

续表

社会治安子项 T38	防控维护任务	排查和疏导	及时、准确、全面摸排收集灾区各类社情民意,特别是对救灾物资分配、灾民安置、危房拆迁补偿、伤残亡人员抚恤等存在的不稳定因素,即时疏导和化解	
		堵卡查缉	在交通要道和治安复杂地区要设置固定卡点、临时卡点,进行定时、不定时堵卡查缉,重点盘查载有废旧金属、救灾物资、电力通信设备、设施的车辆,对发现的可疑线索要严查	
		临时警务点	一是根据棚户区数量及时建立临时警务室和治安执勤服务点;二是严格落实治安执勤服务责任制度	
		治安整治	将整治重点放在受灾群众临时集中居住区及其周边地区,放在文化、娱乐人员密集居住区,放在灾区建材行业等容易引发不稳定事件和存在治安隐患的区域	
		案件打击力度	重拳打击各类违法犯罪活动,千方百计遏制盗窃、扒窃、抢劫、诈骗等案件的发生,最大限度地保障人民群众的合法权益,维护灾区社会稳定	
		安全监管	强化安全监管,加强对通往灾区道路交通安全隐患排查,及时向运输车辆提供道路交通安全信息	
		治安专项整治	及时发现灾区突出治安乱点和治安问题,适时开展短、平、快的区域性治安专项整治	
	防控科技水平	信息化综合平台	充分运用新一代互联网、物联网、大数据、云计算、AI和智能传感、遥感、卫星定位、地理信息系统等技术,构建纵向贯通、横向集成、共享共用、安全可靠的平安建设信息化综合平台	
		公共视频监控系统	推进公共安全视频监控建设、联网和应用工作,加大城乡接合部、农村地区公共区域视频监控系统建设	

其中,"指标内容解释"为该子项三级指标内容的"内容解释"。

10.1.3.9 灾情统计子项

(1)通用文本表达式

灾情统计子项能力提升内容=(1个一级指标内容,7个二级指标内容,34个三级指标内容)。

一级指标内容={灾情统计}。

二级指标内容={统计指标体系,统计措施,统计内容,自然灾害灾情统计,事故灾难灾情统计,公共卫生事件灾情统计,社会安全事件灾情统计}。

三级指标内容={【灾因统计,灾情统计,灾损统计,减灾统计,补偿统计】;【信息共享网络,统计方法,信息统计员队伍,统计人员业务培训,目标管理考核】,【直接经济损失,间接经济损失,社会经济影响】,【人员受灾,经济损失,房屋受损,家庭财产损失,农林牧渔业损失,工业损失,服务业损失,基础设施损失,公共服务损失,资源环境损失,基础指标损失】,【死亡和失踪人员,受伤人员,经济损失】,【健康和生命损失,直接经济损失,间接经济损失,社会损失】,【死亡和失踪人员,受伤人员,经济损失】}。

(2)通用树状图表达式(图 10-29)

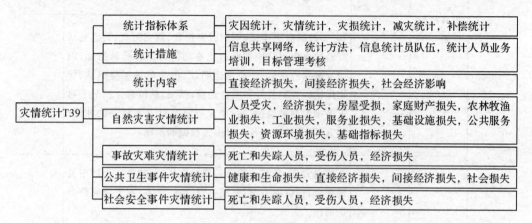

图 10-29　灾情统计子项能力提升 3 级指标内容树状图

(3)通用"一张表格"表达式(表 10-29)

表 10-29　灾情统计子项能力提升 3 级指标内容"一张表格"

适用救援灾害:自然灾害、事故灾难、公共卫生事件、社会安全事件等分灾害 Vij				
适用救援区域:省级、副省级、地区级、区(县)级、街道(镇)级、社区(村)级等分区域 Gij				
适用救援过程:处置分过程 T3 灾情统计子项 T39				
能力提升一级指标内容(0-分值Ⅰ)	能力提升二级指标内容(0-分值Ⅱ)	能力提升三级指标内容(0-分值Ⅲ)	指标内容解释	专家打分(0-1)
灾情统计子项 T39	统计指标体系	灾因统计	通过分析灾因和灾果之间的相关度,查找灾害的成因内在机理,从而找出有效的减灾主要方向	
		灾情统计	包括灾害的规模、等级、频率、次数、灾害程度、表现形态、受灾面积等	
		灾损统计	一是直接经济损失的统计对象是灾害事故现场损失;二是间接损失的统计对象是现场之外的损害或预期利益的丧失;三是灾害损失影响度的统计仅对个人和家庭发生影响、对一个单位或社区发生影响、对所在城市或地区发生影响、对整个国家发生影响、超过国界而波及世界	

续表

灾情统计 子项 T39	统计指标 体系	减灾统计	其一,减灾资金的筹集指标,例如企事业单位投资、社会集资、政府拨款等和所占比重;其二,减灾资金的投向指标,例如减灾工程措施投资、减灾宣传费用、非工程减灾措施投资等结构和所占比重;其三,减灾所取得的社会经济效益指标	
		补偿统计	其一,政府救灾指标,例如救灾粮食、救灾拨款、其他生活资料的供应等结构和所占比重;其二,保险赔款指标,例如家庭保险赔款、企业保险赔款、机动车辆保险赔款、货物运输保险赔款等和所占比重;其三,单位自保情况下对灾害损失的补偿;其四,个人或家庭对灾害损失的补偿;其五,国内外社会各界对灾害救助的捐赠	
	统计措施	信息共享 网络	在横向方面,各部门建立长期协作机制,建立一个网络共享平台;在纵向方面,要建立省、市、县、乡、村五级灾情报送网络	
		统计方法	主要有抽样调查、重点调查、典型调查、科学推算等方法	
		信息统计 员队伍	建立覆盖省、市、县、乡、村五级的灾害信息员队伍	
		统计人员 业务培训	加强基层统计人员的统计法规、报表制度和业务知识的培训,杜绝弄虚作假行为,确保源头数据的准确性	
		目标管理 考核	利用考核这把双刃剑,完善基层统计机构,签订目标管理责任书,将灾害信息是否及时准确上报一项列入考核项目	
	统计内容	直接经济 损失	指标主要包括人口的受灾和伤亡数量、受损农作物面积、受损建筑物个数和面积、受损机构个数、受损设施/设备数量、受损资源面积及其经济损失等	
		间接经济 损失	指标主要包括灾害对 GT4P 的影响、主要经济生产部门的收入损失、灾后重建规模及时间、基础设施和社会功能的恢复及时间等	
		社会经济 影响	主要是灾害对区域社会经济发展的深远影响,如对社会结构重组、宏观经济发展、就业、教育等方面评估	

续表

灾情统计子项 T39	自然灾害灾情统计	人员受灾	包括受灾人口、因灾死亡人口、因灾失踪人口、因灾伤病人口、饮水困难人口、紧急转移安置人口、需过渡性生活救助人口等	
		经济损失	包括农村居民住宅用房、城镇居民住宅用房、非住宅用房、居民家庭财产、农业、工业、服务业、基础设施、公共服务等经济损失	
		房屋受损	主要统计倒塌房屋、严重损坏房屋、一般损坏房屋数量等损失	
		家庭财产损失	分为农村居民和城镇居民家庭财产损失,主要统计受灾家庭户数、生产性固定资产、耐用消费品和其他财产损失	
		农林牧渔业损失	包括农业、林业、畜牧业、渔业、农业机械等损失	
		工业损失	统计受损企业数量、厂房与仓库、设备设施受损数量,以及原材料、半成品和产成品经济损失等	
		服务业损失	包括批发和零售业、住宿和餐饮业、金融业、文化/体育和娱乐业、农林牧渔服务业和其他等服务业损失	
		基础设施损失	包括交通运输、通信、能源、水利、市政、农村地区生活设施、地质灾害防治等基础设施损失	
		公共服务损失	包括教育、科技、医疗卫生、文化、广播电视、新闻出版、体育、社会保障与社会服务、社会管理和文化遗产等损失	
		资源环境损失	统计耕地、林地、草地、非煤矿山资源,国家级/地方级自然保护区与野生动物,国家级/省级风景名胜区、国家级/地方级森林公园与湿地公园等受损情况,地表水污染、土壤污染等环境损害情况	
		基础指标损失	主要统计人口、房屋、农业、工业、服务业、教育和科技、卫生和社会服务、文化和体育、基础设施等的基本情况	
	事故灾难灾情统计	死亡和失踪人员	因事故灾难造成的死亡和失踪人员	
		受伤人员	因事故灾难造成的肢体残缺、器官受到损伤的人员	
		经济损失	因事故灾难造成人员伤亡及善后处理支出的费用和受害财产的价值	

续表

灾情统计 子项 T39	公共卫生 事件灾情 统计	健康和生 命损失	死亡、发病和隔离人数的确定,残疾和死亡潜在损失	
		直接经济 损失	医疗救助、疾病预防控制费用,疾病治疗期间的交通、住 宿等有关费用的直接经济损失	
		间接经济 损失	个人收入的减少、增加的疾病经济负担、对当地生产部门 的正常运行的冲击的间接经济损失	
		社会损失	环境影响、生活质量下降以及精神、心理影响等	
	社会安全 事件灾情 统计	死亡和失 踪人员	因事件造成的死亡和失踪人员	
		受伤人员	因事件造成的肢体残缺、器官受到损伤的受伤人员	
		经济损失	因事件造成人员伤亡及善后处理支出的费用和受害财产 的价值	

其中,"指标内容解释"为该子项三级指标内容的"内容解释"。

10.1.3.10 信息发布子项

(1)通用文本表达式

信息发布子项能力提升内容＝(1 个一级指标内容,11 个二级指标内容,29 个三级指标内容)。

一级指标内容＝{信息发布}。

二级指标内容＝{信息发布预案,信息收集研判,信息发布核实,信息发布准备,信息发布协调,信息发布媒体,信息发布渠道,信息发布地点,信息发布机构,信息发布形式,信息发布特点}。

三级指标内容＝{【新闻处置工作预案,新闻发布工作预案】,【舆情收集整理,舆情分析判断】,【信息核实,信息来源渠道,控制信息输出】,【组织架构,处理程序,内容形式,口径准备】,【设立新闻中心,提供新闻通稿】,【新闻发布方式,公共媒体】,【一般公共场所,密集公共场所,互联网】,【新闻宣传主管部门,信息发布"新闻官"】,【及时新闻发布、现场采访、跟踪新闻媒体、新闻报道评估】,【主动性,及时性,准确性,有利性,有序性】}。

（2）通用树状图表达式（图 10-30）

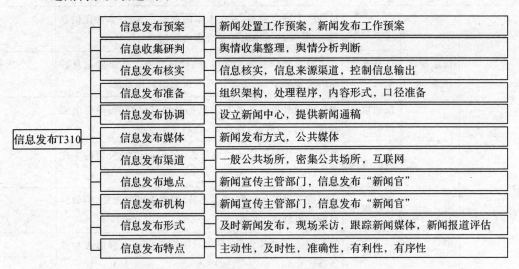

图 10-30　信息发布子项能力提升 3 级指标内容树状图

（3）通用"一张表格"表达式（表 10-30）

表 10-30　信息发布子项能力提升 3 级指标内容"一张表格"

适用救援灾害:自然灾害、事故灾难、公共卫生事件、社会安全事件等分灾害 Vij

适用救援区域:省级、副省级、地区级、区(县)级、街道(镇)级、社区(村)级等分区域 Gij

适用救援过程:处置分过程 T3 信息发布子项 T310

能力提升一级指标内容（0-分值Ⅰ）	能力提升二级指标内容（0-分值Ⅱ）	能力提升三级指标内容（0-分值Ⅲ）	指标内容解释	专家打分（0-1）
信息发布子项 T310	信息发布预案	新闻处置工作预案	必须制定应对各类突发公共事件、具有实际操作性的新闻处置工作的应急预案	
		新闻发布工作预案	包括发布形式、发布时间、发布内容,准备应答记者可能提问的口径的应急预案	
	信息收集研判	舆情收集整理	包括检索网络、电子网络数据库、电视、广播和纸质出版物,为舆情分析判断收集足够的研究资料	
		舆情分析判断	包括判断媒体和公众对事件的态度、对政府部门的态度和以前类似事件传播策略的经验和教训	

续表

信息发布 子项 T310	信息发布 核实	信息核实	从制度上确保通报、反馈上来的信息是真实的,确保信息 通报、核实的工作流程是合理有效的	
		信息来源 渠道	较多地掌握信息来源渠道,是做好突发公共事件信息控 制的重要环节,也是做好新闻报道的前提条件	
		控制信息 输出	要保证对外发布的所有信息都是经过控制的,确定由谁 来说、什么时候说、说什么、说到什么程度	
	信息发布 准备	组织架构	要落实各类资料准备的责任人、发言人,形成完善的工作 制度	
		处理程序	要有富于经验的资料准备人员,明确资料的出处,明确材 料的审定制度	
		内容形式	要有明确的材料分类,有相对固定的资料内容形式和准 备格式	
		口径准备	要明确口径拟定和审核的各级责任人、索取和提交程序、 以何种形式提交,"口径"终审和批准权力和级别	
	信息发布 媒体	设立新闻 中心	在事发地附近设立临时新闻中心,可兼做信息发布场地, 随时发布信息	
		提供新闻 通稿	要主动接受记者的书面或者电话问询,并向其提供事件 的进展材料及新闻通稿,把握新闻发布的口径统一	
	信息发布 工具	新闻发布 方式	有政府公报、新闻发布会、新闻通稿、政府网站发布、宣传 单等	
		公共媒体	包括电视、广播、手机、网站、信息显示屏、微博、微信、 APP、抖音、今日头条、电话、传真、报刊、宣传手册等	
	信息发布 渠道	一般公共 场所	电视新闻、报纸、广播、短信等传统渠道是信息发布的 重点	
		密集公共 场所	公共交通工具上的广播、电视、电子广告牌在信息发布方 面的作用	
		互联网	除了运营好政府网站、官方微博、官方微信公众号外,也 要完善政务客户端的功能,包括注册头条号、百家号等影 响力较大的自媒体平台官方账号	
	信息发布 机构	新闻宣传 主管部门	政府、企事业单位、社区等新闻宣传主管部门和负责新闻 宣传的人员参与	
		信息发布 "新闻官"	"新闻官"必须在第一时间进入事件现场或通过有效途 径,及时了解和掌握第一手资料和相关信息,对于舆论引 导至关重要	

续表

		及时新闻发布	应力争做到在第一时间进行新闻发布,到事件现场采访的记者通报已掌握的有关情况和可供媒体报道事件选用的资料	
信息发布子项 T310	信息发布形式	现场采访	根据事件处理的需要和可能,组织媒体记者进行现场采访	
		新闻媒体	要有专人密切跟踪舆情,及时发现动向,随时调整工作方案,以始终保证新闻媒体舆论导向的正确	
		新闻报道评估	目的是总结经验、肯定成绩、查找问题、吸取教训,把今后的工作做得更好、更专业	
	信息发布特点	主动性	主管部门主动发布权威信息,主流媒体及时、准确报道事实真相,小道消息和谣言就没有空间和市场	
		及时性	要求在突发公共事件发生后的第一时间发布权威信息,抢占舆论制高点,争取舆论主动	
		准确性	公布的信息必须准确,如实公布事实,对于消除公众的疑虑和恐慌至关重要	
		有利性	主管部门发布信息,必须服从于事件妥善处理的总目标和工作原则,精心策划、精心安排、精心组织	
		有序性	根据事件处置的进展,将准确信息进行有序披露,可以非常有效地掌控和引导新闻媒体对事件的报道	

其中,"指标内容解释"为该子项三级指标内容的"内容解释"。

10.1.3.11 灾金使用子项

(1)通用文本表达式

灾金使用子项能力提升内容＝(1 个一级指标内容,9 个二级指标内容,54 个三级指标内容)。

一级指标内容＝{灾金使用}。

二级指标内容＝{灾金种类,灾金需求,灾金管理,灾金制度,灾金使用,灾金监督,灾金监管,灾金监督主体,灾金审计}。

三级指标内容＝{【财政资金和预备费,财政临时拨款,社会捐赠,国际捐赠,群众捐赠,融资工具】,【救灾应急,倒房恢复重建,灾民缺粮问题,丧葬和抚恤补助】,【使用原则和范围,分配和拨付程序,救助对象,领导负责制】,【审批制度,分配制度,拨付制度,专用制度,审计监督制度,绩效评估制度,追究责任制度】,【紧急抢救,医疗救治,排除危险,受灾救助,消费品供应,设施抢险修复,救灾物资,交通后勤通讯,卫生防疫,物质入库】,【使用公示,监督多元化,监督制度化,监督覆盖过程,资金管理问责制,举报途径】,【资金预拨,专项资金管理,监管资金使用,资金绩效评价】,【财政部门,审计部门,民政部门,纪律监察部门,人大监管,捐赠接收部门,执法部门,新闻媒体】,【灾情上报情况,灾金接收情况,灾金分配情况,灾金管理情况,灾金拨付使用情况】}。

(2)通用树状图表达式(图10-31)

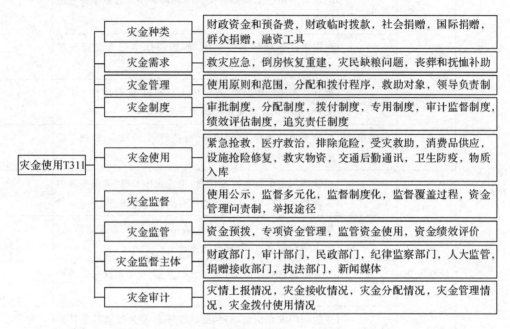

灾金种类	财政资金和预备费,财政临时拨款,社会捐赠,国际捐赠,群众捐赠,融资工具
灾金需求	救灾应急,倒房恢复重建,灾民缺粮问题,丧葬和抚恤补助
灾金管理	使用原则和范围,分配和拨付程序,救助对象,领导负责制
灾金制度	审批制度,分配制度,拨付制度,专用制度,审计监督制度,绩效评估制度,追究责任制度
灾金使用	紧急抢救,医疗救治,排除危险,受灾救助,消费品供应,设施抢险修复,救灾物资,交通后勤通讯,卫生防疫,物质入库
灾金监督	使用公示,监督多元化,监督制度化,监督覆盖过程,资金管理问责制,举报途径
灾金监管	资金预拨,专项资金管理,监管资金使用,资金绩效评价
灾金监督主体	财政部门,审计部门,民政部门,纪律监察部门,人大监管,捐赠接收部门,执法部门,新闻媒体
灾金审计	灾情上报情况,灾金接收情况,灾金分配情况,灾金管理情况,灾金拨付使用情况

图10-31 灾金使用子项能力提升3级指标内容树状图

(3)通用"一张表格"表达式(表10-31)

表10-31 灾金使用子项能力提升3级指标内容"一张表格"

适用救援灾害:自然灾害、事故灾难、公共卫生事件、社会安全事件等分灾害 V_{ij}				
适用救援区域:省级、副省级、地区级、区(县)级、街道(镇)级、社区(村)级等分区域 G_{ij}				
适用救援过程:处置分过程 T3 灾金使用子项 T311				
能力提升一级指标内容(0-分值Ⅰ)	能力提升二级指标内容(0-分值Ⅱ)	能力提升三级指标内容(0-分值Ⅲ)	指标内容解释	专家打分(0-1)
灾金使用子项 T311	灾金种类	财政资金和预备费	是指在一个财政年度,各级政府准备或实际用在各类突发公共事件上的资金,主要是指救灾资金和预备费	
		财政临时拨款	单纯的传统预算资金不足以满足庞大的应急需求,这时候政府就要视情况单独安排应急救援资金	
		社会捐赠	是社会各行各业各界人士自愿、无偿、义务捐赠的资金,是一项特殊的专项资金,具有特定的用途	
		国际捐赠	主要是指灾害期间其他国家及国际组织捐赠的资金	

灾金使用子项 T311	灾金种类	群众捐赠	是群众自发组织捐赠的救灾资金	
		融资工具	可通过巨灾保险和再保险、巨灾彩票、巨灾债券、巨灾基金等风险融资参与到减灾与恢复重建中	
	灾金需求	救灾应急	主要解决灾民的吃饭、喝水、衣被、取暖、临时住房等方面的临时生活困难	
		倒房恢复重建	每当重大突发性自然灾害发生后，往往会造成灾区大量民房倒塌或损坏，需要恢复重建	
		灾民缺粮问题	每当重大自然灾害发生后，会造成大面积农作物受灾和绝收，导致大量灾区群众春荒冬令期间口粮短缺	
		丧葬和抚恤补助	因灾死亡家庭的丧葬和抚恤资金补助	
	灾金管理	使用原则和范围	必须根据各类灾害的特点和灾害造成的损失多少，划分救灾资金的使用范围。救灾资金的发放应有侧重点，不得平均分配，不得擅自扩大使用范围，不得用于扶贫支出或留取备用金等	
		分配和拨付程序	根据核定的各地灾情和救灾工作绩效评分测算，提出分配方案，由财政部门和民政部门联合下文下拨	
		救助对象	按"户报、村评、乡审、县定"的程序发放救助对象，即个人申请、组织评议、登记造册、张榜公示、审核、民政部门审批的程序确定	
		领导负责制	领导对救助资金的进出具有自上而下的监督作用，同时对资金的快速发放和跟踪具有权威性，对资金的安全使用起到保驾护航作用	
	灾金制度	审批制度	实现救灾资金审批程序的简洁、迅速、灵活	
		分配制度	实现救灾资金分配的公平、公正、合理	
		拨付制度	实现救灾资金拨付的及时、高效	
		专用制度	必须专款专用，专人、专账管理，不得用于平衡本单位财政预算和发放福利，不得浪费、截留、挤占、挪用，不得实行有偿使用，不得提取周转金和列支工作经费，不得向无灾地区和与灾害无关的项目拨款	
		审计监督制度	严格的救灾资金审计监督制度、追查制度，实现救灾资金管理有法可依、违法必究	
		绩效评估制度	实现救灾资金使用效益的绩效评估，不断提高使用率	

续表

灾金使用 子项 T311	灾金制度	追究责任 制度	对贪污私分、截留克扣、挤占挪用救灾资金物资等违纪违规行为,要迅速查办;对失职渎职、疏于管理、迟滞拨付救灾资金物资造成严重后果的,要严格依据党纪、政纪和法律追究相关人员的责任;涉嫌犯罪的,要及时移送司法机关追究刑事责任	
	灾金使用	紧急抢救	用于紧急搜救人员、转移和安置灾民	
		医疗救治	用于受伤人员医疗救治,遇难人员家属抚慰	
		排除危险	用于排除灾害隐形危险,避免二次灾害	
		受灾救助	用于受灾群众生活救济,解决灾民无力克服的衣、食、住、医等生活困难的受灾人员的生活补贴	
		消费品供应	用于受灾地区生活消费品的供应保障和平抑市场价格	
		设施抢险修复	用于排水、道路、路灯、桥梁、园林、环卫等市政公用设施、农业基础设施、水利设施、通信设施、灾害监测和防御设施、紧急救援设施以及教育、卫生设施等的抢险修复	
		救灾物资	用于购买、租赁、运输救灾装备物资和抢险备料,加工及储运救灾物资,设备紧急购置	
		交通后勤通讯	用于灾区的交通、后勤、通讯保障	
		卫生防疫	用于灾区的卫生防疫	
		物质入库	用于设施应分类处理,登记造册,加强管理,灾后及时清点入库	
		使用公示	都应通过报刊、广播、电视等新闻媒体向社会公布,公示的具体内容包括救灾款物的总量、分配原则和分配的具体情况等,自觉接收社会监督	
	灾金监督	监督多元化	一是要拓宽政府对灾害救助资金监督的主体;二是强调社会监督的力量;三是利用大众媒体对灾害救助资金进行监督	
		监督制度化	对常规性的救灾款物可采取定期检查的办法,对突发性的重大灾害后各级安排的救灾款物,要及时采取分级抽查的办法	
		监督覆盖过程	使得从救济对象的确定和救灾款物的发放等各个环节都置于群众监督之下,避免"暗箱操作"	

灾金使用 子项 T311	灾金监管	资金管理 问责制	应制定违反救灾专项资金管理使用的纪律处分等规定，严厉惩处救灾工作中违纪违法行为，追究有关领导和责任人的责任	
		举报途径	要设立受理灾民举报的相关机构，确保随时举报随时受理，及时开展事实调查。对于侵害灾民权益，使用资金出现违法乱纪的行为，发现一起处理一起	
	灾金监督 主体	资金预拨	财政部门应该以各项目单位的工作进度为参考，来安排拨款的多少，提高拨款进度	
		专项资金 管理	对各项资金的来源和用途加以记录，实现对资金的分项目管理	
		监管资金 使用	要切实加强日常监督，针对专项资金的使用情况，每年进行不定期检查，形成监督检查报告	
		资金绩效 评价	制定科学的实施方案，加强专项资金预算管理，加强专项资金结余管理	
		财政部门	财政部门在救灾资金的筹集、分配、拨付、管理等方面承担着重要职责，不仅要提供资金，更要清楚地知道这些资金用到了什么地方	
		审计部门	采取提前介入、全程跟踪，立足服务、着眼预防，帮助规范、着力防范全新监督模式，对财政资金、社会捐赠资金等的接收、分配、使用，实行全过程跟踪审计	
		民政部门	要加强对灾区群众生活救助专项资金、物资管理使用情况的监管	
		纪律监察 部门	对救灾资金物资筹集、分配、拨付、发放、使用等各个环节实行监督检查，对贪污私分、虚报冒领、截留克扣、挤占挪用救灾款物等行为要迅速查办。对失职渎职、疏于管理，迟滞拨付救灾款物造成严重后果的行为或致使救灾物资严重毁损浪费的行为，严肃追究有关人员的直接责任和领导责任。对涉嫌犯罪的，移送司法机关追究刑事责任	
		人大监管	主要是对应急经费预算的审查批准、执行、决算等行为的监管	
		捐赠接收 部门	严格执行有关规定，及时完善款物接收、拨付审批手续及拨款程序。建立有效的内部制约机制，并向社会公布救灾资金物资收入、支出情况，同时要加强内部监管。建章立制，接受监察、审计、财政等部门监督。定期向社会公布捐赠款物的接受、分配、使用的情况，接受社会监督	

续表

	灾金监督主体	执法部门	公安、司法部门着重打击非法募捐和借募捐名义从事诈骗活动等违法行为	
		新闻媒体	新闻媒体着重发挥舆论监督作用,及时披露救灾捐赠活动中的违法违规行为	
灾金使用子项 T311	灾金审计	灾情上报	主要审查各单位层层上报是否属实,申报补助资金是否以灾情评估报告为依据,灾情上报调整依据是否充分,受灾损失是否进行了严格的统计	
		灾金接收情况	应重点审查各单位接收的救灾资金是否做到了统一管理,是否做到了专户储存,使用、调拨是否手续完备,有无隐匿、截留救灾资金的情况	
		灾金分配情况	应重点审查应急资金及恢复重建资金的分配依据是否充分合理,分配过程是否公开透明,灾民补助是否真正落实到户	
		灾金管理情况	应重点审查是否制定了救灾款物的专门管理办法,是否按照国家规定对救灾款物进行了有效的管理,有无与其他资金用户管理而造成资金相互挪用及救灾资金被挤占挪用情况	
		灾金拨付使用情况	要注意解释救灾资金是否存在拨付不及时、不足额以及"雁过拔毛",是否专款专用,是否改变了用途	

其中,"指标内容解释"为该子项三级指标内容的"内容解释"。

10.1.3.12 捐赠管理子项

(1)通用文本表达式

捐赠管理子项能力提升内容=(1个一级指标内容,5个二级指标内容,30个三级指标内容)。

一级指标内容={捐赠管理}。

二级指标内容={捐赠措施,捐赠导向,捐赠种类,捐赠管理,捐赠监管}。

三级指标内容={【捐赠组织,捐赠社会化,捐赠接受,捐赠管理和使用,捐赠激励,捐赠信息公开,捐赠监管网络,捐赠文化建设,捐赠法律责任】,【捐赠需求发布,捐赠接收机构评估,捐赠款物使用引导,公布捐赠信息,红十字募捐箱,捐赠接受社会监督】,【捐赠款项,捐赠物资,捐赠物资变卖收入,捐赠资金利息收入】,【捐赠预算管理,开具捐赠收据,定向使用捐赠,专账财务核算制度,反馈捐赠情况,捐助公示制度,捐助表彰激励机制,捐赠使用范围】,【定向捐赠款物,公开捐赠款物,捐赠款物监督】}。

（2）通用树状图表达式（图 10-32）

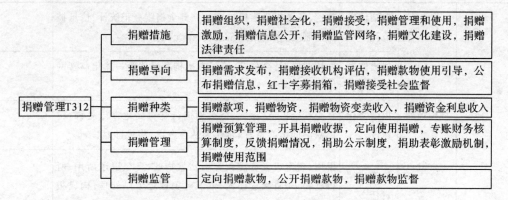

图 10-32 捐赠管理子项能力提升 3 级指标内容树状图

（3）通用"一张表格"表达式（表 10-32）

表 10-32 捐赠管理子项能力提升 3 级指标内容"一张表格"

适用救援灾害:自然灾害、事故灾难、公共卫生事件、社会安全事件等分区域				
适用救援区域:省级、副省级、地区级、区(县)级、街道(镇)级、社区(村)级等分区域				
适用救援过程:处置分过程 T3 捐赠管理子项 T312				
能力提升一级指标内容（0-分值Ⅰ）	能力提升二级指标内容（0-分值Ⅱ）	能力提升三级指标内容（0-分值Ⅲ）	指标内容解释	专家打分（0-1）
捐赠管理子项 T312	捐赠措施	捐赠组织	根据灾情组织开展义演、义赛、义卖等大型救灾捐赠和募捐活动	
		捐赠社会化	开辟社会化途径,培育、规范各级各类非政府组织的救灾捐赠活动,增强非政府组织独立开展活动的能力	
		捐赠接受	接受救灾捐赠款物时,应当确认银行票据,当面清点现金,验收物资。捐赠人所捐款物不能当场兑现的,应当与捐赠人签订载明捐赠款物种类、质量、数量和兑现时间等内容的捐赠协议	
		捐赠管理和使用	应当对救灾捐赠款指定账户,专项管理,对救灾捐赠物资建立分类登记表册	
		捐赠激励	要提高救灾捐赠的税收减免比例,鼓励和引导社会力量特别是先富阶层积极参与救灾捐赠,要完善表彰奖励制度等捐赠回报机制	

续表

捐赠管理 子项 T312	捐赠措施	捐赠信息 公开	政府、各募捐受赠机构要建立健全捐赠登记统计、信息披露等制度,做到捐赠全过程"阳光操作"	
		捐赠监管 网络	发挥政府、社会公众、第三方机构和媒体等一体化监管网络的合力	
		捐赠文化 建设	在全社会广泛、深入、持久地进行慈善文化宣传教育,将民众的同情心培育、转化为慈善意识、慈善行为	
		捐赠法律 责任	挪用、侵占或者贪污救灾捐赠款物的,责令退还所用、所得款物;对直接责任人,依照有关规定予以处理;构成犯罪的,依法追究刑事责任	
	捐赠导向	捐赠需求 发布	组织开展发生不同类型灾害、不同灾害损失,以及灾区不同救助阶段对救灾款物的捐赠需求评估,特别是对物资的需求情况,建立救灾捐赠物资需求信息发布制度和规范	
		捐赠接收 机构评估	加强对公益慈善组织开展救灾捐赠活动的评估,要将已备案的公益慈善组织在网站上公开,供捐赠者选择	
		捐赠款物 使用引导	统筹灾区需求和捐赠者意愿,承建或认建重建项目,引导捐款投向困难多、需求大的地区和容易集中体现捐赠者爱心的领域、项目	
		公布捐赠 信息	展示现场、邮局、银行、互联网、手机等捐款渠道,通过网站、媒体等方式向社会公众公布捐赠信息	
		红十字募 捐箱	可在机场、车站、宾馆、商场、银行、医院、旅游景点等公共场所设置红十字募捐箱	
		捐赠接受 社会监督	在捐赠过程中要定期公布详细的收入和支出明细,包括捐赠收入、直接用于受助人的款物、与所开展的公益项目相关的各项直接运行费用等	
	捐赠种类	捐赠款项	用于救助灾民的捐赠资金	
		捐赠物资	用于救助灾民的捐赠物资	
		捐赠物资 变卖收入	用于救助灾民的捐赠物资的变卖收入	
		捐赠资金 利息收入	用于救助灾民的资金的利息收入	

捐赠管理 子项 T312	捐赠管理	捐赠预算 管理	接受的捐赠财产均纳入公共事件预算管理	
		开具捐赠 收据	按汇款单位名称或捐款人姓名开具财政统一印制的捐赠 收据,并将收据及捐赠证书及时寄送捐赠人	
		定向使用 捐赠	凡捐赠协议中指明具体用途的定向捐赠,将按照捐赠协 议约定的用途使用捐赠财产	
		专账财务 核算制度	对捐赠财产将专账核算,要建立受赠财产的使用制度和 专账财务核算制度	
		反馈捐赠 情况	捐赠项目完成后,使用单位将及时向捐赠方反馈情况	
		捐助公示 制度	接受捐赠的情况、受赠财产的管理情况和使用情况将在 媒体上予以公布,接受社会监督	
		捐助表彰 激励机制	建立经常性社会捐助表彰激励机制,营造良好的经常性 社会捐助氛围	
		捐赠使用 范围	解决灾民衣、食、住、医等生活困难;紧急抢救、转移和安 置灾民;灾民倒塌房屋的恢复重建;捐赠人指定的与救灾 直接相关的用途;其他直接用于救灾方面的必要开支	
	捐赠监管	定向捐赠 款物	接受的定向捐赠的款物应当按照捐赠人的意愿使用,接 受的无指定意向的款物,由民政部门统筹安排用于灾害 救助。社会组织接受的捐赠人无指定意向的款物,由社 会组织按照有关规定用于灾害救助	
		公开捐赠 款物	应当通过报刊、广播、电视、互联网,主动向社会公开所接 受的救助款物和捐赠款物的来源、数量及其使用情况,应 当公布救助对象及其接受救助款物数额和使用情况	
		捐赠款物 监督	应当建立健全救助款物和捐赠款物的监督检查制度,并及 时受理投诉和举报。政府监察机关、审计机关应当依法对 灾害救助款物和捐赠款物的管理使用情况进行监督检查	

其中,"指标内容解释"为该子项三级指标内容的"内容解释"。

10.1.4　保障分过程子项

包括施救队伍、施救技术、信息平台、物质资源、航空基地、避难场所、媒体发布、财力资金等保障分过程 8 个子项的能力提升一级、二级、三级指标内容规范格式表达。

10.1.4.1　施救队伍子项

(1)通用文本表达式

施救队伍子项能力提升内容＝(1 个一级指标内容,14 个二级指标内容,72 个三级指标内容)。

一级指标内容＝{施救队伍}。

二级指标内容＝{队伍统筹规划,队伍建设原则,队伍建设内容,队伍建设管理,队伍建设机制,队伍管理体制,队伍指挥调度,队伍装备水平,队伍教育训练,队伍建设保障,队伍科技化建设,队伍信息化建设,队伍人员待遇,队伍保障措施⟩。

三级指标内容＝⟨【救援队伍总体规划,综合救援队伍规划,骨干救援队伍规划,专业救援队伍规划,社会救援队伍规划,企业救援队伍规划】【队伍能力和水平,队伍指挥协调,政府购买救援服务,队伍激励和保障】【队伍组建,队伍素质,队伍军事化管理,队伍业务训练,队伍快速反应,队伍救援装备,队伍心理素质,队伍工作作风,队伍政治思想,队伍内部管理,队伍装备状态】【政府统一管理,管理和业务指导,落实主体责任,确认重点救援队伍】【组织领导责任,值班值守,应急响应,指挥调度,应急联动,培训演练,物资装备保障,技术支持,经费保障力度,相关配套制度】【登记备案,队伍指挥,队伍调用,统一指挥平台,联席会议制度】【分级调度,快速响应】【制订装备配备目录,制定装备配备计划,执行装备配备计划】【制订教育训练大纲,落实教育训练场地,明确教育训练任务,执行教育训练考核,强化联合演练】【队伍职业保障,队伍战勤保障,队伍专业力量保障】【装备物资储备调运,高科技研发,现代信息技术应用】【资源数据库,指挥信息化平台,通信保障能力】【制定保障政策,落实保障政策,建立荣誉体系】【组织领导,运行机制,协调联动,技术支撑,装备配备,业务培训,实战演练,区域合作,经费投入,考核检查】⟩。

(2)通用树状图表达式(图10-33)

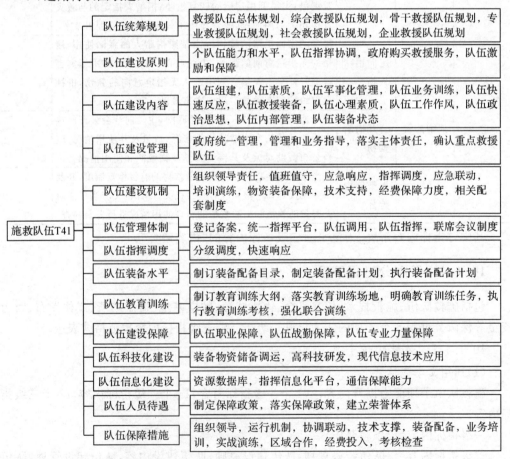

图10-33 施救队伍子项能力提升3级指标内容树状图

（3）通用"一张表格"表达式（表 10-33）

表 10-33　施救队伍子项能力提升 3 级指标内容"一张表格"

适用救援灾害：自然灾害、事故灾难、公共卫生事件、社会安全事件等分灾害 Vij

适用救援区域：省级、副省级、地区级、区（县）级、街道（镇）级、社区（村）级等分区域 Gij

适用救援过程：保障分过程 T4 施救队伍子项 T41

能力提升一级指标内容（0-分值Ⅰ）	能力提升二级指标内容（0-分值Ⅱ）	能力提升三级指标内容（0-分值Ⅲ）	指标内容解释	专家打分（0-1）
施救队伍子项 T41	队伍统筹规划	救援队伍总体规划	统筹规划各类应急救援队伍的种类、数量、层次、布局等，制定各类应急救援队伍建设标准及管理办法	
		综合救援队伍规划	一是消防救援队伍。尽快实现从火灾单一救援向全灾种综合救援转变，担负起应急救援主力军职责；二是五级综合应急救援队伍，组建省、市、县、乡、村五级综合应急救援队伍，担负起"就近首救"职能	
		骨干救援队伍规划	建设人民解放军、武警部队、公安、预备役民兵等骨干救援队伍	
		专业救援队伍规划	建设各专业应急救援队伍，发挥其在应急救援中的专业力量作用	
		社会救援队伍规划	包括基层、社会、志愿者等应急救援队伍，发挥其在应急救援中的辅助力量作用	
		企业救援队伍规划	加强企业内部应急救援队伍建设，建立专职或兼职应急救援队伍	
	队伍建设原则	队伍能力和水平	需坚持综合性和专业性并举，要在"一专多能"原则的指导下对救援队的综合技能进行专业培训	
		队伍指挥协调	一是需要建立部门间应急救援队伍指挥协调机制；二是要建立政府与企业应急救援队伍指挥协调机制；三是要建立区域之间的应急救援队伍指挥协调机制	
		政府购买救援服务	向社会组织建立的应急救援队购买应急救援服务，通过与社会救援队签订服务协议，要求社会救援队在紧急情况下提供有偿救援服务	
		队伍激励和保障	第一，政府应增强对社会救援组织和救援人员物质和精神保障，提高激励和保障措施的制度化、规范化水平；第二，政府应建立社会救援力量应急救援补偿机制，对补偿范围、标准、方式予以规范化、制度化	

续表

		队伍组建	包括指挥型、综合型、骨干型、专业型、医疗型、陆海空医疗转运型、基层专(兼)职型、社会型、专家型、志愿者型、治安型、搜救犬型等各类应急救援队伍	
施救队伍子项 T41	队伍建设内容	队伍素质	各类应急救援队伍人员加强体能训练以增强抵抗力,自身素质(体质、仪器操作、理论、实战经验、实战水平等方面)提升	
		队伍军事化管理	严格按照军事化标准进行管理,真正提升紧急情况下各类应急救援队伍的作战能力	
		队伍业务训练	进行更加先进的应急救援技术的培训,强化救援人员配置、装备配备、日常训练、后勤保障及评估考核	
		队伍快速反应	健全各类应急救援队伍快速调动机制,提高队伍快速反应能力	
		队伍救援装备	应用先进研发成果,研发机动灵活、适应性强的专业救援装备配备,提高应急救援技术装备水平	
		队伍心理素质	必须经过长期的心理训练,提高队伍人员心理素质,即使遇到再难的事故也能减轻自身的心理压力	
		队伍工作作风	无论是日常的技能训练还是真正的实践操作,都必须持认真负责的态度,对每项救援工作都一丝不苟	
		队伍政治思想	培养应急救援人员的人生观和价值观,具备良好的职业道德和为人民服务的意识	
		队伍内部管理	强化内部管理,健全各种内部管理规则制度,做到"招之即来,来之能战、战之能胜"	
		队伍装备状态	做好装备日常救援设备的检修和维护工作,进行定期的演示,随时处于战备状态	
	队伍建设管理	政府统一管理	对应急救援队伍实行统一管理,定期开展队伍建设现状普查,掌握重点队伍建设管理情况,强化能力建设,优化布局,实行分级指导服务。积极开展联防联训、协同演练、比武竞赛、业务交流等活动	
		管理和业务指导	加强日常管理,将队伍建立、变更、合并、撤销等情况及时向同级应急管理部门报备,并依法向社会公开;指导队伍制定完善相关预案、方案,定期组织演练,提高实战技能和专业水平	

施救队伍 子项 T41	队伍建设 管理	落实主体 责任	应急救援队伍必须坚决做到服从命令、听从指挥,恪尽职守、苦练本领,不畏艰险、不怕牺牲,对党忠诚、纪律严明、赴汤蹈火、竭诚为民	
		确认重点 救援队伍	根据本地区事故灾害类别、风险程度、救援资源覆盖面和救援队伍能力水平,确认各级政府重点应急救援队伍,实行分级指导服务、分级优先调度	
	队伍建设 机制	组织领导 责任	各级政府是推进本级应急救援队伍建设工作的责任主体,统筹各类应急救援队伍建设工作,推进应急资源的整合和共享,指导、督促各相关部门应急救援队伍的规划、组建和管理工作	
		值班值守	根据遂行应急救援任务的需要,建立 24 小时值班值守制度,确保应急救援人员在岗在位	
		应急响应	突发公共事件后,根据应急预案明确的初判条件,立即启动应急响应,应在规定时间内组织相应数量的应急救援人员携带相关应急救援装备在指定位置集结	
		指挥调度	统筹各级应急救援队伍的指挥调度,应急办负责具体协调工作,建立应急联动机制的地区或部门按照有关协议调用相关应急救援队伍	
		应急联动	建立健全相关工作机制,完善工作制度,实现资源共享和应急救援联动,形成有效处置突发公共事件合力	
		培训演练	制定应急救援队伍培训和演练计划,邀请相关专家和经验丰富的技术人员,进行集中讲授和现场培训;重点加强应急救护知识与技能的培训力度,提高队员的应急救援意识和专业水平	
		物资装备 保障	配备必要的应急救援装备,并根据实际需要配备技术含量高、救援效果好的新型装备。要根据突发公共事件的特点和规律,有针对性地储备相关应急救援物资,或者与相关单位签订协议,进行生产能力储备	
		技术支持	要加强相关信息的采集,定期统计汇总各级应急救援队伍的种类、数量、物资装备等基础数据,并依靠信息网络技术,建立统一的应急救援队伍信息平台,实现应急救援队伍基础数据的动态更新和资源共享	
		经费保障 力度	各级财政部门要将应急救援队伍建设经费纳入同级财政预算,同时逐步探索建立多元化的应急救援队伍经费渠道,形成政府补助、组建单位自筹、社会捐赠相结合的经费保障机制	
		相关配套 制度	建立应急救援队伍医疗、工伤、保险、抚恤和心理干预制度,对做出突出贡献的集体和个人给予表彰奖励,发挥典型引导作用	

续表

施救队伍子项 T41	队伍管理体制	登记备案	实施应急救援队伍"一张图"管理,建立队伍驻地、人员数量、队伍特长、装备配备等情况台账	
		统一指挥平台	实施应急救援队伍"一张网"指挥,建立统一的指挥平台,开发统一的通信系统,将卫星通信、无线对讲设备配发到每支队伍、每名指战员	
		队伍调用	各类应急救援队伍由应急管理部门统筹调用,由应急管理部门下达指令,调用相关队伍开展应急救援	
		队伍指挥	各类应急救援队伍进入现场后,由专人统一调度指挥,避免多人指挥,队伍无所适从	
		联席会议制度	加强应急救援队伍的领导和协调,建立应急救援工作联席会议制度,提高队伍快速应急救援能力	
	队伍指挥调度	分级调度	应急救援队伍调度由各级应急管理指挥部下达书面调度指令;需要上级人民政府、驻军单位或者其他地方应急救援队伍增援的,由应急管理指挥部发出书面增援请求;执行跨地区救援任务的由各级应急管理指挥部出具调度指令	
		快速响应	各类应急救援队伍接到调度令或者救援请求后立即启动应急响应,第一时间赶赴救援现场或指定地点,按照既定的现场救援方案和任务分工实施救援处置	
	队伍装备水平	制订装备配备目录	分门别类制定各类队伍应急救援装备配备目录,既要有救援、防护、通信等基本装备目录,也要有先进适用、高科技装备目录	
		制定装备配备计划	根据各类救援队伍装备配备目录要求,制定各类救援队伍装备配备年度到位计划	
		执行装备配备计划	一是要将应急救援队伍装备配备资金纳入各级政府财政预算予以落实;二是要加强各级各部门已有装备整合共享、集中使用力度	
	队伍教育训练	制订教育训练大纲	明确综合、专业、社会应急救援队伍教育训练科目、时间、要求,为各类队伍制订教育训练大纲	
		落实教育训练场地	应急救援人员体能、救援技能训练,可依托各类救援训练基地开展	
		明确教育训练任务	各类救援队伍要严格依纲建立教育训练制度,落实年度教育训练任务,开展联动联演,提高科学救援能力	

施救队伍子项 T41	队伍教育训练	执行教育训练考核	组织对各类救援队伍的教育训练情况其进行考核,考核合格的,队伍授予相关应急救援资质,队员发放相关应急救援技能证书;考核不合格的,队伍、队员不得从事相关救援工作,确保专业队伍、专业人员从事专业救援	
		强化联合演练	要有计划地开展跨区域、跨部门、跨专业的联合应急救援演练,提高协同应对救援处置能力	
	队伍建设保障	队伍职业保障	明确救援队伍队员补充招录、身份属性、职级晋升、医疗工伤、抚恤保险、考核奖惩、退休保障等制度,强化对救援队伍队员的职业保障	
		队伍战勤保障	落实救援队伍资金保障,加快建立应急状态下的主要应急物资等联储、联运、联调保障机制	
		队伍专业力量保障	完善组织机构、装备设施、队列风纪、学习培训、应急值班、日常管理、联勤联训、联动演练、伤员急救、体能训练等制度;强化日常救援训练,加强对各类灾害事故处置技术、战术研究和训练,开展力量集结、战斗编成、通信联络、组织指挥、现场处置、安全防护等应急救援业务训练和培训;强化对新技术装备的操作应用	
	队伍科技化建设	装备物资储备调运	确保应急救援的装备和物资需要,确保储备到位、调运顺畅、及时有效、发挥作用	
		高科技研发	加强应急救援新技术、新材料、新装备的研发,形成强有力的应急救援科技原始研发、创造创新、成果转化能力和机制	
		现代信息技术应用	运用 5G 网络、物联网、云计算、无人机、机器人、大数据、AI 等信息化手段,构建广泛智能感知的科技防控网络。加强应急救援管理信息平台建设,提高安全自动监测和防控的能力	
	队伍信息化建设	资源数据库	开展各行业应急救援资源普查,充实和完善应急救援资源数据库;建立数据维护和更新的长效机制,建立健全数据共享、调用的协调机制,确保信息资源的安全性、时效性和准确性	
		指挥信息化平台	全面建成应急救援实战指挥平台,与上级数据中心实现联网运行。通过指挥平台,明确区域所有救援力量之间的隶属、配属、支援、协同、指导和协调等纵向和横向指挥关系	
		通信保障能力	加强应急救援通信保障和装备建设,关键通信装备实现无盲区,固化形成适应各类灾害救援的应急通信保障模式	

施救队伍子项 T41	队伍人员待遇	制定保障政策	明确各类救援队伍参与应急救援的资金保障、保险保障、费用补偿、伤亡抚恤、免责条款等保障政策	
		落实保障政策	按照分级负责、属地为主原则,明确应急救援队伍日常建设、应急救援经费保障各级财政分摊比例	
		建立荣誉体系	设置不同类别应急救援队伍队旗、队徽、队训、队服,建立符合职业特点的优待制度,明确应急救援队员享受的优待权益,退职后能退有所养、享受尊荣	
	队伍保障措施	组织领导	负责综合性应急救援队伍和专业应急救援队伍的建设规划	
		运行机制	要建立综合队伍、专业队伍、志愿者队伍协调配合、应急联动,以及区域间联防联控的运行机制,确保应急救援队伍拉得出、用得上、配合好、处置佳	
		协调联动	推动综合性应急救援队伍与公安、水务、气象、地震、建设、海洋、环保、交通、安监、供电、供气、海事、卫生、农业、金融、外事、信息、通信等部门加强协调联动,及时会商解决应急救援中的问题	
		技术支撑	建立由相关行业和领域专家组成的应急救援专家组,为各类应急救援提供"智库"支持;加强应急救援战术战法研究,不断提高应急救援水平	
		装备配备	加大投入,分期、分批、分阶段配备应急救援装备,建立健全应急救援队伍装备物资保障机制,并依托现有应急物资储备库,实现"联储共用"的保障机制	
		业务培训	要制订切实有效的培训计划和方案,多渠道、多手段加强应急救援队伍的业务培训,全面提升业务能力	
		实战演练	加紧建成投用综合性应急救援训练基地,要强化实战演练,特别是要经常性组织"双盲演练"和跨区域联合演练,建立健全"以训辅练、以练检训"良好机制	
		区域合作	建立应急救援队伍联动合作机制,联合制订跨区域协同应急救援预案,购置应急救援装备,可互相调用。区域各类应急救援队伍之间建立协调联动和信息共享机制,确保各救援队伍间的有效合作和联动	
		经费投入	将应急救援队伍建设的经费纳入同级财政预算,增加综合性应急救援队伍建设的经费投入。要积极争取队伍编制,发展政府合同制、专职等多种形式救援队伍	
		考核检查	将应急救援队伍建设实施情况纳入政府、部门以及"平安建设"的考核内容,将适时组织有关部门对应急救援队伍建设情况进行督查和考核验收,要对做出突出贡献的集体和个人,按照有关规定给予表彰奖励	

其中,"指标内容解释"为该子项三级指标内容的"内容解释"。

10.1.4.2　施救技术子项

(1)通用文本表达式

施救技术子项能力提升内容＝(1个一级指标内容,7个二级指标内容,62个三级指标内容)。

一级指标内容＝{施救技术}。

二级指标内容＝{通信技术,计算机硬软件技术,现代信息技术,计算机处理技术,基础数据,现场施救技术,协同指挥调度技术}。

三级指标内容＝{【有线通信,短距无线通信,移动通信,固定卫星通信,移动卫星通信,集群通信,微波通信,超短波通信,无线自组网通信】,【网络,硬件,存储设备,输入设备,输出设备,系统软件】,【移动互联网,物联网,云计算,大数据,3S集成,可视化,人工智能,智能视频监控,无人机】,【计算机处理技术,数学处理技术】,【基础数据,人力资源数据,医疗救护力量数据,地理空间数据,应急知识数据,应急预案数据,生命探测设备数据,生命探测过程数据,现场环境数据】,【救援防护技术,救援侦测技术,生命探测与定位技术,救生通道构建技术,灾害应急处置技术,现场医疗救援技术】,【接警与处警,应急值守,应急培训与演练,预案管理,数据库,资源保障,专家管理,数据共享交换,综合业务管理,风险隐患监测,预测预警,查询统计,指挥调度,态势分析,命令执行,虚拟仿真,决策辅助,信息发布,大屏幕显示,移动指挥车,绩效评估】}。

(2)通用树状图表达式(图10-34)

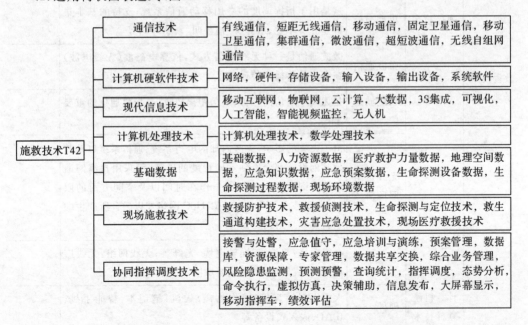

图10-34　施救技术子项能力提升3级指标内容树状图

（3）通用"一张表格"表达式（表 10-34）

表 10-34　施救技术子项能力提升 3 级指标内容"一张表格"

适用救援灾害：自然灾害、事故灾难、公共卫生事件、社会安全事件等分灾害 Vij

适用救援区域：省级、副省级、地区级、区（县）级、街道（镇）级、社区（村）级等分区域 Gij

适用救援过程：保障分过程 T4 施救技术子项 T42

能力提升一级指标内容（0-分值Ⅰ）	能力提升二级指标内容（0-分值Ⅱ）	能力提升三级指标内容（0-分值Ⅲ）	指标内容解释	专家打分（0-1）
救援技术子项 T42	通信技术	有线通信	电力线、电话线、双绞线、光纤等	
		短距无线通信	蓝牙、ZigT2T5T5（紫蜂）、Wi-Fi、UWT2（超宽带）、60GHz、IrT4T1（红外）、RFIT4（射频识别）、NFT3（近场通信）、VLT3（可见光）、专用短程通信、LTT5-V 通信等	
		移动通信	3G、4G、5G 等	
		固定卫星通信	亚星-2、亚星-3S、亚星-4、亚太-v、亚太-1T1、亚太-2R、亚太-6 号，中卫-1 和鑫诺-1、鑫诺 2 号等	
		移动卫星通信	海事卫星、亚洲蜂窝卫星、欧星、铱星、全球星、天通一号 01、02、03 星等	
		集群通信	这是用于指挥调度的专用移动通信系统，支持的基本集群业务有单呼、组呼、广播呼叫、紧急呼叫等	
		微波通信	微波通信是一种无线通信方式，依靠电磁波（无线电波）在空间的传播来传递消息	
		超短波通信	是无线电通信的一种，通信距离较远，是应急通信的重要手段之一	
		无线自组网通信	由于灾害的影响，灾区内部的电力系统、通信系统以及其他基础设施都会遭到不同程度的破坏，而采用自组网通信技术则可以突破救灾工作在时间以及空间方面的限制，主要是由 WLAN 与 ADHoC 网络加以融合所产生的全新无线自组网	
	计算机硬软件技术	网络	有线网络：双绞线、同轴电缆、光纤等；无线网络：无线广域网、无线局域网、无线城域网	
		硬件	大中小型计算机、工作站、台式机、笔记本、智能手机、IPAD、嵌入式设备等	
		存储设备	硬盘及硬盘阵列、光盘及光盘阵列、U 盘、磁带机及磁带库、SD 存储卡等	

续表

施救技术 子项 T42	计算机硬 软件技术	输入设备	扫描仪、激光扫描仪、全数字摄影测量工作站、测量仪器、卫星定位接收机、数码相机、摄像头、数据手套等人体穿戴设备、手写输入设备等	
		输出设备	DLP 液晶屏幕、LED 屏幕、OLED 屏幕、头盔式显示器、Google 眼镜、智能手表、电子纸、绘图机、3D 打印机、全息投影、投影机等	
		系统软件	操作系统、数据库、网络软件、浏览器、编程语言等	
	现代信息 技术	移动互联网	就是将移动通信和互联网二者结合起来成为一体的技术	
		物联网	是指实时采集任何需要监控、连接、互动的物体或过程，采集其声、光、热、电、力学、化学、生物、位置等各种需要的信息，通过各类可能的网络接入，实现物与物、物与人的泛在连接，实现对物品和过程的智能化感知、识别和管理	
		云计算	指 IT 基础设施的交付和使用模式，通过网络以按需、易扩展的方式获得所需计算资源	
		大数据	挖掘数据之间的关联关系，分析数据的变化规律，预测数据的变化趋势	
		3S 集成	全球卫星导航系统(GNSS)、遥感技术系统(RS)、地理信息系统(GIS)三者集成	
		可视化	二维可视化、三维(仿真)可视化、VR 虚拟现实可视化、AR 增强现实可视化等	
		人工智能	解决不能纯粹用数学模型解决的问题，如形象思维、抽象思维、想象力、意向、直觉、经验、灵感、大局观、天才、特殊才能等	
		智能视频监控	解决目标检测和跟踪、目标分类、目标行为识别(又称行为理解)等	
		无人机	充分利用人工智能、卫星定位、5G 技术，引领无人机的智能化、自主化发展，实现环境感知、自动避障，智能规划飞行航线，实现远程遥控操作向自主控制转变	
	计算机处理技术	计算机处理技术	数据结构、WebService、图形学、图像处理、计算机视觉、人工智能、模式识别、专家系统、网格计算、神经元网络、数据挖掘、计算机三维仿真、虚拟现实、增强现实、数据仓库、数据立方体、数字水印、软件工程等	

续表

	计算机处理技术	数学处理技术	算术、初等代数、高等代数、线性代数、概率和数理统计、数理逻辑、图论、模糊数学、运筹学、计算数学、数论、欧式几何、非欧几何、解析几何、微分几何、代数几何学、射影几何学、拓扑学、分形几何、微积分学、实变函数论、复变函数论、泛函分析、偏微分方程、常微分方程、突变理论、数学物理学等	
施救技术子项 T42		基础数据	少数民族信息、经济统计数据、国家级贫困县、重点防护目标、重大危险源、应急机构、应急救援力量、应急专家信息、应急避难场所、应急救援物资库、应急医疗资源、应急通信资源、应急运输资源、关联数据等	
	基础数据	人力资源数据	医疗救护力量、消防力量、公安警力、地震系统联络、基层政府系统联络、地方抗震救灾指挥部联系、灾情速报网络、军队与武警联系、抗洪抢险常备队、森林公安民警、矿山救护队、民用爆破人力资源、危险化学品人力资源、烟花爆竹应急救援队、民航消防大队、机场急救中心、建委应急人力资源、地震现场工作队等数据	
		医疗救护力量数据	医院、厂矿医院、中央部委医院、军队驻市医院、急救站、一级医院、二级医院、三级医院、其他无等级医院	
		地理空间数据	地区 1∶10000 和城区 1∶2000 地理信息数据库;全市遥感影像数据库;案(事)件、门牌号码、警力部署、警用车辆船舶、图像监控点、分县局辖区、派出所辖区、派出所警区数据库;火灾事故、消火栓、消防水源、消防队、重点消防单位、消防企业、灭火与抢险救援器材数据库;交通事故、交通标志、交通信号灯、交通监控器、交通警力、加油站数据库;急救事件、医疗卫生;洪灾事件、防洪区、防洪设施、防洪监测、防洪保护区、重点保护单位、救援物资场站数据库;污染事件、重点排污企业、垃圾处理场、环境监测设备数据库	
		应急知识数据	"三懂":懂得各种不安全因素的危险性,懂得各种危险危害形成原因,懂得各种危险危害的防范方法和避害技巧;"三会":学会报警方法、学会预防危险、学会自及逃生避险和自救互救知识,提高公民应预防、避险、自救、互救和减灾能力	
		应急预案数据	国家、国务院、部门、地方、企事业、基层单位、重大活动应急预案	

施救技术 子项 T42	基础数据	生命探测 设备数据	是指用于描述生命探测设备的数据,包括便携式 L 波段探测设备、车载式 K 波段探测设备、P 波段探测设备等属性数据。具体包括:设备编号、设备名称、设备使用说明、使用寿命、设备图片、探测范围、探测深度、波段类型等	
		生命探测 过程数据	是指生命探测设备在使用过程中监测到的探测结果数据,具体包括:探测范围内生命体个数、生命体的三维坐标、生命探测雷达当前位置、生命体状态信息等	
		现场环境 数据	为保障在复杂救援环境下生命探测和救援的高效性,需要接入视频、图片、音频等现场环境数据	
	现场施救 技术	救援防护 技术	针对氧气呼吸器佩戴时面罩起雾、通话不便及易损部件接口不统一,灾区作战防护服在极端高、低温环境中隔热性能较差,救援过程中小型、便携式电动救援工器在井下充电不便等问题提出的救援防护技术	
		救援侦测 技术	针对灾区智能侦测机器人越障能力差、定位及自主导航技术精度低、电池能量密度小;智能侦测飞行器自主导航能力差、负载小;发射式远距离灾区环境侦测系统发射位置控制难度大、测点单一、数据漂移等问题提出的救援侦测技术	
		生命探测 与定位技术	针对现有生命探测仪器均存在定位精确度低、可靠性差、抗干扰能力弱、环境适应性差、穿透能力弱、防爆等级低等缺陷,难以对遇难人员进行探测与搜索定位,RFID 识别卡不能实现对人员地理坐标位置的精确定位等问题提出的生命探测与定位技术	
		救生通道 构建技术	针对目前大直径垂直钻机国产化低、防爆等级低、钻进距离短、钻进速度慢、定位能力差,缺乏便携式支护与破拆设备、顶管掘进机,直径 800mm 以上水平救援钻机、快速跟管钻进设备等专用装备,60m 以上高层/超高层建筑逃生装备等问题提出的救生通道构建技术	
		灾害应急 处置技术	针对应急救援处置过程中出现的问题提出的灾害应急处置技术	
		现场医疗 救援技术	在灾害现场进行的各种医疗救援技术	

续表

		接警与处警	接警模块、处警模块、报警定位模块、录时录音模块等	
施救技术子项 T42	协同指挥调度技术	应急值守	实现与应急通讯子系统集成、值班数字化管理、事件快速处置与信息报送	
		应急培训与演练	应急救援事件管理、应急救援演练、应急救援仿真、应急救援培训	
		预案管理	应急救援预案录入、修改、查询、数字化、推演等	
		数据库	应急救援基础信息数据库、地理空间信息数据库、预案库、事件库、案例库、知识库、模型库、文档库等	
		资源保障	物资保障:负责资源配置与储备,对救灾物资进行维护、补充与更新,优化资源配置,实行资源综合集成共享;人力保障:负责人力资源规划、人力资源管理、人才队伍建设和机构人员配备等	
		专家管理	对涉及自然灾害、事故灾难、公共卫生事件、社会安全事件和综合管理等 5 大类 33 个领域专家进行动态管理	
		数据共享交换	是指将分散建设的若干应用救援信息系统进行整合,通过计算机网络构建的信息交换平台,保证分布异构系统之间互联互通,完成数据的抽取、集中、加载、展现,构造统一的数据处理和交换	
		综合业务管理	应急救援日常值守、信息接报、事件接收和处置、消息收发、资源管理	
		风险隐患监测	灾害风险隐患采集、风险隐患查询、风险隐患分析、风险隐患分析跟踪	
		预测预警	自然灾害、事故灾难、公共卫生事件、社会安全事件等的预测预警	
		查询统计	对应急救援各类任务、力量、物资、值班信息、警情分析、车辆出动记录、行车里程、油料消耗、灭火剂消耗、驾驶员信息、器材装备等信息进行统计查询	
		指挥调度	平时状态下,主要负责组织、培训、演练,完善相关制度,信息汇总分析,判断灾害事件的性质及其预兆,批复请求,组织协调,安全检查,灾害事故调查,资源贮备等;警戒状态下,负责制定突发灾害事件的预防措施,组织检查演练,信息汇分值析与研究判断,批复操作请求、组织协调等;战时状态下,根据灾害性质确定应对方案,负责跟踪评估,动态调整预案,批复操作请求,响应下级支援请求,灾害事故条插,组织协调,信息沟通等	

		态势分析	在 GIS 地图上对事发地点进行定位,并查看事件影响范围,周边应急救援队伍、物资、装备,以及危险源、重点防护单位等分布情况	
		命令执行	平时状态下,负责日常工作的运行、系统维护与更新改造,执行技术培训和演练;在警戒状态时,负责检查、消除灾害隐患,根据指挥调度系统指令配置资源,加强灾害监测和信息反馈工作;战时状态下,根据指挥调度系统命令,启动应急预案,及时向其他系统反馈灾害现场信息,临时资源分配,灾后处理	
		虚拟仿真	为应急救援培训、推演、演练、人员疏散模拟、事故后果模拟、考评等提供针对性的模拟仿真培训/演练系统	
施救技术子项 T42	协同指挥调度技术	决策辅助	进行预案库管理,提出技术培训与应急演练方案、资源配置方案,开展预警信息分析与评估提出应急处置决策建议,对灾后应急处理绩效进行评价	
		信息发布	负责发布自然灾害、事故灾难、公共卫生事件、社会安全事件预警信息,形成权威、畅通、科学、有效的突发公共事件预警信息发布平台	
		大屏幕显示	利用它来展示各类信息,包括各类现场音视频、基础数据、应急预案、消防站点执勤实力、实时警情、天气预报等信息,也可用来实现远程作战会商和战术研讨	
		移动指挥车	可基于车载 TD-LTE 专网和公网实现应急移动指挥,既可以利用公网覆盖范围广、高效、通畅的特点实现移动通信指挥,也可在没有公网覆盖的情况下利用 TD-LTE 专网实现现场信息的收集,指挥、救援、调度,保证快速、及时、准确收集现场信息,为指挥提供实时的决策信息	
		绩效评估	包括能力评估、危险源评估、经济损失评估、人口受灾损失评估、基础设施受灾损失评估	

其中,"指标内容解释"为该子项三级指标内容的"内容解释"。

10.1.4.3　信息平台子项

(1)通用文本表达式

信息平台子项能力提升内容＝(1 个一级指标内容,6 个二级指标内容,25 个三级指标内容)。

一级指标内容＝｛信息平台｝。

二级指标内容＝｛管理信息化,融合指挥,通信网络,短临预警,全域感知,数据智能｝。

三级指标内容＝｛【融合指挥,应急通信,预警响应,感知方式,人工智能】,【指挥场景融合,指挥要素融合,指挥流程融合】,【通信网建设,通信保障队伍,通信应用创新】,【短临预警工作,短临预警精细化能力,短临预警多灾种应用】,【全域感知平台,接入生产安全感知,接入灾害感知数据,接入安全感知数据,接入现场感知数据,接入卫星遥感数据】,【数据治理服务管理,数据智能监管执法,数据智能用于灾害,数据智能调度指挥,智能辅助决策】｝。

（2）通用树状图表达式（图 10-35）

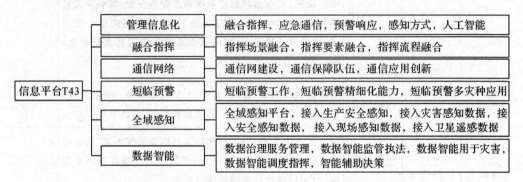

图 10-35　信息平台子项能力提升 3 级指标内容树状图

（3）通用"一张表格"表达式（表 10-35）

表 10-35　信息平台子项能力提升 3 级指标内容"一张表格"

适用救援灾害:自然灾害、事故灾难、公共卫生事件、社会安全事件等分灾害 Vij				
适用救援区域:省级、副省级、地区级、区(县)级、街道(镇)级、社区(村)级等分区域 Gij				
适用救援过程:保障分过程 T4 信息平台子项 T43				
能力提升一级指标内容（0-分值Ⅰ）	能力提升二级指标内容（0-分值Ⅱ）	能力提升三级指标内容（0-分值Ⅲ）	指标内容解释	专家打分（0-1）
信息平台子项 T43	管理信息化	融合指挥	以空天地全面感知和一体化融合通信为基础,建立科学高效、左右互通、上下联通的融合指挥体系,实现监测预警"一张图"、指挥协同"一体化"、应急联动"一键通",支撑各层级、各部门、前后方多场景应用、多终端快速接入,满足应对多灾种、多行业领域灾害事故,满足全面指挥、精准和高效,满足应急指挥智能化、扁平化和一体化作战等的需要	

续表

信息平台子项 T43	管理信息化	应急通信	通过推进建设稳定可靠的指挥信息网、天地联动的卫星通信网、高效灵活的宽窄带无线自组通信网,形成"全面融合、空天地一体、全程贯通、韧性抗毁、随遇接入、按需服务"的应急通信网络;组建"快速反应、固定模式、可靠有效"的应急通信保障队伍;综合利用各种通信技术和网络资源,搭建"通信枢纽、现场指挥、伴随保障"三位一体的应急通信体系,实现前方指挥部、后方指挥中心与灾害现场之间的通信畅通
		预警响应	依托"一键通"移动指挥系统、手机短信等多种渠道,提前1~3小时对中高风险地区、隐患点责任人进行精准靶向预警和信息推送,预警到点、责任到人,提高短临预警精准性
		感知方式	通过视频感知、物联感知、航空感知、卫星感知和全民感知等感知方式,实现现场救援区域的监测预警和应急处置动态数据采集汇聚。构建全域覆盖应急感知数据采集体系,实现泛在连接,提高对现实社会的感知和掌控能力,为应急指挥系统实战应用提供数据支撑
		人工智能	对应急救援管理相关领域数据进行治理,实现数据的深度学习,按需分析建模,建立事件链和预案链的综合分析模型,对灾害进行综合研判。通过专题研判、智能方案生成、专题辅助决策可视化、总结评估等功能,为研判风险和应对灾害提供辅助支持
	融合指挥	指挥场景融合	音视频通信纵向打通"省、市、县、镇、村"五级,横向打通公安、气象、水利等专业部门,实现各级应急管理部门间和各相关部门间的融合指挥,打造"横向到边、纵向到底"的应急指挥体系;建设移动应急指挥车、前线指挥系统等
		指挥要素融合	统一协调和指挥调度各类救援队伍、物资装备、专家、预案、社会力量、应急责任人等资源和力量,实现对救援人员、物资、设备等指挥对象的汇聚融合、统一展示和融合指挥
		指挥流程融合	覆盖值班值守、事件接报、应急响应、分析研判、协同会商、指挥调度、信息发布、总结评估等全业务流程
	通信网络	通信网建设	一是建设卫星通信网;二是建设无线通信网;三是建设灾害事故现场通信网,主要是按需配置或升级完善移动应急指挥车(方舱、中巴、SUV等应急指挥车)、按需配置自组网便携通信设备、侦查无人机、高智能便携智图设备、单兵图传设备、高智能便携智图设备等

续表

信息平台子项 T43	通信网络	通信保障队伍	组建应急通信保障队伍,负责通信装备的使用和维护,为现场应急通信保障提供有力支撑	
		通信应用创新	试点建设应急5G专网、开展5G+卫星融合通信应用,瞄准低轨卫星与高空飞艇,探索构建短波应急通信网,部署短波电台,支持点对点短波通信	
	短临预警	短临预警工作	建立省、市、县、镇四级联动工作机制,各级按联动机制实施响应,实现各级政府、相关部门短临预警信息快速下达和协调联动	
		短临预警精细化能力	构建精细化的短临预警平台,推动短时临近监测预警业务,实现各级之间预警信息的快速交流共享,达到上下级短时预警快速联防互动的效果;通过大数据、云计算等手段,提升短临与精细预报能力;深入开发短临滚动精细化预报子系统,实现"一键发布、一键接收"功能,实现预警服务自动化生成,提高智能化预警水平	
		短临预警多灾种应用	拓展短临预警到多灾种,实现多灾种监测预警全覆盖,实现多业务预警的集约化智能化运行和管理	
	全域感知	全域感知平台	基于感知数据汇聚集成、展示分析与智能应用,实现数据智能驱动、风险智识、视频感知分析和遥感感知分析。完善应急感知数据接入、处理、共享交换、管理、服务等服务能力,为应急救援管理大数据智慧分析和全面应用提供前端数据支撑	
		接入生产安全感知	接入重大危险源感知数据、接入重点工贸行业感知数据、非煤矿山感知数据、烟花爆竹感知数据、重要安全设施的完好性和运行状态感知数据、重大危险源及厂界周边隐患感知数据等数据	
		接入灾害感知数据	接入自然灾害、事故灾难、公共卫生事件、社会安全事件等感知数据	
		接入安全感知数据	推动建设完善城市安全感知网络,获取城市大型建筑感知数据、大型公用设施感知数据、地下管网及综合管廊感知数据、公共空间感知数据、轨道交通感知数据、消防重点单位感知数据、重大活动保障感知数据等	
		接入现场感知数据	接入应急救援现场环境风向、风力、气压、温度等实时感知数据,接入应急现场视频监控及移动采集视频等音视频感知数据	

续表

信息平台子项 T43	全域感知	接入卫星遥感数据	接入中国资源卫星应用中心、国家卫星气象中心等的遥感监测数据,包括高分、资源、风云、环境等系列卫星遥感数据。通过对卫星遥感数据的分析,支撑灾前监测预警、灾中观测、灾后评估等	
	数据智能	数据治理服务管理	建设数据资源库,完成数据治理、共享和交换,实现数据管理、数据服务行为管控和数据智能报表,保障数据安全	
		数据智能监管执法	一是推进监控预警智能化功能开发;二是汇聚生产安全事故数据;三是建设"工矿商贸行业安全生产基础信息和隐患排查信息系统";四是建设"安全生产执法信息系统",对各级执法检查、风险隐患、违法行为历史数据进行分析和学习,建立执法经验模型	
		数据智能用于灾害	利用立体感知数据,建立灾害中短期趋势预测模型,实现对重点关注地区未来中短期内地质灾害发生的时间、地点、发生概率进行预测	
		数据智能调度指挥	一是构筑有效支撑、感知灵敏、智能预警、快速反应、综合协调的应急救援调度指挥体系,实现精准救援;二是建设"应急救援物资综合系统",实现救灾物资的需求预测	
		智能辅助决策	实现典型应急案例与现场救援情形、现有救援资源的智能匹配,提出现场指挥部开设、救援力量布置、作战方案等参考处置方案,提供辅助决策支撑	

其中,"指标内容解释"为该子项三级指标内容的"内容解释"。

10.1.4.4 物质资源子项

(1)通用文本表达式

物质资源子项能力提升内容＝(1 个一级指标内容,20 个二级指标内容,90 个三级指标内容)。

一级指标内容＝{物质资源}。

二级指标内容＝{配置策略,储备体系,选配要求,储备选择与要求,储备结构规模与布局,保障模式,管理模式,调用模式,调度使用机制,专用物资保障,医疗设施保障,生活物品保障,通信装备保障,交通运输保障,公共基础设施保障,工程防御保障,救援物质保障,物资生产与进口保障,临时仓储装卸与搬运,物资管理信息化}。

三级指标内容＝{通用集中配置,共性邻近配置,特征定点配置},{储备规划,分级储备,储备网络,储备规模,供应渠道,储备方式},{先进与安全可靠,规格统一与配套,机动与便于运输,经济与平战兼容},{种类要求,数量要求,结构要求,管理要求},{储备结构,储备规模,储备布局},{衔接环节,横向协调,社会资源,一体化战勤,常规与战时,零散装备汇集},{购置和储备管理,调拨管理,发放和回收管理,质量监督管理,物资管理队伍},{定时调用,定量调用,定时定量调用,及时调用,超前调用,综合调用},{调度使用机制,调运使用程序,社会化配送,动态管理},{监测设备,侦检装备,消防设备,照明设备,交通设备,施救设备,个人防护设备,通讯联络设备,应急电力设备,重型设备,能源设备,农业设备,搜索装备,营救装备,其他装备},【医疗急救器械和药品,医疗支持设备】,【生活类,饮食类】,【现场指挥通信类,基本通信类】,【铁路运输,公路运输,水路运输,航空运输,管道运输】,【公共设施,其他设施】,【工程防御】,【防护用品类,救援运载类,生命救助类,生命支持类,污染清理类,临时食宿类,动力燃料类,工程设备类,器材工具类,照明设备类,通讯广播设备类,交通运输设备类,工程材料类】,【生产能力,进口采购】,【临时仓储,装卸与搬运】,【联动信息平台,物资大数据平台,储备管理信息化】}。

(2)通用树状图表达式(图 10-36)

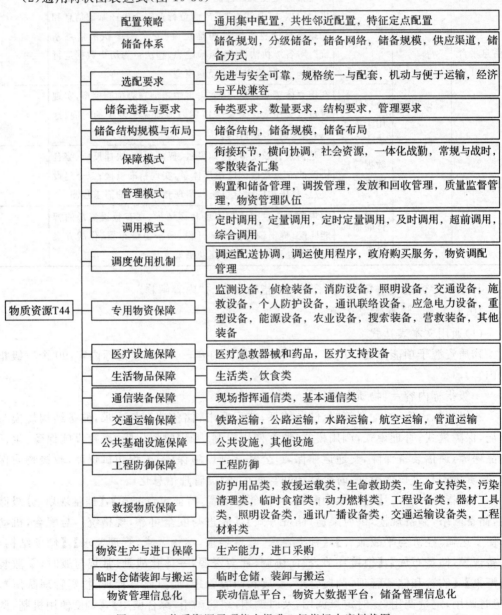

	配置策略	通用集中配置,共性邻近配置,特征定点配置
	储备体系	储备规划,分级储备,储备网络,储备规模,供应渠道,储备方式
	选配要求	先进与安全可靠,规格统一与配套,机动与便于运输,经济与平战兼容
	储备选择与要求	种类要求,数量要求,结构要求,管理要求
	储备结构规模与布局	储备结构,储备规模,储备布局
	保障模式	衔接环节,横向协调,社会资源,一体化战勤,常规与战时,零散装备汇集
	管理模式	购置和储备管理,调拨管理,发放和回收管理,质量监督管理,物资管理队伍
	调用模式	定时调用,定量调用,定时定量调用,及时调用,超前调用,综合调用
	调度使用机制	调运配送协调,调运使用程序,政府购买服务,物资调配管理
物质资源T44	专用物资保障	监测设备,侦检装备,消防设备,照明设备,交通设备,施救设备,个人防护设备,通讯联络设备,应急电力设备,重型设备,能源设备,农业设备,搜索装备,营救装备,其他装备
	医疗设施保障	医疗急救器械和药品,医疗支持设备
	生活物品保障	生活类,饮食类
	通信装备保障	现场指挥通信类,基本通信类
	交通运输保障	铁路运输,公路运输,水路运输,航空运输,管道运输
	公共基础设施保障	公共设施,其他设施
	工程防御保障	工程防御
	救援物质保障	防护用品类,救援运载类,生命救助类,生命支持类,污染清理类,临时食宿类,动力燃料类,工程设备类,器材工具类,照明设备类,通讯广播设备类,交通运输设备类,工程材料类
	物资生产与进口保障	生产能力,进口采购
	临时仓储装卸与搬运	临时仓储,装卸与搬运
	物资管理信息化	联动信息平台,物资大数据平台,储备管理信息化

图 10-36 物质资源子项能力提升 3 级指标内容树状图

(3)通用"一张表格"表达式(表 10-36)

表 10-36 物质资源子项能力提升 3 级指标内容"一张表格"

适用救援灾害:自然灾害、事故灾难、公共卫生事件、社会安全事件等分灾害 Vij

适用救援区域:省级、副省级、地区级、区(县)级、街道(镇)级、社区(村)级等分区域 Gij

适用救援过程:保障分过程 T4 物质资源子项 T44

能力提升一级指标内容(0-分值Ⅰ)	能力提升二级指标内容(0-分值Ⅱ)	能力提升三级指标内容(0-分值Ⅲ)	指标内容解释	专家打分(0-1)
物质资源子项 T44	配置策略	通用集中配置	通用集中配置的应急救援物资是非现场初期处置第一步骤所需用的物资,因此进行统一地点集中配置	
		共性邻近配置	是指救援设施设备风险相似,且位置相互邻近,灾害处置所需的物资相同,且可以在一个共用点存放的应急救援物资采取共性邻近配置	
		特征定点配置	是指救援设施设备风险较为特殊,灾害处置所需物资无法与周边临近的应急救援物资共用,且具有特殊专属、专用性质的应急救援物资,要采取特征定点配置	
	储备体系	储备规划	综合考虑区域灾害特点、自然地理条件、人口分布、生产力布局、交通运输实际等情况,遵循就近存储、调运迅速、保障有力的原则,进行储备规划	
		分级储备	科学确定各级应急救援物资储备品种、规模,形成分类分级的应急救援物资储备格局	
		储备网络	努力形成纵向衔接、横向支撑、规模合理的"中央—省—市—区县(市)—乡镇(街道)—村(社区)"五级储备网络	
		储备规模	一是中央储备规模;二是省级储备规模;三是市级储备规模;四是区县(市)级储备规模;五是乡镇(街道)级储备规模;六是村(社区)级储备规模	
		供应渠道	建立应急救灾物资采购和动员机制,拓宽应急期间救灾物资供应渠道,包括工厂生产、储备地存储、社会捐赠、国际提供等	
		储备方式	按照"政府储备与社会储备、实物储备与能力储备相结合"要求,建立健全以政府储备为主,商业和企业生产能力储备为辅的应急救灾物资储备机制。调动社会力量参与物资储备,倡导家庭层面的应急物资储备	

续表

物质资源 子项 T44	选配要求	先进与安 全可靠	选择国内外技术性能先进、高精尖、安全耐用的装备,以保证其在应急救援行动中性能稳定、质量可靠、安全高效,提高应急救援效率	
		规格统一 与配套	同类应急救援装备力争做到品牌和规格统一,以便于维护管理和减少其配套的保障品种和数量	
		机动与便 于运输	多选择可自行式机动应急救援装备。对于需拆解运输的大型装备,务求结构简单易于现场安装。对于小型装备、器材、工具、配件等宜采取分类装箱储备,其材料、尺寸设计应尽量统一,以便于装载运输	
		经济与平 战兼容	选配装备要从经济性、合理性、实用性考虑,不仅要适用于应急救援任务,同时也要适用于平时的训练和施工生产,避免重复购置、闲置和浪费	
	储备选择 与要求	种类要求	应急救援装备的种类很多,储备时要考虑三个方面:根据预案要求进行选择,根据灾情实际进行选择,根据规定淘汰老旧装备	
		数量要求	应急救援装备储备的数量应在编制规定的范围内,科学规划、合理储备,确保应急救援装备的齐全到位,严格编制数量,科学合理储备	
		结构要求	建立合理的应急救援装备储备结构,首先应当突出储备重点,主要是指消耗量大、补充难度大、动员能力有限的装备物资器材;其次应比例恰当。应根据实际需要和相互配套关系,保持合理的数量及比例,形成综合配套、比例恰当、保障供需匹配的储备结构	
		管理要求	必须严格管理,仔细维护,使其时刻处于良好的战备状态。同时,会树立高度的责任感,强化管理保障能力,确保装备得到科学正规的管理	
	储备结构 规模与布 局	储备结构	要充分考虑不同种类、品种、规格、性能的应急救援装备间的数量与质量搭配情况,使不同种类装备的储备结构形成科学合理的搭配,能够适应不同任务需求	
		储备规模	统筹兼顾需求与能力的综合情况,合理确定应急救援装备储备的规模。规模过大,将影响更新周期,造成过期失效和积压浪费,降低装备保障与管理的经济效益;规模过小,难以及时满足任务需求,造成装备保障中断,影响应急救援任务的完成	

续表

物质资源 子项 T44	储备结构 规模与布 局	储备布局	应急救援装备储备必须形成合理的布局:一是战略性储备要位于国家地理位置适当、交通方便的地区,便于对各方向实施全方位支援;二是战役性储备要采取按方向、分重点的区域储备,便于对某一方向、易发生灾害地区的应急救援行动实施区域内就近保障;三是随队携运行储备要位于应急救援队伍驻地并具有随时机动的能力;四是装备储备要突出重点,对政治经济重点地区和灾害多发地区及担负重要任务的应急救援队伍,应进行重点储备	
	保障模式	衔接环节	要根据应急救援行动情况,统筹安排、合理组织,把握和衔接好装备保障的各个环节,确保应急救援行动有序、顺利开展	
		横向协调	要搞好应急救援装备类型和数量的横向协调,内外部互通有无、相互支援、协同保障,提高应急救援装备的使用效率和整体保障能力	
		社会资源	应充分利用社会资源增强装备保障力量,对社会资源进行有效调研,签订相关协议	
		一体化战勤	覆盖一体化战勤保障体系,组建战勤保障基地,组建战勤保障大队	
		常规与战时	加强与国家战略物资储备系统的对接,通用物资以政府储备为主,专业物资以消防战勤保障队伍储备为主,实行多方联储、资源共享、并轨运作	
		零散装备汇集	按照保障对象进行合理编配,把零散装备物质汇集成不同功能模块储备,实现战时可快速响应的应急模块	
	管理模式	购置和储备管理	按照政府采购政策规定,购置救灾储备物资。救灾储备物资实行封闭式管理,专库存储,专人负责。救灾物资储备仓库应避光、通风良好,有防火、防盗、防潮、防鼠、防污染等措施。储存的物资要有标签,标明品名、规格、产地、编号、数量、质量、生产日期、入库时间等	
		调拨管理	调拨管理书面申请的内容包括:灾害发生时间、地点、种类,转移安置人员或避灾人员数量,需用救灾物资种类、数量等	
		发放和回收管理	救灾物资发放使用救灾物资时,应做到账目清楚,手续完备,并以适当方式向社会公布。使用结束后,未动用或者可回收的救灾物资进行回收,经维修、清洗、消毒和整理后,作为救灾物资存储	

续表

物质资源子项 T44	管理模式	质量监督管理	加强应急救灾物资采购流程和库存物资定期轮换管理,强化质量监督,保证物资"靠得住"	
		物资管理队伍	加强对各级应急救灾物资储备管理人员、技术人员、操作人员等的培训,不断提高管理队伍的能力和水平	
	调用模式	定时调用	是指按照一定的时间间隔对同类应急救援保障资源进行的调用,大部分为应急救援消耗品	
		定量调用	是指每次都按照固定的数量、对同类应急救援保障资源进行的调用,多用于不易消耗的工程建材、工程设备、运载工具和防护用品等	
		定时定量调用	是指按照一定的时间间隔,按固定的数量对同类应急救援保障资源进行的调用	
		及时调用	是应急救援保障资源最重要、最常见的调用方式,是根据突发公共事件的发展和变化以及应急响应工作的需要实时安排的,它的操作难度较大	
		超前调用	在可能引发突发公共事件潜在危险监测的基础上,为做好救援处置工作而进行的事前、带有准备性的应急救援物质资源调用	
		综合调用	是指根据实际情况,运用以上几种方式相结合的形式对应急救援保障资源实施调用	
	调度使用机制	调运配送协调	根据灾情需要统筹做好应急救援救灾物资紧急调运配送协调工作,确保抢险救援和灾后恢复重建开展	
		调运使用程序	先使用本级应急救灾物资,在本级物资全部使用仍无法满足应急需求时,可申请调拨上一级救灾物资;在紧急情况下,可实行"先调用,后补办手续"的办法调拨所需物资	
		政府购买服务	要加强与本地物流公司、家政服务公司、企业救援队伍、社会组织联系,采取政府购买服务方式,通过签订协议,作为配送力量储备	
		物资调配管理	灾区视情设立临时应急救灾物资调配中心,负责统一接收、调配发放和捐赠;强化出入库管理,细化工作流程,明确工作责任,实行专账管理,确保账物相符;发放点应当设置明显标识;物资发放情况定期向社会公示,接受群众监督	
	专用物质保障	监测设备	包括自动气象站、气象雷达、测震设备、雨量自动监测仪、水情自动测报设备、土壤墒情监测设备、有毒有害气体检测仪、化学品检测仪、电子测温仪、现场采样仪等	

物质资源 子项 T44	专用物资 保障	侦检装备	检测管和专用气体检测仪等	
		消防设备	输水装置、软管、喷头、自用呼吸器、便携式灭火器等	
		照明设备	应急灯、电筒等	
		交通设备	大型运输机、重型直升机、运输车辆、舟桥、船舶、监测评估车辆等	
		施救设备	救生舟、救生船、救生艇、救生圈、救生衣、探生仪器、破拆工具、顶升设备、小型起重设备等	
		个人防护 设备	防护服、手套、靴子、呼吸保护装置等	
		通讯联络 设备	对讲机、移动电话、电话、传真机、电报等	
		应急电力 设备	主要是备用的发电机等	
		重型设备	翻卸车、推土机、起重机、叉车、破拆设备、挖掘机、装载机、自卸车、吊车、钻机等工程等	
		能源设备	主要包括应急发电车等应急动力类物资,汽柴油、天然气、液化气、应急运油加油车等燃料供应类物资等	
		农业设备	农药、化肥、农膜、棉花、发电机等	
		搜索装备	声波震动生命探测仪、光学生命探测仪、红外生命探测仪等	
		营救装备	破拆、剪切和攀缘等工具	
		其他装备	紧急医疗装备、通信设备、动力照明设备、个人防护装备和后勤保障设备,排灌、沙袋、钢管、桩木、铁丝、配套工具等	
	医疗设施 保障	医疗急救 器械和药 品	包括设备、器械、药品、耗材、血源、防疫防护装备和培训演练器材等,特殊、解毒药品、药品、医疗器械、卫生防护用品,净水机械及净水剂、消毒液、防疫药物	
		医疗支持 设备	主要是救护车、担架、夹板、氧气、急救箱等	
	生活物品 保障	生活类	包括帐篷、睡袋、折叠床、被装、雨具、照明用具、炊具及个人生活用品、帐篷、毛毯、毛巾被、服装、雨具、蚊帐、净水器、清洁用品、移动厕所等	
		饮食类	包括大米、面粉、食用油、肉类、蔬菜、食盐、食糖、饼干、方便面、饮用水等	

续表

物质资源 子项 T44	通信装备 保障	现场指挥 通信类	包括指挥中心要有与之匹配的"一呼百应"系统、车载无 线电话、无线电对讲机、车载无线电台、海事卫星电话和 超短波电台等	
		基本通信 类	包括通信调度机、光通信设备等有线通信类物资;集群通 信系统、微波通讯设备、卫星通信系统等无线通信类物 资;移动指挥车、移动应急平台等网络通信类物资;应急 广播系统、应急广播车等广播电视类物资	
	交通运输 保障	铁路运输	铁路运输具有运输资源范围广、承载容量大、速度快、受 气候影响小、稳定可靠的特点,是运输的重要方式	
		公路运输	公路运输是应急保障资源运输中最主要的运输方式,在 突发公共事件发生后可随时随地取得各类公路运载工具	
		水路运输	水路运输分为内河和海运两种,客船、打捞船、救生船等 水上运输工具	
		航空运输	航空运输具有速度快、时间短、损失少和效率高的特点, 适合于贵重物品和紧急资源的运输	
		管道运输	适用于特殊应急保障资源,如石油、天然气等液体、气体, 管道运输投资大,运量变化小,具有事故少、公害小、安全 的优点	
	公共基础 设施保障	公共设施	通讯、广播电视、供电、供水、供气、城市排水设施、城市道 路等公用设施	
		其他设施	桥梁、水库大坝、围堤、山塘等	
	工程防御 保障	工程防御	城市建筑抗灾、输水排水管网、电力设施、煤气等	
	救援物质 保障	防护用品 类	包括卫生防疫设备、化学放射污染设备、消防设备、海难 设备、爆炸设备、防护通用设备等	
		救援运载 类	包括防疫设备、水灾设备、空投设备、救援运载通用设 备等	
		生命救助 类	包括处理外伤设备、高空坠落设备、水灾设备、掩埋设备、 生命救助通用设备等	
		生命支持 类	包括窒息设备、呼吸中毒设备、食物中毒设备、生命支持 通用设备、输液设备、输氧设备、急救药品、防疫药品等	
		污染清理 类	包括防疫设备、垃圾清理设备、污染清理通用设备、杀菌 灯、消毒杀菌药水,凝油剂、吸油剂、隔油浮漂等	
		临时食宿 类	包括饮食设备、饮用水设备、食品、住宿设备、卫生设备等	

续表

物质资源子项 T44	救援物质保障	动力燃料类	包括发电设备、配电设备、气源设备、颜料用品、动力燃料通用品如干电池、蓄电池等	
		工程设备类	包括岩土设备、水工设备、通风设备、起重设备、机械设备、牵引设备、消防设备等	
		器材工具类	包括起重设备、破碎紧固工具、消防设备、声光报警设备、观察设备、器材通用工具等	
		照明设备类	包括工作照明设备、场地照明设备等	
		通信广播设备类	包括卫星通信设备、有线通信设备、无线通信设备、广播设备等	
		交通运输设备类	包括桥梁设备、水上设备、空中设备等	
		工程材料类	包括防水防雨抢修材料、临时建筑构筑物材料、防洪材料等	
	物资生产与进口保障	生产能力	平时有针对性地选择一些企业担负平常应急救援物资的生产,一旦突发公共事件发生后,可以立刻组织紧急应急物资的生产	
		进口采购	要建立进口商及国外提供商的信息库,一旦应急救援需要可以多方进口采购	
	临时仓储装卸与搬运	临时仓储	第一,保证临时存放的应急救援物资的价值与使用价值;第二,为即将开展的应急救援物资转运需求、配送等服务提供必要的机动场所	
		装卸与搬运	对应急救援物资所进行的保养、维护、检验等装卸活动,包括货物的装上、卸下、拣选、分类、移送等	
	物资管理信息化	联动信息平台	加强地区、部门之间的协调,建立上级政府与下级政府、地方政府之间、政府部门之间、政府与企业、社会之间的联动信息平台,实现统筹规划、分级实施、统一调配、资源共享	
		物资大数据平台	构建基于政府、军队、社会、企业等多领域融合的应急救灾物资大数据平台,对应急救灾物资的加工、包装、运输、仓储、配送等环节有效集成	
		储备管理信息化	充分发挥科技支撑引领作用,积极推进应急救灾物资储备管理信息化、可视化建设,提升救灾物资验收、入库、出库、盘点、报废、移库各环节信息化、网络化、智能化管理水平	

其中,"指标内容解释"为该子项三级指标内容的"内容解释"。

10.1.4.5　航空基地子项

（1）通用文本表达式

航空基地子项能力提升内容＝（1 个一级指标内容,5 个二级指标内容,39 个三级指标内容）。

一级指标内容＝｛航空基地｝。

二级指标内容＝｛基地建设规划,基地建设体系,基地建设运营模式,基地建设路径,基地应用场景｝。

三级指标内容＝｛【顶层设计,总体规划,体制机制,管理机构,装备资源,专业人才,救援队伍】【法律法规体系,预案体系,组织结构体系,救援指挥体系,救援管理体系,社会动员体系,基础设施体系,基地网络布局,设备装备体系,人才队伍体系,承担任务体系,产业化体系】【标准与规章制度,运作模式,救援原则,技术条件,救援团队,专业人员培训,专业训练】【组织领导体系,基础设施网络,装备人员建设计划,资金支持保障】【森林航空消防,地震灾害救援,气象地质灾害救援,海上救援,矿山事故救援,危化品事故救援,交通事故救援,公共卫生事件救援】｝。

（2）通用树状图表达式（图 10-37）

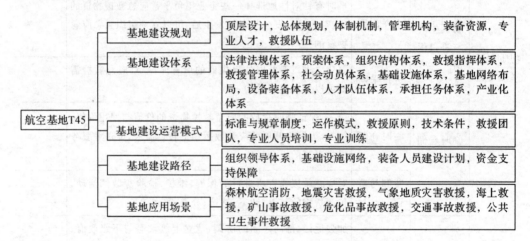

图 10-37　航空基地子项能力提升 3 级指标内容树状图

（3）通用"一张表格"表达式（表 10-37）

表 10-37　航空基地子项能力提升 3 级指标内容"一张表格"

适用救援灾害：自然灾害、事故灾难、公共卫生事件、社会安全事件等分灾害 Vij

适用救援区域：省级、副省级、地区级、区（县）级、街道（镇）级、社区（村）级等分区域 Gij

适用救援过程：保障分过程 T4 航空基地子项 T45

能力提升一级指标内容（0-分值Ⅰ）	能力提升二级指标内容（0-分值Ⅱ）	能力提升三级指标内容（0-分值Ⅲ）	指标内容解释	专家打分（0-1）
航空基地子项 T45	基地建设规划	顶层设计	编制航空基地顶层设计，明确牵头单位、参与单位，划定各方的救援责任，设计未来的机队、人员、资金、保障解决方案，统筹研发、制造、运营等产业上下游关键环节的协同配合	
		总体规划	组织制订航空基地总体规划，确定工作的阶段目标、实施内容和政策措施。引导和鼓励地方财政和社会资源积极投入，按政府投入引导和社会力量动员跟进并相互支撑的模式，推进和实施国家航空基地体系建设	
		体制机制	首先是管理体制，形成统一指挥的任务链条；其次是协同联动机制，主要是解决军航、警航、民航运输、通用航空等的统一调度配合；三是预案机制，针对不同救援场景编制预案并逐步形成体系；四是运行机制，形成平战结合、政企互补、多方投入的可持续运行机制	
		管理机构	灾时指挥各方力量，统一协调行动，迅速而有效地实施救援；平时进行项目建设，协调和组织日常救援，服务于国家社会安定和经济建设大局	
		装备资源	一是机队，在摸清可利用的救援航空机队规模基础上，通过多种方式逐步建立起一支与需求相适应的救援航机队；二是救援航站点，充分利用现有军警体系，逐步形成多层级、网络化、系统化的站点布局；三是运行监控，利用 5G、北斗卫星通信等新技术，建立航空应急救援实时监控体系	
		专业人才	一方面是专业技术人才，包括飞行、机务、机载设备操作、上机医生护士等；另一方面是其他人才，包括救援管理、专业研究、设备设施研发等专业人才	
		救援队伍	组建专门的航空应急救援队伍，依托现有的通用航空公司，按"分区编配，统一调用，军民结合，寓军于民，政府资助，企业运行"的原则，实施队伍的建设和运作	

续表

		法律法规体系	从法律层面明确航空应急救援组织机构的法律地位、救援作业人员资质标准和权利义务、救援主体协作配合机制,以及紧急状态下空域协同与指挥调度程序、救援经费保障与补偿、救援设施设备配备、救援人员培训与演练标准、救援评估机制等基本内容	
		预案体系	各级政府、军队和相关领域层面按照突发公共事件的地域和种类分别制定军民航空应急救援专项预案	
		组织结构体系	领导机制(设立工作领导机构相关部门的工作协调相关部门的职责与定位)、协调机制(数据协同、空域协调、综合预案实景演练)、救援力量(常规核心力量、自有常备能力)、支援力量(其他政府力量)、后备力量(社会能力)	
		救援指挥体系	成立专门的航空应急救援组织领导机构,形成四级领导管理体系:一是对上建立协同联动工作机制;二是对内抓好航空应急救援队建设;三是对下指导地方航空应急救援力量建设;四是对外扶持通用航空力量参与航空应急救援;五是建立完善救援指挥机制	
航空基地子项 T45	基地建设规划	救援管理体系	构建指挥响应体系、建立基于大数据平台的灾害监测预警体系、完善安全防护体系、构建航空应急救援综合评估体系	
		社会动员体系	重视行业协会的综合能力、理顺社会力量救援参与机制、完善社会力量救援保障机制(付费机制、补贴补偿机制、奖励机制)	
		基础设施体系	航空应急救援中心基地、区域航空应急救援基地(包括通用机场、应急基地、物资储备库等建设,接受航空应急救援中心基地调配)、应急救援起降点(做好应急救援空地衔接的最后一公里,实现航空应急救援的全覆盖与常态化运营)	
		基地网络布局	军用运输机场、民用运输机场、颁证通用机场、航空护林站/基地、专业应急救援中心等	
		设备物质体系	机队、设备(机载航空设备、救援任务设备、应急处置设备)、物资(统一物资储备、快速及时调拨、更新)	
		人才队伍体系	一是丰富航空应急救援人才体系构成,包括救援机组队伍、特勤救援人员、专业技术队伍、可动员社会力量;二是拓宽航空应急救援人才培养渠道;三是建立航空应急救援人才管理使用与流动机制	

航空基地子项 T45	基地建设体系	承担任务体系	空中侦察勘测、空中指挥调度、空中消防灭火、空中紧急输送、空中搜寻救助、空中特殊吊载、空中应急通信、参加国际救援等	
		产业化体系	鼓励航空企业及救援装备配套企业,加大产品自主研发力度,特别是中型、重型直升机,以及消防、搜救、遥感观测和医疗救护专业化程度较高的救援装备	
	基地建设运营模式	标准与规章制度	制定航空应急救援级别限制标准,明确使用航空应急救援级别标准,完善制定航空救援所需的各项运行制度,制定航空救援飞行的运行保障制度,制定空中应急救援管理流程及救援基地保障制度	
		运作模式	包括自主保障模式、合作保障模式、租赁保障模式等各种运作模式,通过运作模式比较的方法,最终选出综合效益最优,也是最为符合本地区特点的运作模式	
		救援原则	空中应急救援是采用航空技术手段和技术装备,实施的一种专业应急救援方法,使用的装备有着很高的科技和技术含量,实施救援的主体需要贯彻专业化的救援原则	
		技术条件	空中应急救援与其他应急救援方式相比,其独特之处在于使用的独特技术条件	
		救援团队	应急救援技术团队组成成员,绝不是单纯的医疗救护人员,还包括飞行机组人员、维修人员、保障人员等	
		专业人员培训	包括飞行员、维修人员绞车装备操作、绞车手操作技术、特种搜救人员空中吊挂操作、特搜人员的空中医疗紧急救援等,需要进行长期的专业培训	
		专业训练	空中应急救援的专业训练是让救援队伍在平时积累空中应急救援的相关知识和技能	
	基地建设路径	组织领导体系	成立航空应急救援工作领导小组,成员涵盖政府、军队、民航及民间自治组织等相关单位,各地市政府要对应成立责任机构,负责本市范围内的航空应急救援工作	
		基础设施网络	建立"省级—地市级—作业点"的三级基地。其中,省级基地作为指挥中心,应实现对全省范围内各类航空应急救援力量的指挥调度、运行监控,同时与国家航空应急管理部门保持多维度的实时互通;地市级基地重点覆盖周边 100 公里范围内的应急需求,利用通用机场等基础设施,建立常态化备勤,并为救援任务提供保障;作业点则应根据灾害分布和地面条件,以规划或预案形式覆盖全部重点区域,满足应急作业需求	

续表

航空基地 子项 T45	基地建设 路径	装备人员 建设计划	以"满足需求、适度超前、成本集约、运行高效"为导向,制定装备、人员的建设计划,并注重无人机等新兴前沿技术在航空应急救援中的应用
		资金支持 保障	政府是航空应急救援体系建设的重要支持方,要探索多种模式的资金支持,通过政府采购服务、航空器托管等形式,建立平战结合、军民融合、政企配合的航空应急救援体系
	基地应用 场景	森林航空 消防	灾情侦查、空中调度指挥、实施消防灭火、空运空投人员物资、空中应急通信保障等
		地震灾害 救援	灾情侦查、被困人员搜索与联系、被困人员转运、空运空投人员物资、空中应急通信保障等
		气象地质 灾害救援	灾情侦查、被困人员救助、空运空投人员物资、空中应急通信保障建筑构筑物抢修等
		海上救援	海上灾情侦查、空中调度指挥、救援目标搜寻、遇险人员救助、空运空投人员物资等
		矿山事故 救援	灾情侦查、被困人员转运、空运空投人员物资、空中应急通信保障等
		危化品事 故救援	灾情侦查、人员疏散、伤员转运、火灾扑灭、空中应急通信保障、物资与人员精准投放、危害检测等
		交通事故 救援	空中巡逻与搜索、救援人员与设备准备、空中调度指挥、直升机索降、高速公路现场医疗救援、直升机伤员运送、直升机空中医疗救治等
		公共卫生 事件救援	医疗物资投送、喷洒消毒剂、空中巡查、空中广播、空中远程体温检测、病患运送等

其中,"指标内容解释"为该子项三级指标内容的"内容解释"。

10.1.4.6 避难场所子项

(1)通用文本表达式

避难场所子项能力提升内容=(1 个一级指标内容,9 个二级指标内容,44 个三级指标内容)。

一级指标内容={避难场所}。

二级指标内容={避难场所分类,避难场所类型,避难场所形式,避难场所建设要求,避难场所设施设置,避难场所功能,避难场所运行管理,避难场所维护管理,避难场所评价}。

三级指标内容={【Ⅰ类应急避难场所,Ⅱ类应急避难场所,Ⅲ类应急避难场所】,【人防工程,场地型避难场所,场所型避难场所】,【体育馆式,人防工程式,公园式,城乡式,林地式】,【利用既有资源条件,一体化公共安全空间,达到规划要求】,【基本设施,一般设施,综合设施】,【灾民安置功能,紧急疏散功能,专业医疗救助功能,联络与协调功能,缓解负面影响功能】,【管理合力,管理单位,日常维护,监督检查,工作经费,物资储备,管理人员】,【维护管理,功能管理,规划之间衔接,志愿者服务,识别标志】,【场所规划布局,分类避难疏散,建筑物安全性,人员可达性,有效服务面积,出入通道安全性,服务配套设施,标识快速指引,防灾疏散演练】}。

(2)通用树状图表达式(图 10-38)

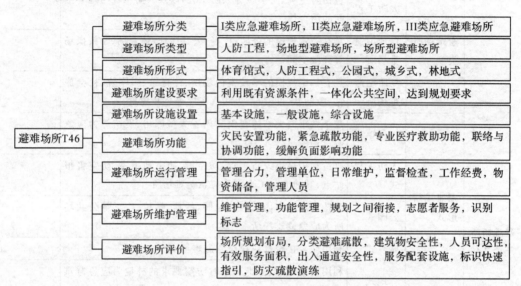

图 10-38　避难场所子项能力提升 3 级指标内容树状图

(3)通用"一张表格"表达式(表 10-38)

表 10-38　避难场所子项能力提升 3 级指标内容"一张表格"

适用救援灾害:自然灾害、事故灾难、公共卫生事件、社会安全事件等分灾害 V_{ij}				
适用救援区域:省级、副省级、地区级、区(县)级、街道(镇)级、社区(村)级等分区域 G_{ij}				
适用救援过程:保障分过程 T4 避难场所子项 T46				
能力提升一级指标内容(0-分值Ⅰ)	能力提升二级指标内容(0-分值Ⅱ)	能力提升三级指标内容(0-分值Ⅲ)	指标内容解释	专家打分(0-1)
避难场所子项 T46	避难场所分类	Ⅰ类应急避难场所	一般规模在 15 万平方米以上,可容纳 10 万人(人均居住面积大于 1.5 平方米)以上。为特别重大灾难来临时,灾前防灾、灾中应急避难、灾后重建家园和恢复城市生活秩序等战略性应急避难场所,通过半小时到 2 小时的摩托化输送应可到达	

续表

避难场所子项 T46	避难场所分类	Ⅱ类应急避难场所	一般规模在 1.5-5 万平方米,可容纳 1 万人以上。主要为重大灾难来临时的区域性应急避难场所,在半小时内应可到达
		Ⅲ类应急避难场所	一般规模在 2 千平方米以上,可容纳 1 千人以上。主要用于发生灾害时,在短期内供受灾人员临时避难,5-15 分钟内应可到达
	避难场所类型	人防工程	包括防空洞、防空壕等人防工程,以及人防工程与地下空间的结合体
		场地型避难场所	具有一定规模的公园、广场、公共绿地、体育场、学校操场等开敞空间
		场所型避难场所	具有一定规模的学校室内场所、体育馆、影剧院、社会旅馆、救助站、度假村、人防汽车库等公共建筑
	避难场所形式	体育馆式	赋予城市内大型体育馆和闲置大型库房、展馆等为应急避难场所
		人防工程式	改造利用城市人防工程,防空洞、防空地下室、防空警报站点、其他人防工事等为应急避难场所
		公园式	改造利用城市内的各种公园、绿地、学校、广场等公共场所为应急避难场所
		城乡式	利用城乡接合部建设应急避难场所
		林地式	利用符合疏散、避难和战时防空要求的林地为应急避难场所
	避难场所建设要求	利用既有资源条件	包括公园、操场、绿地等空旷场地和体育馆、展览馆等抗灾功能较高的建筑工程,满足避难要求
		一体化公共空间	统筹周边近距离范围内的市政基础设施,实现场地、建筑、设施的高效整合,形成一体化公共安全空间,满足避难要求
		达到规划要求	需评价其是否满足避难场所设计、避难场所设施设置、避难场所功能、避难场所面积、避难场所人员容量等规划要求
	避难场所设施设置	基本设施	设置满足应急状况下生活所需帐篷、活动简易房等临时用房,临时或固定的医疗救护与卫生防疫设施,供水管网、供水车、蓄水池、水井、机井等供水设施,保障照明、医疗、通讯用电的多路电网供电系统或太阳能供电系统,排污管线、简易污水处理设施,暗坑式厕所或移动式厕所,可移动的垃圾、废弃物分类储运设施,按照防火、卫生防疫要求设置通道,设置避难场所标志、人员疏导标志和应急避难功能区标志

避难场所 子项 T46	避难场所 设施设置	一般设施	在基本设施设基础上,配置灭火工具或器材设施,设置储备应急生活物资的设施,设置广播、图像监控、有线通信、无线通信等设施
		综合设施	在一般设施基础上,附近设置应急停车场,可供直升机起降的应急停机坪,设置洗浴场所,设置图板、触摸屏、电子屏幕等功能介绍设施
	避难场所 功能	灾民安置 功能	在政府解决安置之前,需要避难场所提供基本宿住环境和日常生活保障物资等
		紧急疏散 功能	对避难场所的应急疏散通道进行了规划和设计,主要体现在灾后的临时集合、转移及紧急疏散方面
		专业医疗 救助功能	可以先在避难场所的医疗卫生救护区进行简单救治,从而帮助有效缓解医疗资源紧缺情况,促进传统医疗救助机构加快运转
		联络与协 调功能	首先,可以引导人员疏散避难,高效指挥安排各类救灾物资;其次,各避难场所之间需要互相配合,统筹协调,减少由于信息沟通不畅造成的延误和恐慌
		缓解负面 影响功能	确保避难人员对场所环境的熟悉度,实现其归属感,减轻因恐惧和其他负面心理影响造成的问题
	避难场所 运行管理	管理合力	组织各级政府,教育、民政、文化广电旅游体育等场所主管部门构建工作协作机制,明确分工,切实形成管理合力
		管理单位	应当安排专人负责避难场所的日常维护管理工作,规范各类信息登记台账
		日常维护	包括日常维护管理、宣传、演练、启用运行、安置救助等工作,及向社会购买有偿服务和公开招募志愿者
		监督检查	定期组织对本辖区、本行业、本领域应急避难场所管理工作开展监督检查,发现问题,及时协调处置
		工作经费	根据应急避难场所规模大小和安置救助工作实际需要,合理平衡救灾物资采购、设施设备维护、工作人员补贴等各项开支
		物资储备	根据应急避难场所的规模大小,可采取实物储备和商业代储相结合的方式进行物资储备
		管理人员	包括应急避难场所管理服务人员招募与管理、岗位职责、岗位配比、技能规范、劳务标准等管理

续表

避难场所 子项 T46	避难场所 维护管理	维护管理	应急避难场所应按要求设置各种设施设备,划定各类功能区并设置标志牌,建立健全场所维护管理制度	
		功能管理	明确指挥机构,划定疏散位置,编制应急设施位置图以及场所内功能手册,还可组织检验性应急演练	
		规划之间衔接	各级政府部门编制的单项应急避难应急预案应与上级应急避难场所规划建设相衔接	
		志愿者服务	通过对志愿者组织的培训、演练,使之熟悉应急避难场所的防灾、避难、救灾程序,熟悉应急救援设备、设施的操作使用	
		识别标志	应急避难场所附近应设置统一、规范的标志牌提示它的方位及距离,场所内应设置功能区划的详细说明,各类应急设施的分布情况,内部还应设立宣传栏	
	避难场所评价	场所规划布局	按照"以人为本,民生为重"和"就近布局,均衡分布"的原则合理规划新增或拓展应急避难场所的数量和使用面积,尽量全面覆盖	
		分类避难疏散	由于不同灾种造成的破坏是不一样的,需要进行应急避难的地点、位置也是不同的,应该按不同灾种分类进行应急避难场所建设	
		建筑物安全性	对应急避难场所主体建筑进行安全性复核,并根据复核结果采取必要的治理防护措施,达到相应的防火、抗震、抗风、防洪建筑设防标准	
		人员可达性	灾害发生时人们抵达应急避难场所的时间越短,受到灾害伤害的可能性越小,因此需按照受灾人员实际可达时间、距离划定服务范围进行建设	
		有效服务面积	作为应急避难场所,就必须保证有效容灾面积满足群众避灾需要,就应保证其有足够的、平坦的空场地	
		出入通道安全性	首先,通道在灾时是否发生变形、开裂导致无法通行;其次,通道上桥梁是否完好;第三,通道两侧建筑物是否由于灾害发生倒塌、变形、燃烧导致通道无法通行;最后,通道宽度是否满足灾时疏散人员密度需要	
		服务配套设施	应设置自主发电、自主净水处理设备,减少对城市供电、供水等管网的依赖,保证应急避难场地的基础服务能力	
		标识快速指引	健全的应急标识快速指引受灾群众转移至安全区	
		防灾疏散演练	进行防灾演练,按疏散线路抵达应急避难场所并熟悉应急避难场所的各项设施,通过长期的训练熟悉居所周边不同灾害的躲避方案、疏散路径	

其中,"指标内容解释"为该子项三级指标内容的"内容解释"。

10.1.4.7 媒体发布子项

(1)通用文本表达式

媒体发布子项能力提升内容=(1 个一级指标内容,11 个二级指标内容,32 个三级指标内容)。

一级指标内容={媒体发布}。

二级指标内容={信息发布分类,信息处理流程,信息发布平台,信息发布沟通,信息报送内容和方式,信息发布责任主体,信息发布渠道,信息发布机制,信息发布工具,信息发布地点,信息发布队伍培训}。

三级指标内容={【信息发布事件类型,信息获取渠道】,【信息收集,信息加工,信息传递,信息发布】,【政府信息发布平台,专业信息发布平台,辅助信息发布平台】,【信息上报,信息交流,信息共享】,【信息报送内容,信息报送方式】,【人民政府,社会公众,法人和其他组织】,【政府渠道,新闻渠道,公众渠道】,【法律法规,发布平台,发布机构,新闻发言人制度】,【政府媒介发布,公共媒体发布,通信运营商发布】,【一般公共场所,密集公共场所,互联网场所】,【采访能力培训,职业精神培训】}。

(2)通用树状图表达式(图 10-39)

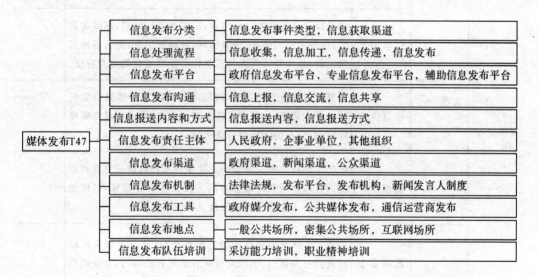

图 10-39 媒体发布子项能力提升 3 级指标内容树状图

（3）通用"一张表格"表达式（表10-39）

表10-39 媒体发布子项能力提升3级指标内容"一张表格"

适用救援灾害：自然灾害、事故灾难、公共卫生事件、社会安全事件等分灾害 Vij

适用救援区域：省级、副省级、地区级、区（县）级、街道（镇）级、社区（村）级等分区域 Gij

适用救援过程：保障分过程 T4 媒体发布子项 T47

能力提升一级指标内容（0-分值Ⅰ）	能力提升二级指标内容（0-分值Ⅱ）	能力提升三级指标内容（0-分值Ⅲ）	指标内容解释	专家打分（0-1）
媒体发布子项 T47	信息发布分类	信息发布事件类型	可分为自然灾害、事故灾难、公共卫生事件、社会安全事件等信息发布	
		信息获取渠道	可分为政府渠道信息、新闻渠道信息、公众渠道信息等获取	
	信息处理流程	信息收集	主要是通过各级政府及其有关部门、专业机构自身的监测网点、仪器、手段等获取信息	
		信息加工	就是将杂乱无章的原始信息，按需要进行梳理，剔除次要的、相互矛盾的信息，编辑精练、准确的信息，进行各种信息比较，从中分析突发公共事件的发展变化趋势及特征	
		信息传递	主要是通过合适的渠道，将加工后的信息传递到应急管理的各个部门：一是通过政府部门传递；二是通过新闻媒体传递；三是通过社会公众传递	
		信息发布	由法定的行政机关依照法定程序将其在行使应急管理职能的过程中所获得或拥有的突发公共事件信息，以便于知晓的形式主动向社会公众发布	
	信息发布平台	政府发布平台	主要是各级政府建设的信息发布平台，并与上级人民政府及其有关部门、下级人民政府及其有关部门、专业机构和监测网点的发布信息实现互联互通，加强跨地区、跨部门的信息发布交流与情报合作	
		专业部门发布平台	主要有民政、气象、水利、地震、消防、电力、民航、卫生、银行、公安、环保等专业部门的信息发布平台	
		辅助信息发布平台	主要包括地理信息系统、人力资源信息系统、应急物资管理信息系统、应急知识信息系统等	

续表

媒体发布子项 T47	信息发布沟通	信息上报	一是各级人民政府及其有关部门向上级人民政府及其有关部门报告突发公共事件信息；二是专业机构、监测网点向所在地人民政府及其有关主管部门报告突发公共事件信息；三是获悉突发公共事件信息的公民、法人或其他组织向所在地人民政府、有关主管部门及专业机构报告突发公共事件信息
		信息交流	是指突发公共事件信息的横向流动：一是同级人民政府及其有关部门交换突发公共事件信息；二是不同区域的政府及其相关部门之间交换突发公共事件信息；三是不同的专业机构、监测网点之间交换突发公共事件信息
		信息共享	一是通过多边或双边国际合作关系，加强突发公共事件预警及信息共享方面的合作与交流；二是加强地方政府与军队、武警和民兵预备役部队之间的信息交流；三是各级政府，特别是相邻省市区政府之间应该建立通畅的突发公共事件信息交流渠道
	信息报送内容和方式	信息报送内容	包括时间、地点、信息来源、事件起因和性质、基本过程、已造成的后果、影响范围、事件发展趋势和已经采取的措施以及下一步工作打算等要素
		信息报送方式	一般通过值班信息系统报送，有条件的应附带音频、视频信息。紧急情况下，可先通过口头报告，再书面报告
	信息发布责任主体	人们政府	主要指各级人民政府及其有关部门、专业机构、监测网点等
		企事业单位	主要指各类企事业单位等
		其他组织	主要指各类不具有法人资格但可以以自己的名义从事民事活动的组织
	信息发布渠道	政府渠道	主要通过政府的电子政务网、电话、传真、公文等形式报告突发公共事件信息
		新闻渠道	主要通过公开报道和内部刊物报告突发公共事件信息
		公众渠道	主要通过短信平台、微信、微博、QQ、电子信箱报告突发公共事件信息的报告

续表

媒体发布 子项 T47	信息发布 机制	法律法规	专门制定法律法规,对突发公共事件新闻发布和报道机制建设做出明确规定,从制度上确保突发公共事件新闻发布走上法制化的轨道	
		发布平台	利用计算机和网络通信等信息技术构建突发公共事件信息发布平台,是信息的汇集点,得以互联和共享	
		发布机构	细化突发公共事件政府各部门信息发布的职责和内容,针对突发公共事件预警、进展跟踪、处置救援等信息应确定统一的信息发布出口	
	信息发布 工具	新闻发言 人制度	突发公共事件新闻发言人是作为一种"制度人"而设计的,通过各种形式来为政府代言,发布突发公共事件新闻,沟通媒体和公众	
		政府媒体 发布	有政府公报、政府新闻发布会、政府新闻通稿、政府网站发布、政府宣传单等	
		公共媒体 发布	包括电视、广播、手机、网站、信息显示屏、微博、微信、App、抖音、今日头条、电话、传真、报刊、宣传手册等	
		通信运营 商发布	包括电信、移动、联通等通信运营企业	
	信息发布 地点	一般公共 场所	电视新闻、报纸、广播、短信等传统渠道	
		密集公共 场所	人员密集场所、公共交通工具上的广播、电视、电子广告牌等	
		互联网场 所	政府网站、官方微博、官方微信公众号、注册头条号、百家号等影响力较大的自媒体平台官方账号	
	信息发布 队伍培训	采访能力 培训	包括在灾害发生后的采访技能,比如如何摄影、编辑微视频、避免对被访者的二次伤害、选取图片等	
		职业精神 培训	树立在重大灾害发生时,人人有责、冲锋在前的担当意识,树立应急报道事关国计民生的责任意识	

其中,"指标内容解释"为该子项三级指标内容的"内容解释"。

10.1.4.8 灾金筹集子项

(1)通用文本表达式

灾金筹集子项能力提升内容=(1 个一级指标内容,8 个二级指标内容,26 个三级指标内容)。

一级指标内容={灾金筹集}。

二级指标内容={财政保障机制,财政使用制度,资金筹措,财政经费投入,银行信贷资金投入,责任保险资金投入,保险资金投入,社会捐赠资金投入}。

三级指标内容=〈【财政法律制度,财政支出责任,财政筹资渠道,财政预算安排,财政绩效考评,财政责任追究】,【使用规章制度,公开透明制度,纪律检查制度,审计法规制度】,【公共财政资金,社会捐赠资金,国际援助资金】,【常规经费,专项经费,专项经费利息】,【政府应急信贷,企业应急信贷,个人应急信贷】,【安全生产责任险,团体意外伤害险,公众责任险】,【强制性保险,商业保险】,【定向捐赠,非定向捐赠】}。

(2)通用树状图表达式(图10-40)

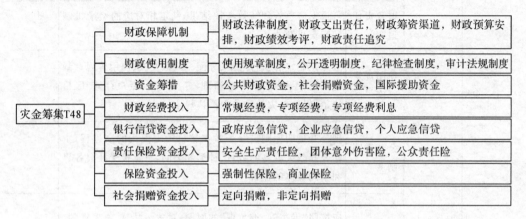

图10-40 灾金筹集子项能力提升3级指标内容树状图

(3)通用"一张表格"表达式(表10-40)

表10-40 灾金筹集子项能力提升3级指标内容"一张表格"

适用救援灾害:自然灾害、事故灾难、公共卫生事件、社会安全事件等分灾害 Vij				
适用救援区域:省级、副省级、地区级、区(县)级、街道(镇)级、社区(村)级等分区域 Gij				
适用救援过程:保障分过程 T4 灾金筹集子项 T48				
能力提升一级指标内容(0-分值Ⅰ)	能力提升二级指标内容(0-分值Ⅱ)	能力提升三级指标内容(0-分值Ⅲ)	指标内容解释	专家打分(0-1)
灾金筹集子项 T48	财政保障机制	财政法律制度	设立突发性公共事件基本财政法律制度,形成财政应急管理的纵向位阶法律体系和横向内容体系,统一各级政府在危机处理中的法律权限和责任	
		财政支出责任	各级政府的财政主要支撑负责本地区突发公共事件的事前预防、监测、预警,事中应急处置、救援等工作的组织协调和经费支出	
		财政筹资渠道	可以通过增发国债、发行专项债券、启动 PPP 项目、设置巨灾保险、接受社会公众捐赠等渠道进行筹资	

续表

灾金筹集子项 T48	财政保障机制	财政预算安排	首先,合理地编制应急支出预算,确保应急资金及时到位;其次,应该完善预备费制度,提高预备费计提比例,专款专用	
		财政绩效考评	强化绩效评价结果运用,可将绩效考评的结果,作为安排相关预算的依据	
		财政责任追究	可根据应急管理绩效考评结果,制定相对应的奖励机制和问责机制	
	财政使用制度	使用规章制度	重点是制定和执行筹集、分配、拨付、发放、使用等规章制度,做到手续完备、专账治理、专人负责、专户存储、账目清楚,保证救灾款物治理严格规范	
		公开透明制度	把公开透明原则贯穿于救灾款物治理使用的全过程,主动公开救灾款物的数目、种类和去问,自觉接受社会各界和新闻媒体的监督	
		纪律检查制度	应按照"谁主管、谁负责"的原则,对贪污私分、虚报冒领、截留剥削、挤占挪用救灾款物等行为,要迅速查办,从重处理;对失职渎职、疏于治理,迟滞拨付救灾款物造成严重后果的行为或致使救灾资金严重毁损浪费的行为,要严厉追究;涉嫌犯罪的,要及时移送司法机关追究刑事责任	
		审计法规制度	制定审计法规制度,使救灾审计的范围、原则、主体、内容、程序和方法等走向制度化,实务操作规范化,并配合出台财税、金融、政府采购等配套制度	
	资金筹措	公共财政资金	救灾资金来源主体是公共财政,主要来源于预备费、转移支付、缩减预算支出节约资金等	
		社会捐赠资金	政府广泛动员社会力量,积极开展社会捐赠筹措救灾资金,可以有效地缓解应对突发公共事件存在的财力物力不足状况	
		国际援助资金	仅靠受灾国的一国之力是无法及时、高效地完成救灾工作的,需要国际援助资金帮助,共同面对各种灾害	

		常规经费	用于或实际用于各类灾害的常规资金费用	
灾金筹集子项 T48	财政经费投入	专项经费	救助性资金:是指用于受灾人员的转移和安置、救灾物资供应和储备、受灾群众的紧急救援和治疗、受灾地区的卫生防疫、生活困难受灾人员的生活补贴、受灾地区生活消费品的供应保障和平抑市场价格、受灾人员的生产恢复补贴、受灾地区的房屋安全性鉴定及危房除险加固等不形成公共固定资产的资金;建设性资金:是指用于排水、道路、路灯、桥梁、园林、环卫等市政公用设施、农业基础设施、水利设施、通信设施、灾害监测和防御设施、紧急救援设施以及教育、卫生设施等的抢险修复或应急建设,灾害应急设备的紧急购置,以及临时安置设施、房屋建设等形成公共固定资产的资金	
		专项经费利息	专项经费产生的利息收入用于减灾防灾	
	银行信贷资金投入	政府应急信贷	是银行支持地方政府积极有效应对重大危机事件,对基础设施、基础行业和支柱产业等提供的贷款支持	
		企业应急信贷	主要提供给关乎国计民生的大型国企,主要用于支持企业恢复生产经营活动	
		个人应急信贷	主要以"小额信贷"的形式,面向中低收入阶层解决其应急所需	
	责任保险资金投入	安全生产责任险	是企事业经营单位在发生灾害以后,保险公司对其进行死亡、伤残履行赔偿责任的保险	
		团体意外伤害险	是团体单位在发生事故以后,保险公司对死亡、伤残履行赔偿责任的保险	
		公众责任险	是公众在发生事故以后,保险公司对死亡、伤残履行赔偿责任的保险	
	保险资金投入	强制性保险	对某些行业和领域的强制性保险,主要有:社会保险、交强险和责任险	
		商业保险	一般包括农业保险、自然地质灾害保险,以及旅游保险、环境责任保险等新险种	
	社会捐赠资金投入	定向捐赠	这部分捐赠经费坚持专款专用原则,尊重捐赠人的意愿,严格规范经费用途	
		非定向捐赠	无明确捐赠意向,但必须用于应急管理工作,严禁挪用他用	

其中,"指标内容解释"为该子项三级指标内容的"内容解释"。

10.1.5 善后分过程子项

包括损失统计、经验总结、调查评估、救助安抚、心理干预、资金监管、恢复重建、体系调整等善后分过程 8 个子项的能力提升一级、二级、三级指标内容规范格式表达。

10.1.5.1 损失统计子项

(1)通用文本表达式

损失统计子项能力提升内容=(1 个一级指标内容,4 个二级指标内容,19 个三级指标内容)。

一级指标内容={损失统计}。

二级指标内容={灾损统计原则,直接损失统计,间接损失统计,生态环境破坏统计}。

三级指标内容={【如实上报,及时性,准确性,可比性,差异性】,【人员损失,搜救犬损失,装备损失,房屋损失,家庭财产损失,基础设施损失】,【农业间接损失,工业间接损失,服务业间接损失,公共服务间接损失】,【破坏大气环境,破坏水环境,破坏土壤环境,破坏海洋环境】}。

(2)通用树状图表达式(图 10-41)

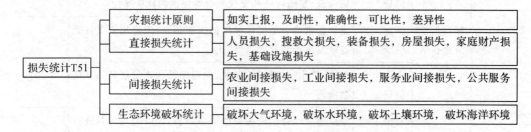

图 10-41 损失统计子项能力提升 3 级指标内容树状图

(3)通用"一张表格"表达式(表 10-41)

表 10-41 损失统计子项能力提升 3 级指标内容"一张表格"

适用救援灾害:自然灾害、事故灾难、公共卫生事件、社会安全事件等分灾害 Vij				
适用救援区域:省级、副省级、地区级、区(县)级、街道(镇)级、社区(村)级等分区域 Gij				
适用救援过程:善后分过程 T5 损失统计子项 T51				
能力提升一级指标内容(0-分值Ⅰ)	能力提升二级指标内容(0-分值Ⅱ)	能力提升三级指标内容(0-分值Ⅲ)	指标内容解释	专家打分(0-1)
损失统计子项 T51	灾损统计原则	如实上报	要求各级政府人员、基层群众、新闻媒体都要杜绝谎报、瞒报情况,如实上报灾害情况	

损失统计子项 T51	灾损统计原则	及时性	要求第一时间了解灾害情况,并向相关部门汇报	
		准确性	要求相关民政部门核定灾情,将结果核定并逐级上报,要求统计数据准确反映灾害情况	
		可比性	就是要统计不同时间、不同地域灾害损失,方法要具有连续性和可比性,统计口径和指标含义要统一	
		差异性	要求灾害损失统计时要具体问题具体分析,体现差异性,制定有针对性的对策措施	
	直接损失统计	人员损失	包括受灾人口、因灾死亡人口、因灾失踪人口、因灾伤病人口、饮水困难人口、紧急转移安置人口、需过渡性生活救助人口等	
		搜救犬损失	包括搜救犬死亡数、重伤数、轻伤数等	
		装备损失	包括专用救援装备、医疗装备、通信装备、交通运输装备、工程防御装备、公共设施装备等损失情况	
		房屋损失	农村居民住宅用房、城镇居民住宅用房、非住宅用房等的倒塌房屋、严重损坏房屋、一般损坏房屋等3种损坏类型	
		家庭财产损失	针对农村、城镇居民家庭财产,对受灾家庭户数、生产性固定资产、耐用消费品和其他财产等损失统计	
		基础设施损失	交通运输、通信、能源、水利、市政、农村地区生活设施、地质灾害防治。其中,交通运输:公路、铁路、水运、航空等4类;通信:通信网、通信枢纽、邮政和其他通信基础设施等4类;能源:电力、煤油气等2类;水利:防洪排灌设施、人饮工程和其他水利工程等3类;市政:市政道路交通、市政供水、市政排水、市政供气供热、市政垃圾处理、城市绿地、城市防洪、其他市政设施等8类;农村地区生活设施:村内道路、供水、排水、供电、供气、供热、垃圾处理及其他设备设施等8类;地质灾害:崩塌、滑坡、泥石流、地面塌陷、地面沉降、地裂缝及其他地质灾害防治设施等7类	
	间接损失统计	农业间接损失	包括种植业、林业、畜牧业、渔业和农业机械等5类间接损失统计	
		工业间接损失	包括受损企业,厂房与仓库、设备设施、原材料、半成品和产成品的实物量等间接损失统计	

续表

		服务业间接损失	分为批发和零售业、住宿和餐饮业、金融业、文化、体育和娱乐业、农林牧渔服务业、其他服务业等6类间接损失统计	
损失统计子项 T51	间接损失统计	公共服务间接损失	包括教育系统、科技系统、医疗卫生系统、文化系统、新闻出版广电系统、体育系统、社会保障与社会福利系统、社会管理系统、文化遗产等间接损失统计。其中,教育系统:高等、中等、初等、学前、特殊和其他教育学校/机构等6类;科技系统:研究和试验系统、专业监测系统、其他科技系统等3类;医疗卫生系统:医疗卫生、计划生育、食品药品监督管理、其他医疗卫生系统等4类;文化系统:图书馆(档案馆)、博物馆、文化馆、剧场(影剧院)、乡镇综合文化站、社区图书室(文化室)、宗教活动场所、其他文化设施等8类;新闻出版广电:无线广播电视发射/监测台、广播电视台、新闻出版公共服务机构等4类;体育系统:体育场馆、训练基地、基层配套健身设施等3类;社会保障和社会服务系统:社会保障、社会服务系统等2类;社会管理系统:党政机关、群众团体、社会团体和其他成员组织、国际组织等5类;文化遗产:物质文化遗产、非物质文化遗产2类	
	生态环境破坏统计	破坏大气环境	分析污染排放源和特征污染物,核定大气污染物排放量和排放强度;分析大气污染物的迁移扩散轨迹、浓度空间分布、沉降情况和污染物通量归趋;判断大气污染对人体健康、经济作物等财产、生态系统和其他环境介质是否造成损害	
		破坏水环境	分析污染排放源和特征污染物,核定排放进入水环境的污染物总量和排放强度;计算污染物在水环境中的扩散情况与进入河道和湖库底泥的吸附情况;判断对人体健康、养殖渔业等财产、生态系统和其他环境介质是否造成损害	
		破坏土壤环境	分析污染来源和特征污染物,核定污染物的排放强度以及排放进入土壤和地下水的污染物总量,分析污染物空间分布情况;判断对人体健康、经济作物等财产、生态系统和其他环境介质是否造成损害	
		破坏海洋环境	分析污染的排放源和特征污染物,核定排放进入海洋环境的污染物总量和排放强度;分析污染物在海洋环境中的扩散和进入大气、海岸带等其他环境介质的情况;判断对养殖渔业等财产、海洋生态系统和其他环境介质是否造成损害	

其中,"指标内容解释"为该子项三级指标内容的"内容解释"。

10.1.5.2 经验总结子项

(1)通用文本表达式

经验总结子项能力提升内容＝(1 个一级指标内容,5 个二级指标内容,43 个三级指标内容)。

一级指标内容＝{经验总结}。

二级指标内容＝{经验总结要点,总体经验总结,过程经验总结,功过奖惩,法律追究}。

三级指标内容＝{【党对工作领导,以人民为中心,实践理论创新,地区特色体制,发挥制度优势,护航经济发展,开展国际合作,提升伦理水平,平衡改革关系】,【专门机构,法制计划,信息管理,快速反应,物资储备,科学技术,救援力量,安全管理,预防事件,社会动员,救济资金,信息共享,信息披露,灾后恢复,装备标准,人员管理,社会参与】,【准备过程总结,响应过程总结,处置过程总结,保障过程总结,善后过程总结】,【联合表彰,追认烈士,给予约谈通报,给予问责处分】,【迟报谎报瞒报,工作不力造成后果,挪用私分哄抢款物,不归还征用财产,滥用职权、徇私舞弊,违反治安行为,暴力威胁阻碍执法】}。

(2)通用树状图表达式(图 10-42)

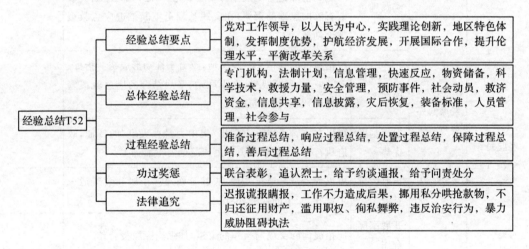

图 10-42 经验总结子项能力提升 3 级指标内容树状图

(3)通用"一张表格"表达式(表10-42)

表10-42 经验总结子项能力提升3级指标内容"一张表格"

适用救援灾害:自然灾害、事故灾难、公共卫生事件、社会安全事件等分灾害 Vij

适用救援区域:省级、副省级、地区级、区(县)级、街道(镇)级、社区(村)级等分区域 Gij

适用救援过程:善后分过程 T5 经验总结子项 T52

能力提升一级指标内容（0-分值Ⅰ）	能力提升二级指标内容（0-分值Ⅱ）	能力提升三级指标内容（0-分值Ⅲ）	指标内容解释	专家打分（0-1）
经验总结子项 T52	经验总结要点	党对工作领导	应急救援党组织横向到边、纵向到底,可以打破、穿透一切制度与组织壁垒,形成整合多元力量,共同应对突发公共事件的无缝隙网络	
		以人民为中心	应急救援必须以人民为中心,依靠人民,又为了人民,任何背离以人民为中心的决策,势必会招致深刻教训	
		实践理论创新	一定要把理论与实践作为车之双轮、鸟之双翼,不断突破既有陈旧思维的束缚,在实践基础上不断推进应急救援理论创新	
		地区特色体制	根据地区的党情、军情、国情,致力于推动形成统一指挥、专常兼备、反应灵敏、上下联动、平战结合的应急救援管理体制,凸显特色与魅力	
		发挥制度优势	可以在灾害情境下表现出"集中力量办大事"的特征,政府执行力、国家动员力和民族凝聚力空前强大	
		护航经济发展	可以为经济高质量发展、决胜全面建成小康社会塑造一个良好、安全的社会环境	
		开展国际合作	应拓展国际交流与合作的渠道,加强国际救援合作	
		提升伦理水平	既要提升应急救援人员的党性修养或应急伦理水平,又要严肃应急纪律、把纪律挺在前面	
		平衡改革关系	深化应急救援改革必须要平衡四种关系:第一,顶层设计与行动主义;第二,问题导向与目标导向;第三,政策试点与政策扩散;第四,创新精神与务实原则	
	总体经验总结	专门机构	机构独立设置,隶属于政府机构序列。在该机构下设立专门应对各种危机事件的职能部门,分为日常运作和应急管理两个方面	

续表

经验总结 子项 T52	总体经验 总结	法制计划	构筑基本法律体系,从整体上明确防灾减灾的责任、内容、对策等,特别是防灾体制、灾害应急事态处置对策、财政措施等	
		信息管理	及时向领导及各部门传递灾害的综合信息,利于各级政府迅速做出反应,正确决策	
		快速反应	建立包括应急指挥管理、救援行动指挥、专业救援机构、后勤支援与保障等统一的、强有力的分级灾害紧急救援管理和指挥体系	
		物资储备	建设良好的通风、防潮仓库,做好库存救援物质储备,专人保管	
		科学技术	加强重大技术攻关,发挥科技在应急救援工作中的作用,提高应急救援管理的科技含量	
		救援力量	根据多种灾害以及灾害突发性和灾害应急工作的特点,组建多支政府职能的灾害紧急救援队伍	
		安全管理	地方政府是公共安全管理的操作机构,实施各种具体灾害救援的安全管理	
		预防事件	事前的预防不仅可以降低公共安全事件发生的可能性,而且可以提高政府和个人应对公共安全事件的能力,减少公共安全事件发生的损失	
		社会动员	建立广泛的、有效的灾害社会动员体系,特别是要着力加强社区灾害应急动员机制的建设,充分发挥社会力量在灾害应急中的作用	
		救济资金	应当制定统一管理救援物资和捐款的措施,指定一个专门机构,加强救济资金的统一管理	
		信息共享	向媒体发布持续的信息,使公众通过媒体了解政府信息,避免接受虚假或误导性信息,树立政府的形象	
		信息披露	灾害事件所涉及的公共信息应该及时、公开、透明地披露,以达到稳定社会和公众信心的目的	
		灾后恢复	事件发生之后,正常生活秩序的恢复和行业的持续运营就成为关键的问题	
		装备标准	提高装备标准化,进行装备、训练、工作程序和方法上的统一	
		人员管理	提高应对多重威胁的能力,确保危机应对人员有能力同时应对各种危机的挑战	

315

续表

经验总结 子项 T52	总体经验 总结	社会参与	加大对国民大众灾害应急教育的力度,唤醒全民族的防灾减灾意识,通过各种媒体普及救灾减灾和自救互救知识,增强抗灾救灾的意识	
	过程经验 总结	准备过程 总结	包括法律法规,标准规范,规章制度,预案制定,管理体系,组织机构,运行机制,监测预警,培训演练,宣传教育,行为素养,教育科技,灾害医学,灾害产业等准备过程	
		响应过程 总结	包括快速反应,灾害心理,灾害识别,环境识别,社会动员,舆情监控等响应过程	
		处置过程 总结	包括协同指挥,队伍施救,施救装备,医疗医治,自救互救,基层治理,灾民保护,社会治安,灾情统计,信息发布,灾金使用,捐赠管理等处置过程	
		保障过程 总结	包括施救队伍,施救技术,物质资源,避难场所,媒体发布,财力资金等保障过程	
		善后过程 总结	包括损失统计,经验总结,调查评估,救助安抚,心理干预,资金监管,恢复重建,体系调整等善后过程	
	功过奖惩	联合表彰	对参加应急救援作出贡献的先进集体和个人进行联合表彰	
		追认烈士	对应急救援工作中英勇献身的人员,按有关规定追认为烈士	
		给予约谈 通报	对不按照规定制定应急救援预案和组织开展演练,迟报、谎报、瞒报和漏报突发公共事件重要情况,或在预防、预警和应急救援工作中有其他失职、渎职行为的单位或个人,给予约谈、通报	
		给予问责 处分	在预防、预警和应急救援工作中有其他失职、渎职行为的单位或个人,依规给予问责或处分	
	法律追究	迟报谎报 瞒报	迟报、谎报、瞒报灾害损失情况,造成后果的给予处分,构成犯罪的依法追究刑事责任	
		工作不力 造成后果	未及时组织人员转移安置,或者在提供基本生活救助、组织恢复重建过程中工作不力,造成后果的给予处分,构成犯罪的依法追究刑事责任	
		挪用私分 哄抢款物	截留、挪用、私分、哄抢灾害救助款物或者捐赠款物的,造成后果的给予处分,构成犯罪的依法追究刑事责任	
		不归还征 用财产	不及时归还征用的财产,或者不按照规定给予补偿的,造成后果的给予处分,构成犯罪的依法追究刑事责任	

续表

经验总结子项 T52	法律追究	滥用职权、徇私舞弊	有滥用职权、玩忽职守、徇私舞弊的其他行为的,造成后果的给予处分,构成犯罪的依法追究刑事责任	
		违反治安行为	违反治安管理行为的,造成后果的给予处分,构成犯罪的依法追究刑事责任	
		暴力威胁阻碍执法	以暴力、威胁方法阻碍工作人员依法执行职务,构成违反治安管理行为的给予处分,构成犯罪的依法追究刑事责任	

其中,"指标内容解释"为该子项三级指标内容的"内容解释"。

10.1.5.3　调查评估子项

(1)通用文本表达式

调查评估子项能力提升内容＝(1个一级指标内容,5个二级指标内容,48个三级指标内容)。

一级指标内容＝{调查评估}。

二级指标内容＝{准备过程评估,响应过程评估,保障过程评估,处置过程评估,善后过程评估}。

三级指标内容＝{【法律法规,标准规范,规章制度,预案制定,管理体系,组织机构,运行机制,监测预警,培训演练,宣传教育,行为素养,教育科技,灾害医学,灾害产业】,【快速反应,灾害心理,灾害识别,环境识别,社会动员,舆情监控】,【协同指挥,队伍施救,施救装备,医疗医治,自救互救,基层治理,灾民保护,社会治安,灾情统计,信息发布,灾金使用,捐赠管理】,【施救队伍,施救技术,信息平台,物质资源,航空基地,避难场所,媒体发布,灾金筹集】,【灾损统计,经验总结,调查评估,救助安抚,心理干预,灾金绩效,恢复重建,体系调整】}。

(2)通用树状图表达式(图10-43)

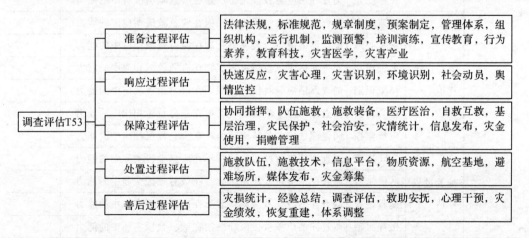

图 10-43　调查评估子项能力提升 3 级指标内容树状图

(3)通用"一张表格"表达式(表 10-43)

表 10-43 调查评估子项能力提升 3 级指标内容"一张表格"

适用救援灾害:自然灾害、事故灾难、公共卫生事件、社会安全事件等分灾害 Vij

适用救援区域:省级、副省级、地区级、区(县)级、街道(镇)级、社区(村)级等分区域 Gij

适用救援过程:善后分过程 T5 调查评估子项 T53

能力提升一级指标内容(0-分值Ⅰ)	能力提升二级指标内容(0-分值Ⅱ)	能力提升三级指标内容(0-分值Ⅲ)	指标内容解释	专家打分(0-1)
调查评估子项 T53	准备过程评估	法律法规	调查评估应急救援法律法规在应急救援准备中的能力	
		标准规范	调查评估应急救援标准规范在应急救援准备中的能力	
		规章制度	调查评估应急救援规章制度在应急救援准备中的能力	
		预案制定	调查评估应急救援预案制定在应急救援准备中的能力	
		管理体系	调查评估应急救援管理体系在应急救援准备中的能力	
		组织机构	调查评估应急救援组织机构在应急救援准备中的能力	
		运行机制	调查评估应急救援运行机制在应急救援准备中的能力	
		监测预警	调查评估应急救援监测预警在应急救援准备中的能力	
		培训演练	调查评估应急救援培训演练在应急救援准备中的能力	
		宣传教育	调查评估应急救援宣传教育在应急救援准备中的能力	
		行为素养	调查评估应急救援行为素养在应急救援准备中的能力	
		教育科技	调查评估应急救援教育科技在应急救援准备中的能力	
		灾害医学	调查评估应急救援灾害医学在应急救援准备中的能力	
		灾害产业	调查评估应急救援灾害产业在应急救援准备中的能力	
	响应过程评估	快速反应	调查评估应急救援快速反应在应急救援相应中的能力	
		灾害心理	调查评估应急救援灾害心理在应急救援相应中的能力	
		灾害识别	调查评估应急救援灾害识别在应急救援相应中的能力	
		环境识别	调查评估应急救援环境识别在应急救援相应中的能力	
		社会动员	调查评估应急救援社会动员在应急救援相应中的能力	
		舆情监控	调查评估应急救援舆情监控在应急救援相应中的能力	
	处置过程评估	协同指挥	调查评估应急救援协同指挥在应急救援实施中的能力	
		队伍施救	调查评估应急救援队伍施救在应急救援实施中的能力	
		施救装备	调查评估应急救援施救装备在应急救援实施中的能力	
		医疗医治	调查评估应急救援医疗医治在应急救援实施中的能力	

调查评估子项 T53	处置过程评估	自救互救	调查评估应急救援自救互救在应急救援实施中的能力	
		基层治理	调查评估应急救援基层治理在应急救援实施中的能力	
		灾民保护	调查评估应急救援灾民保护在应急救援实施中的能力	
		社会治安	调查评估应急救援社会治安在应急救援实施中的能力	
		灾情统计	调查评估应急救援灾情统计在应急救援实施中的能力	
		信息发布	调查评估应急救援信息发布在应急救援实施中的能力	
		灾金使用	调查评估应急救援灾金使用在应急救援实施中的能力	
		捐赠管理	调查评估应急救援捐赠管理在应急救援实施中的能力	
	保障过程评估	施救队伍	调查评估应急救援施救队伍在应急救援保障中的能力	
		施救技术	调查评估应急救援施救技术在应急救援保障中的能力	
		信息平台	调查评估应急救援信息平台在应急救援保障中的能力	
		物质资源	调查评估应急救援物质资源在应急救援保障中的能力	
		航空基地	调查评估应急救援航空基地在应急救援保障中的能力	
		避难场所	调查评估应急救援避难场所在应急救援保障中的能力	
		媒体发布	调查评估应急救援媒体发布在应急救援保障中的能力	
		灾金筹集	调查评估应急救援财力资金在应急救援保障中的能力	
	善后过程评估	灾损统计	调查评估应急救援灾损统计在应急救援善后中的能力	
		经验总结	调查评估应急救援经验总结在应急救援善后中的能力	
		调查评估	调查评估应急救援调查评估在应急救援善后中的能力	
		救助安抚	调查评估应急救援救助安抚在应急救援善后中的能力	
		心理干预	调查评估应急救援心理干预在应急救援善后中的能力	
		灾金绩效	调查评估应急救援灾金绩效在应急救援善后中的能力	
		恢复重建	调查评估应急救援恢复重建在应急救援善后中的能力	
		体系调整	调查评估应急救援体系调整在应急救援善后中的能力	

其中,"指标内容解释"为该子项三级指标内容的"内容解释"。

10.1.5.4 救助安抚子项

(1)通用文本表达式

救助安抚子项能力提升内容=(1个一级指标内容,6个二级指标内容,45个三级指标内容)。

一级指标内容={救助安抚}。

二级指标内容={救助安抚制度,救助安抚内容,救助安抚力量,救助安抚形式,救助安抚监督,救助安抚责任}。

三级指标内容={【完善立法,救助金来源,统一救助标准,规范救助程序,建立监督制度】,【救助内容,救助款物,最低生活保障,特困人员救助,致病残死人员,一线技术人员,医疗救助,疾病应急救助,教育救助,住房救助,就业救助,临时救助,救助待遇】,【社会力量,慈善机构,购买服务,社会工作,志愿服务,优惠政策】,【下拨救灾款项,征用物质和场地,抚恤金发放标准,商业方面保险,个人方面保险】,【统筹协调监督,职责监督,财政审计监督,人大监督,社会监督,信息公开,服务热线,信息保护,救济监管,信用监管】,【机关工作人员,占用救助款物,出具虚假材料,骗取社会救助,干扰社会救助,刑事犯罪】}。

（2）通用树状图表达式（图 10-44）

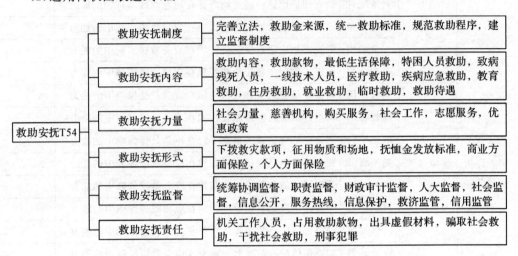

图 10-44　救助安抚子项能力提升 3 级指标内容树状图

（3）通用"一张表格"表达式（表 10-44）

表 10-44　救助安抚子项能力提升 3 级指标内容"一张表格"

适用救援灾害:自然灾害、事故灾难、公共卫生事件、社会安全事件等分灾害 Vij				
适用救援区域:省级、副省级、地区级、区(县)级、街道(镇)级、社区(村)级等分区域 Gij				
适用救援过程:善后分过程 T5 救助安抚子项 T54				
能力提升一级指标内容（0-分值Ⅰ）	能力提升二级指标内容（0-分值Ⅱ）	能力提升三级指标内容（0-分值Ⅲ）	指标内容解释	专家打分（0-1）
救助安抚子项 T54	救助安抚制度	完善立法	制定出台统一的《执行救助法》,对执行救助的工作原则、指导思想、救助对象、救助标准、救助范围、经费保障等具体问题加以明文规定	
		救助金来源	一是财政拨付的专项资金;二是慈善机构募集的社会组织和个人的捐款、捐赠;三是追缴犯罪分子违法所得、罚金、赃款赃物以及没收的财产等资金;四是被告人服刑期间的劳动所得提取一定比例	

救助安抚子项 T54	救助安抚制度	统一救助标准	执行救助金申报及审批机构主观自由裁量权过大,应制定一个统一的救助标准,实现公平救助	
		规范救助程序	一是审批部门,法院和政法委两家审批;二是制定操作流程并限定审批时间;三是执行救助金的募集和管理部门	
		建立监督制度	一方面是审批程序上的监督,另一方面是对执行上的监督	
	救助安抚内容	救助内容	最低生活保障、特困人员救助供养、医疗救助、疾病应急救助、教育救助、住房救助、就业救助、受灾人员救助、生活无着的流浪乞讨人员救助、临时救助、法律法规规定的其他社会救助制度	
		救助款物	可以通过发放救助金、配发实物等方式,也可以通过提供服务的方式	
		最低生活保障	对最低生活保障对象按月发放最低生活保障金,实施最低生活保障	
		特困人员救助	提供基本生活条件、必要的照料服务、疾病治疗、办理丧葬事宜等	
		致病残死人员	对因应急救援处理工作致病、致残、死亡的人员,按照国家有关规定,给予相应的补助和抚恤	
		一线技术人员	对参加应急救援处理一线工作的专业技术人员,应根据工作需要制订合理的补助标准,给予补助	
		医疗救助	对最低生活保障对象、特困人员、低收入家庭成员等符合条件的医疗救助对象及其家庭难以承担的符合规定的基本医疗自负费用,按规定给予补助	
		疾病应急救助	对需要急救但身份不明或者无力支付费用的急危重伤病患者,给予疾病应急救助	
		教育救助	对不同教育阶段的特困人员、最低生活保障家庭成员、低收入家庭成员,以及不能入学接受义务教育的适龄残疾未成年人,分类实施教育救助	
		住房救助	对住房困难的最低生活保障家庭、分散供养的特困人员、低收入家庭,实施住房救助	
		就业救助	对最低生活保障家庭、低收入家庭中有劳动能力并处于失业状态成员,通过鼓励企业吸纳、自谋职业和自主创业、公益性岗位安置等途径,实施就业救助	

续表

救助安抚 子项 T54	救助安抚 内容	临时救助	对遭遇突发性、紧迫性、临时性困难,生活陷入困境,其他社会救助制度无法覆盖或者救助之后基本生活仍有困难的家庭或者人员,给予临时救助	
		救助标准	医疗救助、疾病应急救助、教育救助、住房救助、生活无着的流浪乞讨人员救助、临时救助等具体救助标准,由各级人民政府确定	
	救助安抚 力量	社会力量	鼓励、支持公民、法人和其他组织等社会力量,通过捐赠、设立帮扶项目、创办服务机构、提供志愿服务等方式,参与社会救助	
		慈善机构	鼓励、支持慈善组织依法依规开展慈善活动,为社会救助对象提供救助帮扶	
		购买服务	将社会救助中属于政府职责范围且适合通过市场化方式提供的具体服务事项,按照政府采购方式和程序,向社会力量购买	
		社会工作	政府应当发挥社会组织和社会工作者作用,为有需求的社会救助对象提供心理疏导、资源链接、能力提升、社会融入等服务	
		志愿服务	倡导和鼓励社会力量参与社会救助志愿服务	
		优惠政策	社会力量参与社会救助,依法享受相关优惠政策	
	救助安抚 形式	下拨救灾 款项	政府下拨救灾款项以帮助灾区恢复生产生活秩序,这是灾害损失补偿的主要手段	
		征用物资 和场地	各级人民政府应组织有关部门紧急调集、征用有关单位、企业、个人的物资和场地,并按照有关规定给予补偿	
		抚恤金发 放标准	政府应进一步完善原有的优抚政策,根据社会经济的发展,制定具体抚恤金发放的标准和机制	
		商业方面 保险	专人专险:对经常参加急、难、险、重任务救援任务的人员实施商业保险;临时保险:是对参加临时性重大、高危任务的人员给予保障的险种;概括性保险:是一种将救援人员全体性纳入的险种	
		个人方面 保险	保险公司向以应急救援一线人员赠送的保险,主要是特定人群在防控一线中所面临的风险和相应的风险补偿	

续表

		统筹协调监督	政府应当建立社会救助工作监督统筹协调机制,加强制度衔接和工作配合,合理配置社会救助资源	
	救助安抚监督	职责监督	政府及其社会救助管理部门依法履行对社会救助工作进行监督检查	
		财政审计监督	社会救助资金和物资的筹集、分配、管理、使用情况,应当依法接受财政审计监督	
		人大监督	政府应当定期向本级人民代表大会或者其常务委员会报告社会救助工作,依法接受监督	
		社会监督	任何单位、个人有权对工作人员在社会救助工作中的违法行为进行举报、投诉,接受社会监督	
		信息公开	政府及其社会救助管理部门应当及时公开社会救助政策、救助标准以及社会救助资金、物资管理和使用等信息	
救助安抚子项 T54		服务热线	政府及其社会救助管理部门应当开通社会救助服务热线,接受群众政策咨询、投诉举报	
		信息保护	单位及其工作人员对在社会救助工作中知悉的公民个人信息等,应当予以保密	
		行政诉讼	申请或者已获得社会救助的家庭或者人员,对社会救助管理部门做出的具体行政行为不服的,可以依法申请行政复议或者提起行政诉讼	
		信用监管	明确的违法行为,应当记入信用记录,纳入全国信用信息共享平台,依法开展失信惩戒	
	救助安抚责任	机关工作人员	违反规定,由上级行政机关或者监察机关责令改正,对主管人员和其他直接责任人员依法给予处分	
		占用救助款物	违反规定,截留、挤占、挪用、私分社会救助资金、物资的,由有关部门责令追回;有非法所得的,没收非法所得;对主管人员和其他责任人员依法给予处分	
		出具虚假材料	出具虚假证明材料的,依照法律、行政法规规定将单位或者个人违法情况纳入信用记录,依法依纪对相关责任人予以处理	
		骗取社会救助	采取虚报、隐瞒、伪造等手段,骗取社会救助资金、物资或者服务的,停止社会救助,责令退回,处于罚款;构成违反治安管理行为,依法给予治安管理处罚	
		干扰社会救助	以暴力、威胁等方式干扰社会救助工作,扰乱社会救助管理部门工作秩序,构成违反治安管理行为的,依法给予治安管理处罚	
		刑事犯罪	违反规定,构成犯罪的,依法追究刑事责任	

其中,"指标内容解释"为该子项三级指标内容的"内容解释"。

10.1.5.5　心理干预子项

(1)通用文本表达式

心理干预子项能力提升内容=(1个一级指标内容,4个二级指标内容,19个三级指标内容)。

一级指标内容={心理干预}。

二级指标内容={心理治疗措施,心理治疗方法,心理治疗援助,心理治疗评价}。

三级指标内容={【临床诊断,结构性会谈,心理测试】,【心理倾听,心理放松,心理疏导,心理宣泄】,【降低心理创伤,心理卫生影响,心理卫生治疗,心理救灾机构,心理援助教育,心理援助模式】,【个体认知,情绪反应,行为反应,社会支持,生理机能,体能素质】}。

(2)通用树状图表达式(图10-45)

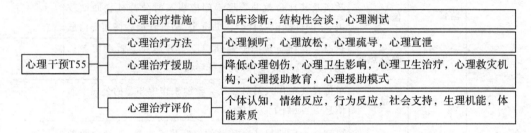

图10-45　心理干预子项能力提升3级指标内容树状图

(3)通用"一张表格"表达式(表10-45)

表10-45　心理干预子项能力提升3级指标内容"一张表格"

适用救援灾害:自然灾害、事故灾难、公共卫生事件、社会安全事件等分灾害 Vij				
适用救援区域:省级、副省级、地区级、区(县)级、街道(镇)级、社区(村)级等分区域 Gij				
适用救援过程:善后分过程 T5 心理干预子项 T55				
能力提升一级指标内容(0-分值Ⅰ)	能力提升二级指标内容(0-分值Ⅱ)	能力提升三级指标内容(0-分值Ⅲ)	指标内容解释	专家打分(0-1)
心理干预子项 T55	心理治疗措施	临床诊断	一是过度警觉,创伤后应激障碍者一般会遭受广泛性焦虑和特定恐惧双重折磨,个人仍在持续不断地假想可能出现的危险情况;二是记忆侵扰,创伤性事件会在受创者脑海中反复再现,并且不断重复;三是禁闭畏缩,是指在受到威胁和处于应激过程中完全屈服放弃的状态,并引起一系列心理防御反应	
		结构性会谈	常用的工具是 PTSD 诊断访谈表、PTSD 临床评定量表和 DSM-Ⅴ临床结构访谈表,具有较高的信度和效度	

心理治疗措施	心理测试	一种是自评测试,包括明尼苏达多相人格问卷PTSD量表、创伤后应激量表、PTSD症状量表;另一种是投射测试,借助某种无确定意义的刺激情景,诱使个体将潜意识中的内容以图画、实物的方式投射出来	
心理治疗方法	心理倾听	受灾个体容易发现某些身体以及情绪方面的障碍,比如情绪高度波动,手足无措等,必须使用倾听方法协助受灾个体恢复正常的情绪	
	心理放松	主要为了减少受灾个体受到伤害时发生的身体障碍,让受灾个体快速恢复心理健康,减少灾害带来的伤害	
	心理疏导	对重大灾害中的受灾个体实行疏通引导,优化受灾个体的认知、信念、情感等,减少和去除异常心理情况	
	心理宣泄	通过宣泄性的大声喊叫宣泄自己的情绪,让生理与心理得到释放	
心理干预子项T55	降低心理创伤	应对事件环境的危险因素,最大限度降低心理创伤,以家庭为互动单元更有效地应对突发公共事件	
	心理卫生影响	灾害对各年龄层受灾者及家属造成的心理卫生影响,包括事件对受害者、家属、救援人员、社区成员的长、短期冲击,事件造成的心理卫生后果,非心理卫生机构处理受难者可能带来的心理卫生后果	
心理治疗援助	心理卫生治疗	对各年龄层受难者及家属的短期危机调适和长期心理卫生治疗,研究与评估可使处在极度压力下的心理卫生人员避免产生心理障碍的治疗与服务模式	
	心理救灾机构	建议成立心理救灾指导组织,组织培训心理危机援助方面的人才,建立心理危机援助人才库	
	心理援助教育	平时开展一系列的针对大众的心理援助教育活动,包括灾害心理健康教育活动,模拟灾害心理健康的培训	
	心理援助模式	大多数灾后心理援助的技术和方法都来自境外,通过研究,总结出一套切实可行、符合中国国情的心理援助模式	
心理治疗评价	个体认知	包括安全认知、技能认知、心理知识认知等评价	
	情绪反应	包括兴奋、愤怒、悲伤、恐惧、焦虑、无感等评价	
	行为反应	包括饮食习惯、睡眠习惯、言行举止等评价	
	社会支持	包括家庭、同事朋友、专业机构等评价	
	生理机能	包括安静心率、血压、体温、BMI等评价	
	体能素质	包括速度素质、力量素质、耐力素质、灵敏协调素质等评价	

其中,"指标内容解释"为该子项三级指标内容的"内容解释"。

10.1.5.6 灾金绩效子项

(1)通用文本表达式

灾金绩效子项能力提升内容=(1个一级指标内容,5个二级指标内容,18个三级指标内容)。

一级指标内容={灾金绩效}。

二级指标内容={绩效评价内容,保障能力绩效,效率运行绩效,公平度量绩效,善后处理绩效}。

三级指标内容={【准备性绩效,过程性绩效,恢复性绩效,经济性绩效,效率性绩效,效果性绩效,公平性绩效】,【社会经济状况,法律法规政策,救灾资金机构】,【成本损耗,运转状况,效益分析】,【信息透明度,公众满意度,管理与应用监督】,【奖惩制度,经验总结】}。

(2)通用树状图表达式(图 10-46)

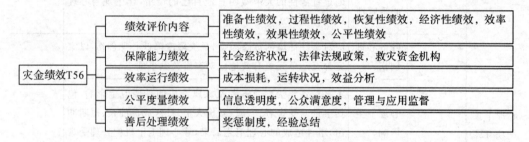

图 10-46 灾金绩效子项能力提升 3 级指标内容树状图

(3)通用"一张表格"表达式(表 10-46)

表 10-46 灾金绩效子项能力提升 3 级指标内容"一张表格"

适用救援灾害:自然灾害、事故灾难、公共卫生事件、社会安全事件等分灾害 Vij				
适用救援区域:省级、副省级、地区级、区(县)级、街道(镇)级、社区(村)级等分区域 Gij				
适用救援过程:善后分过程 T5 灾金绩效子项 T56				
能力提升一级指标内容(0-分值Ⅰ)	能力提升二级指标内容(0-分值Ⅱ)	能力提升三级指标内容(0-分值Ⅲ)	指标内容解释	专家打分(0-1)
灾金绩效子项 T56	绩效评价内容	准备性绩效	政府预算完备度、经费预案健全度、经费筹措渠道畅通性等	
		过程性绩效	经费运作流程规范性、拨付速度、使用规范性、监管健全度等	

		恢复性绩效	经济恢复、恢复重建、社会保障、制度完善程度等	
	绩效评价内容	经济性绩效	资金投入情况、经济决策情况等	
		效率性绩效	资金投入效率情况、应急救援处置效率情况等	
		效果性绩效	救助安抚执行情况、社会反映、目标实现情况等	
		公平性绩效	救助公平性、救助效果等	
灾金绩效子项 T56	保障能力绩效	社会经济水平	较强的社会经济发展水平,可以为救灾资金的筹措提供保障,包括经济发展水平、社会发展水平、科研支撑能力、基础设施规模等	
		法律法规政策	政府在救灾资金筹集、管理、运用中应遵循经济性、公平性和公开性原则来制定相应的法规和政策,包括:法律法规和政策的完善程度、法律法规的执行情况等	
		救灾资金机构	政府应设立应对灾害管理的相关部门并明确其责任,以保证各司其职,包括救灾资金筹措机构设置、救灾资金管理机构设置、救灾资金运用机构设置	
	效率运行绩效	成本损耗	救灾资金在筹措、管理、运用中,发生一些损耗,包括救灾资金筹措损耗、资金管理损耗、运用损耗等	
		运转状况	救灾资金无论是筹措、管理还是运用都讲究时效性,包括筹措规模与速度、款物划转速度、救灾资金发放及时程度、进度信息通报情况、进度信息反馈情况等	
		效益分析	重视救灾资金筹措、管理、运用的效果分析,以最少的人力、财力、物力创造出最大的价值,包括救灾资金救助效果、效利用程度、灾后重建效果等	
	公平度量绩效	信息透明度	救灾资金筹措、管理、运用的透明度又是重中之重。包括救灾资金筹措、管理、运用的透明度、绩效审计的披露、举报电话的设立	
		公众满意度	政府在筹集、管理、运用救灾资金时应充分考虑公众的利益,促使公众积极参与救灾资金的捐赠、管理和监督,包括公众广泛参与情况、对弱势群体补偿的关注、对救灾资金动态管理的态度等	

续表

灾金绩效 子项 T56	公平度量 绩效	管理与应 用监督	运用政府监督、媒体监督、公众监督三种手段,为救灾资金的管理和运用创造一个良好的社会环境	
	善后处理 绩效	奖惩制度	主要有对筹措、管理和运用救灾资金实施监督的奖励情况,对虚报、挪用和截留救灾资金人员的惩罚情况	
		经验总结	加强救灾资金捐赠、管理和监督的经验总结	

其中,"指标内容解释"为该子项三级指标内容的"内容解释"。

10.1.5.7 恢复重建子项

(1)通用文本表达式

恢复重建子项能力提升内容=(1 个一级指标内容,7 个二级指标内容,35 个三级指标内容)。

一级指标内容={恢复重建}。

二级指标内容={工作要点,组织机构,灾民生活,工农业生产,社会秩序,城乡硬件,城乡软件}。

三级指标内容={【启动程序,评估损失,危险性评估,建筑物受损鉴定,筹措资金,配套政策,重建规划,实施方案,专门工作机制,提高行政效能,发挥群众作用,技术支持,社会参与,监督检查,舆论宣传】,【组织机构恢复,组织管理完善】,【受灾群众安置,安置场所功能,公共服务】,【农业恢复生产,工商业恢复生产】,【法律秩序,社会秩序】,【城乡居民住房,城镇设施,农村生活生产,公共服务设施,生命线工程,产业和生计,防灾减灾设施,生态环境】,【幸存者心理恢复,救援人员心理恢复,心理疏导关护】}。

(2)通用树状图表达式(图 10-47)

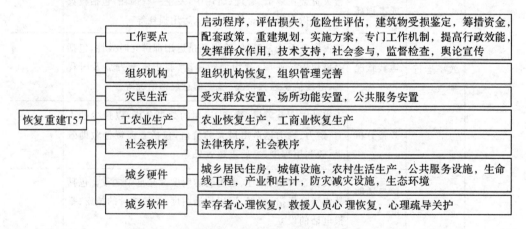

图 10-47 恢复重建子项能力提升 3 级指标内容树状图

（3）通用"一张表格"表达式（表 10-47）

表 10-47　恢复重建子项能力提升 3 级指标内容"一张表格"

适用救援灾害：自然灾害、事故灾难、公共卫生事件、社会安全事件等灾害 Vij

适用救援区域：省级、副省级、地区级、区（县）级、街道（镇）级、社区（村）级等分区域 Gij

适用救援过程：善后分过程 T5 恢复重建子项 T57

能力提升一级指标内容（0-分值Ⅰ）	能力提升二级指标内容（0-分值Ⅱ）	能力提升三级指标内容（0-分值Ⅲ）	指标内容解释	专家打分（0-1）
恢复重建子项 T57	工作要点	启动程序	按程序组建灾后恢复重建指导协调小组，负责研究解决恢复重建中的重大问题，指导工作有力有序有效推进	
		评估损失	实事求是、客观科学地确定灾害范围和灾害损失，形成综合评估报告，作为灾后恢复重建规划的重要依据	
		危险性评估	对灾害等次生衍生灾害隐患点进行排查，对临时和过渡安置点、城乡居民住房和各类设施建设进行灾害危险性评估	
		建筑物受损鉴定	对住房及其他建筑物受损程度、性能进行鉴定，指导做好住房及其他建筑物的恢复重建	
		筹措资金	确定补助资金规模、筹集方式以及灾后恢复重建资金总规模，建立灾害保险制度，完善市场化筹集重建资金机制，引导国内外贷款、对口支援资金、社会捐赠资金等参与灾后恢复重建	
		配套政策	根据灾害损失情况、环境和资源状况、恢复重建目标和经济社会发展需要等，制定支持灾后恢复重建的财税、金融、土地、社会保障、产业扶持等配套政策	
		重建规划	根据灾后恢复重建资金规模，结合相关政策和地方实际，在资源环境承载能力和国土空间开发适宜性评价基础上，组织编制灾后恢复重建规划	
		实施方案	细化制定灾后恢复重建相关政策措施，指导灾区在人民政府编制具体实施方案	
		专门工作机制	人民政府作为恢复重建执行和落实主体，要建立专门工作机制，负责辖区内灾后恢复重建各项工作	
		提高行政效能	灾区所在人民政府可根据恢复重建需要，简化审批程序，下放审批权限，加快审批进度，提高行政效能	

续表

恢复重建子项 T57	工作要点	发挥群众作用	发挥广大灾区群众的主人翁作用,引导灾区群众积极主动开展生产自救,在项目规划选址、土地征用、住房户型设计、招标管理、资金使用、施工质量监督、竣工验收等工作中,保障灾区群众的知情权、参与权和监督权
		技术支持	选派得力干部赴灾区任职支援恢复重建工作,组织专业技术人才提供技术支持
		社会参与	鼓励各民主党派、工商联、无党派人士、群团组织、慈善组织、科研院所、各类企业、港澳台同胞、海外侨胞和归侨侨眷等通过建言献策、志愿服务、捐款捐物、投资兴业等方式参与灾后恢复重建
		监督检查	加强对灾后恢复重建政策措施落实、规划实施、资金和物资管理使用、工程建设、生态环保等方面情况的监督检查。开展相关资金和项目跟踪审计。对网络舆情、来信来访和监督检查发现的问题进行专项督查,开展重点项目评议
		舆论宣传	引导舆论关注重大工程、机制创新、典型事迹,强化灾区群众感恩自强、奋发有为和国内外大力支持灾后恢复重建的宣传导向
	组织机构	组织机构恢复	突发公共事件会打断组织机构的正常运转,因为一些领导人和工作人员因公殉职或者受伤,容易造成业务的停顿和组织功能的丧失,需要恢复组织机构
		组织管理完善	通过突发公共事件原因调查发现组织管理中的漏洞,如制度不健全、组织结构不合理、管理不严等问题,通过组织管理完善加以解决
	灾民生活	受灾群众安置	采取"分散安置为主、集中安置为辅"的方式,及时妥善疏散、转移受灾群众。加强衣被、帐篷、折叠床、药品、方便食品等应急生活物资调度和储备,确保受灾群众"吃、穿、住、医"等方面需要
		场所功能安置	切实加强集中安置场所社会治理,完善安置场所基本功能,确保灾区社会秩序稳定
		公共服务安置	加快受灾学校排危修复工作,卫生设施恢复重建、全覆盖,加强灾后饮用水、食品安全监管

恢复重建子项 T57	工农业生产	农业恢复生产	加强恢复生产所需种子、农机、化肥、农药等生产资料的调度,指导灾区做好抢种、补种、改种和补栏、补苗工作,协助农业恢复生产	
		工商业恢复生产	加强工业园区、商贸市场的交通运输、电力通信、供水供气等保障,狠抓生产调度,优化服务管理,协助企业恢复生产经营	
	社会秩序	法律秩序	突发公共事件经常给社会造成巨大的冲击,有时一些社会原因造成的对立和冲突性危机,这往往与一定程度的法律失效有关,造成社会秩序混乱。因此,尽快恢复法律秩序	
		社会秩序	突发公共事件经常给社会造成巨大的冲击,社会秩序也会受到影响,有时一些社会原因会造成的对立和冲突性危机,造成社会秩序混乱。因此,尽快恢复社会秩序	
	城乡硬件	城乡居民住房	主要是对城镇和农村居民的房屋进行恢复重建,分为临时性住房和永久性住房。永久性住房是重建的最终目标,临时性住房是在永久性住房建成前,搭建的活动板房、简易房、借住房等供过渡性安置	
		城镇设施	市政公用设施恢复(包括供排水、电力、供气供热、通信、广电、消防、市政管线等),历史文化名城名镇名村恢复(包括历史文化街区内损毁的现代建筑)	
		农村生活生产	农业生产恢复(包括农业生产设施、优质粮油生产基地、特色果蔬生产基地、畜牧业生产基地、水产生产基地、林业产业基地)、农业服务体系恢复(包括良种繁育、动植物疫病防控、农产品质量安全和市场信息服务、农业技术推广服务体系和农业科研机构等)、农村基础设施恢复(包括农村公路、村庄道路、供水供电、垃圾污水处理、农村能源等设施)	
		公共服务设施	包含对学校、医院、科技、文化、体育、社会福利、政府机关等社会公共服务行业的建筑物、设施、设备及服务功能的恢复与重建	
		生命线工程	包括交通、通信、电力、水利、能源等保障社会正常运转的生命线工程的恢复重建	
		产业和生计	包括工业、农业、商贸、旅游、金融等行业和产业的基本条件、生产能力、服务能力的恢复重建,主要以家庭和个体目标,为其提供生活物质来源和经济收入来源的手段的生计恢复重建	

续表

恢复重建 **子项 T57**	城乡硬件	防灾减灾 设施	主要指恢复重建因灾受损的、具有防灾减灾功能的设施，以及新建预防新生灾害风险的设施和工程的恢复重建	
		生态环境	主要对因灾受损的生态系统、自然景观进行修复，恢复其生态环境服务功能，促进生态系统健康，增强环境稳定性，减少灾害风险	
	城乡软件	幸存者心 理恢复	主要对因灾害造成人员的恐惧、抑郁、焦虑等不良影响和心理创伤进行心理治疗、精神抚慰和人文关怀，帮助他们恢复到正常的心理和精神状态	
		救援人员 心理恢复	对在灾害现场进行救援的救援人员进行心理干预和心理咨询，帮助他们恢复到正常的心理和精神状态	
		心理疏导 关护	组织人员深入灾区、深入群众，查看受灾情况，慰问受灾群众，增强受灾群众战胜灾害、重建家园、恢复生产生活秩序的信心，确保受灾群众心理稳定	

其中，"指标内容解释"为该子项三级指标内容的"内容解释"。

10.1.5.8 体系调整子项

（1）通用文本表达式

体系调整子项能力提升内容＝（1 个一级指标内容，5 个二级指标内容，46 个三级指标内容）。

一级指标内容＝｛体系调整｝。

二级指标内容＝｛准备过程调整，响应过程调整，处置过程调整，保障过程调整，善后过程调整｝。

三级指标内容＝｛【法律法规，标准规范，预案制定，组织机构，管理体系，运行机制，监测预警，培训演练，宣传教育，行为素养，教育科技，灾害医学，灾害产业】，【快速反应，灾害心理，灾害识别，环境识别，社会动员，舆情监控】，【协同指挥，队伍施救，施救设备，医疗医治，自救互救，基层治理，灾民保护，治安维护，成果统计，信息发布，灾金使用，捐赠管理】，【施救队伍，施救技术，信息平台，物质资源，航空基地，避难场所，媒体发布，灾金筹集】，【损失统计，经验总结，调查评估，救助安抚，心理干预，资金监管，恢复重建】｝。

（2）通用树状图表达式（图 10-48）

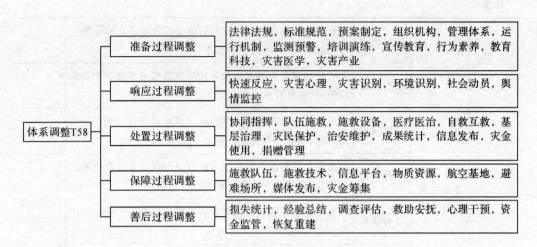

图 10-48 体系调整子项能力提升 3 级指标内容树状图

（3）通用"一张表格"表达式（表 10-48）

表 10-48 体系调整子项能力提升 3 级指标内容"一张表格"

适用救援灾害：自然灾害、事故灾难、公共卫生事件、社会安全事件等分灾害				
适用救援区域：省级、副省级、地区级、区（县）级、街道（镇）级、社区（村）级等分区域				
适用救援过程：善后分过程 T5 体系调整子项 T58				
能力提升一级指标内容（0-分值Ⅰ）	能力提升二级指标内容（0-分值Ⅱ）	能力提升三级指标内容（0-分值Ⅲ）	指标内容解释	专家打分（0-1）
体系调整子项 T58	准备过程调整	法律法规	调查评估应急救援法律法规在实际应急救援准备过程中的应用情况，调整其不适应的地方	
		标准规范	调查评估应急救援标准规范在应急救援准备过程中的应用情况，调整其不适应的地方	
		预案制定	调查评估应急救援预案制定在应急救援准备过程中的应用情况，调整其不适应的地方	
		组织机构	调查评估应急救援组织机构在应急救援准备过程中的应用情况，调整其不适应的地方	
		管理体系	调查评估应急救援管理体系在应急救援准备过程中的应用情况，调整其不适应的地方	

续表

体系调整 子项 T58	准备过程 调整	运行机制	调查评估应急救援运行机制在应急救援准备过程中的应用情况,调整其不适应的地方	
		监测预警	调查评估应急救援监测预警在应急救援准备过程中的应用情况,调整其不适应的地方	
		培训演练	调查评估应急救援培训演练在应急救援准备过程中的应用情况,调整其不适应的地方	
		宣传教育	调查评估应急救援宣传教育在应急救援准备过程中的应用情况,调整其不适应的地方	
		行为素养	调查评估应急救援行为素养在应急救援准备过程中的应用情况,调整其不适应的地方	
		教育科技	调查评估应急救援教育科技在应急救援准备过程中的应用情况,调整其不适应的地方	
		灾害医学	调查评估应急救援灾害医学在应急救援准备过程中的应用情况,调整其不适应的地方	
		灾害产业	调查评估应急救援灾害产业在应急救援准备过程中的应用情况,调整其不适应的地方	
	响应过程 调整	快速反应	调查评估应急救援快速反应在应急救援响应过程中的应用情况,调整其不适应的地方	
		灾害心理	调查评估应急救援灾害心理在应急救援响应过程中的应用情况,调整其不适应的地方	
		灾害识别	调查评估应急救援灾害识别在应急救援响应过程中的应用情况,调整其不适应的地方	
		环境识别	调查评估应急救援环境识别在应急救援响应过程中的应用情况,调整其不适应的地方	
		社会动员	调查评估应急救援社会动员在应急救援响应过程中的应用情况,调整其不适应的地方	
		舆情监控	调查评估应急救援舆情监控在应急救援响应过程中的应用情况,调整其不适应的地方	
	处置过程 调整	协同指挥	调查评估应急救援协同指挥在应急救援处置过程中的应用情况,调整其不适应的地方	
		队伍施救	调查评估应急救援队伍施救在应急救援处置过程中的应用情况,调整其不适应的地方	
		施救设备	调查评估应急救援施救设备在应急救援处置过程中的应用情况,调整其不适应的地方	

续表

体系调整子项 T58	处置过程调整	医疗医治	调查评估应急救援医疗医治在应急救援处置过程中的应用情况,调整其不适应的地方	
		自救互救	调查评估应急救援自救互救在应急救援处置过程中的应用情况,调整其不适应的地方	
		基层治理	调查评估应急救援基层治理在应急救援处置过程中的应用情况,调整其不适应的地方	
		灾民保护	调查评估应急救援灾民保护在应急救援处置过程中的应用情况,调整其不适应的地方	
		治安维护	调查评估应急救援治安维护在应急救援处置中的应用情况,调整其不适应的地方	
		成果统计	调查评估应急救援成果统计在应急救援处置过程中的应用情况,调整其不适应的地方	
		信息发布	调查评估应急救援信息发布在应急救援处置过程中的应用情况,调整其不适应的地方	
		灾金使用	调查评估应急救援灾金使用在应急救援处置过程中的应用情况,调整其不适应的地方	
		捐赠管理	调查评估应急救援捐赠管理在应急救援处置过程中的应用情况,调整其不适应的地方	
	保障过程调整	施救队伍	调查评估应急救援施救队伍在应急救援保障过程中的应用情况,调整其不适应的地方	
		施救技术	调查评估应急救援施救技术在应急救援保障过程中的应用情况,调整其不适应的地方	
		信息平台	调查评估应急救援信息平台在应急救援保障过程中的应用情况,调整其不适应的地方	
		物质资源	调查评估应急救援物质资源在应急救援保障过程中的应用情况,调整其不适应的地方	
		航空基地	调查评估应急救援航空基地在应急救援保障过程中的应用情况,调整其不适应的地方	
		避难场所	调查评估应急救援避难场所在应急救援保障过程中的应用情况,调整其不适应的地方	
		媒体发布	调查评估应急救援媒体发布在应急救援保障过程中的应用情况,调整其不适应的地方	
		灾金筹集	调查评估应急救援灾金筹集在应急救援保障过程中的应用情况,调整其不适应的地方	

续表

		损失统计	调查评估应急救援损失统计在应急救援善后过程中的应用情况,调整其不适应的地方	
		经验总结	调查评估应急救援经验总结在应急救援善后过程中的应用情况,调整其不适应的地方	
		调查评估	调查评估应急救援调查评估在应急救援善后过程中的应用情况,调整其不适应的地方	
体系调整子项 T58	善后过程调整	救助安抚	调查评估应急救援救助安抚在应急救援善后过程中的应用情况,调整其不适应的地方	
		心理干预	调查评估应急救援心理干预在应急救援善后过程中的应用情况,调整其不适应的地方	
		资金监管	调查评估应急救援资金监管在应急救援处置中的应用情况,调整其不适应的地方	
		恢复重建	调查评估应急救援恢复重建在应急救援善后过程中的应用情况,调整其不适应的地方	

其中,"指标内容解释"为该子项三级指标内容的"内容解释"。

10.2　分过程能力提升4级指标内容规范格式表达

10.2.1　准备分过程

(1)通用文本表达式

准备分过程能力提升内容＝(1个一级指标内容,14个二级指标内容,J个三级指标内容,K个四级指标内容),其中J、K为正整数。

一级指标内容＝{准备分过程 T1}。

二级指标内容＝{法律法规子项 T11,标准规范子项 T12,规章制度子项 T13,预案制定子项 T14,管理体系子项 T15,组织机构子项 T16,运行机制子项 T17,监测预警子项 T18,培训演练子项 T19,宣传教育子项 T110,行为素养子项 T111,教育科技子项 T112,灾害医学子项 T113,灾害产业子项 T114}。

三级指标内容＝{所有子项的二级指标内容集合}。

四级指标内容＝{所有子项的三级指标内容集合}。

（2）通用树状图表达式（图 10-49）

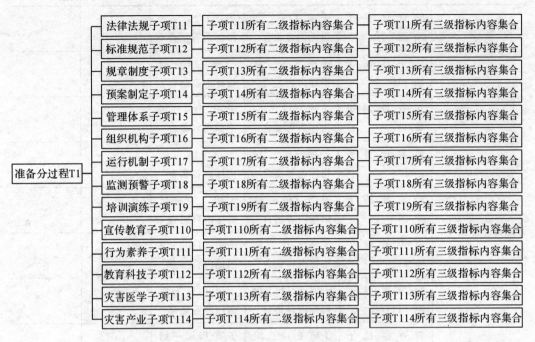

图 10-49 准备分过程能力提升 4 级指标内容树状图

（3）通用"一张表格"表达式（表 10-49）

表 10-49 准备分过程能力提升 4 级指标内容"一张表格"

适用救援灾害：自然灾害、事故灾难、公共卫生事件、社会安全事件等分灾害 Vij					
适用救援区域：省级、副省级、地区级、区（县）级、街道（镇）级、社区（村）级等分区域 Gij					
适用救援过程：准备分过程 T1					
能力提升一级指标内容（0-分值）	能力提升二级指标内容（0-分值Ⅰ）	能力提升三级指标内容（0-分值Ⅱ）	能力提升四级指标内容（0-分值Ⅲ）	指标内容解释	专家评价（0-1）
准备分过程 T1	法律法规子项 T11	子项 T11 二级指标内容集合	子项 T11 三级指标内容集合	＊＊＊＊＊＊	
	标准规范子项 T12	子项 T12 二级指标内容集合	子项 T12 三级指标内容集合	＊＊＊＊＊＊	
	规章制度子项 T13	子项 T13 二级指标内容集合	子项 T13 三级指标内容集合	＊＊＊＊＊＊	
	预案制定子项 T14	子项 T14 二级指标内容集合	子项 T14 三级指标内容集合	＊＊＊＊＊＊	

续表

	管理体系子项 T15	子项 T15 二级指标内容集合	子项 T15 三级指标内容集合	＊＊＊＊＊＊
	组织体制子项 T16	子项 T16 二级指标内容集合	子项 T16 三级指标内容集合	＊＊＊＊＊＊
	运行机制子项 T17	子项 T17 二级指标内容集合	子项 T17 三级指标内容集合	＊＊＊＊＊＊
	监测预警子项 T18	子项 T18 二级指标内容集合	子项 T18 三级指标内容集合	＊＊＊＊＊＊
准备分过程 T1	培训演练子项 T19	子项 T19 二级指标内容集合	子项 T19 三级指标内容集合	＊＊＊＊＊＊
	宣传教育子项 T110	子项 T110 二级指标内容集合	子项 T110 三级指标内容集合	＊＊＊＊＊＊
	行为素养子项 T111	子项 T111 二级指标内容集合	子项 T111 三级指标内容集合	＊＊＊＊＊＊
	教育科技子项 T112	子项 T112 二级指标内容集合	子项 T112 三级指标内容集合	＊＊＊＊＊＊
	灾害医学子项 T113	子项 T113 二级指标内容集合	子项 T113 三级指标内容集合	＊＊＊＊＊＊
	灾害产业子项 T114	子项 T114 二级指标内容集合	子项 T114 三级指标内容集合	＊＊＊＊＊＊

其中，"＊＊＊＊＊＊"为准备分过程子项中的三级指标内容"指标内容解释"。

10.2.2 响应分过程

(1)通用文本表达式

响应分过程能力提升内容＝(1 个一级指标内容,6 个二级指标内容,J 个三级指标内容,K 个四级指标内容),其中 J、K 为正整数。

一级指标内容＝{响应分过程 T2}。

二级指标内容＝{快速反应子项 T21,灾害心理子项 T22,灾害识别子项 T23,环境识别子项 T24,社会动员子项 T25,舆情监控子项 T26}。

三级指标内容＝{所有子项的二级指标内容集合}。

四级指标内容＝{所有子项的三级指标内容集合}。

（2）通用树状图表达式（图 10-50）

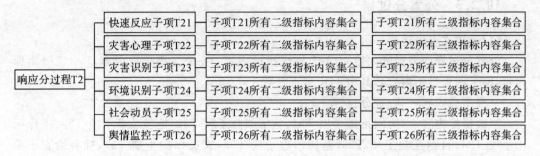

图 10-50　响应分过程能力提升 4 级指标内容树状图

（3）通用"一张表格"表达式（表 10-50）

表 10-50　响应分过程能力提升 4 级指标内容"一张表格"

适用救援灾害：自然灾害、事故灾难、公共卫生事件、社会安全事件等分灾害 Vij

适用救援区域：省级、副省级、地区级、区（县）级、街道（镇）级、社区（村）级等分区域 Gij

适用救援过程：响应分过程 T2

能力提升一级指标内容（0-分值）	能力提升二级指标内容（0-分值Ⅰ）	能力提升三级指标内容（0-分值Ⅱ）	能力提升四级指标内容（0-分值Ⅲ）	指标内容解释	专家评价（0-1）
响应分过程 T2	快速反应子项 T21	子项 T21 二级指标内容集合	子项 T21 三级指标内容集合	＊＊＊＊＊＊	
	心理干预子项 T22	子项 T22 二级指标内容集合	子项 T22 三级指标内容集合	＊＊＊＊＊＊	
	灾害识别子项 T23	子项 T23 二级指标内容集合	子项 T23 三级指标内容集合	＊＊＊＊＊＊	
	环境识别子项 T24	子项 T24 二级指标内容集合	子项 T24 三级指标内容集合	＊＊＊＊＊＊	
	社会动员子项 T25	子项 T25 二级指标内容集合	子项 T25 三级指标内容集合	＊＊＊＊＊＊	
	舆情监控子项 T26	子项 T26 二级指标内容集合	子项 T26 三级指标内容集合	＊＊＊＊＊＊	

其中，"＊＊＊＊＊＊"为响应分过程子项中的三级指标内容"指标内容解释"。

10.2.3 处置分过程

(1)通用文本表达式

处置分过程能力提升内容＝(1个一级指标内容,12个二级指标内容,J个三级指标内容,K个四级指标内容),其中J、K为正整数。

一级指标内容＝{处置分过程 T3}。

二级指标内容＝{协同指挥子项 T31,队伍施救子项 T32,施救装备子项 T33,医疗医治子项 T34,自救互救子项 T35,基层治理子项 T36,灾民保护子项 T37,社会治安子项 T38,灾情统计子项 T39,信息发布子项 T310,灾金使用子项 T311,捐赠管理子项 T312}。

三级指标内容＝{所有子项的二级指标内容集合}。

四级指标内容＝{所有子项的三级指标内容集合}。

(2)通用树状图表达式(图 10-51)

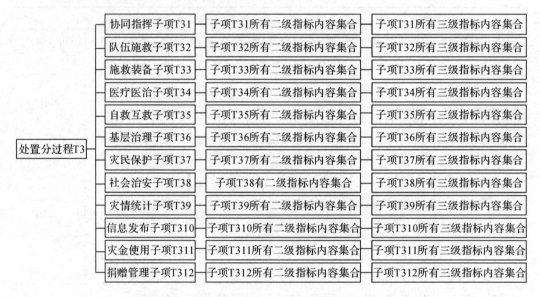

图 10-51　处置分过程能力提升 4 级指标内容树状图

（3）通用"一张表格"表达式（表10-51）

表10-51 处置分过程能力提升4级指标内容"一张表格"

适用救援灾害：自然灾害、事故灾难、公共卫生事件、社会安全事件等分灾害 Vij

适用救援区域：省级、副省级、地区级、区（县）级、街道（镇）级、社区（村）级等分区域 Gij

适用救援过程：处置分过程 T3

能力提升一级指标内容（0-分值）	能力提升二级指标内容（0-分值Ⅰ）	能力提升三级指标内容（0-分值Ⅱ）	能力提升四级指标内容（0-分值Ⅲ）	指标内容解释	专家评价（0-1）
处置分过程 T3	协同指挥子项 T31	子项 T31 二级指标内容集合	子项 T31 三级指标内容集合	＊＊＊＊＊＊	
	队伍施救子项 T32	子项 T32 二级指标内容集合	子项 T32 三级指标内容集合	＊＊＊＊＊＊	
	施救装备子项 T33	子项 T33 二级指标内容集合	子项 T33 三级指标内容集合	＊＊＊＊＊＊	
	医疗医治子项 T34	子项 T34 二级指标内容集合	子项 T34 三级指标内容集合	＊＊＊＊＊＊	
	自救互救子项 T35	子项 T35 二级指标内容集合	子项 T35 三级指标内容集合	＊＊＊＊＊＊	
	基层治理子项 T36	子项 T36 二级指标内容集合	子项 T36 三级指标内容集合	＊＊＊＊＊＊	
	灾民保护子项 T37	子项 T37 二级指标内容集合	子项 T37 三级指标内容集合	＊＊＊＊＊＊	
	社会治安子项 T38	子项 T38 二级指标内容集合	子项 T38 三级指标内容集合	＊＊＊＊＊＊	
	灾情统计子项 T39	子项 T39 二级指标内容集合	子项 T39 三级指标内容集合	＊＊＊＊＊＊	
	信息发布子项 T310	子项 T310 二级指标内容集合	子项 T310 三级指标内容集合	＊＊＊＊＊＊	
	灾金使用子项 T311	子项 T311 二级指标内容集合	子项 T311 三级指标内容集合	＊＊＊＊＊＊	
	捐赠管理子项 T312	子项 T312 二级指标内容集合	子项 T312 三级指标内容集合	＊＊＊＊＊＊	

其中，"＊＊＊＊＊＊"为处置分过程子项中的三级指标内容"指标内容解释"。

10.2.4 保障分过程

(1)通用文本表达式

保障分过程能力提升内容=(1个一级指标内容,8个二级指标内容,J个三级指标内容,K个四级指标内容),其中J、K为正整数。

一级指标内容={保障分过程 T4}。

二级指标内容={施救队伍子项 T41,施救技术子项 T42,信息平台子项 T43,物质资源子项 T44,航空基地子项 T45,避难场所子项 T46,媒体发布子项 T47,财力资金子项 T48}。

三级指标内容={所有子项的二级指标内容集合}。

四级指标内容={所有子项的三级指标内容集合}。

(2)通用树状图表达式(图 10-52)

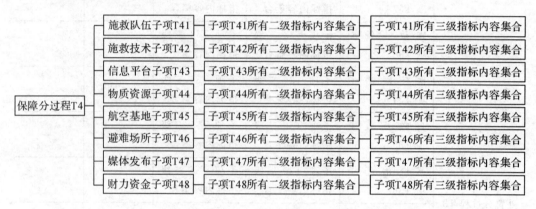

图 10-52 保障分过程能力提升 4 级指标内容树状图

(3)通用"一张表格"表达式(表 10-52)

表 10-52 保障分过程能力提升 4 级指标内容"一张表格"

适用救援灾害:自然灾害、事故灾难、公共卫生事件、社会安全事件等分灾害 Vij					
适用救援区域:省级、副省级、地区级、区(县)级、街道(镇)级、社区(村)级等分区域 Gij					
适用救援过程:保障分过程 T4					
能力提升一级指标内容(0-分值)	能力提升二级指标内容(0-分值Ⅰ)	能力提升三级指标内容(0-分值Ⅱ)	能力提升四级指标内容(0-分值Ⅲ)	指标内容解释	专家评价(0-1)
保障分过程 T4	施救队伍子项 T41	子项 T41 二级指标内容集合	子项 T41 三级指标内容集合	＊＊＊＊＊＊	
	施救技术子项 T42	子项 T42 二级指标内容集合	子项 T42 三级指标内容集合	＊＊＊＊＊＊	

续表

	信息平台子项 T43	子项 T43 二级指标内容集合	子项 T43 三级指标内容集合	＊＊＊＊＊＊
	物质资源子项 T44	子项 T44 二级指标内容集合	子项 T44 三级指标内容集合	＊＊＊＊＊＊
	航空基地子项 T45	子项 T45 二级指标内容集合	子项 T45 三级指标内容集合	＊＊＊＊＊＊
保障分过程 T4	避难场所子项 T46	子项 T46 二级指标内容集合	子项 T46 三级指标内容集合	＊＊＊＊＊＊
	媒体发布子项 T47	子项 T47 二级指标内容集合	子项 T47 三级指标内容集合	＊＊＊＊＊＊
	灾金筹集子项 T48	子项 T48 二级指标内容集合	子项 T48 三级指标内容集合	＊＊＊＊＊＊

其中，"＊＊＊＊＊＊"为保障分过程子项中的三级指标内容"指标内容解释"。

10.2.5　善后分过程

(1)通用文本表达式

善后分过程能力提升内容＝(1 个一级指标内容,8 个二级指标内容,J 个三级指标内容,K 个四级指标内容),其中 J、K 为正整数。

一级指标内容＝｛善后分过程 T5｝。

二级指标内容＝｛损失统计子项 T51,经验总结子项 T52,调查评估子项 T53,救助安抚子项 T54,心理干预子项 T55,资金监管子项 T56,恢复重建子项 T57,体系调整子项 T58｝。

三级指标内容＝｛所有子项的二级指标内容集合｝。

四级指标内容＝｛所有子项的三级指标内容集合｝。

(2)通用树状图表达式(图 10-53)

图 10-53　善后分过程能力提升 4 级指标内容

343

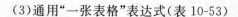

（3）通用"一张表格"表达式（表 10-53）

表 10-53　善后分过程能力提升 4 级指标内容"一张表格"

适用救援灾害：自然灾害、事故灾难、公共卫生事件、社会安全事件等分灾害 Vij					
适用救援区域：省级、副省级、地区级、区（县）级、街道（镇）级、社区（村）级等分区域 Gij					
适用救援过程：善后分过程 T5					
能力提升一级 指标内容（0-分 值）	能力提升二级 指标内容（0-分 值Ⅰ）	能力提升三级 指标内容（0-分 值Ⅱ）	能力提升四级 指标内容（0-分 值Ⅲ）	指标内容解释	专家评价 （0-1）
善后分过程 T5	灾损统计子 项 T51	子项 T51 二级 指标内容集合	子项 T51 三级 指标内容集合	＊＊＊＊＊＊	
	经验总结子 项 T52	子项 T52 二级 指标内容集合	子项 T52 三级 指标内容集合	＊＊＊＊＊＊	
	调查评估子 项 T53	子项 T53 二级 指标内容集合	子项 T53 三级 指标内容集合	＊＊＊＊＊＊	
	救助安抚子 项 T54	子项 T54 二级 指标内容集合	子项 T54 三级 指标内容集合	＊＊＊＊＊＊	
	心理治疗子 项 T55	子项 T55 二级 指标内容集合	子项 T55 三级 指标内容集合	＊＊＊＊＊＊	
	灾金绩效子 项 T56	子项 T56 二级 指标内容集合	子项 T56 三级 指标内容集合	＊＊＊＊＊＊	
	恢复重建子 项 T57	子项 T57 二级 指标内容集合	子项 T57 三级 指标内容集合	＊＊＊＊＊＊	
	体系调整子 项 T58	子项 T58 二级 指标内容集合	子项 T58 三级 指标内容集合	＊＊＊＊＊＊	

其中，"＊＊＊＊＊＊"为善后分过程子项中的三级指标内容"指标内容解释"。

10.3　全过程能力提升 5 级指标内容规范格式表达

10.3.1　通用文本表达式

全过程能力提升内容＝{1 个一级指标内容，5 个二级指标内容，J 个三级指标内容，K 个四级指标内容，M 个五级指标内容}，其中 J、K、M 为正整数。

一级指标内容＝{全过程 T}。

二级指标内容＝{准备分过程 T1，响应分过程 T2，处置分过程 T3，保障分过程 T4，善后分过程 T5}。

三级指标内容＝{T1 所有子项集合，T2 所有子项集合，T3 所有子项集合，T4 所有子项集合，T5 所有子项集合}。

四级指标内容＝{T1、T2、T3、T4、T5 所有子项的二级指标内容集合}。

五级指标内容＝{T1、T2、T3、T4、T5 所有子项的三级指标内容集合}。

10.3.2　通用树状图表达式(图 10-54)

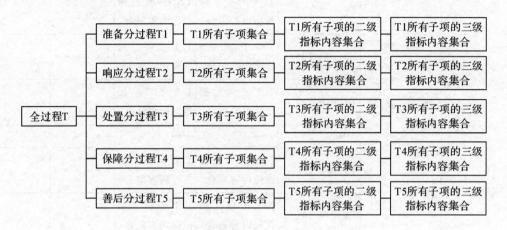

图 10-54　全过程能力提升 5 级指标内容树状图

10.3.3　通用"一张表格"表达式(表 10-54)

表 10-54　全过程能力提升 5 级指标内容"一张表格"

适用救援灾害：自然灾害、事故灾难、公共卫生事件、社会安全事件等分灾害 Vij						
适用救援区域：省级、副省级、地区级、区(县)级、街道(镇)级、社区(村)级等分区域 Gij						
适用救援过程：全过程 T						
能力提升一级指标内容(0-总分值)	能力提升二级指标内容(0-分值)	能力提升三级指标内容(0-分值 I)	能力提升四级指标内容(0-分值 II)	能力提升五级指标内容(0-分值 III)	指标内容解释	专家评价(0-1)
全过程 T	准备分过程 T1	T1 子项 T11	T11 子项二级指标内容集合	T11 子项三级指标内容集合	＊＊＊＊＊＊	
		T1 子项 T12	T12 子项二级指标内容集合	T12 子项三级指标内容集合	＊＊＊＊＊＊	
		……	……	……	＊＊＊＊＊＊	
		T1 子项 T1j	T1j 子项二级指标内容集合	T1j 子项三级指标内容集合	＊＊＊＊＊＊	

续表

全过程 T	响应分过程 T2	T2 子项 T21	T21 子项二级指标内容集合	T21 子项三级指标内容集合	＊＊＊＊＊＊
		T2 子项 T22	T22 子项二级指标内容集合	T22 子项三级指标内容集合	＊＊＊＊＊＊
		……	……	……	＊＊＊＊＊＊
		T2 子项 T2j	T2j 子项二级指标内容集合	T2j 子项三级指标内容集合	＊＊＊＊＊＊
	处置分过程 T3	T3 子项 T31	T31 子项二级指标内容集合	T31 子项三级指标内容集合	＊＊＊＊＊＊
		T3 子项 T32	T32 子项二级指标内容集合	T32 子项三级指标内容集合	＊＊＊＊＊＊
		……	……	……	＊＊＊＊＊＊
		T3 子项 T3j	T3j 子项二级指标内容集合	T3j 子项三级指标内容集合	＊＊＊＊＊＊
	保障分过程 T4	T4 子项 T41	T41 子项二级指标内容集合	T41 子项三级指标内容集合	＊＊＊＊＊＊
		T4 子项 T42	T42 子项二级指标内容集合	T42 子项三级指标内容集合	＊＊＊＊＊＊
		……	……	……	＊＊＊＊＊＊
		T4 子项 T4j	T4j 子项二级指标内容集合	T4j 子项三级指标内容集合	＊＊＊＊＊＊
	善后分过程 T5	T5 子项 T51	T51 子项二级指标内容集合	T51 子项三级指标内容集合	＊＊＊＊＊＊
		T5 子项 T52	T52 子项二级指标内容集合	T52 子项三级指标内容集合	＊＊＊＊＊＊
		……	……	……	＊＊＊＊＊＊
		T5 子项 T5j	T5j 子项二级指标内容集合	T5j 子项三级指标内容集合	＊＊＊＊＊＊

其中，"＊＊＊＊＊＊"为准备、响应、处置、保障、善后分过程子项中的三级指标内容"指标内容解释"。

第 11 章　综合应急救援能力提升内容提取函数表达技术途径实现

11.1　分过程子项能力提升内容提取

基于综合应急救援分过程子项的能力提升路径 $P = \{V \cap G \cap T\} = \{\text{【}V_{ij}\text{】} \cap \text{【}G_{ij}\text{】} \cap \text{【}T_{ij}\text{】}\}$，分过程子项的能力提升内容提取函数表达式：$H_{ij} = \text{Table}(V_{ij}, G_{ij}, T_{ij})$，其中 i、j 代表正整数。通过代入 V_{ij}、G_{ij}、T_{ij} 参数到 H_{ij} 中，在"表 7-1 分过程子项能力提升 3 级指标内容'一张表格'"中，即可提取出某个分过程"＊＊＊子项"对应的能力提升 3 级指标内容通用文本表达式：

如：快速反应子项 T_{21} 能力提升 3 级指标内容＝（1 个一级指标内容，5 个二级指标内容，21 个三级指标内容）。

一级指标内容＝{快速反应}。

二级指标内容＝{预案启动，响应动作，响应速度，军地联动，政府协调}。

三级指标内容＝{【启动预案，响应级别】，【人民政府启动，救援队伍启动，救援物质启动，救援财力启动，救援避难场所启动，救援技术启动】，【救援决策速度，救援反应速度，救援到达速度，救援推进速度】，【应急协调，应急程序，应急信息通报，应急救援力量，应急联合保障】，【政府制度协调，政府人员协调，政府信息协调，政府资源协调】}。

该分过程的所有其他子项对应的能力提升 3 级指标内容通用文本表达式如上述操作即可，其他分过程子项操作雷同。

11.2　分过程能力提升内容提取

基于综合应急救援分过程的能力提升路径 $P = \{V \cap G \cap T\} = \{\text{【}V_{ij}\text{】} \cap \text{【}G_{ij}\text{】} \cap \text{【}T_i\text{】}\}$，分过程的能力提升内容提取函数表达式：$H_i = \text{Table}(V_{ij}, G_{ij}, T_i)$，其中 i、j 代表正整数。通过代入 V_{ij}、G_{ij}、T_i 参数到 H_i 中，在"表 7-2 分过程能力提升内容通用'一张表格'表达式"的表格中，即可提取出某个分过程能力提升 4 级指标内容通用文本表达式：

如：响应分过程 T_2 能力提升 4 级指标内容＝（1 个一级指标内容，6 个二级指标内容，J 个三级指标内容，K 个四级指标内容），其中 J、K 是正整数。

一级指标内容＝{响应分过程 T_2}。

二级指标内容={快速反应 T21 子项,灾害心理 T22 子项,灾害识别 T23 子项,环境识别 T24 子项,社会动员 T25 子项,舆情监控 T26 子项}。

三级指标内容={{预案启动,响应动作,响应速度,军地联动,政府协调},{心理问题障碍认知,心理问题应激源认知,心理问题行为认知,心理问题干预对象,心理问题干预范围,心理问题干预程序,心理问题干预模式,心理问题干预措施,心理问题反应诊断,心理问题干预方法,心理问题干预技术,心理问题救助形式},{灾害种类,灾害演变,灾害特性,灾害风险,灾害受灾体},{城镇布局形式,城镇社会环境,城镇自然地理环境,城镇道路网环境,城镇居民地环境,城镇水系环境,城镇人文景观环境,城镇气象气候环境},{动员实施措施,动员实施内容,动员实施对象},{监控策略,监控方法,监控分析,监控原则,监控控制,监控保障,监控技术,监控平台,监控队伍,监控绩效}}。

四级指标内容={{【启动预案,响应级别】,【人民政府启动,救援队伍启动,救援物质启动,救援财力启动,救援避难场所启动,救援技术启动】,【救援决策速度,救援反应速度,救援到达速度,救援推进速度】,【应急协调,应急程序,应急信息通报,应急救援力量,应急联合保障】,【政府制度协调,政府人员协调,政府信息协调,政府资源协调】},{【焦虑心理障碍,恐惧心理障碍,创伤应激心理障碍,哀伤心理障碍,抑郁心理障碍,从众心理障碍,内疚与负罪感障碍】,【救灾准备不充分,灾害现场应激反应,救援中伦理挑战,社会期望和舆论】,【自杀行为,报复与攻击行为,打砸抢烧行为】,【事件受害者,事件救援者,两者相关者,间接了解事件者】,【干预基础理论,干预援助队伍,干预范围和目标,干预服务标准,干预实施措施,干预工作制度,干预资源保障,干预社会支持】,【提高反应速度,组建志愿团队,进行调查评估,制定干预决策,合理资源配置,推动媒介管理】,【干预平衡,干预认知,干预心理转变】,【建立社会干预系统,提高认知干预水平,提供干预信息,帮助度过悲哀过程,提供干预应对方法,配合干预药物治疗,建立干预机构和网络】,【生理方面诊断,认知方面诊断,情绪方面诊断,行为方面诊断】,【疑病心理干预,恐慌心理干预,焦虑心理干预,抑郁心理干预,强迫心理干预,伴随征候干预】,【沟通技术,心理支持技术,会谈疏泄技术,心理急救技术,心理晤谈技术,松弛技术,认知-行为疗法技术,眼动脱敏再处理技术】,【心理问题现场救助,心理问题自助,心理问题他助】},{【自然灾害,事故灾难,公共卫生灾害,社会安全灾害】,【原生灾害,次生灾害,衍生灾害,耦合灾害】,【灾害特点,灾害程度,灾害范围】,【灾害风险识别,灾害风险研判】,【人员伤亡,工程设施破坏,交通线破坏,生命线破坏,水利工程破坏,农作物及森林破坏,土地资源破坏,水资源破坏,设备和室内财产破坏】},{【块状布局,带状布局,环状布局,串联状布局,组团状布局,星座状布局】,【政治环境,经济环境,文化环境】,【地理位置,地形地貌特点,水系水文和特点,植被与土壤特点,区域气候特点,海陆空交通特点,居民地布局特点】,【方格式,放射式,扇形,自由式,方格环形放射式,环形放射式,混合式交通网式,方格与扇形组合式,星形组合式】,【行列式,周边式,点群式,混合式】,【树枝状水系,扇形水系,羽状水系,平行状水系,格子状水系,向心状水系,放射状水系】,【文物古迹,革命活动地,活动场所景观,特殊人文景观,人口】,【气象,气候】},{【法规建设,体制建设,机制建设,内容建设,程序建设,手段建设,分类分级建设,网络媒体建设,评估建设,奖惩建设】,【人力动员,物资动员,财力动员,避难场所动员,交通运输动员,普及知识动员,自救互救动员】,【政府部门动员,组织动员,社区动员,企业动员,非政府组织动员,志愿者动员,媒介动员】},{【组织保证,日常监测,形成联动,有效评估】,【舆情监测,舆情收集,舆情预判,舆情查核】,【热点话题识别,倾向性分析,主题跟踪分析,自动摘要分析,趋势分析,突发公共事件分析】,【"风险免疫力","内生型风险","新媒体矩阵","信息管道","传播力","两场联动",社会心态,全流程治理】,【自动预警,统计报告,控制与引导,信息发布】,【网络监控立法,网络监控机制,上下工作机制,信息发布制度,网络资源共享】,【规范信息服务,关键技术和产品,网络舆情分析技术,网络技术应用】,【数据采集,数据分析,功能模块,处置能力】,【技术人才培养,监控队伍壮大】,【监测绩效评估,监测情况考核,监测总结反思】}}。

其他准备分过程 T1、处置分过程 T3、保障分过程 T4、善后分过程 T5 的能力提升 4 级指标内容通用文本表达式如上述操作表达即可,在此就不一一叙述。

11.3　全过程能力提升内容提取

基于综合应急救援全过程的能力提升路径 $P=\{V \cap G \cap T\}=\{【Vij】\cap【Gij】\cap【T】\}$,全过程的能力提升内容提取函数表达式:$Hi=Table(Vij,Gij,T)$,其中 i、j 代表正整数。通过代入 Vij、Gij、T 参数到 H 中,在"表 7-3 全过程能力提升 5 级指标内容'一张表格'"的表格中,即可提取出全过程能力提升 5 级指标内容通用文本表达式:

如:全过程 T 能力提升 5 级指标内容=(1 个一级指标内容,5 个二级指标内容,J 个三级指标内容,K 个四级指标内容,M 个五级指标内容},其中 J、K、M 是正整数。

一级指标内容={全过程 T}。

二级指标内容={准备分过程 T1,响应分过程 T2,处置分过程 T3,保障分过程 T4,善后分过程 T5}。

三级指标内容={T1、T2、T3、T4、T5 的二级指标内容集合}。

四级指标内容={T1、T2、T3、T4、T5 的三级指标内容集合}。

五级指标内容={T1、T2、T3、T4、T5 的四级指标内容集合}。

基于准备分过程 T1、响应分过程 T2、处置分过程 T3、保障分过程 T4、善后分过程 T5 的能力提升 4 级指标内容通用文本表达式,按照上述三级指标内容、四级指标内容、五级指标内容的组合规律,即可形成全过程 T 的能力提升 5 级指标内容通用文本表达式。由于全过程能力提升 5 级指标内容较多,在此就不一一叙述。

第12章 综合应急救援能力提升评价指标体系及分值计算模型表达技术途径实现

12.1 分过程子项能力提升评价3级指标体系及分值计算

基于"表7-1 分过程子项能力提升3级指标内容'一张表格'",将其中的一级指标内容及分值Ⅰ、二级指标内容及分值Ⅱ、三级指标及分值Ⅲ及指标内容解释,可顺利的转变成一级评价指标及分值Ⅰ、二级评价指标及分值Ⅱ、三级评价指标及分值Ⅲ及指标内容解释,形成了分过程子项能力提升评价3级指标体系及分值计算模式。

12.1.1 准备分过程子项

准备分过程 T1 子项＝{法律法规 T11 子项∪标准规范 T12 子项∪规章制度 T13 子项∪预案制定 T14 子项∪管理体系 T15 子项∪组织机构 T16 子项∪运行机制 T17 子项∪监测预警 T18 子项∪培训演练 T19 子项∪宣传教育 T110 子项∪行为素养 T111 子项∪教育科技 T112 子项∪灾害医学 T113 子项∪灾害产业 T114 子项}。

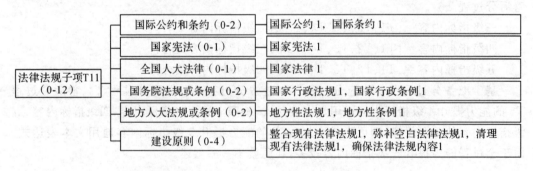

图 12-1 法律法规子项评价指标及分值计算

(1)法律法规子项评价(图 12-1)

其中,图中三级评价指标的"1"代表(0-1)表示专家评价分值范围(下同)。多名专家依据三级评价指标内容解释,对上述每个三级评价指标在(0-1)范围内进行打分并取平均值,得出每个三级评价指标的专家评价"分值Ⅲ",如"国际公约"这个三级评价指标的专家评价分值为 0.6(0-1 之间);基于已打出的三级评价指标的评价"分值Ⅲ",相加计算得出二级评价指标的评价"分值Ⅱ",如"国际公约和条约"这个二级评价指标的评价分值为

1.8(0-2之间);再根据二级评价指标的评价"分值Ⅱ",相加计算得出一级评价指标的评价"分值Ⅰ",如"法律法规"这个一级评价指标的评价分值为8.9(0-12之间)(上述分值计算过程下同)。

由此可知,T11(法律法规子项能力提升评价分值)=Q|(0-12),即评价分值Q在0-12之间。

(2)标准规范子项评价(如图12-2)

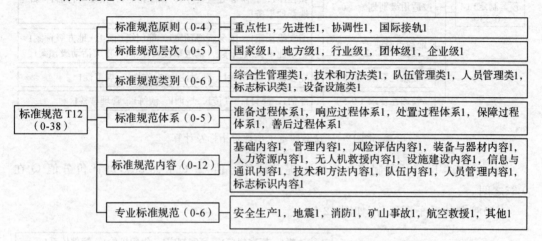

图12-2 标准规范子项评价指标及计算

由此可知,T12(标准规范子项能力提升评价分值)=Q|(0-38),即评价分值Q在0-38之间。

(3)规章制度子项评价(如图12-3)

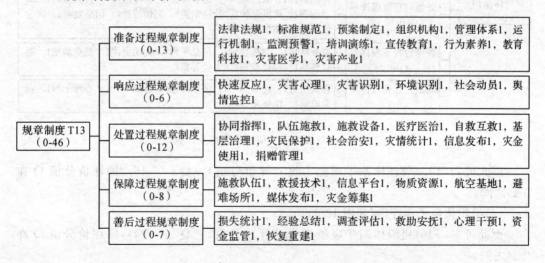

图12-3 规章制度子项评价指标及计算

由此可知,T13(规章制度子项能力提升评价分值)=Q|(0-46),即评价分值Q在0-46之间。

（4）预案制定子项评价（如图 12-4）

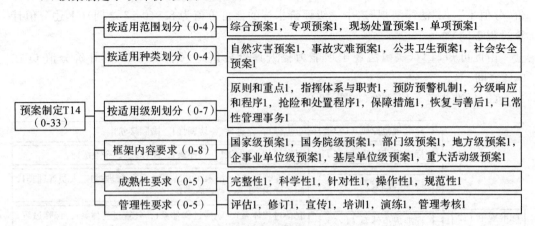

图 12-4　预案制定子项评价指标及计算

由此可知，T14（预案制定子项能力提升评价分值）＝Q｜（0-33），即评价分值 Q 在 0-33 之间。

（5）管理体系子项评价（如图 12-5）

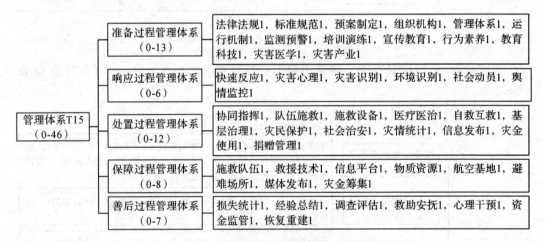

图 12-5　管理体系子项评价指标及计算

由此可知，T15（管理体系子项能力提升评价分值）＝Q｜（0-46），即评价分值 Q 在 0-46 之间。

（6）组织体制子项评价（如图 12-6）

由此可知，T16（组织体制子项能力提升评价分值）＝Q｜（0-24），即评价分值 Q 在 0-24 之间。

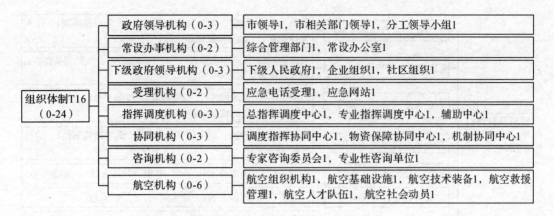

图 12-6　组织体制子项评价指标及计算

（7）运行机制子项评价（如图 12-7）

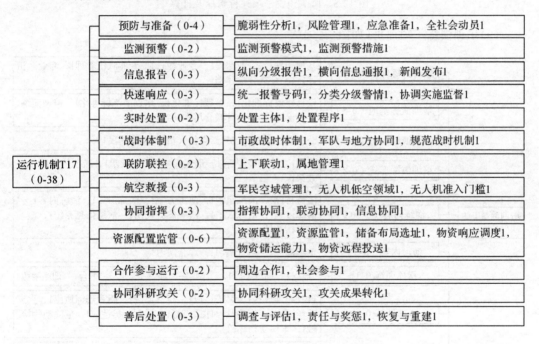

图 12-7　运行机制子项评价指标及计算

由此可知，T17（运行机制子项能力提升评价分值）＝Q｜（0-38），即评价分值 Q 在 0-38 之间。

（8）监测预警子项评价（如图 12-8）

由此可知，T18（监测预警子项能力提升评价分值）＝Q｜（0-34），即评价分值 Q 在 0-34 之间。

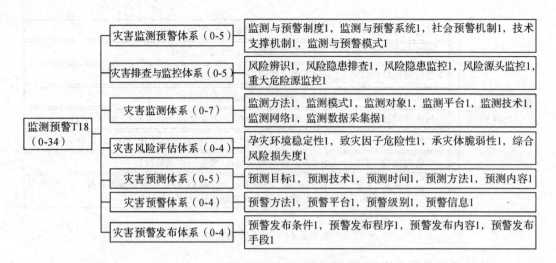

图 12-8 监测预警子项评价指标及计算

(9)培训演练子项评价(如图 12-9)

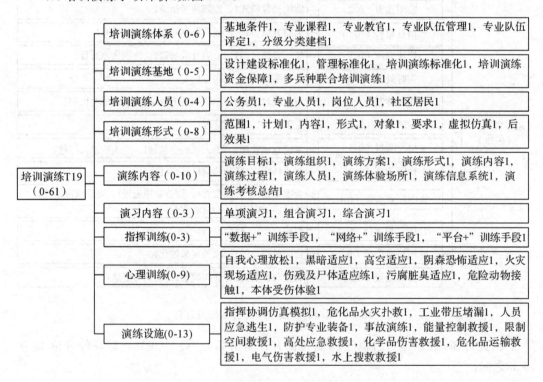

图 12-9 培训演练子项评价指标及计算

由此可知,T19(培训演练子项能力提升评价分值)＝Q｜(0-61),即评价分值 Q 在 0-61之间。

(10)宣传教育子项评价(如图 12-10)

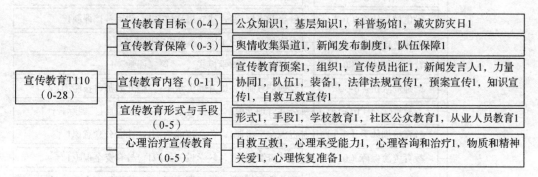

宣传教育T110 (0-28)	宣传教育目标（0-4）	公众知识1，基层知识1，科普场馆1，减灾防灾日1
	宣传教育保障（0-3）	舆情收集渠道1，新闻发布制度1，队伍保障1
	宣传教育内容（0-11）	宣传教育预案1，组织1，宣传员出征1，新闻发言人1，力量协同1，队伍1，装备1，法律法规宣传1，预案宣传1，知识宣传1，自救互救宣传1
	宣传教育形式与手段（0-5）	形式1，手段1，学校教育1，社区公众教育1，从业人员教育1
	心理治疗宣传教育（0-5）	自救互救1，心理承受能力1，心理咨询和治疗1，物质和精神关爱1，心理恢复准备1

图 12-10　宣传教育子项评价指标及计算

由此可知，T110(宣传教育子项能力提升评价分值)＝Q｜(0-28)，即评价分值 Q 在 0-28 之间。

(11)行为素养子项评价(如图 12-11)

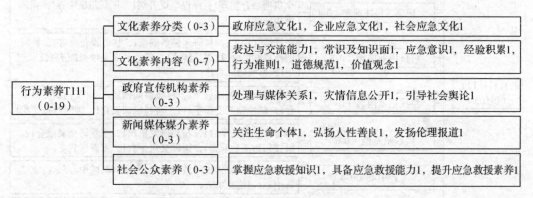

行为素养T111 (0-19)	文化素养分类（0-3）	政府应急文化1，企业应急文化1，社会应急文化1
	文化素养内容（0-7）	表达与交流能力1，常识及知识面1，应急意识1，经验积累1，行为准则1，道德规范1，价值观念1
	政府宣传机构素养（0-3）	处理与媒体关系1，灾情信息公开1，引导社会舆论1
	新闻媒体媒介素养（0-3）	关注生命个体1，弘扬人性善良1，发扬伦理报道1
	社会公众素养（0-3）	掌握应急救援知识1，具备应急救援能力1，提升应急救援素养1

图 12-11　行为素养子项评价指标及计算

由此可知，T111(行为素养子项能力提升评价分值)＝Q｜(0-19)，即评价分值 Q 在 0-19 之间。

(12)教育科技子项评价(如图 12-12)

由此可知，T112(教育科技子项能力提升评价分值)＝Q｜(0-102)，即评价分值 Q 在 0-102 之间。

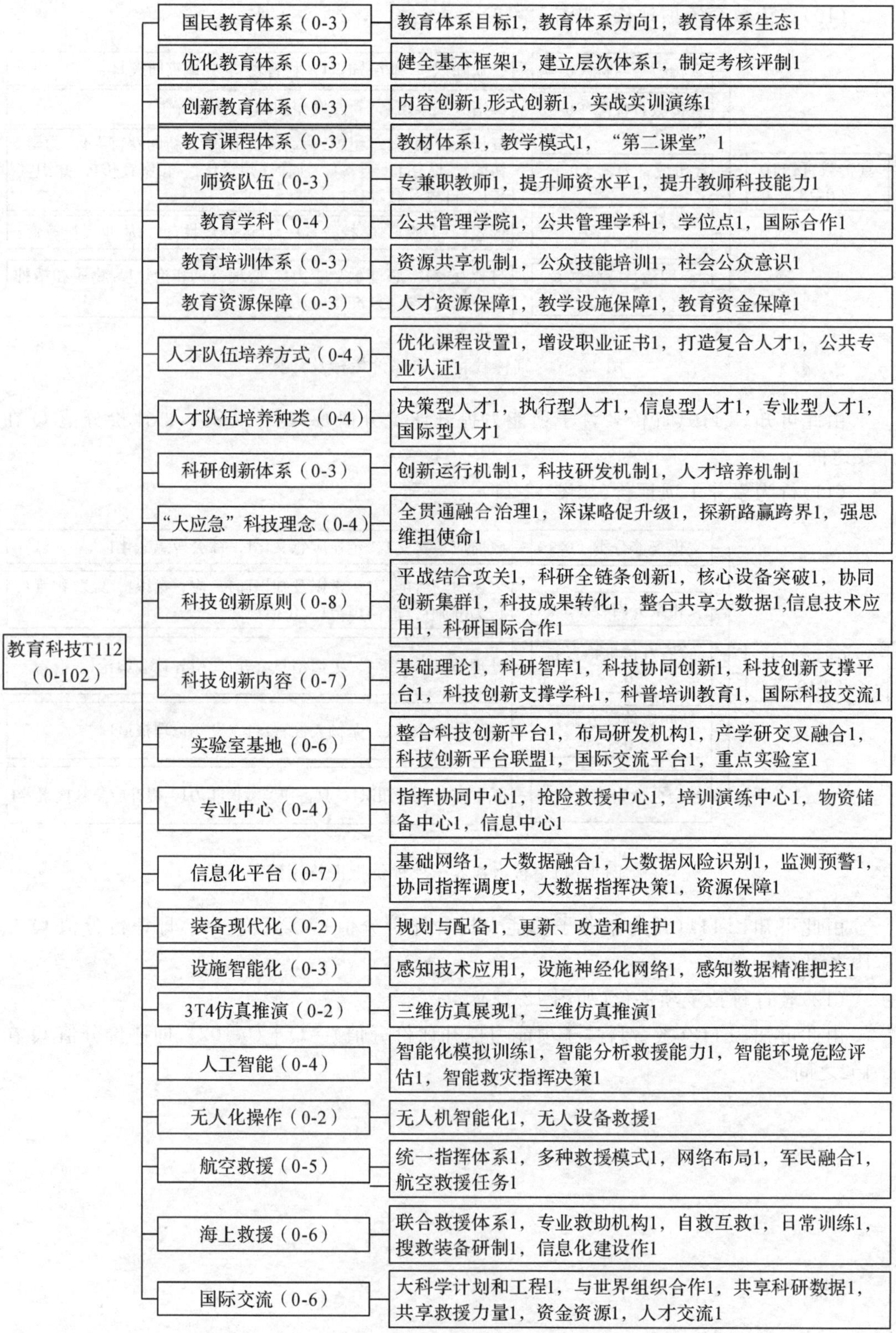

指标	内容
国民教育体系（0-3）	教育体系目标1，教育体系方向1，教育体系生态1
优化教育体系（0-3）	健全基本框架1，建立层次体系1，制定考核评制1
创新教育体系（0-3）	内容创新1，形式创新1，实战实训演练1
教育课程体系（0-3）	教材体系1，教学模式1，"第二课堂"1
师资队伍（0-3）	专兼职教师1，提升师资水平1，提升教师科技能力1
教育学科（0-4）	公共管理学院1，公共管理学科1，学位点1，国际合作1
教育培训体系（0-3）	资源共享机制1，公众技能培训1，社会公众意识1
教育资源保障（0-3）	人才资源保障1，教学设施保障1，教育资金保障1
人才队伍培养方式（0-4）	优化课程设置1，增设职业证书1，打造复合人才1，公共专业认证1
人才队伍培养种类（0-4）	决策型人才1，执行型人才1，信息型人才1，专业型人才1，国际型人才1
科研创新体系（0-3）	创新运行机制1，科技研发机制1，人才培养机制1
"大应急"科技理念（0-4）	全贯通融合治理1，深谋略促升级1，探新路赢跨界1，强思维担使命1
科技创新原则（0-8）	平战结合攻关1，科研全链条创新1，核心设备突破1，协同创新集群1，科技成果转化1，整合共享大数据1，信息技术应用1，科研国际合作1
科技创新内容（0-7）	基础理论1，科研智库1，科技协同创新1，科技创新支撑平台1，科技创新支撑学科1，科普培训教育1，国际科技交流1
实验室基地（0-6）	整合科技创新平台1，布局研发机构1，产学研交叉融合1，科技创新平台联盟1，国际交流平台1，重点实验室1
专业中心（0-4）	指挥协同中心1，抢险救援中心1，培训演练中心1，物资储备中心1，信息中心1
信息化平台（0-7）	基础网络1，大数据融合1，大数据风险识别1，监测预警1，协同指挥调度1，大数据指挥决策1，资源保障1
装备现代化（0-2）	规划与配备1，更新、改造和维护1
设施智能化（0-3）	感知技术应用1，设施神经化网络1，感知数据精准把控1
3T4仿真推演（0-2）	三维仿真展现1，三维仿真推演1
人工智能（0-4）	智能化模拟训练1，智能分析救援能力1，智能环境危险评估1，智能救灾指挥决策1
无人化操作（0-2）	无人机智能化1，无人设备救援1
航空救援（0-5）	统一指挥体系1，多种救援模式1，网络布局1，军民融合1，航空救援任务1
海上救援（0-6）	联合救助体系1，专业救助机构1，自救互救1，日常训练1，搜救装备研制1，信息化建设作1
国际交流（0-6）	大科学计划和工程1，与世界组织合作1，共享科研数据1，共享救援力量1，资金资源1，人才交流1

左侧主干：**教育科技T112（0-102）**

图 12-12 教育科技子项评价指标及计算

（13）灾害医学子项评价（如图 12-13）

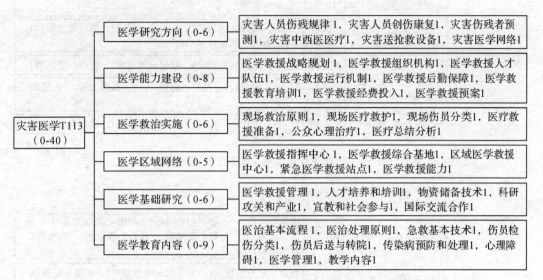

医学研究方向（0-6）	灾害人员伤残规律1，灾害人员创伤康复1，灾害伤残者预测1，灾害中西医医疗1，灾害送抢救设备1，灾害医学网络1
医学能力建设（0-8）	医学救援战略规划1，医学救援组织机构1，医学救援人才队伍1，医学救援运行机制1，医学救援后勤保障1，医学救援教育培训1，医学救援经费投入1，医学救援预案1
医学救治实施（0-6）	现场救治原则1，现场医疗救护1，现场伤员分类1，医疗救援准备1，公众心理治疗1，医疗总结分析1
医学区域网络（0-5）	医学救援指挥中心1，医学救援综合基地1，区域医学救援中心1，紧急医学救援站点1，医学救援能力1
医学基础研究（0-6）	医学救援管理1，人才培养和培训1，物资储备技术1，科研攻关和产业1，宣教和社会参与1，国际交流合作1
医学教育内容（0-9）	医治基本流程1，医治处理原则1，急救基本技术1，伤员检伤分类1，伤员后送与转院1，传染病预防和处理1，心理障碍1，医学管理1，教学内容1

灾害医学T113（0-40）

图 12-13　灾害医学子项评价指标及计算

由此可知，T113（灾害医学子项能力提升评价分值）＝Q｜(0-40)，即评价分值 Q 在 0-40 之间。

（14）灾害产业子项评价（如图 12-14）

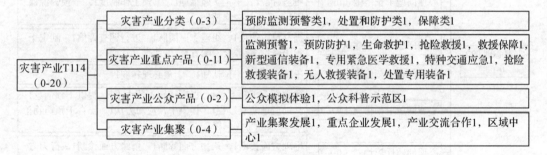

灾害产业分类（0-3）	预防监测预警类1，处置和防护类1，保障类1
灾害产业重点产品（0-11）	监测预警1，预防防护1，生命救护1，抢险救援1，救援保障1，新型通信装备1，专用紧急医学救援1，特种交通应急1，抢险救援装备1，无人救援装备1，处置专用装备1
灾害产业公众产品（0-2）	公众模拟体验1，公众科普示范区1
灾害产业集聚（0-4）	产业集聚发展1，重点企业发展1，产业交流合作1，区域中心1

灾害产业T114（0-20）

图 12-14　灾害产业子项评价指标及计算

由此可知，T114（灾害产业子项能力提升评价分值）＝Q｜(0-20)，即评价分值 Q 在 0-20 之间。

12.1.2　响应分过程子项

响应分过程 T2 子项＝{快速反应 T21 子项∪灾害心理 T22 子项∪灾害识别 T23 子项∪环境识别 T24 子项∪社会动员 T25 子项∪舆情监控 T26 子项}。

（1）快速反应子项评价（如图 12-15）

由此可知，T21（快速反应子项能力提升评价分值）＝Q｜(0-21)，即评价分值 Q 在 0-21 之间。

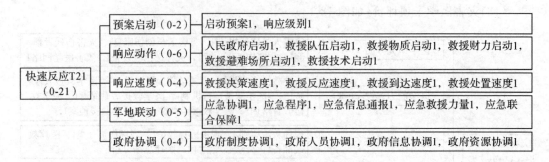

图 12-15　快速反应子项 3 级指标描述及计算

（2）灾害心理子项评价（如图 12-16）

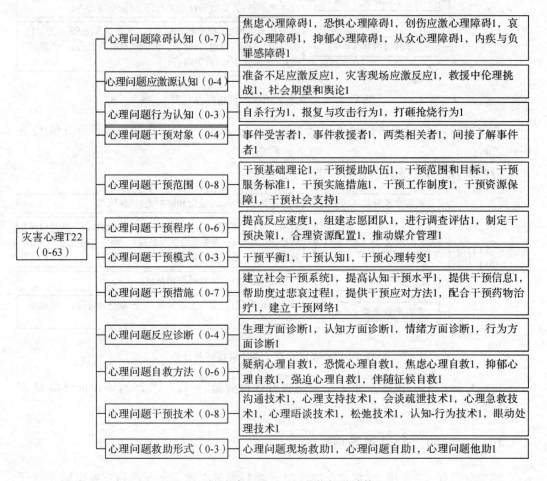

图 12-16　灾害心理子项评价指标及计算

由此可知，T22（灾害心理子项能力提升评价分值）＝Q｜(0-63)，即评价分值 Q 在 0-63 之间。

（3）害识识别子项评价（如图 12-17）

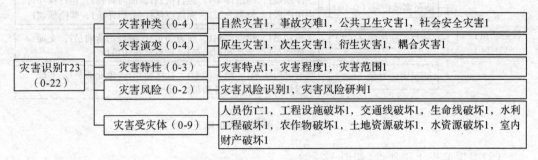

灾害识别T23（0-22）
- 灾害种类（0-4）—— 自然灾害1，事故灾难1，公共卫生灾害1，社会安全灾害1
- 灾害演变（0-4）—— 原生灾害1，次生灾害1，衍生灾害1，耦合灾害1
- 灾害特性（0-3）—— 灾害特点1，灾害程度1，灾害范围1
- 灾害风险（0-2）—— 灾害风险识别1，灾害风险研判1
- 灾害受灾体（0-9）—— 人员伤亡1，工程设施破坏1，交通线破坏1，生命线破坏1，水利工程破坏1，农作物破坏1，土地资源破坏1，水资源破坏1，室内财产破坏1

图 12-17 害识识别子项评价指标及计算

由此可知，T23（害识识别子项能力提升评价分值）＝Q｜（0-22），即评价分值 Q 在 0-22 之间。

（4）环境识别子项评价（如图 12-18）

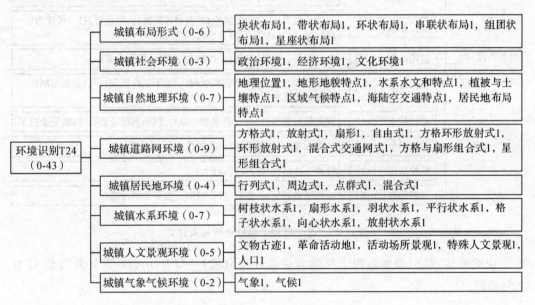

环境识别T24（0-43）
- 城镇布局形式（0-6）—— 块状布局1，带状布局1，环状布局1，串联状布局1，组团状布局1，星座状布局1
- 城镇社会环境（0-3）—— 政治环境1，经济环境1，文化环境1
- 城镇自然地理环境（0-7）—— 地理位置1，地形地貌特点1，水系水文和特点1，植被与土壤特点1，区域气候特点1，海陆空交通特点1，居民地布局特点1
- 城镇道路网环境（0-9）—— 方格式1，放射式1，扇形1，自由式1，方格环形放射式1，环形放射式1，混合式交通网式1，方格与扇形组合式1，星形组合式1
- 城镇居民地环境（0-4）—— 行列式1，周边式1，点群式1，混合式1
- 城镇水系环境（0-7）—— 树枝状水系1，扇形水系1，羽状水系1，平行状水系1，格子状水系1，向心状水系1，放射状水系1
- 城镇人文景观环境（0-5）—— 文物古迹1，革命活动地1，活动场所景观1，特殊人文景观1，人口1
- 城镇气象气候环境（0-2）—— 气象1，气候1

图 12-18 环境识别子项评价指标及计算

由此可知，T24（环境识别子项能力提升评价分值）＝Q｜（0-43），即评价分值 Q 在 0-43 之间。

（5）社会动员子项评价（如图 12-19）

由此可知，T25（社会动员子项能力提升评价分值）＝Q｜（0-24），即评价分值 Q 在 0-24 之间。

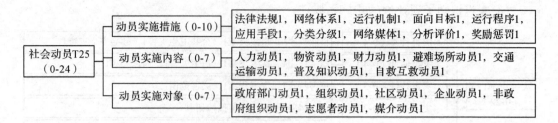

图 12-19　社会动员子项评价指标及计算

（6）舆情监控子项评价（如图 12-20）

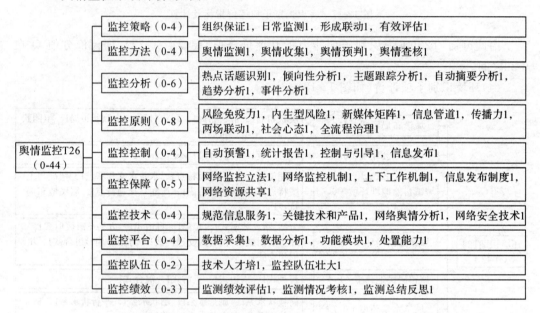

图 12-20　舆情监控子项评价指标及计算

由此可知，T26（舆情监控子项能力提升评价分值）＝Q｜(0-44)，即评价分值 Q 在 0-44 之间。

12.1.3　处置分过程子项

处置分过程 T3 子项＝{协同指挥 T31 子项∪队伍施救 T32 子项∪施救装备 T33 子项∪医疗医治 T34 子项∪自救互救 T35 子项∪基层治理 T36 子项∪灾民保护 T37 子项∪社会治安 T38 子项∪灾情统计 T39 子项∪信息发布 T310 子项∪灾金使用 T311 子项∪捐赠管理 T312 子项)}。

（1）协同指挥子项评价（如图 12-21）

由此可知，T31（协同指挥子项能力提升评价分值）＝Q｜(0-114)，即评价分值 Q 在 0-114 之间。

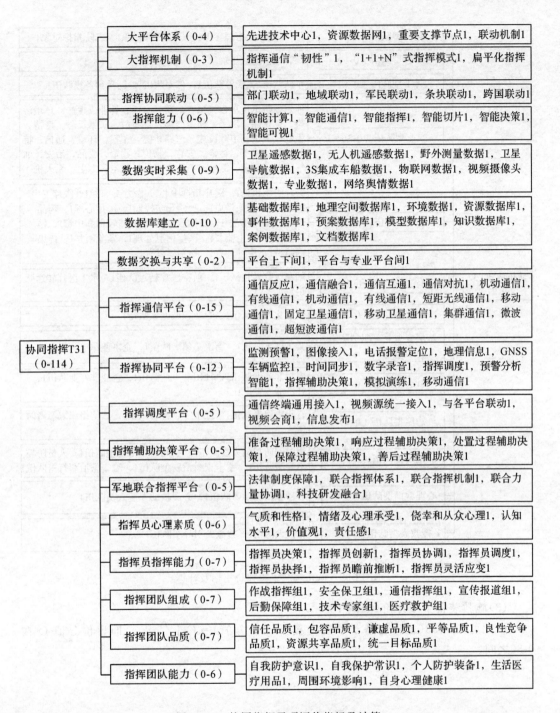

大平台体系（0-4）	先进技术中心1，资源数据网1，重要支撑节点1，联动机制1
大指挥机制（0-3）	指挥通信"韧性"1，"1+1+N"式指挥模式1，扁平化指挥机制1
指挥协同联动（0-5）	部门联动1，地域联动1，军民联动1，条块联动1，跨国联动1
指挥能力（0-6）	智能计算1，智能通信1，智能指挥1，智能切片1，智能决策1，智能可视1
数据实时采集（0-9）	卫星遥感数据1，无人机遥感数据1，野外测量数据1，卫星导航数据1，3S集成车船数据1，物联网数据1，视频摄像头数据1，专业数据1，网络舆情数据1
数据库建立（0-10）	基础数据库1，地理空间数据库1，环境数据1，资源数据库1，事件数据库1，预案数据库1，模型数据库1，知识数据库1，案例数据库1，文档数据库1
数据交换与共享（0-2）	平台上下间1，平台与专业平台间1
指挥通信平台（0-15）	通信反应1，通信融合1，通信互通1，通信对抗1，机动通信1，有线通信1，机动通信1，有线通信1，短距无线通信1，移动通信1，固定卫星通信1，移动卫星通信1，集群通信1，微波通信1，超短波通信1
指挥协同平台（0-12）	监测预警1，图像接入1，电话报警定位1，地理信息1，GNSS车辆监控1，时间同步1，数字录音1，指挥调度1，预警分析智能1，指挥辅助决策1，模拟演练1，移动通信1
指挥调度平台（0-5）	通信终端通用接入1，视频源统一接入1，与各平台联动1，视频会商1，信息发布1
指挥辅助决策平台（0-5）	准备过程辅助决策1，响应过程辅助决策1，处置过程辅助决策1，保障过程辅助决策1，善后过程辅助决策1
军地联合指挥平台（0-5）	法律制度保障1，联合指挥体系1，联合指挥机制1，联合力量协调1，科技研发融合1
指挥员心理素质（0-6）	气质和性格1，情绪及心理承受1，侥幸和从众心理1，认知水平1，价值观1，责任感1
指挥员指挥能力（0-7）	指挥员决策1，指挥员创新1，指挥员协调1，指挥员调度1，指挥员抉择1，指挥员瞻前推断1，指挥员灵活应变1
指挥团队组成（0-7）	作战指挥组1，安全保卫组1，通信指挥组1，宣传报道组1，后勤保障组1，技术专家组1，医疗救护组1
指挥团队品质（0-7）	信任品质1，包容品质1，谦虚品质1，平等品质1，良性竞争品质1，资源共享品质1，统一目标品质1
指挥团队能力（0-6）	自我防护意识1，自我保护常识1，个人防护装备1，生活医疗用品1，周围环境影响1，自身心理健康1

协同指挥T31（0-114）

图 12-21　协同指挥子项评价指标及计算

（2）队伍施救子项评价（如图 12-22）

由此可知，T32（队伍施救子项能力提升评价分值）＝Q｜（0-87），即评价分值 Q 在 0-87 之间。

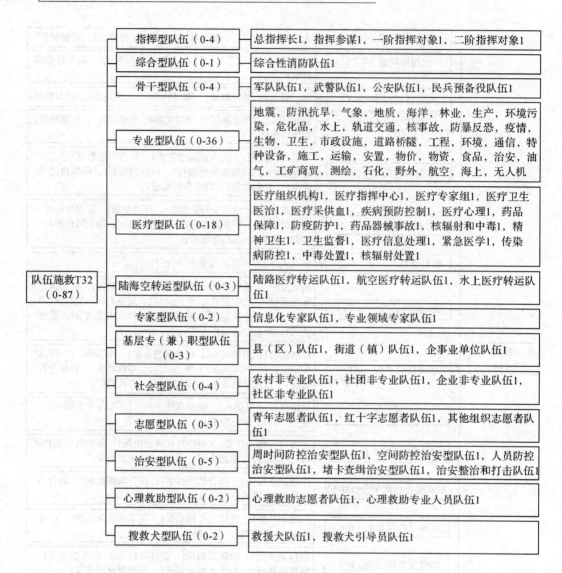

图 12-22 队伍施救子项评价指标及计算

（3）施救装备子项评价（如图 12-23）

由此可知，T33（施救装备子项能力提升评价分值）＝Q｜（0-80），即评价分值 Q 在 0-80 之间。

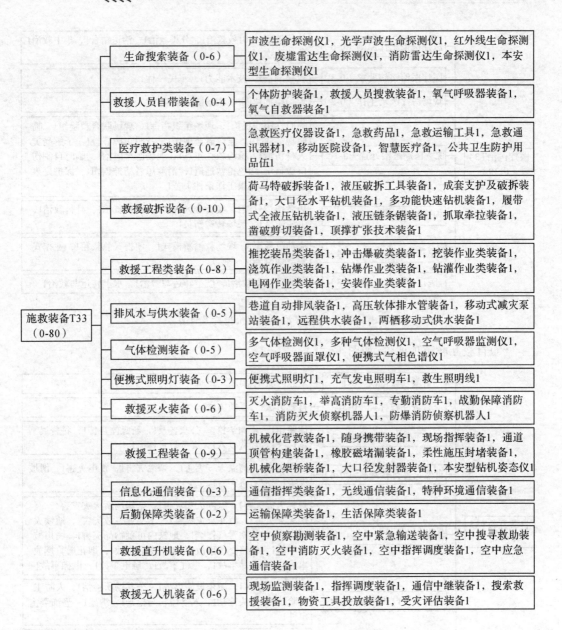

生命搜索装备（0-6）— 声波生命探测仪1，光学声波生命探测仪1，红外线生命探测仪1，废墟雷达生命探测仪1，消防雷达生命探测仪1，本安型生命探测仪1

救援人员自带装备（0-4）— 个体防护装备1，救援人员搜救装备1，氧气呼吸器装备1，氧气自救器装备1

医疗救护类装备（0-7）— 急救医疗仪器设备1，急救药品1，急救运输工具1，急救通讯器材1，移动医院设备1，智慧医疗备1，公共卫生防护用品伍1

救援破拆设备（0-10）— 荷马特破拆装备1，液压破拆工具装备1，成套支护及破拆装备1，大口径水平钻机装备1，多功能快速钻机装备1，履带式全液压钻机装备1，液压链条锯装备1，抓取牵拉装备1，凿破剪切装备1，顶撑扩张技术装备1

救援工程类装备（0-8）— 推挖装吊类装备1，冲击爆破类装备1，挖装作业类装备1，浇筑作业类装备1，钻爆作业类装备1，钻灌作业类装备1，电网作业类装备1，安装作业类装备1

排风水与供水装备（0-5）— 巷道自动排风装备1，高压软体排水管装备1，移动式减灾泵站装备1，远程供水装备1，两栖移动式供水装备1

气体检测装备（0-5）— 多气体检测仪1，多种气体检测仪1，空气呼吸器监测仪1，空气呼吸器面罩仪1，便携式气相色谱仪1

便携式照明灯装备（0-3）— 便携式照明灯1，充气发电照明车1，救生照明线1

救援灭火装备（0-6）— 灭火消防车1，举高消防车1，专勤消防车1，战勤保障消防车1，消防灭火侦察机器人1，防爆消防侦察机器人1

救援工程装备（0-9）— 机械化营救装备1，随身携带装备1，现场指挥装备1，通道顶管构建装备1，橡胶磁堵漏装备1，柔性施压封堵装备1，机械化架桥装备1，大口径发射器装备1，本安型钻机姿态仪1

信息化通信装备（0-3）— 通信指挥类装备1，无线通信装备1，特种环境通信装备1

后勤保障类装备（0-2）— 运输保障类装备1，生活保障类装备1

救援直升机装备（0-6）— 空中侦察勘测装备1，空中紧急输送装备1，空中搜寻救助装备1，空中消防灭火装备1，空中指挥调度装备1，空中应急通信装备1

救援无人机装备（0-6）— 现场监测装备1，指挥调度装备1，通信中继装备1，搜索救援装备1，物资工具投放装备1，受灾评估装备1

图 12-23 施救装备子项评价指标及计算

（4）医疗医治子项评价（如图 12-24）

由此可知，T34（医疗医治子项能力提升评价分值）＝Q｜（0-38），即评价分值 Q 在 0-38 之间。

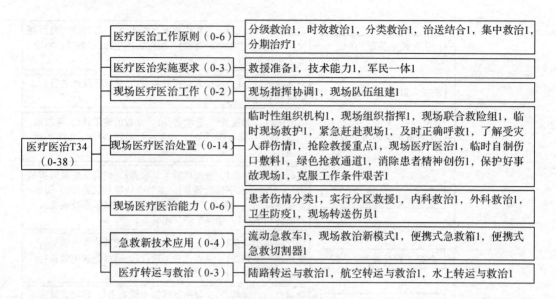

图 12-24　医疗医治子项评价指标及计算

（5）自救互救子项评价（如图 12-25）

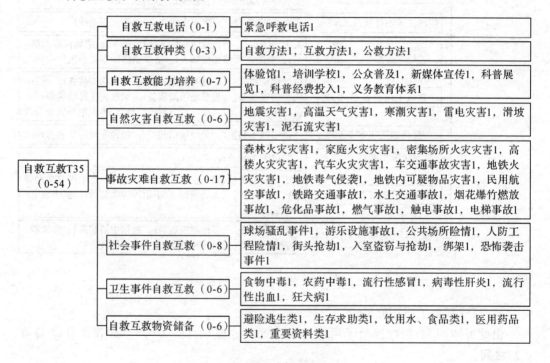

图 12-25　自救互救子项评价指标及计算

由此可知，T35（自救互救子项能力提升评价分值）＝Q｜（0-54），即评价分值 Q 在 0-54 之间。

（6）基层治理子项评价（如图 12-26）

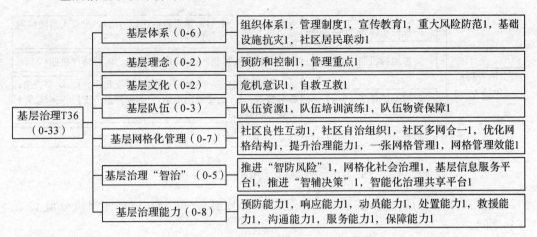

图 12-26　基层治理子项评价指标及计算

由此可知，T36（基层治理子项能力提升评价分值）＝Q｜（0-33），即评价分值 Q 在 0-33 之间。

（7）灾民保护子项评价（如图 12-27）

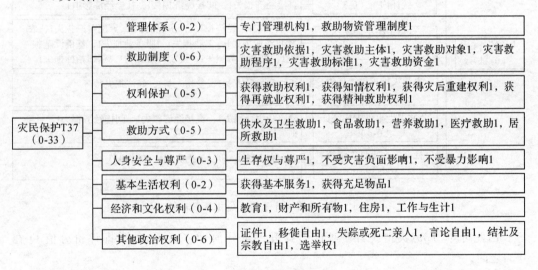

图 12-27　灾民保护子项评价指标及计算

由此可知，T37（灾民保护子项能力提升评价分值）＝Q｜（0-33），即评价分值 Q 在 0-33 之间。

（8） 社会治安子项评价（如图 12-28）

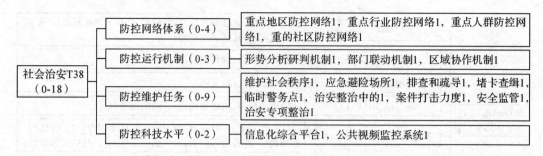

图 12-28　社会治安子项评价指标及计算

由此可知，T38（社会治安子项能力提升评价分值）＝Q｜(0-18)，即评价分值 Q 在 0-18之间。

（9）灾情统计子项评价（如图 12-29）

图 12-29　灾情统计子项评价指标及计算

由此可知，T39（灾情统计子项能力提升评价分值）＝Q｜(0-34)，即评价分值 Q 在 0-34之间。

（10）信息发布子项评价（如图 12-30）

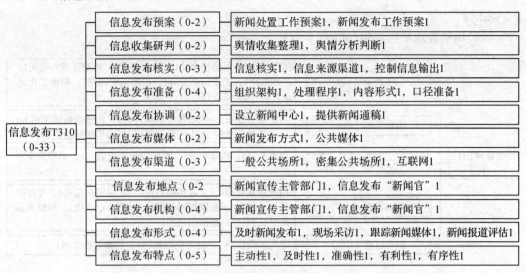

信息发布T310 （0-33）	信息发布预案（0-2）	新闻处置工作预案1，新闻发布工作预案1
信息收集研判（0-2）	舆情收集整理1，舆情分析判断1
信息发布核实（0-3）	信息核实1，信息来源渠道1，控制信息输出1
信息发布准备（0-4）	组织架构1，处理程序1，内容形式1，口径准备1
信息发布协调（0-2）	设立新闻中心1，提供新闻通稿1
信息发布媒体（0-2）	新闻发布方式1，公共媒体1
信息发布渠道（0-3）	一般公共场所1，密集公共场所1，互联网1
信息发布地点（0-2）	新闻宣传主管部门1，信息发布"新闻官"1
信息发布机构（0-4）	新闻宣传主管部门1，信息发布"新闻官"1
信息发布形式（0-4）	及时新闻发布1，现场采访1，跟踪新闻媒体1，新闻报道评估1
信息发布特点（0-5）	主动性1，及时性1，准确性1，有利性1，有序性1

图 12-30　信息发布子项评价指标及计算

由此可知，T310（信息发布子项能力提升评价分值）＝Q｜（0-33），即评价分值 Q 在 0-33 之间。

（11）灾金使用子项评价（如图 12-31）

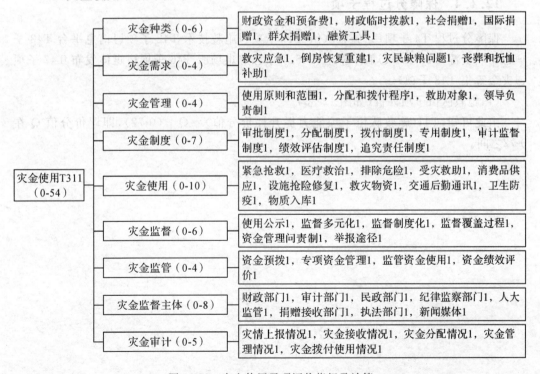

图 12-31　灾金使用子项评价指标及计算

由此可知,T311(灾金使用子项能力提升评价分值)＝Q | (0-54),即评价分值 Q 在0-54之间。

(12)捐赠管理子项评价(如图 12-32)

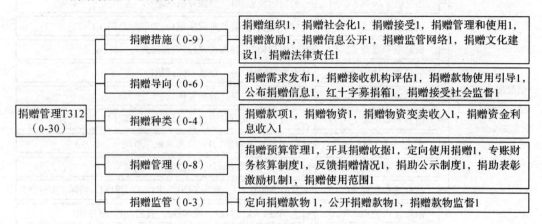

图 12-32　捐赠管理子项评价指标及计算

由此可知,T312(捐赠管理子项能力提升评价分值)＝Q | (0-30),即评价分值 Q 在0-30之间。

12.1.4　保障分过程子项

保障分过程 T4 子项＝{施救队伍 T41 子项∪施救技术 T42 子项∪信息平台 T43 子项∪物质资源 T44 子项∪航空基地 T45 子项∪避难场所 T46 子项∪媒体发布 T47 子项∪灾金筹集 T48 子项)}。

(1)施救队伍子项评价(如图 12-33)

由此可知,T41(施救队伍子项能力提升评价分值)＝Q | (0-72),即评价分值 Q 在0-72之间。

图 12-33 施救队伍子项评价指标及计算

（2）施救技术子项评价（如图 12-34）

由此可知，T42（施救技术子项能力提升评价分值）＝Q｜(0-62)，即评价分值 Q 在 0-62 之间。

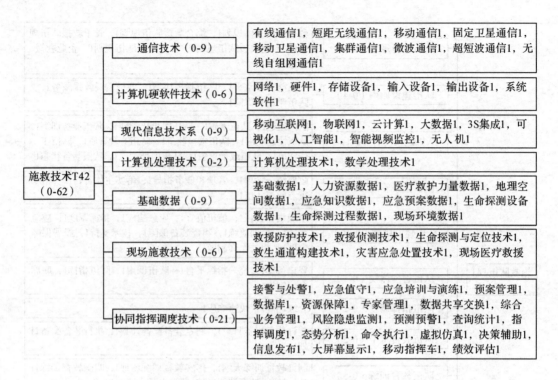

图 12-34　施救技术子项评价指标及计算

(3)信息平台子项评价(如图 12-35)

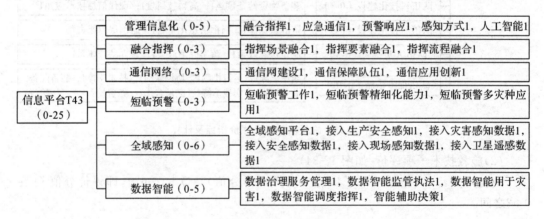

图 12-35　信息平台子项评价指标及计算

由此可知,T43(信息平台子项能力提升评价分值)＝Q｜(0-25),即评价分值 Q 在 0-25之间。

（4）物质资源子项评价（如图 12-36）

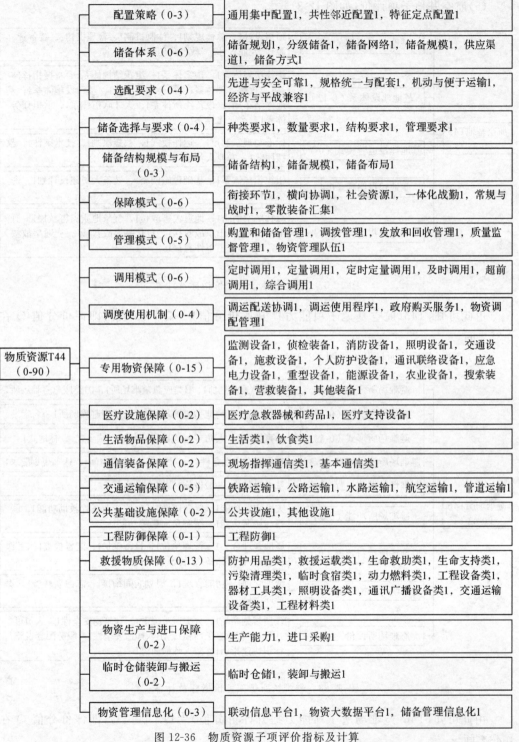

配置策略（0-3）	通用集中配置1，共性邻近配置1，特征定点配置1
储备体系（0-6）	储备规划1，分级储备1，储备网络1，储备规模1，供应渠道1，储备方式1
选配要求（0-4）	先进与安全可靠1，规格统一与配套1，机动与便于运输1，经济与平战兼容1
储备选择与要求（0-4）	种类要求1，数量要求1，结构要求1，管理要求1
储备结构规模与布局（0-3）	储备结构1，储备规模1，储备布局1
保障模式（0-6）	衔接环节1，横向协调1，社会资源1，一体化战勤1，常规与战时1，零散装备汇集1
管理模式（0-5）	购置和储备管理1，调拨管理1，发放和回收管理1，质量监督管理1，物资管理队伍1
调用模式（0-6）	定时调用1，定量调用1，定时定量调用1，及时调用1，超前调用1，综合调用1
调度使用机制（0-4）	调运配送协调1，调运使用程序1，政府购买服务1，物资调配管理1
专用物资保障（0-15）	监测设备1，侦检装备1，消防设备1，照明设备1，交通设备1，施救设备1，个人防护设备1，通讯联络设备1，应急电力设备1，重型设备1，能源设备1，农业设备1，搜索装备1，营救装备1，其他装备1
医疗设施保障（0-2）	医疗急救器械和药品1，医疗支持设备1
生活物品保障（0-2）	生活类1，饮食类1
通信装备保障（0-2）	现场指挥通信类1，基本通信类1
交通运输保障（0-5）	铁路运输1，公路运输1，水路运输1，航空运输1，管道运输1
公共基础设施保障（0-2）	公共设施1，其他设施1
工程防御保障（0-1）	工程防御1
救援物质保障（0-13）	防护用品类1，救援运载类1，生命救助类1，生命支持类1，污染清理类1，临时食宿类1，动力燃料类1，工程设备类1，器材工具类1，照明设备类1，通讯广播设备类1，交通运输设备类1，工程材料类1
物资生产与进口保障（0-2）	生产能力1，进口采购1
临时仓储装卸与搬运（0-2）	临时仓储1，装卸与搬运1
物资管理信息化（0-3）	联动信息平台1，物资大数据平台1，储备管理信息化1

物质资源T44（0-90）

图 12-36　物质资源子项评价指标及计算

由此可知，T44（物质资源子项能力提升评价分值）＝Q｜(0-90)，即评价分值 Q 在

0-90之间。

（5）航空基地子项评价（如图12-37）

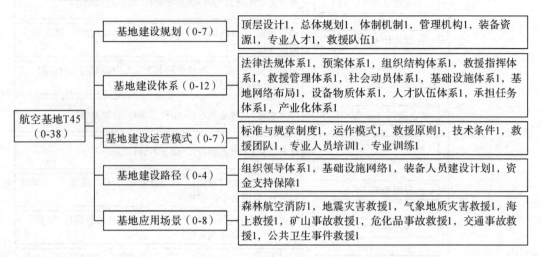

图12-37 航空基地子项评价指标及计算

由此可知，T45（航空基地子项能力提升评价分值）＝Q｜（0-38），即评价分值Q在0-38之间。

（6）避难场所子项评价（如图12-38）

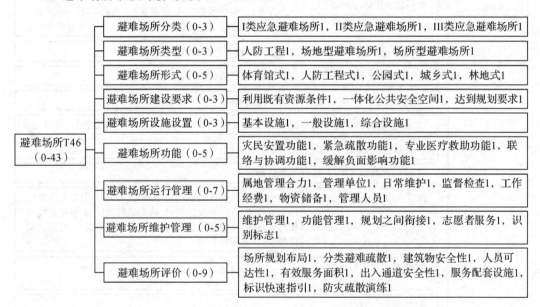

图12-38 避难场所子项评价指标及计算

由此可知，T46（避难场所子项能力提升评价分值）＝Q｜（0-43），即评价分值Q在0-43之间。

（7）媒体发布子项评价（如图 12-39）

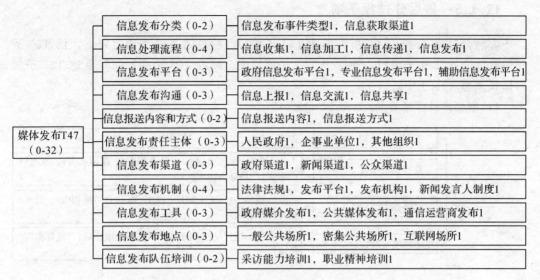

图 12-39 媒体发布子项评价指标及计算

由此可知，T47（媒体发布子项能力提升评价分值）＝Q｜(0-32)，即评价分值 Q 在0-32之间。

（8）灾金筹集子项评价（如图 12-40）

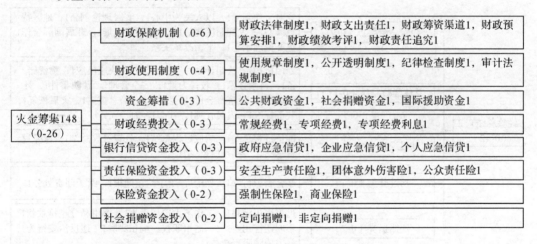

图 12-40 灾金筹集子项评价指标及计算

由此可知，T48（灾金筹集子项能力提升评价分值）＝Q｜(0-26)，即评价分值 Q 在0-26之间。

12.1.5 善后分过程子项

善后分过程 T5 子项＝{损失统计 T51 子项∪经验总结 T52 子项∪调查评估 T53 子项∪救助安抚 T54 子项∪心理干预 T55 子项∪灾金绩效 T56 子项∪恢复重建 T57 子项∪体系调整 T58 子项}。

(1)损失统计子项评价(如图 12-41)

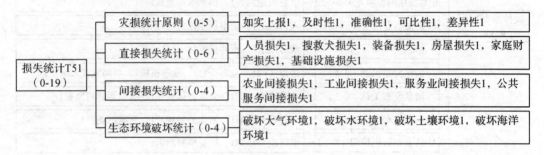

图 12-41　损失统计子项评价指标及计算

由此可知,T51(损失统计子项能力提升评价分值)＝Q｜(0-19),即评价分值 Q 在 0-19 之间。

(2)经验总结子项评价(如图 12-42)

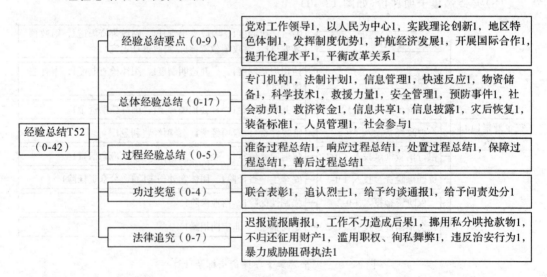

图 12-42　经验总结子项评价指标及计算

由此可知,T52(经验总结子项能力提升评价分值)＝Q｜(0-42),即评价分值 Q 在 0-42 之间。

（3）调查评估子项评价（如图 12-43）

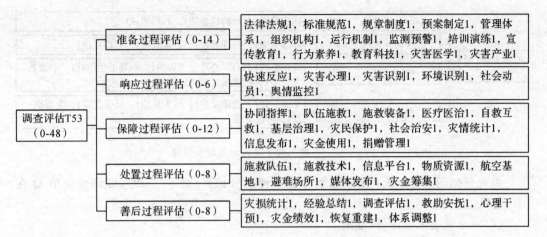

调查评估T53 （0-48）	准备过程评估（0-14）	法律法规1，标准规范1，规章制度1，预案制定1，管理体系1，组织机构1，运行机制1，监测预警1，培训演练1，宣传教育1，行为素养1，教育科技1，灾害医学1，灾害产业1
	响应过程评估（0-6）	快速反应1，灾害心理1，灾害识别1，环境识别1，社会动员1，舆情监控1
	保障过程评估（0-12）	协同指挥1，队伍施救1，施救装备1，医疗医治1，自救互救1，基层治理1，灾民保护1，社会治安1，灾情统计1，信息发布1，灾金使用1，捐赠管理1
	处置过程评估（0-8）	施救队伍1，施救技术1，信息平台1，物质资源1，航空基地1，避难场所1，媒体发布1，灾金筹集1
	善后过程评估（0-8）	灾损统计1，经验总结1，调查评估1，救助安抚1，心理干预1，灾金绩效1，恢复重建1，体系调整1

图 12-43　调查评估子项评价指标及计算

由此可知，T53（调查评估子项能力提升评价分值）＝Q｜(0-48)，即评价分值 Q 在 0-48 之间。

（4）救助安抚子项评价（如图 12-44）

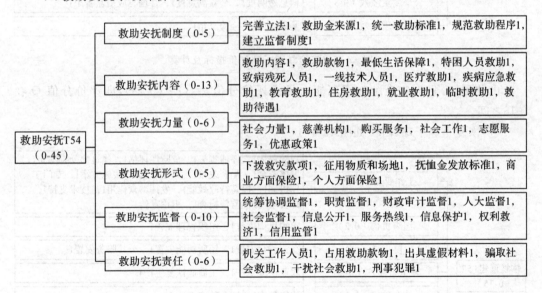

救助安抚T54 （0-45）	救助安抚制度（0-5）	完善立法1，救助金来源1，统一救助标准1，规范救助程序1，建立监督制度1
	救助安抚内容（0-13）	救助内容1，救助款物1，最低生活保障1，特困人员救助1，致病残死人员1，一线技术人员1，医疗救助1，疾病应急救助1，教育救助1，住房救助1，就业救助1，临时救助1，救助待遇1
	救助安抚力量（0-6）	社会力量1，慈善机构1，购买服务1，社会工作1，志愿服务1，优惠政策1
	救助安抚形式（0-5）	下拨救灾款项1，征用物质和场地1，抚恤金发放标准1，商业方面保险1，个人方面保险1
	救助安抚监督（0-10）	统筹协调监督1，职责监督1，财政审计监督1，人大监督1，社会监督1，信息公开1，服务热线1，信息保护1，权利救济1，信用监管1
	救助安抚责任（0-6）	机关工作人员1，占用救助款物1，出具虚假材料1，骗取社会救助1，干扰社会救助1，刑事犯罪1

图 12-44　救助安抚子项评价指标及计算

由此可知，T54（救助安抚子项能力提升评价分值）＝Q｜(0-45)，即评价分值 Q 在 0-45 之间。

（5）心理干预子项评价（如图 12-45）

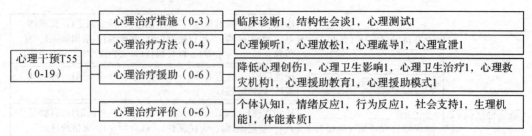

图 12-45　心理干预子项评价指标及计算

由此可知，T55（心理干预子项能力提升评价分值）＝Q｜(0-19)，即评价分值 Q 在 0-19 之间。

（6）灾金绩效子项评价（如图 12-46）

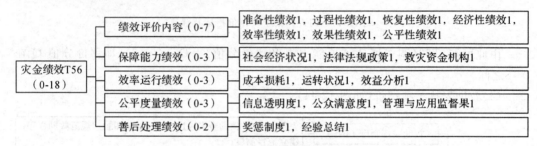

图 12-46　灾金绩效子项评价指标及计算

由此可知，T56（灾金绩效子项能力提升评价分值）＝Q｜(0-18)，即评价分值 Q 在 0-18 之间。

（7）恢复重建子项评价（如图 12-47）

图 12-47　恢复重建子项评价指标及计算

由此可知,T57(恢复重建子项能力提升评价分值)＝Q｜(0-35),即评价分值 Q 在 0-35之间。

(8)体系调整子项评价(如图 12-48)

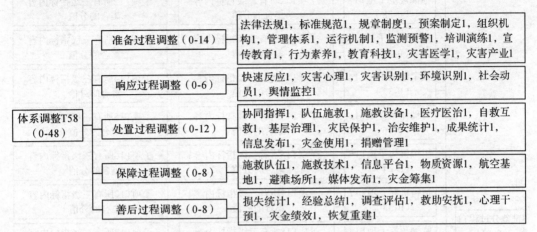

图 12-48 体系调整子项评价指标及计算

由此可知,T58(体系调整子项能力提升评价分值)＝Q｜(0-48),即评价分值 Q 在 0-48之间。

12.2 分过程能力提升评价 4 级指标体系及分值计算

12.2.1 准备分过程

每个子项的评价分值参照上节计算,准备分过程 T1＝{法律法规子项 T11∩标准规范子项 T12∩规章制度子项 T13∩预案制定子项 T14∩管理体系子项 T15∩组织机构子项 T16∩运行机制子项 T17∩监测预警子项 T18∩培训演练子项 T19∩宣传教育子项 T110∩行为素养子项 T111∩教育科技子项 T112∩灾害医学子项 T113∩灾害产业子项 T114},得出准备分过程能力提升评价 4 级指标描述及分值计算框图如图 12-49。

由此可知,T1(准备分过程能力提升评价分值)＝T11｜(0-12)＋T12｜(0-38)＋T13｜(0-36)＋T14｜(0-33)＋T15｜(0-46)＋T16｜(0-24)＋T17｜(0-38)＋T18｜(0-34)＋T19｜(0-61)＋T110｜(0-28)＋T111｜(0-19)＋T112｜(0-102)＋T113｜(0-39)＋T114｜(0-20)＝Q｜(0-540),即评价分值 Q 在 0-540 之间。

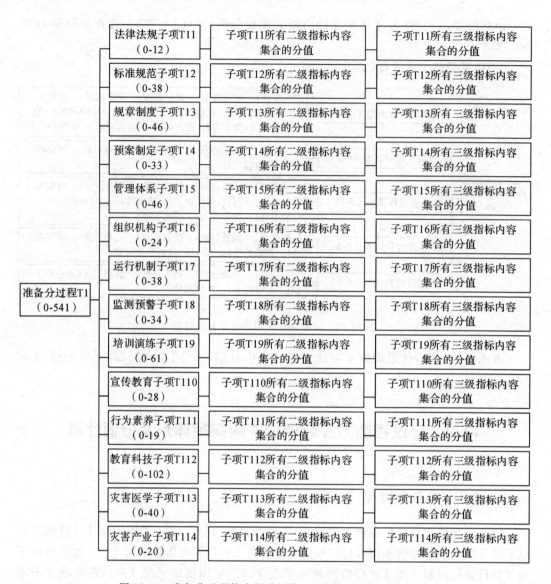

图 12-49　准备分过程能力提升评价 4 级指标描述及分值计算

12.2.2　响应分过程

每个子项的评价分值参照上节计算,响应分过程 T2=⟨快速反应子项 T21∩灾害心理子项 T22∩灾害识别子项 T23∩环境识别子项 T24∩社会动员子项 T25∩舆情监控子项 T26⟩,得出响应分过程能力提升内容 4 级指标体系描述及分值计算框图如图 12-50。

由此可知,T2(响应分过程能力提升评价分值)=T21｜(0-21)+T22｜(0-63)+T23｜(0-22)+T24｜(0-43)+T25｜(0-24)+T26｜(0-44)=Q｜(0-217),即评价分值 Q 在 0-217 之间。

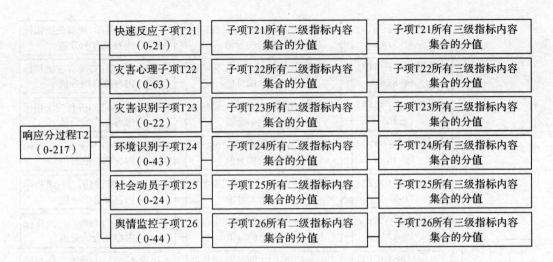

图 12-50 响应分过程能力提升内容 4 级指标体系描述及分值计算

12.2.3 处置分过程

每个子项的评价分值参照上节计算,处置分过程 T3 = {协同指挥子项 T31∩队伍施救子项 T32∩施救装备子项 T33∩医疗医治子项 T34∩自救互救子项 T35∩基层治理子项 T36∩灾民保护子项 T37∩社会治安子项 T38∩灾情统计子项 T39∩信息发布子项 T310∩灾金使用子项 T311∩捐赠管理子项 T312},得出处置分过程能力提升内容 4 级指标体系描述及分值计算框图如图 12-51。

由此可知,T3(处置分过程能力提升评价分值)= T31｜(0-114)＋T32｜(0-87)＋T33｜(0-80)＋T34｜(0-38)＋T35｜(0-54)＋T36｜(0-33)＋T37｜(0-33)＋T38｜(0-18)＋T39｜(0-34)＋T310｜(0-33)＋T311｜(0-54)＋T312｜(0-30)＝Q｜(0-608),即评价分值 Q 在 0-608 之间。

12.2.4 保障分过程

每个子项的评价分值参照上节计算,保障分过程 T4 = {施救队伍子项 T41∩施救技术子项 T42∩信息平台子项 T43∩物质资源子项 T44∩航空基地子项 T45∩避难场所子项 T46∩媒体发布子项 T47∩灾金筹集子项 T48},得出保障分过程能力提升内容 4 级指标体系描述及分值计算框图如图 12-52。

由此可知,T4(保障分过程能力提升评价分值)= T41｜(0-72)＋T42｜(0-62)＋T43｜(0-25)＋T44｜(0-90)＋T45｜(0-38)＋T46｜(0-43)＋T47｜(0-32)＋T48｜(0-26)＝Q｜(0-388),即评价分值 Q 在 0-388 之间。

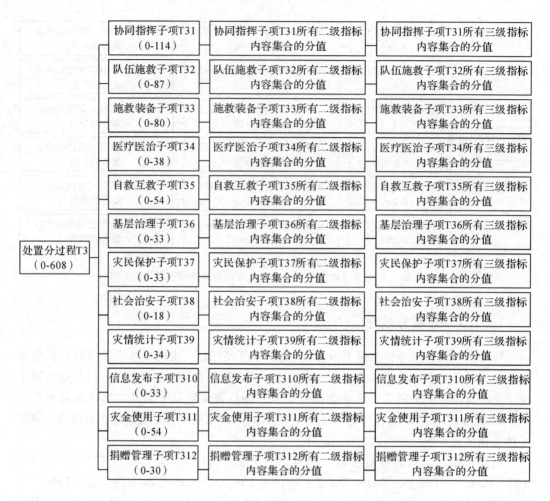

图 12-51 处置分过程能力提升内容 4 级指标体系描述及分值计算

12.2.5 善后分过程

每个子项的评价分值参照上节计算,善后分过程 T5＝{损失统计子项 T51∩经验总结子项 T52∩调查评估子项 T53∩救助安抚子项 T54∩心理干预子项 T55∩灾金绩效子项 T56∩恢复重建子项 T57∩体系调整子项 T58},得出善后分过程能力提升内容 4 级指标体系描述及分值计算框图如图 12-53。

由此可知,T5(善后分过程能力提升评价分值)＝T51丨(0-19)＋T52丨(0-42)＋T53丨(0-48)＋T54丨(0-45)＋T55丨(0-19)＋T56丨(0-18)＋T57丨(0-35)＋T58丨(0-48)＝Q丨(0-274),即评价分值 Q 在 0-274 之间。

图 12-52 保障分过程能力提升内容 4 级指标体系描述及分值计算

图 12-53 善后分过程能力提升内容 4 级指标体系描述及分值计算

12.3 全过程能力提升评价 5 级指标体系及分值计算

每个分过程（准备、响应、处置、保障、善后）的评价分值参照上节计算，全过程 T＝{准备分过程 T1∩响应分过程 T2∩处置分过程 T3∩保障分过程 T4∩善后分过程 T5}，得出全过程能力提升评价 5 级指标体系描述及分值计算框图如图 12-54。

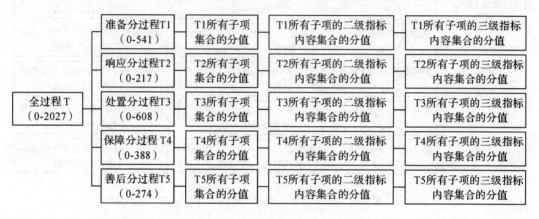

图 12-54　全过程能力提升评价 5 级指标体系描述及分值计算

由此可知，T（全过程能力提升评价总分值）＝T1 |（0-541）+T2 |（0-217）+T3 |（0-608）+T4 |（0-388）+T5 |（0274）＝Q |（0-2027），即评价分值 Q 在 0-2027 之间。

第 13 章　综合应急救援能力提升评价结果专题统计图表可视化表达技术途径实现

13.1　分过程子项能力提升评价结果专题统计图表可视化

13.1.1　准备分过程子项

(1)准备分过程子项能力提升评价结果统计图表

准备分过程 T1 子项集合＝{法律法规项 T11∩标准规范子项 T12∩规章制度子项 T13∩预案制定子项 T14∩管理体系子项 T15∩组织机构子项 T16∩运行机制子项 T17∩监测预警子项 T18∩培训演练子项 T19∩宣传教育子项 T110∩行为素养子项 T111∩教育科技子项 T112∩灾害医学子项 T113∩灾害产业子项 T114}，其 14 个子项能力提升评价结果分值表如表 13-1。

表 13-1　准备分过程 14 个子项能力提升评价结果分值表

适用救援灾害:自然灾害、事故灾难、公共卫生事件、社会安全事件													
适用救援过程:准备过程 T1 的 14 个分项													
T11 (0-12)	T12 (0-38)	T13 (0-46)	T14 (0-33)	T15 (0-46)	T16 (0-24)	T17 (0-38)	T18 (0-34)	T19 (0-61)	T110 (0-28)	T111 (0-19)	T112 (0-102)	T113 (0-40)	T114 (0-20)
分值 11	分值 21	分值 31	分值 41	分值 51	分值 61	分值 71	分值 81	分值 91	分值 101	分值 111	分值 121	分值 131	分值 141
分值 12	分值 22	分值 32	分值 42	分值 52	分值 62	分值 72	分值 82	分值 92	分值 102	分值 112	分值 122	分值 132	分值 142
分值 13	分值 23	分值 33	分值 43	分值 53	分值 63	分值 73	分值 83	分值 93	分值 103	分值 113	分值 123	分值 133	分值 143
分值 14	分值 24	分值 34	分值 44	分值 54	分值 64	分值 74	分值 84	分值 94	分值 104	分值 114	分值 124	分值 134	分值 144
分值 15	分值 25	分值 35	分值 45	分值 55	分值 65	分值 75	分值 85	分值 95	分值 105	分值 115	分值 125	分值 135	分值 145
分值 16	分值 26	分值 36	分值 46	分值 56	分值 66	分值 76	分值 86	分值 96	分值 106	分值 116	分值 126	分值 136	分值 146

适用救援区域:省级、副省级、地区级、区(县)级、街道(镇)级、社区(村)级

将上述表格中非百分制的"分值"转换成如下表格中的百分制的"成绩"，其 14 个子项能力提升评价结果成绩表如表 13-2 和图 13-1。

表 13-2 准备分过程 14 个子项能力提升评价结果成绩表

适用救援灾害：自然灾害、事故灾难、公共卫生事件、社会安全事件

适用救援区域：	适用救援过程：准备分过程 T1 的 14 个子项													
	T11	T12	T13	T14	T15	T16	T17	T18	T19	T110	T111	T112	T113	T114
省级	成绩 11	成绩 21	成绩 31	成绩 41	成绩 51	成绩 61	成绩 71	成绩 81	成绩 91	成绩 101	成绩 111	成绩 121	成绩 131	成绩 141
副省级	成绩 12	成绩 22	成绩 32	成绩 42	成绩 52	成绩 62	成绩 72	成绩 82	成绩 92	成绩 102	成绩 112	成绩 122	成绩 132	成绩 142
地区级	成绩 13	成绩 23	成绩 33	成绩 43	成绩 53	成绩 63	成绩 73	成绩 83	成绩 93	成绩 103	成绩 113	成绩 123	成绩 133	成绩 143
区（县）级	成绩 14	成绩 24	成绩 34	成绩 44	成绩 54	成绩 64	成绩 74	成绩 84	成绩 94	成绩 104	成绩 114	成绩 124	成绩 134	成绩 144
街道（镇）级	成绩 15	成绩 25	成绩 35	成绩 45	成绩 55	成绩 65	成绩 75	成绩 85	成绩 95	成绩 105	成绩 115	成绩 125	成绩 135	成绩 145
社区（村）级	成绩 16	成绩 26	成绩 36	成绩 46	成绩 56	成绩 66	成绩 76	成绩 86	成绩 96	成绩 106	成绩 116	成绩 126	成绩 136	成绩 146

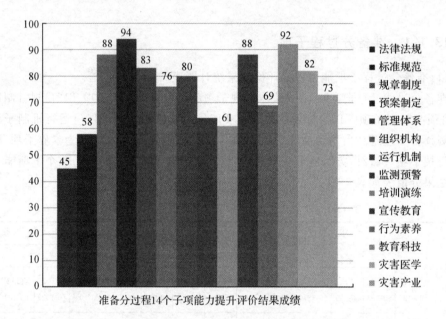

图 13-1　准备分过程 14 个子项能力提升评价结果成绩统计图

（2）准备分过程子项能力提升评价结果统计专题地图

以上海市、江苏省、浙江省、安徽省等省级救援区域为例（副省级、地区级、区（县）级、街道（镇）级、社区（村）级等类同），基于下面的准备分过程 T1 的 14 个子项能力提升评价结果成绩表（表 13-3），并以它们省级救援区域的行政区划为底图，制作出体现它们评价结果成绩的分布式统计专题地图（图 13-2）。

表 13-3 4 个省级救援区域准备分过程 14 个子项能力提升评价结果分值表

适用救援灾害：自然灾害、事故灾难、公共卫生事件、社会安全事件

适用救援区域：	适用救援过程：准备分过程 T1 的 14 个子项													
	T11 (0-12)	T12 (0-38)	T13 (0-46)	T14 (0-33)	T15 (0-46)	T16 (0-24)	T17 (0-38)	T18 (0-34)	T19 (0-61)	T110 (0-28)	T111 (0-19)	T112 (0-102)	T113 (0-40)	T114 (0-20)
上海市	分值 11	分值 21	分值 31	分值 41	分值 51	分值 61	分值 71	分值 81	分值 91	分值 101	分值 111	分值 121	分值 131	分值 141
江苏省	分值 12	分值 22	分值 32	分值 42	分值 52	分值 62	分值 72	分值 82	分值 92	分值 102	分值 112	分值 122	分值 132	分值 142
浙江省	分值 13	分值 23	分值 33	分值 43	分值 53	分值 63	分值 73	分值 83	分值 93	分值 103	分值 113	分值 123	分值 133	分值 143
安徽省	分值 14	分值 24	分值 34	分值 44	分值 54	分值 64	分值 74	分值 84	分值 94	分值 104	分值 114	分值 124	分值 134	分值 144

将上述表格中的非百分制的"分值"转换成如下表格中的百分制的"成绩表"，其 14 个子项能力提升评价结果成绩表如表 13-4。

表 13-4 4 个省级救援区域准备分过程 14 个子项能力提升评价结果成绩表

适用救援灾害：自然灾害、事故灾难、公共卫生事件、社会安全事件

适用救援区域：	适用救援过程：准备分过程 T1 的 14 个子项													
	T11	T12	T13	T14	T15	T16	T17	T18	T19	T110	T111	T112	T113	T114
上海市	成绩 11	成绩 21	成绩 31	成绩 41	成绩 51	成绩 61	成绩 71	成绩 81	成绩 91	成绩 101	成绩 111	成绩 121	成绩 131	成绩 141
江苏省	成绩 12	成绩 22	成绩 32	成绩 42	成绩 52	成绩 62	成绩 72	成绩 82	成绩 92	成绩 102	成绩 112	成绩 122	成绩 132	成绩 142
浙江省	成绩 13	成绩 23	成绩 33	成绩 43	成绩 53	成绩 63	成绩 73	成绩 83	成绩 93	成绩 103	成绩 113	成绩 123	成绩 133	成绩 143
安徽省	成绩 14	成绩 24	成绩 34	成绩 44	成绩 54	成绩 64	成绩 74	成绩 84	成绩 94	成绩 104	成绩 114	成绩 124	成绩 134	成绩 144

13.1.2 响应分过程子项

（1）响应分过程子项能力提升评价结果统计图表

响应分过程 T2 子项集合＝{快速反应子项 T21∩灾害心理子项 T22∩灾害识别子项 T23∩环境识别子项 T24∩社会动员子项 T25∩舆情监控子项 T26}，其 6 个子项能力提升评价结果分值表如表 13-5 和图 13-2。

表 13-5 响应分过程 6 个子项能力提升评价结果分值表

适用救援灾害：自然灾害、事故灾难、公共卫生事件、社会安全事件

适用救援区域：	适用救援过程：响应过程 T2 的 6 个子项					
	T21 (0-21)	T22 (0-63)	T23 (0-22)	T24 (0-43)	T25 (0-24)	T26 (0-44)
省级	分值 11	分值 21	分值 31	分值 41	分值 51	分值 61
副省级	分值 12	分值 22	分值 32	分值 42	分值 52	分值 62

续表

地区级	分值 13	分值 23	分值 33	分值 43	分值 53	分值 63
区（县）级	分值 14	分值 24	分值 34	分值 44	分值 54	分值 64
街道（镇）级	分值 15	分值 25	分值 35	分值 45	分值 55	分值 65
社区（村）级	分值 16	分值 26	分值 36	分值 46	分值 56	分值 66

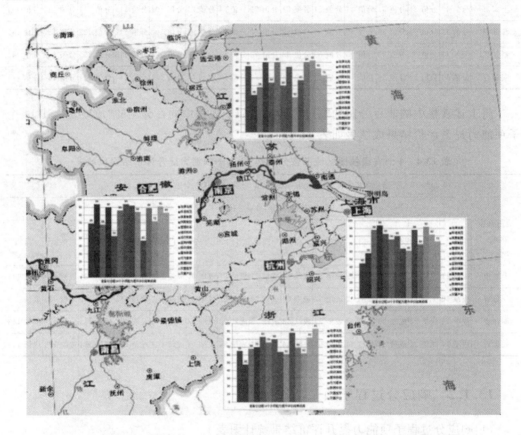

图 13-2 准备分过程 14 个子项能力提升评价结果成绩分布式统计专题地图

将上述表格中非百分制的"分值"转换成如下表格中的百分制的"成绩"，其 6 个子项能力提升评价结果成绩表如表 13-6 和图 13-3。

表 13-6 响应分过程 6 个子项能力提升评价结果成绩表

适用救援灾害：自然灾害、事故灾难、公共卫生事件、社会安全事件						
适用救援区域：	适用救援过程：响应分过程 T2 的 6 个子项					
	T21	T22	T23	T24	T25	T26
省级	成绩 11	成绩 21	成绩 31	成绩 41	成绩 51	成绩 61
副省级	成绩 12	成绩 22	成绩 32	成绩 42	成绩 52	成绩 62
地区级	成绩 13	成绩 23	成绩 33	成绩 43	成绩 53	成绩 63

续表

区（县）级	成绩 14	成绩 24	成绩 34	成绩 44	成绩 54	成绩 64
街道（镇）级	成绩 15	成绩 25	成绩 35	成绩 45	成绩 55	成绩 65
社区（村）级	成绩 16	成绩 26	成绩 36	成绩 46	成绩 56	成绩 66

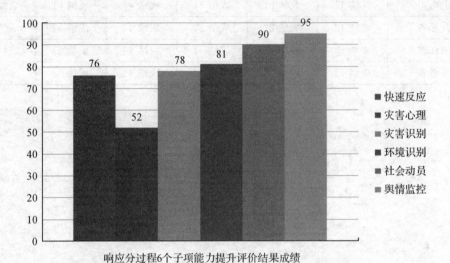

响应分过程6个子项能力提升评价结果成绩

图 13-3　响应分过程 6 个子项能力提升评价结果成绩

（2）响应分过程子项能力提升评价结果统计专题地图

以上海市、江苏省、浙江省、安徽省等省级救援区域为例（副省级、地区级、区（县）级、街道（镇）级、社区（村）级等类同），基于下面的响应分过程 T2 的 6 个子项能力提升评价结果成绩表（表 13-7），并以它们省级救援区域的行政区划为底图，制作出体现它们评价结果成绩的分布式统计专题地图（图 13-4）。

表 13-7　4 个省级救援区域响应分过程 6 个子项能力提升评价结果分值表

适用救援灾害：自然灾害、事故灾难、公共卫生事件、社会安全事件						
适用救援区域：	适用救援过程：响应分过程 T2 的 6 个子项					
	T21 （0-21）	T22 （0-63）	T23 （0-22）	T24 （0-43）	T25 （0-24）	T26 （0-44）
上海市	分值 11	分值 21	分值 31	分值 41	分值 51	分值 61
江苏省	分值 12	分值 22	分值 32	分值 42	分值 52	分值 62
浙江省	分值 13	分值 23	分值 33	分值 43	分值 53	分值 63
安徽省	分值 14	分值 24	分值 34	分值 44	分值 54	分值 64

将上述表格中的非百分制的"分值"转换成如下表格中的百分制的"成绩表"，其 6 个子项能力提升评价结果成绩表如表 13-8：

表 13-8　4 个省级救援区域响应分过程 6 个子项能力提升评价结果成绩表

适用救援灾害:自然灾害、事故灾难、公共卫生事件、社会安全事件						
适用救援区域:	适用救援过程:响应分过程 T2 的 6 个子项					
	T21	T22	T23	T24	T25	T26
上海市	成绩 11	成绩 21	成绩 31	成绩 41	成绩 51	成绩 61
江苏省	成绩 12	成绩 22	成绩 32	成绩 42	成绩 52	成绩 62
浙江省	成绩 13	成绩 23	成绩 33	成绩 43	成绩 53	成绩 63
安徽省	成绩 14	成绩 24	成绩 34	成绩 44	成绩 54	成绩 64

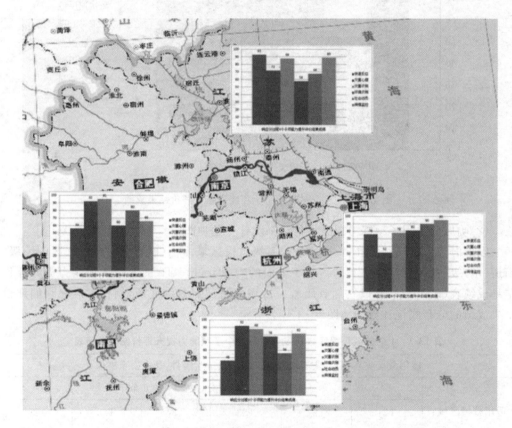

图 13-4　响应分过程 6 个子项能力提升评价结果成绩分布式统计专题地图

13.1.3　处置分过程子项

(1)处置分过程子项能力提升评价结果统计图表

处置分过程 T3 子项集合=｛协同指挥子项 T31∩队伍施救子项 T32∩施救装备子项 T33∩医疗医治子项 T34∩自救互救子项 T35∩基层治理子项 T36∩灾民保护子项 T37∩社会治安子项 T38∩灾情统计子项 T39∩信息发布子项 T310∩灾金使用子项 T311∩捐赠管理子项 T312｝,其 12 个子项能力提升评价结果分值表如表 13-9。

表 13-9　处置分过程 12 个子项能力提升评价结果分值表

适用救援灾害:自然灾害、事故灾难、公共卫生事件、社会安全事件

适用救援区域:	适用救援过程:处置过程 T3 的 12 个分项											
	T31 (0-114)	T32 (0-87)	T33 (0-80)	T34 (0-38)	T35 (0-54)	T36 (0-33)	T37 (0-33)	T38 (0-18)	T39 (0-34)	T310 (0-33)	T311 (0-54)	T312 (0-33)
省级	分值 11	分值 21	分值 31	分值 41	分值 51	分值 61	分值 71	分值 81	分值 91	分值 101	分值 111	分值 121
副省级	分值 12	分值 22	分值 32	分值 42	分值 52	分值 62	分值 72	分值 82	分值 92	分值 102	分值 112	分值 122
地区级	分值 13	分值 23	分值 33	分值 43	分值 53	分值 63	分值 73	分值 83	分值 93	分值 103	分值 113	分值 123
区(县)级	分值 14	分值 24	分值 34	分值 44	分值 54	分值 64	分值 74	分值 84	分值 94	分值 104	分值 114	分值 124
街道(镇)级	分值 15	分值 25	分值 35	分值 45	分值 55	分值 65	分值 75	分值 85	分值 95	分值 105	分值 115	分值 125
社区(村)级	分值 16	分值 26	分值 36	分值 46	分值 56	分值 66	分值 76	分值 86	分值 96	分值 106	分值 116	分值 126

将上述表格中非百分制的"分值"转换成如下表格中的百分制的"成绩",其 12 个子项能力提升评价结果成绩表如表 13-10。

表 13-10　处置分过程 12 个子项能力提升评价结果成绩表

适用救援灾害:自然灾害、事故灾难、公共卫生事件、社会安全事件

适用救援区域:	适用救援过程:处置分过程 T3 的 12 个子项											
	T31	T32	T33	T34	T35	T36	T37	T38	T39	T310	T311	T312
省级	成绩 11	成绩 21	成绩 31	成绩 41	成绩 51	成绩 61	成绩 71	成绩 81	成绩 91	成绩 101	成绩 111	成绩 121
副省级	成绩 12	成绩 22	成绩 32	成绩 42	成绩 52	成绩 62	成绩 72	成绩 82	成绩 92	成绩 102	成绩 112	成绩 122
地区级	成绩 13	成绩 23	成绩 33	成绩 43	成绩 53	成绩 63	成绩 73	成绩 83	成绩 93	成绩 103	成绩 113	成绩 123
区(县)级	成绩 14	成绩 24	成绩 34	成绩 44	成绩 54	成绩 64	成绩 74	成绩 84	成绩 94	成绩 104	成绩 114	成绩 124
街道(镇)级	成绩 15	成绩 25	成绩 35	成绩 45	成绩 55	成绩 65	成绩 75	成绩 85	成绩 95	成绩 105	成绩 115	成绩 125
社区(村)级	成绩 16	成绩 26	成绩 36	成绩 46	成绩 56	成绩 66	成绩 76	成绩 86	成绩 96	成绩 106	成绩 116	成绩 126

(2)处置分过程子项能力提升评价结果统计专题地图

以上海市、江苏省、浙江省、安徽省等省级救援区域为例(副省级、地区级、区(县)级、街道(镇)级、社区(村)级等类同),基于下面的处置过程 T3 的 12 个分项能力提升评价结果成绩表(表 13-11,图 13-5),并以它们省级区域的行政区划为底图,制作出体现它们评价结果成绩的分布式统计专题地图(图 13-6)。

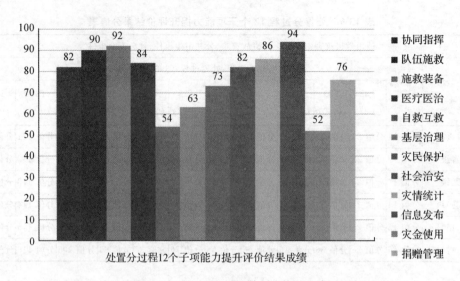

图 13-5　处置分过程 12 个子项能力提升评价结果成绩统计图

表 13-11　4 个省级救援区域处置分过程 12 个子项能力提升评价结果分值表

适用救援灾害:自然灾害、事故灾难、公共卫生事件、社会安全事件												
适用救援区域:	适用救援过程:处置分过程 T3 的 12 个子项											
	T31 (0-114)	T32 (0-87)	T33 (0-80)	T34 (0-38)	T35 (0-54)	T36 (0-33)	T37 (0-33)	T38 (0-18)	T39 (0-34)	T310 (0-33)	T311 (0-54)	T312 (0-33)
上海市	分值 11	分值 21	分值 31	分值 41	分值 51	分值 61	分值 71	分值 81	分值 91	分值 101	分值 111	分值 121
江苏省	分值 12	分值 22	分值 32	分值 42	分值 52	分值 62	分值 72	分值 82	分值 92	分值 102	分值 112	分值 122
浙江省	分值 13	分值 23	分值 33	分值 43	分值 53	分值 63	分值 73	分值 83	分值 93	分值 103	分值 113	分值 123
安徽省	分值 14	分值 24	分值 34	分值 44	分值 54	分值 64	分值 74	分值 84	分值 94	分值 104	分值 114	分值 124

　　将上述表格中的非百分制的"分值"转换成如下表格中的百分制的"成绩表",其 12 个子项能力提升评价结果成绩表如表 13-12。

表 13-12　4 个省级救援区域处置分过程 12 个子项能力提升评价结果成绩表

适用救援灾害:自然灾害、事故灾难、公共卫生事件、社会安全事件												
适用救援区域:	适用救援过程:处置分过程 T3 的 12 个子项											
	T31	T32	T33	T34	T35	T36	T37	T38	T39	T310	T311	T312
上海市	成绩 11	成绩 21	成绩 31	成绩 41	成绩 51	成绩 61	成绩 71	成绩 81	成绩 91	成绩 101	成绩 111	成绩 121
江苏省	成绩 12	成绩 22	成绩 32	成绩 42	成绩 52	成绩 62	成绩 72	成绩 82	成绩 92	成绩 102	成绩 112	成绩 122
浙江省	成绩 13	成绩 23	成绩 33	成绩 43	成绩 53	成绩 63	成绩 73	成绩 83	成绩 93	成绩 103	成绩 113	成绩 123
安徽省	成绩 14	成绩 24	成绩 34	成绩 44	成绩 54	成绩 64	成绩 74	成绩 84	成绩 94	成绩 104	成绩 114	成绩 124

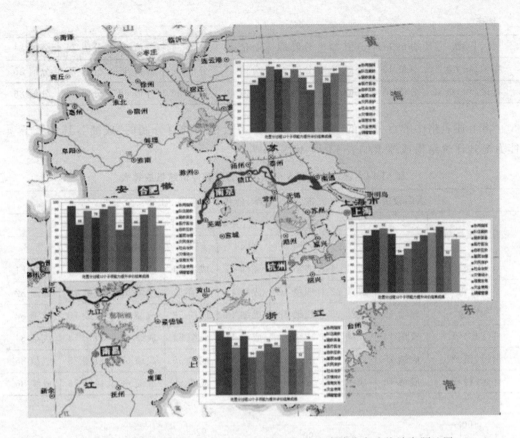

图 13-6　处置分过程 12 个子项能力提升评价结果成绩分布式统计专题地图

13.1.4　保障分过程子项

(1)保障分过程子项能力提升评价结果统计图表

保障分过程 T4 子项集合＝〈施救队伍子项 T41∩救援技术子项 T42∩信息平台子项 T43∩物质资源子项 T44∩航空基地子项 T45∩避难场所子项 T46∩媒体发布子项 T47∩灾金筹集子项 T48〉,其 8 个子项能力提升评价结果成绩分值表如表 13-13。

表 13-13　保障分过程 8 个子项能力提升评价结果分值表

适用救援区域:	适用救援灾害:自然灾害、事故灾难、公共卫生事件、社会安全事件							
	适用救援过程:保障过程 T4 的 8 个分项							
	T41 (0-72)	T42 (0-62)	T43 (0-25)	T44 (0-90)	T45 (0-38)	T46 (0-43)	T47 (0-32)	T48 (0-26)
省级	分值 11	分值 21	分值 31	分值 41	分值 51	分值 61	分值 71	分值 81
副省级	分值 12	分值 22	分值 32	分值 42	分值 52	分值 62	分值 72	分值 82
地区级	分值 13	分值 23	分值 33	分值 43	分值 53	分值 63	分值 73	分值 83

续表

区(县)级	分值 14	分值 24	分值 34	分值 44	分值 54	分值 64	分值 74	分值 84
街道(镇)级	分值 15	分值 25	分值 35	分值 45	分值 55	分值 65	分值 75	分值 85
社区(村)级	分值 16	分值 26	分值 36	分值 46	分值 56	分值 66	分值 76	分值 86

将上述表格中非百分制的"分值"转换成如下表格中的百分制的"成绩",其 8 个子项能力提升评价结果成绩表如表 13-14 和图 13-7。

表 13-14　保障分过程 8 个子项能力提升评价结果成绩表

适用救援灾害:自然灾害、事故灾难、公共卫生事件、社会安全事件

适用救援区域:	适用救援过程:保障过程 T4 的 8 个子项							
	T41	T42	T43	T44	T45	T46	T47	T48
省级	成绩 11	成绩 21	成绩 31	成绩 41	成绩 51	成绩 61	成绩 71	成绩 81
副省级	成绩 12	成绩 22	成绩 32	成绩 42	成绩 52	成绩 62	成绩 72	成绩 82
地区级	成绩 13	成绩 23	成绩 33	成绩 43	成绩 53	成绩 63	成绩 73	成绩 83
区(县)级	成绩 14	成绩 24	成绩 34	成绩 44	成绩 54	成绩 64	成绩 74	成绩 84
街道(镇)级	成绩 15	成绩 25	成绩 35	成绩 45	成绩 55	成绩 65	成绩 75	成绩 85
社区(村)级	成绩 16	成绩 26	成绩 36	成绩 46	成绩 56	成绩 66	成绩 76	成绩 86

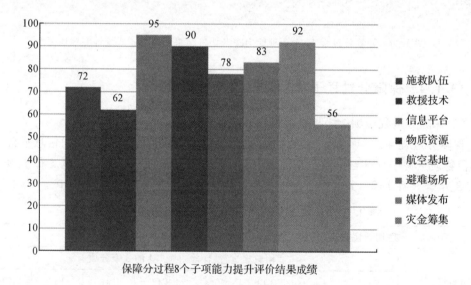

图 13-7　保障分过程 8 个子项能力提升评价结果成绩统计图

(2)保障分过程子项能力提升评价结果统计专题地图

以上海市、江苏省、浙江省、安徽省等省级救援区域为例(副省级、地区级、区(县)级、街道(镇)级、社区(村)级等类同),基于下面的保障过程 T4 的 8 个分项能力提升评价结果成绩表(表 13-15),并以它们省级区域的行政区划为底图,制作出体现它们评价结果成

绩的分布式统计专题地图(图13-8)。

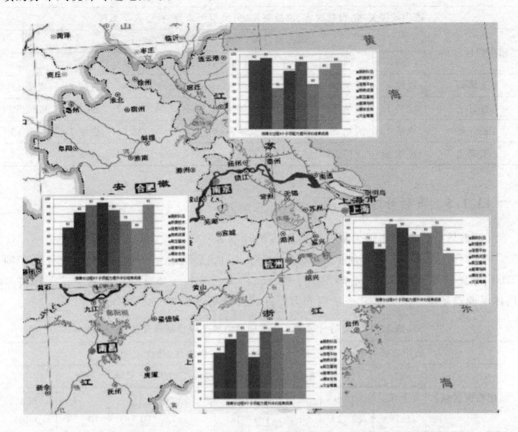

图13-8 保障分过程8个子项能力提升评价结果成绩分布式统计专题地图

表13-15 4个省级救援区域保障分过程8个子项能力提升评价结果统计表

适用救援灾害:自然灾害、事故灾难、公共卫生事件、社会安全事件							
适用救援区域:	适用救援过程:保障过程 T4 的 8 个子项						
	T41 (0-72)	T42 (0-62)	T43 (0-25)	T44 (0-90)	T45 (0-38)	T46 (0-43)	T47 (0-32)	T48 (0-26)
上海市	分值 11	分值 21	分值 31	分值 41	分值 51	分值 61	分值 71	分值 81
江苏省	分值 12	分值 22	分值 32	分值 42	分值 52	分值 62	分值 72	分值 82
浙江省	分值 13	分值 23	分值 33	分值 43	分值 53	分值 63	分值 73	分值 83
安徽省	分值 14	分值 24	分值 34	分值 44	分值 54	分值 64	分值 74	分值 84

　　将上述表格中的非百分制的"分值"转换成如下表格中的百分制的"成绩表",其8个子项能力提升评价结果成绩表如表13-16。

表 13-16　4 个省级救援区域保障分过程 8 个子项能力提升评价结果成绩表

适用救援灾害：自然灾害、事故灾难、公共卫生事件、社会安全事件							
适用救援区域：	适用救援过程：保障分过程 T4 的 8 个子项						
	T41	T42	T43	T44	T45	T46	T47	T48
上海市	成绩 11	成绩 21	成绩 31	成绩 41	成绩 51	成绩 61	成绩 71	成绩 81
江苏省	成绩 12	成绩 22	成绩 32	成绩 42	成绩 52	成绩 62	成绩 72	成绩 82
浙江省	成绩 13	成绩 23	成绩 33	成绩 43	成绩 53	成绩 63	成绩 73	成绩 83
安徽省	成绩 14	成绩 24	成绩 34	成绩 44	成绩 54	成绩 64	成绩 74	成绩 84

13.1.5　善后分过程子项

(1)善后分过程子项能力提升评价结果统计图表

善后分过程 T5 子项集合＝{损失统计子项 T51∩经验总结子项 T52∩调查评估子项 T53∩救助安抚子项 T54∩心理干预子项 T55∩灾金绩效子项 T56∩恢复重建子项 T57∩体系调整子项 T58}，其 8 个子项能力提升评价结果分值表如表 13-17。

表 13-17　善后分过程 8 个子项能力提升评价结果分值表

适用救援灾害：自然灾害、事故灾难、公共卫生事件、社会安全事件							
适用救援区域：	适用救援过程：善后过程 T5 的 8 个子项						
	T51 (0-19)	T52 (0-42)	T53 (0-48)	T54 (0-45)	T55 (0-19)	T56 (0-18)	T57 (0-35)	T58 (0-48)
省级	分值 11	分值 21	分值 31	分值 41	分值 51	分值 61	分值 71	分值 81
副省级	分值 12	分值 22	分值 32	分值 42	分值 52	分值 62	分值 72	分值 82
区(县)级	分值 14	分值 24	分值 34	分值 44	分值 54	分值 64	分值 74	分值 84
街道(镇)级	分值 15	分值 25	分值 35	分值 45	分值 55	分值 65	分值 75	分值 85
社区(村)级	分值 16	分值 26	分值 36	分值 46	分值 56	分值 66	分值 76	分值 86

将上述表格中非百分制的"分值"转换成如下表格中的百分制的"成绩"，其 8 个子项能力提升评价结果成绩表如表 13-18 和图 13-9。

表 13-18　善后分过程 8 个子项能力提升评价结果成绩表

适用救援灾害：自然灾害、事故灾难、公共卫生事件、社会安全事件							
适用救援区域：	适用救援过程：善后分过程 T5 的 8 个子项						
	T51	T52	T53	T54	T55	T56	T57	T58
省级	成绩 11	成绩 21	成绩 31	成绩 41	成绩 51	成绩 61	成绩 71	成绩 81
副省级	成绩 12	成绩 22	成绩 32	成绩 42	成绩 52	成绩 62	成绩 72	成绩 82
地区级	成绩 13	成绩 23	成绩 33	成绩 43	成绩 53	成绩 63	成绩 73	成绩 83

区(县)级	成绩 14	成绩 24	成绩 34	成绩 44	成绩 54	成绩 64	成绩 74	成绩 84
街道(镇)级	成绩 15	成绩 25	成绩 35	成绩 45	成绩 55	成绩 65	成绩 75	成绩 85
社区(村)级	成绩 16	成绩 26	成绩 36	成绩 46	成绩 56	成绩 66	成绩 76	成绩 86

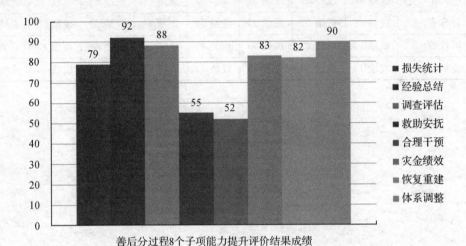

善后分过程8个子项能力提升评价结果成绩

图 13-9　善后分过程 8 个子项能力提升评价结果成绩统计图

(2)善后分过程子项能力提升评价结果统计专题地图

以上海市、江苏省、浙江省、安徽省等省级救援区域为例(副省级、地区级、区(县)级、街道(镇)级、社区(村)级等类同),基于下面的善后过程 T5 的 8 个子项能力提升评价结果成绩表(表 13-19),并以它们省级区域的行政区划为底图,制作出体现它们评价结果成绩的分布式统计专题地图(图 13-10)。

表 13-19　4 个省级救援区域善后分过程 8 个子项能力提升评价结果分值表

适用救援区域:	适用救援灾害:自然灾害、事故灾难、公共卫生事件、社会安全事件							
	适用救援过程:善后分过程 T5 的 8 个子项							
	T51 (0-19)	T52 (0-42)	T53 (0-48)	T54 (0-45)	T55 (0-19)	T56 (0-18)	T57 (0-35)	T58 (0-48)
上海市	分值 11	分值 21	分值 31	分值 41	分值 51	分值 61	分值 71	分值 81
江苏省	分值 12	分值 22	分值 32	分值 42	分值 52	分值 62	分值 72	分值 82
浙江省	分值 13	分值 23	分值 33	分值 43	分值 53	分值 63	分值 73	分值 83
安徽省	分值 14	分值 24	分值 34	分值 44	分值 54	分值 64	分值 74	分值 84

将上述表格中的非百分制的"分值"转换成如下表格中的百分制的"成绩表",其 8 个子项能力提升评价结果成绩表如表 13-20。分布式统计专题地图如图 13-10 所示。

表 13-20   4 个省级救援区域善后分过程 8 个子项能力提升评价结果成绩表

适用救援灾害：自然灾害、事故灾难、公共卫生事件、社会安全事件

适用救援区域：	适用救援过程：善后分过程 T5 的 8 个子项							
	T51	T52	T53	T54	T55	T56	T57	T58
上海市	成绩 11	成绩 21	成绩 31	成绩 41	成绩 51	成绩 61	成绩 71	成绩 81
江苏省	成绩 12	成绩 22	成绩 32	成绩 42	成绩 52	成绩 62	成绩 72	成绩 82
浙江省	成绩 13	成绩 23	成绩 33	成绩 43	成绩 53	成绩 63	成绩 73	成绩 83
安徽省	成绩 14	成绩 24	成绩 34	成绩 44	成绩 54	成绩 64	成绩 74	成绩 84

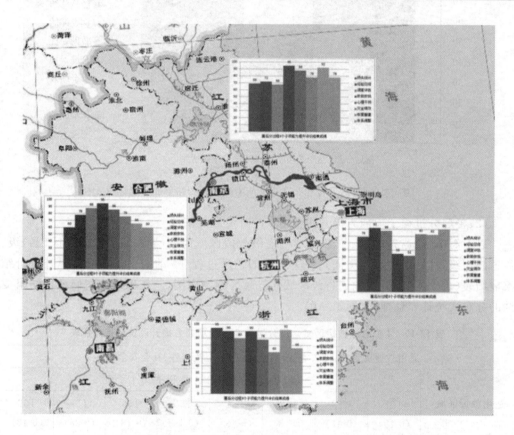

图 13-10   善后分过程 8 个子项能力提升评价结果成绩分布式统计专题地图

13.2   分过程能力提升评价结果专题统计图表可视化

13.2.1   分过程能力提升评价结果统计图表表示

分过程集合＝{准备分过程 T1∩响应分过程 T2∩处置分过程 T3∩保障分过程 T4

∩善后分过程 T5}，其 5 个分过程能力提升评价结果分值表如表 13-21。

表 13-21　分过程能力提升评价结果分值表

适用救援灾害：自然灾害、事故灾难、公共卫生事件、社会安全事件					
适用救援区域：	适用救援过程：准备 T1、响应 T2、处置 T3、保障 T4、善后 T5 等 5 个分过程				
	T1 (0-541)	T2 (0-217)	T3 (0-608)	T4 (0-388)	T5 (0-274)
省级	分值 T11	分值 T21	分值 T31	分值 T41	分值 T51
副省级	分值 T12	分值 T22	分值 T32	分值 T42	分值 T52
地区级	分值 T13	分值 T23	分值 T33	分值 T43	分值 T53
区(县)级	分值 T14	分值 T24	分值 T34	分值 T44	分值 T54
街道(镇)级	分值 T15	分值 T25	分值 T35	分值 T45	分值 T55
社区(村)级	分值 T16	分值 T26	分值 T36	分值 T46	分值 T56

将上述表格中非百分制的"分值"转换成如下表格中的百分制的"成绩"，其 5 个分过程能力提升评价结果成绩表如表 13-22。

表 13-22　分过程能力提升评价结果成绩表

适用救援灾害：自然灾害、事故灾难、公共卫生事件、社会安全事件					
适用救援区域：	适用救援过程：准备 T1、响应 T2、处置 T3、保障 T4、善后 T5 等 5 个分过程				
	T1	T2	T3	T4	T5
省级	成绩 T11	成绩 T21	成绩 T31	成绩 T41	成绩 T51
副省级	成绩 T12	成绩 T22	成绩 T32	成绩 T42	成绩 T52
地区级	成绩 T13	成绩 T23	成绩 T33	成绩 T43	成绩 T53
区(县)级	成绩 T14	成绩 T24	成绩 T34	成绩 T44	成绩 T54
街道(镇)级	成绩 T15	成绩 T25	成绩 T35	成绩 T45	成绩 T55
社区(村)级	成绩 T16	成绩 T26	成绩 T36	成绩 T46	成绩 T56

13.2.2　分过程能力提升评价结果统计专题地图

以上海市、江苏省、浙江省、安徽省等省级救援区域为例(副省级、地区级、区(县)级、街道(镇)级、社区(村)级等类同)，基于下面的 5 个分过程能力提升评价结果成绩表(表13-23)，并以它们省级救援区域的行政区划为底图，制作出体现它们评价结果成绩的分布式统计专题地图(图 13-12)。

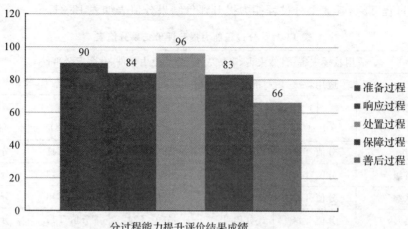

图 13-11　5 个分过程能力提升评价结果成绩统计图

表 13-23　4 个省级救援区域分过程能力提升评价结果分值表

适用救援灾害：自然灾害、事故灾难、公共卫生事件、社会安全事件					
适用救援区域：	适用救援过程：准备 T1、响应 T2、处置 T3、保障 T4、善后 T5 等 5 个分过程				
	T1 （0-541）	T2 （0-217）	T3 （0-608）	T4 （0-388）	T5 （0-274）
上海市	分值 T11	分值 T21	分值 T31	分值 T41	分值 T51
江苏省	分值 T12	分值 T22	分值 T32	分值 T42	分值 T52
浙江省	分值 T13	分值 T23	分值 T33	分值 T43	分值 T53
安徽省	分值 T14	分值 T24	分值 T34	分值 T44	分值 T54

　　将上述非百分制的"能力提升评价结果分值表"转换成如下百分制的"能力提升评价结果成绩表"如表 13-24。

表 13-24　4 个省级救援区域分过程能力提升评价结果成绩表

适用救援灾害：自然灾害、事故灾难、公共卫生事件、社会安全事件					
适用救援区域：	适用救援过程：准备 T1、响应 T2、处置 T3、保障 T4、善后 T5 等 5 个分过程				
	T1	T2	T3	T4	T5
上海市	成绩 T11	成绩 T21	成绩 T31	成绩 T41	成绩 T51
江苏省	成绩 T12	成绩 T22	成绩 T32	成绩 T42	成绩 T52
浙江省	成绩 T13	成绩 T23	成绩 T33	成绩 T43	成绩 T53
安徽省	成绩 T14	成绩 T24	成绩 T34	成绩 T44	成绩 T54

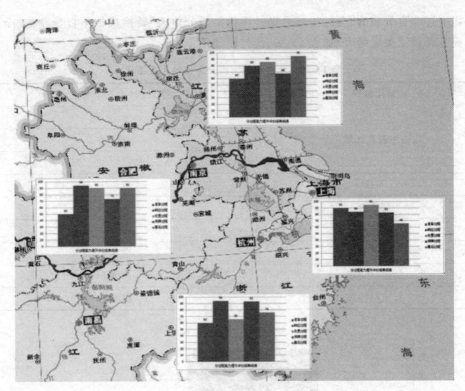

图 13-12　5 个分过程能力提升评价结果成绩专题图

13.3　全过程能力提升评价结果专题统计图表可视化

13.3.1　全过程能力提升评价结果统计图表表示

全过程能力提升评价结果分值表如表 13-25。

表 13-25　全过程能力提升评价结果分值表

适用救援灾害:自然灾害、事故灾难、公共卫生事件、社会安全事件	
适用救援区域:	适用救援过程:全过程
	全过程 (0-2027)
省级	分值 1
副省级	分值 2
地区级	分值 3
区(县)级	分值 4
街道(镇)级	分值 5
社区(村)级	分值 6

将上述非百分制的"全过程能力提升评价结果分值表"转换成如下百分制的"全过程能力提升评价结果成绩表"如表13-26，统计图如图13-13。

表 13-26 全过程能力提升评价结果成绩表

适用救援灾害：自然灾害、事故灾难、公共卫生事件、社会安全事件

适用救援区域：	全过程
省级	成绩 1
副省级	成绩 2
地区级	成绩 3
区（县）级	成绩 4
街道（镇）级	成绩 5
社区（村）级	成绩 6

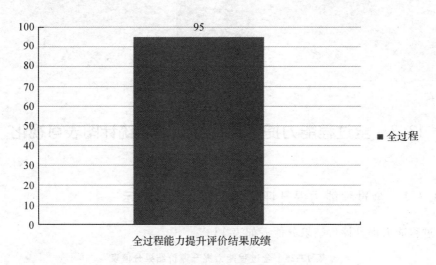

图 13-13 全过程能力提升评价结果成绩统计图

13.3.2 全过程能力提升评价结果统计专题地图

以上海市、江苏省、浙江省、安徽省等省级救援区域为例（副省级、地区级、区（县）级、街道（镇）级、社区（村）级等类同），基于下面的全过程能力提升评价结果成绩表（表13-27），并以它们省级救援区域的行政区划为底图，制作出体现它们评价结果成绩的分布式统计专题地图（图13-14）。

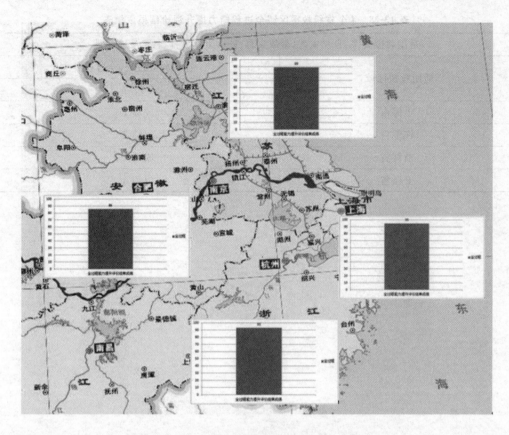

图 13-14 全过程能力提升评价结果成绩专题地图

表 13-27　4 个省级救援区域全过程能力提升评价结果分值表

适用救援灾害：自然灾害、事故灾难、公共卫生事件、社会安全事件	
适用救援区域：	适用救援过程.全过程
	全过程 （0-2027）
上海市	分值 1
江苏省	分值 2
浙江省	分值 3
安徽省	分值 4

　　将上述非百分制的"能力提升评价结果分值表"转换成如下百分制的"能力提升评价结果成绩表"如表 13-28。

表 13-28　4 个省级救援区域全过程能力提升评价结果成绩表

适用救援灾害:自然灾害、事故灾难、公共卫生事件、社会安全事件	
适用救援区域:	适用救援过程:全过程
	全过程
上海市	成绩 1
江苏省	成绩 2
浙江省	成绩 3
安徽省	成绩 4

第14章 综合应急救援能力提升内容溯源修改完善表达技术途径实现

14.1 分过程子项能力提升内容溯源修改完善技术途径实现

14.1.1 准备分过程子项

基于如表 14-1 所示评价结果成绩表,分别针对省级、副省级、地区级、区(县)级、街道(镇)级、社区(村)级等救援区域的准备分过程 14 个子项进行成绩溯源,溯源出成绩为不及格(0-59 分)、及格(60-69 分)、中等(70-79 分)、良好(80-89 分)的准备分过程子项。

表 14-1 准备分过程 14 个子项能力提升评价结果成绩表

适用救援灾害:自然灾害、事故灾难、公共卫生事件、社会安全事件

适用救援 区域:	适用救援过程:准备过程 T1 的 14 个子项													
	T11	T12	T13	T14	T15	T16	T17	T18	T19	T110	T111	T112	T113	T114
省级	成绩 11	成绩 21	成绩 31	成绩 41	成绩 51	成绩 61	成绩 71	成绩 81	成绩 91	成绩 101	成绩 111	成绩 121	成绩 131	成绩 141
副省级	成绩 12	成绩 22	成绩 32	成绩 42	成绩 52	成绩 62	成绩 72	成绩 82	成绩 92	成绩 102	成绩 112	成绩 122	成绩 132	成绩 142
地区级	成绩 13	成绩 23	成绩 33	成绩 43	成绩 53	成绩 63	成绩 73	成绩 83	成绩 93	成绩 103	成绩 113	成绩 123	成绩 133	成绩 143
区(县)级	成绩 14	成绩 24	成绩 34	成绩 44	成绩 54	成绩 64	成绩 74	成绩 84	成绩 94	成绩 104	成绩 114	成绩 124	成绩 134	成绩 144
街道(镇)级	成绩 15	成绩 25	成绩 35	成绩 45	成绩 55	成绩 65	成绩 75	成绩 85	成绩 95	成绩 105	成绩 115	成绩 125	成绩 135	成绩 145
社区(村)级	成绩 16	成绩 26	成绩 36	成绩 46	成绩 56	成绩 66	成绩 76	成绩 86	成绩 96	成绩 106	成绩 116	成绩 126	成绩 136	成绩 146

针对溯源出的准备分过程中的"子项 11、子项 21、……"基于第 10 章的"♯♯♯ ＊＊子项能力提升 3 级指标内容'一张表格'",可以溯源出准备分过程任何一个子项"三级指标内容"的专家评价"分值Ⅲ"。其中,"♯♯♯"分别代表"表 10-1、表 10-2、表 10-3、表 10-4、表 10-5、表 10-6、表 10-7、表 10-8、表 10-9、表 10-10、表 10-11、表 10-12、表 10-13、表 10-14"。"＊＊"分别代表准备分过程中的法律法规、标准规范、规章制度、预案制定、管理体系、组织机构、运行机制、监测预警、培训演练、宣传教育、行为素养、教育科技、灾害医学、灾害产业等子项。

此时,若该准备分过程中任何一个子项分值Ⅲ小于 1,则代表该子项的三级指标内容提升效果处于不及格、及格、中等、良好等状态,需要对该溯源出的三级指标内容根据实际

情况进行修改完善,直至分值Ⅲ大于等于0.9,即专家评价平均分值优秀为止。一旦溯源出的准备分过程子项三级指标内容修改完善完毕,就意味着同时也修改完善了相应的一级、二级指标内容。因为,该准备分过程子项一级、二级指标内容是由三级指标内容组合而成的。

14.1.2 响应分过程子项

基于如表14-2所示评价结果成绩表,分别针对省级、副省级、地区级、区(县)级、街道(镇)级、社区(村)级等救援区域响应分过程的6个子项进行成绩溯源,溯源出成绩为不及格(0-59分)、及格(60-69分)、中等(70-79分)、良好(80-89分)的响应分过程若干个子项。

表 14-2 响应分过程 6 个子项能力提升评价结果成绩表

适用救援区域:	适用救援灾害:自然灾害、事故灾难、公共卫生事件、社会安全事件					
	适用救援过程:响应分过程 6 个子项					
	T21	T22	T23	T24	T25	T26
省级	成绩 11	成绩 21	成绩 31	成绩 41	成绩 51	成绩 62
副省级	成绩 12	成绩 22	成绩 32	成绩 42	成绩 52	成绩 62
地区级	成绩 13	成绩 23	成绩 33	成绩 43	成绩 53	成绩 63
区(县)级	成绩 14	成绩 24	成绩 34	成绩 44	成绩 54	成绩 64
街道(镇)级	成绩 15	成绩 25	成绩 35	成绩 45	成绩 55	成绩 65
社区(村)级	成绩 16	成绩 26	成绩 36	成绩 46	成绩 56	成绩 66

针对溯源出的响应分过程中的"子项21、子项22、……",基于第10章的"＃＃＃　＊＊＊子项能力提升3级指标内容'一张表格'",可以溯源出响应分过程任何一个子项"三级指标内容"的专家评价"分值Ⅲ"。其中,"＃＃＃"分别代表"表10-15、表10-16、表10-17、表10-18、表10-19、表10-20"。"＊＊＊"分别代表响应分过程中的法快速反应、灾害心理、灾害识别、环境识别、社会动员、舆情监控等子项。

此时,若该响应分过程中任何一个子项分值Ⅲ小于1,则代表该子项的三级指标内容提升效果处于不及格、及格、中等、良好等状态,需要对该溯源出的三级指标内容根据实际情况进行修改完善,直至分值Ⅲ大于等于0.9,即专家评价平均分值优秀为止。一旦溯源出的响应分过程子项三级指标内容修改完善完毕,就意味着同时也修改完善了相应的一级、二级指标内容。因为,该响应分过程子项一级、二级指标内容是由三级指标内容组合而成的。

14.1.3 处置分过程子项

基于如表14-3所示评价结果成绩表,分别针对省级、副省级、地区级、区(县)级、街道(镇)级、社区(村)级等救援区域处置分过程的12个子项进行成绩溯源,溯源出成绩为不及格(0-59分)、及格(60-69分)、中等(70-79分)、良好(80-89分)的处置分过程若干个子项。

表 14-3　处置分过程 12 个子项能力提升评价结果成绩表

适用救援灾害：自然灾害、事故灾难、公共卫生事件、社会安全事件

适用救援区域：	适用救援过程：处置分过程12个子项											
	T31	T32	T33	T34	T35	T36	T37	T38	T39	T310	T311	T312
省级	成绩11	成绩21	成绩31	成绩41	成绩51	成绩61	成绩71	成绩81	成绩91	成绩101	成绩111	成绩121
副省级	成绩12	成绩22	成绩32	成绩42	成绩52	成绩62	成绩72	成绩82	成绩92	成绩102	成绩112	成绩122
地区级	成绩13	成绩23	成绩33	成绩43	成绩53	成绩63	成绩73	成绩83	成绩93	成绩103	成绩113	成绩123
区（县）级	成绩14	成绩24	成绩34	成绩44	成绩54	成绩64	成绩74	成绩84	成绩94	成绩104	成绩114	成绩124
街道（镇）级	成绩15	成绩25	成绩35	成绩45	成绩55	成绩65	成绩75	成绩85	成绩95	成绩105	成绩115	成绩125
社区（村）级	成绩16	成绩26	成绩36	成绩46	成绩56	成绩66	成绩76	成绩86	成绩96	成绩106	成绩116	成绩126

针对溯源出的处置分过程中的"子项 31、子项 32、……"，基于第 10 章的"＃＃＃ ＊＊子项能力提升 3 级指标内容'一张表格'"，可以溯源出处置分过程任何一个子项"三级指标内容"的专家评价"分值Ⅲ"。其中，"＃＃＃"分别代表"表 10-21、表 10-22、表 10-23、表 10-24、表 10-25、表 10-26、表 10-27、表 10-28、表 10-29、表 10-30、表 10-31、表 10-32"。"＊＊"分别代表处置分过程中的协同指挥、队伍施救、施救装备、医疗医治、自救互救、基层治理、灾民保护、社会治安、灾情统计、信息发布、灾金使用、捐赠管理等子项。

此时，若该处置分过程中任何一个子项分值Ⅲ小于 1，则代表该子项的三级指标内容提升效果处于不及格、及格、中等、良好等状态，需要对该溯源出的三级指标内容根据实际情况进行修改完善，直至分值Ⅲ大于等于 0.9，即专家评价平均分值优秀为止。一旦溯源出的处置分过程子项三级指标内容修改完善完毕，就意味着同时也修改完善了相应的一级、二级指标内容。因为，该处置分过程子项一级、二级指标内容是由三级指标内容组合而成的。

14.1.4　保障分过程子项

基于如表 14-4 所示评价结果成绩表，分别针对省级、副省级、地区级、区（县）级、街道（镇）级、社区（村）级等救援区域保障分过程的 8 个子项进行成绩溯源，溯源出成绩为不及格（0-59 分）、及格（60-69 分）、中等（70-79 分）、良好（80-89 分）的保障分过程若干个子项。

表 14-4　保障分过程 8 个子项能力提升评价结果成绩表

适用救援灾害：自然灾害、事故灾难、公共卫生事件、社会安全事件

适用救援区域：	适用救援过程：保障分过程8个子项							
	T41	T42	T43	T44	T45	T46	T47	T48
省级	成绩11	成绩21	成绩31	成绩41	成绩51	成绩61	成绩71	成绩81
副省级	成绩12	成绩22	成绩32	成绩42	成绩52	成绩62	成绩72	成绩82
地区级	成绩13	成绩23	成绩33	成绩43	成绩53	成绩63	成绩73	成绩83
区（县）级	成绩14	成绩24	成绩34	成绩44	成绩54	成绩64	成绩74	成绩84

续表

街道（镇）级	成绩 15	成绩 25	成绩 35	成绩 45	成绩 55	成绩 65	成绩 75	成绩 85
社区（村）级	成绩 16	成绩 26	成绩 36	成绩 46	成绩 56	成绩 66	成绩 76	成绩 86

针对溯源出的保障分过程中的"子项 41、子项 42、……"，基于第 10 章的"＃＃＃ ＊＊子项能力提升 3 级指标内容'一张表格'"，可以溯源出保障分过程任何一个子项"三级指标内容"的专家评价"分值Ⅲ"。其中，"＃＃＃"分别代表"表 10-33、表 10-34、表 10-35、表 10-36、表 10-37、表 10-38、表 10-39、表 10-40"。"＊＊＊"分别代表保障分过程中的施救队伍、施救技术、信息平台、物质资源、航空基地、避难场所、媒体发布、财力资金等子项。

此时，若该保障分过程中任何一个子项分值Ⅲ小于 1，则代表该子项的三级指标内容提升效果处于不及格、及格、中等、良好等状态，需要对该溯源出的三级指标内容根据实际情况进行修改完善，直至分值Ⅲ大于等于 0.9，即专家评价平均分值优秀为止。一旦溯源出的保障分过程子项三级指标内容修改完善完毕，就意味着同时也修改完善了相应的一级、二级指标内容。因为，该保障分过程子项一级、二级指标内容是由三级指标内容组合而成的。

14.1.5　善后分过程子项

基于如表 14-5 所示评价结果成绩表，分别针对省级、副省级、地区级、区（县）级、街道（镇）级、社区（村）级等救援区域善后分过程的 8 个子项进行成绩溯源，溯源出成绩为不及格（0-59 分）、及格（60-69 分）、中等（70-79 分）、良好（80-89 分）的善后分过程若干个子项。

表 14-5　善后分过程 8 个子项能力提升评价结果成绩表

适用救援区域：	适用救援灾害：自然灾害、事故灾难、公共卫生事件、社会安全事件							
	适用救援过程：善后分过程 8 个子项							
	T51	T52	T53	T54	T55	T56	T57	T58
省级	成绩 11	成绩 21	成绩 31	成绩 41	成绩 51	成绩 61	成绩 71	成绩 81
副省级	成绩 12	成绩 22	成绩 32	成绩 42	成绩 52	成绩 62	成绩 72	成绩 82
地区级	成绩 13	成绩 23	成绩 33	成绩 43	成绩 53	成绩 63	成绩 73	成绩 83
区（县）级	成绩 14	成绩 24	成绩 34	成绩 44	成绩 54	成绩 64	成绩 74	成绩 84
街道（镇）级	成绩 15	成绩 25	成绩 35	成绩 45	成绩 55	成绩 65	成绩 75	成绩 85
社区（村）级	成绩 16	成绩 26	成绩 36	成绩 46	成绩 56	成绩 66	成绩 76	成绩 86

针对溯源出的善后分过程中的"子项 51、子项 52、……"，基于第 10 章的"＃＃＃ ＊＊子项能力提升 3 级指标内容'一张表格'"，可以溯源出善后分过程任何一个子项"三级指标内容"的专家评价"分值Ⅲ"。其中，"＃＃＃"分别代表"表 10-41、表 10-42、表 10-43、表 10-44、表 10-45、表 10-46、表 10-47、表 10-48"。"＊＊＊"分别代表善后分过程中的损失统计、经验总结、调查评估、救助安抚、心理干预、资金监管、恢复重建、体系调整等

子项。

此时,若该善后分过程中任何一个子项分值Ⅲ小于1,则代表该子项的三级指标内容提升效果处于不及格、及格、中等、良好等状态,需要对该溯源出的三级指标内容根据实际情况进行修改完善,直至分值Ⅲ大于等于0.9,即专家评价平均分值优秀为止。一旦溯源出的善后分过程子项三级指标内容修改完善完毕,就意味着同时也修改完善了相应的一级、二级指标内容。因为,该善后分过程子项一级、二级指标内容是由三级指标内容组合而成的。

14.2 分过程能力提升内容溯源修改完善技术途径实现

基于如表14-6所示评价结果成绩表,分别针对省级、副省级、地区级、区(县)级、街道(镇)级、社区(村)级等救援区域的5个分过程进行成绩溯源,溯源出成绩为不及格(0-59分)、及格(60-69分)、中等(70-79分)、良好(80-89分)的分过程。

表 14-6　分过程能力提升评价结果成绩表

适用救援灾害:自然灾害、事故灾难、公共卫生事件、社会安全事件					
适用救援区域:	适用救援过程:准备 T1、响应 T2、处置 T3、保障 T4、善后 T5 等 5 个分过程				
	T1	T2	T3	T4	T5
省级	成绩 T11	成绩 T21	成绩 T31	成绩 T41	成绩 T51
副省级	成绩 T12	成绩 T22	成绩 T32	成绩 T42	成绩 T52
地区级	成绩 T13	成绩 T23	成绩 T33	成绩 T43	成绩 T53
区(县)级	成绩 T14	成绩 T24	成绩 T34	成绩 T44	成绩 T54
街道(镇)级	成绩 T15	成绩 T25	成绩 T35	成绩 T45	成绩 T55
社区(村)级	成绩 T16	成绩 T26	成绩 T36	成绩 T46	成绩 T56

由于任何一个分过程是由若干子项组合而成,将上述溯源出的"分过程 1、分过程 2……"逐个分解为组合该分过程的所有子项,重复实施上一节"14.1 分过程子项能力提升内容溯源修改技术途径实现"步骤,完成该分过程所有子项的能力提升内容溯源修改,直至完成所有溯源出的分过程操作,即可实现对分过程能力提升内容的溯源修改完善。

14.3 全过程能力提升内容溯源修改完善技术途径实现

基于如表14-7所示评价结果成绩表,分别针对省级、副省级、地区级、区(县)级、街道(镇)级、社区(村)级等救援区域全过程进行成绩溯源,溯源出成绩为不及格(0-59分)、及格(60-69分)、中等(70-79分)、良好(80-89分)的全过程。

表 14-7　全过程能力提升评价结果成绩表

适用救援灾害:自然灾害、事故灾难、公共卫生事件、社会安全事件	
适用救援区域:	适用救援过程
	全过程
省级	成绩 1
副省级	成绩 2
地区级	成绩 3
区(县)级	成绩 4
街道(镇)级	成绩 5
社区(村)级	成绩 6

　　由于全过程是由若干分过程组合而成,将上述溯源出的"全过程"分解为组合该全过程的"分过程1、分过程2……",重复实施上一节"14.2分过程能力提升内容溯源修改技术途径实现"步骤,完成该全过程所有分过程的能力提升内容溯源修改,即可实现对全过程能力提升内容的溯源修改完善。

第15章 综合应急救援能力提升实验验证技术手段表达技术途径实现

15.1 能力提升笛卡儿三维坐标系实验验证

将前面章节的研究成果"综合应急救援能力提升笛卡儿三维坐标系"应用到省级、副省级、地区级、区（县）级、街道（镇）级、社区（村）等地区的应急管理部门实际应急救援工作中，通过历史应急救援数据应用、应急救援培训演练、应急救援模拟演习、应急救援现场操作、应急救援专家咨询、应急救援社会公众意见反馈等技术手段，实验验证综合应急救援能力提升笛卡儿三维坐标系＝{救援灾害轴，救援区域轴，救援过程轴，笛卡儿三维坐标系}设置的科学性、技术性、严谨性、方向性、理论性等，以及该四部分内容的合理性、针对性、实用性、指导性、可操作性等，并根据得出的实验验证结果实时修改完善这四部分内容以及"综合应急救援能力提升笛卡儿三维坐标系"的正确表达。

15.2 能力提升内容通用框架实验验证

将前面章节的研究成果"综合应急救援能力提升内容通用框架"应用到省级、副省级、地区级、区（县）级、街道（镇）级、社区（村）等地区的应急管理部门实际应急救援工作，通过历史应急救援数据应用、应急救援培训演练、应急救援模拟演习、应急救援现场操作、应急救援专家咨询、应急救援社会公众意见反馈等技术手段，实验验证综合应急救援能力提升内容通用框架＝{分过程子项能力提升3级指标内容，分过程能力提升4级指标内容，全过程能力提升5级指标内容}设置的科学性、技术性、严谨性、方向性、理论性等，以及该三部分内容的合理性、针对性、实用性、指导性、可操作性等，并根据得出的实验验证结果实时修改完善这三部分内容以及"综合应急救援能力提升内容通用框架"的正确表达。

15.3 能力提升描述理论架构实验验证

将前面章节的研究成果"综合应急救援能力提升描述理论架构"应用到省级、副省级、地区级、区（县）级、街道（镇）级、社区（村）等地区的应急管理部门实际应急救援工作，通过历史应急救援数据应用、应急救援培训演练、应急救援模拟演习、应急救援现场操作、应急救援专家咨询、应急救援社会公众意见反馈等技术手段,实验验证综合应急救援能力提升描述理论架构={能力提升种类数量计算模型,能力提升路径计算模型,能力提升内容规范表示格式,能力提升内容提取函数表达,能力提升评价指标及分值计算模型,能力提升评价结果专题统计图表可视化,能力提升内容溯源修改完善表达,能力提升实验验证技术手段}设置的科学性、技术性、严谨性、方向性、理论性等,以及该八部分内容的合理性、针对性、实用性、指导性、可操作性等,并根据得出的实验验证结果实时修改完善这八部分内容以及"综合应急救援能力提升描述理论架构"的正确表达。

15.4　综合应急救援能力提升技术途径实现实验验证

将前面章节的研究成果"综合应急救援能力提升技术途径实现"应用到省级、副省级、地区级、区(县)级、街道(镇)级、社区(村)等地区的应急管理部门实际应急救援工作,通过历史应急救援数据应用、应急救援培训演练、应急救援模拟演习、应急救援现场操作、应急救援专家咨询、应急救援社会公众意见反馈等技术手段,实验验证综合应急救援能力提升技术途径实现={能力提升种类数量计算模型技术途径实现,能力提升导向路径计算模型技术途径实现,能力提升内容规范表示格式技术途径实现,能力提升内容提取函数表达技术途径实现,能力提升评价指标及分值计算模型技术途径实现,能力提升评价结果专题统计图表可视化技术途径实现,能力提升内容溯源修改完善表达技术途径实现}设置的科学性、技术性、严谨性、方向性、理论性等,以及该七部分内容的合理性、针对性、实用性、指导性、可操作性等,并根据得出的实验验证结果实时修改完善这七部分内容以及"综合应急救援能力提升技术途径实现"的正确表达。

15.5　综合应急救援能力提升实验手段验证

将前面章节的研究成果"综合应急救援能力提升实验手段"应用到省级、副省级、地区级、区(县)级、街道(镇)级、社区(村)等地区的应急管理部门实际应急救援工作,实验验证综合应急救援能力提升实验手段={历史应急救援数据应用,应急救援培训演练,应急救援模拟演习,应急救援现场操作,应急救援专家咨询,应急救援社会公众意见反馈}设置的科学性、技术性、严谨性、方向性、理论性等,以及该六部分内容的合理性、针对性、实用性、指导性、可操作性等,并根据得出的实验验证结果实时修改完善这六部分内容以及"综合应急救援能力提升实验手段"的正确表达。

第16章　综合应急救援能力提升研究创新点和特色点

16.1　研究创新点

16.1.1　第一个创新点

创新出综合应急救援能力提升笛卡儿三维坐标系：面向自然灾害、事故灾难、公共卫生、社会安全等灾种建立救援灾害轴，面向省级、副省级、地区级、区（县）级、街道（镇）级、社区（村）级等区域建立救援区域轴，面向准备、响应、处置、保障、善后等过程建立救援过程轴，将这三个轴集成在一起，建立了综合应急救援能力提升笛卡儿三维坐标系，从数学含义上有效地解决了三者集成关联问题，使得综合应急救援能力提升描述有了强大的数学基础支撑。

16.1.2　第二个创新点

创新出综合应急救援能力提升内容通用框架：面向自然灾害、事故灾难、公共卫生、社会安全等救援灾害，针对省级、副省级、地区级、区（县）级、街道（镇）级、社区（村）级等救援区域，抽象出综合应急救援能力提升内容通用框架表达，使得综合应急救援分过程（准备分过程、响应分过程、处置分过程、保障分过程、善后分过程）子项、分过程（准备分过程、响应分过程、处置分过程、保障分过程、善后分过程）、全过程（准备分过程＋响应分过程＋处置分过程＋保障分过程＋善后分过程）的能力提升指标内容描述的一清二楚。

16.1.3　第三个创新点

创新出综合应急救援能力提升理论架构：基于综合应急救援能力提升笛卡儿三维坐标系，抽象出了由能力提升种类数量计算模型表达、能力提升路径计算模型表达、能力提升内容规范格式、能力提升内容提取函数表达、能力提升评价指标及分值计算模型表达、能力提升评价结果专题统计图表可视化表达、能力提升内容溯源修改完善表达、能力提升实验验证技术手段等组成的综合应急救援能力提升理论架构，使得综合应急救援分过程子项、分过程、全过程的能力提升描述有了强大理论基础。

16.1.4 第四个创新点

创新出综合应急救援能力提升技术途径实现方案：基于综合应急救援能力提升理论架构，设计出综合应急救援能力提升种类数量计算模型表达、能力提升路径计算模型表达、能力提升内容规范格式表达、能力提升内容提取函数表达、能力提升评价指标及分值计算模型表达、能力提升评价结果专题统计图表可视化表达、能力提升内容溯源修改完善表达等技术途径实现的详细方案，使得综合应急救援分过程子项、分过程、全过程的能力提升实现有了具体的技术途径实现方案。

16.2 研究特色点

16.2.1 第一个特色点

设计出综合应急救援能力提升内容规范格式表达技术途径实现方案：设计出描述综合应急救援分过程子项、分过程、全过程的能力提升内容的通用文本格式、通用树状图、通用"一张表格"等表达式，以及具体技术途径实现方案。面向自然灾害、事故灾难、公共卫生、社会安全等救援灾害，针对省级、副省级、地区级、区（县）级、街道（镇）级、社区（村）级等救援区域，使得综合应急救援分过程子项、分过程、全过程的能力提升内容描述的一清二楚，能力提升内容的操作有了很强的针对性。

16.2.2 第二个特色点

设计出综合应急救援能力提升内容提取函数表达技术途径实现方案：基于计算得出的能力提升路径，根据特定的应急救援灾害、应急救援区域、应急救援过程，设计出综合应急救援分过程子项、分过程、全过程的能力提升内容通用提取函数表达式，以及具体技术途径实现方案。通过代入应急救援灾害、应急救援区域、应急救援过程等参数到能力提升内容提取函数表达式中，在"分过程子项、分过程、全过程的能力提升内容'一张表格'"表格中，即可提取出综合应急救援分过程子项、分过程、全过程的能力提升多级指标内容及相应指标内容解释。

16.2.3 第三个特色点

设计出综合应急救援能力提升评价指标及分值计算模型表达技术途径实现方案：设计出综合应急救援分过程子项、分过程、全过程的能力提升 3 级、4 级、5 级评价指标构成及分值计算模型表达，以及具体技术途径实现方案。使得人们能实时面向自然灾害、事故灾难、公共卫生、社会安全等救援灾害，针对省级、副省级、地区级、区（县）级、街道（镇）级、社区（村）级等救援区域，实施综合应急救援分过程子项、分过程、全过程的能力提升水平评价。

16.2.4　第四个特色点

设计出综合应急救援能力提升评价结果专题统计图表可视化表达技术途径实现方案：设计出综合应急救援分过程子项、分过程、全过程的能力提升水平评价结果专题统计图表可视化表达，以及具体技术途径实现方案。使得人们能针对自然灾害、事故灾难、公共卫生、社会安全等救援灾种，面向省级、副省级、地区级、区（县）级、街道（镇）级、社区（村）级救援区域等，很直观的了解相同等级救援区域的综合应急救援能力提升水平评价结果专题统计图表的地理空间分布和差异化。

16.2.5　第五个特色点

设计出综合应急救援能力提升内容溯源修改完善表达技术途径实现方案：基于能力提升评价结果成绩（不及格（0-59分）、及格（60-69分）、中等（70-79分）、良好（80-89分））等，设计出对综合应急救援分过程子项、分过程、全过程能力提升内容进行溯源，以及针对溯源出的能力提升内容进行修改完善的具体技术途径实现方案。使得人们能面向自然灾害、事故灾难、公共卫生、社会安全等救援灾害，针对省级、副省级、地区级、区（县）级、街道（镇）级、社区（村）级等救援区域，很有针对性的对溯源出的分过程子项、分过程、全过程能力提升内容进行修改完善。

第17章 预期社会效益

本书研究内容的提出都是源于当前越来越多的突发事件应急救援系统的现实需要，是公共安全工作的重大科技需求。通过创立综合应急救援能力描述理论架构及设计提升内容技术途径实现方案，其产生的社会效益非常明显。

17.1 微观社会效益

一是能对综合应急救援能力提升笛卡儿三维坐标系进行描述。综合应急救援能力提升主要涉及救援灾害（自然灾害、事故灾难、公共卫生、社会安全等）、救援区域（省级、副省级、地区级、区（县）级、街道（镇）级、社区（村）级等）、救援过程（准备、响应、处置、保障、善后等）这三个要素，这些要素共同作用影响着综合应急救援能力提升。但是，长期以来没有建立起一套完善的将该三要素联系起来的机制，致使综合应急救援能力提升缺乏数学基础描述。本书将这三个要素分别建立起救援灾害轴、救援区域轴、救援过程轴，而后集成在一起，创立了综合应急救援能力提升笛卡儿三维坐标系，从数学含义上有效地解决了这三者集成关联问题，为后续创立综合应急救援能力提升描述理论架构奠定了强大的数学基础。

二是能对综合应急救援能力提升理论架构进行描述。综合应急救援能力提升是一个复杂的领域，实践上需要一套理论架构对其进行指导。但是，长期以来没有创立起一套完善的综合应急救援能力提升描述理论架构，致使综合应急救援能力提升缺乏系统的理论指导，综合应急救援建设始终在一个较低的水平上徘徊，能力得不到有效提升。本书创立的综合应急救援能力提升描述理论架构，从根本上解决了这个问题，使得综合应急救援能力提升有了强大的理论基础。

三是能对综合应急救援能力提升数量、路径及内容通用框架进行表达。长期以来不能描述综合应急救援能力提升种类数量、能力提升路径、能力提升内容通用框架，致使人们进行综合应急救援能力提升时不知从何下手，十分盲目，这严重影响了综合应急救援能力提升的质量。本书抽象出了综合应急救援能力提升种类数量计算模型、能力提升路径通用表达模型、能力提升内容通用框架，从根本上解决了这个问题，使得综合应急救援能力提升有了具体的、十分明确的操作方向和空间。

四是能对综合应急救援能力提升内容规范格式进行表达。长期以来综合应急救援能力提升内容缺乏规范格式描述，致使人们不知道能力提升内容如何规范化描述，严重影响了综合应急救援能力提升。本书抽象出了综合应急救援能力提升内容规范格式表达，即能力提升内容文本格式表达、树状图表达式和"一张表格"表达,从根本上解决了综合应急救援能力提升内容规范格式表达问题。

五是能对综合应急救援能力提升内容提取函数进行表达。长期以来综合应急救援能力提升内容缺乏提取函数描述,致使人们不知道如何根据救援灾害、救援区域、救援过程等参数自动提取能力提升内容,严重影响了综合应急救援能力提升。本书抽象出了基于能力提升路径的综合应急救援能力提升内容"一张表格"提取函数表达式,从根本上解决了综合应急救援能力提升内容提取问题。

六是能对综合应急救援能力提升评价指标体系及分值计算模型进行表达。综合应急救援能力水平如何?综合应急救援能力提升的效果如何?必须进行实质性的评价,长期以来缺乏这方面内容的描述。本书在综合应急救援能力提升多级指标内容的基础上,抽象出综合应急救援能力提升评价多级指标体系及分值计算模型,从根本上解决了综合应急救援分过程子项、分过程、全过程等的能力提升水平评价问题。

七是能对综合应急救援能力提升评价结果专题统计图表可视化进行表达。长期以来能力提升水平评价结果都是基于表格数据和统计图形表达,没有具体的地理空间位置,致使人们不能从地理空间上,对不同省级、副省级、地区级、区(县)级、街道(镇)级、社区(村)级等救援区域的能力提升水平评价结果进行可视化比较。本书能对综合应急救援能力提升水平评价结果进行统计图表和专题统计地图可视化,能很直观的了解相同等级救援区域的综合应急救援能力提升水平评价结果的地理空间分布和差异化,为综合应急救援能力提升绩效化考核提供决策依据。

八是能对综合应急救援能力提升内容溯源修改完善进行表达。长期以来综合应急救援能力提升内容不能根据评价结果进行溯源,致使人们不能有针对性的根据评价结果对所需的能力提升内容进行修改完善,严重影响了能力提升内容的更新。本书基于能力提升评价结果,采用溯源方法能对评价结果欠佳的综合应急救援能力提升内容进行溯源并修改完善,从根本上解决了综合应急救援能力提升内容溯源修改完善问题。

九是能将综合应急救援能力提升研究成果进行总结提炼。长期以来综合应急救援能力提升缺乏全面的、顶层的、总体的、系列的、详细的、系统的、可操作性的综合应急救援研究成果总结提炼,即使有一些零散的研究成果但远远不能满足人们的需求。本书在取得研究成果的基础上,通过高度抽象、总结提炼,提交出综合应急救援能力提升技术总结报告、决策建议稿,供相关决策部门使用和参考。

17.2　宏观社会效益

通过本书的研究和创作取得了大量研究成果,这些成果对综合应急救援能力提升产生一系列宏观方面的社会效益,具体如下:

一是实现"预防为主、关口前移"的综合应急救援能力提升理论架构描述。建立起面向突发公共事件的综合应急救援能力提升理论架构,实现理论指导实践,即在此理论指导下,完全指导实际综合应急救援的实施,为重大突发事件综合应急救援实施提供一个理想的理论指导实践平台。

二是及时有效地避免因低能力的综合应急救援操作而带来的损失。因为不正当应急救援操作会给人民生命财产安全带来巨大的损失,有时候甚至是毁灭性的。因此必须消除因不正当综合应急救援操作带来的隐患,从而提高综合应急救援效益。基于研究出的面向综合应急救援能力提升内容,一旦发生突发公共事件,就能及时分析当前综合应急救援能力水平,有针对性地提出综合应急救援能力提升内容,有助于减少人员伤亡及事故损失。

三是促进政府提高综合应急救援能力建设。灾前通过综合应急救援能力提升的建设,发现存在的问题,提高应急救援的能力,减少一旦发生突发公共事件人员伤亡及事故损失;灾中正常发挥综合应急救援能力,实施正确的综合应急救援;灾后总结综合应急救援能力不足的地方,及时提升综合应急救援能力。

四是提高政府应对突发公共事件的综合应急救援反应能力。及时的综合应急救援能力水平如何是政府快速应对突发事件能力的一个重要体现,能减少人员伤亡及事故损失,体现政府以人为本的执政理念,大大提升政府的公信度,这一切取决于综合应急救援能力提升的研究。

五是其他。有助于制订正确的综合应急救援投入和战略决策,并能使研究力量集中在某些关键领域;有助于了解有关综合应急救援能力建设的标准,从比较中发现在综合应急救援能力建设的优势和不足;有助于进行综合应急救援力量的部署,以便有效应对突发事件;有助于评估是否具备完成各类突发事件综合应急救援任务的能力,以便确定如何保持或完善;有助于帮助综合应急救援适应各类变化,重点把握综合应急救援关键环节,采取正确应对措施,变被动为主动。

参考文献

[1] 邹逸江,孔家辉,斯港杰.综合应急救援能力描述理论架构及提升内容研究[J].灾害学,2021,36(02):145-150.

[2] 邹逸江,孔家辉.综合应急救援全生命周期的能力提升内容研究[J].中国应急管理科学,2021,(01):17-20.

[3] 邹逸江.综合应急救援能力提升建设的建议[J].中国应急管理科学,2022,(01):17-20.

[4] 邹逸江,孔佳辉,斯港杰.综合应急救援能力评价指标体系架构及内容表示研究[J].中国应急救援,2021,(01):18-22.

[5] 邹逸江,孔家辉,斯港杰.综合应急救援能力提升评价专题统计地图表达[J].灾害学,2022,37(02):140-148.

[6] 刘茂.应急救援概论[M].北京:化学工业出版社,2005.

[7] 赵文华,祁越.应急救援学[M].北京:国防大学出版社,2015.

[8] 范维澄.公共安全与应急管理[M].北京:科学出版社,2017.

[9] 唐钧.公共危机管理[M].北京:中国人民大学出版社,2019.

[10] 李雪峰,等.应急管理通论[M].北京:中国人民大学出版社,2018.

[11] 杨月巧.应急管理概论[M].北京:清华大学出版社,2016.

[12] 赵正宏.应急救援基础知识[M].北京:中国石化出版社,2019.

[13] 和丽秋,等.云南消防部队综合应急救援能力建设研究[M].北京:中国环境科学出版社,2015.

[14] 闪淳昌.强化应急管理能力系统工程建设[J].紫光阁,2014,(08):79-80.

[15] 杨列勋,余乐安,汤铃.系统工程与非常规突发公共事件应急管理专辑序言[J].系统工程理论与实践,2015,35(03):1-4.

[16] 赵宇,周海兵.系统科学视域下非常规突发公共事件内涵、特征与分类研究[J].领导科学,2013,(17):16-19.

[17] 朱华桂,洪巍.系统工程视角的三大应急资源体系建设[J].江苏省系统工程学会第十一届学术年会论文集,2009:775-780.

[18] 姜鹏.系统工程理论在企业安全管理中的应用技术研究[D].长沙:中南大学硕士论文,2012.

[19] 王琴,叶义成,何衍兴,蒋瑛.系统工程方法建设应急救援平台的探讨[J].工业安全与环保,2011,37(04):62-64.

[20] 金菊良,魏一鸣,丁晶.洪水灾害系统工程的理论体系探讨[J].浙江省科学技术

协会会议论文集,2004:335-343.

[21] 金磊.综合减灾的人—机—环境系统工程研究[J].中国系统工程学会会议论文集,1993:497-501.

[22] 李泽荃,祁慧.从系统工程角度统筹规划实现人才全方位培养——关于高校应急管理学科建设的思考[J].中国应急管理,2019,(12):32-35.

[23] 彭金梅.基于复杂系统理论的突发公共事件应急管理研究评述[J].价值工程,2013,32(32):140-142.

[24] 于博.复杂性科学视角下的重大突发公共事件综合应急管理体系研究[J].青海科技,2020,27(03):20-24.

[25] 王刚桥,刘奕,杨盼,杨锐,张辉.面向突发公共事件的复杂系统应急决策方法研究[J].系统工程理论与实践,2015,35(10):2449-2458.

[26] 窦良坦,贾传亮.应急处置人力资源调度系统构建与对策研究——基于复杂系统理论视角[J].中国人力资源开发,2012,(12):62-65.

[27] 朱钥,李琦,余铁桥.基于复杂系统理论的应急模拟演练平台研究[J].计算机应用研究,2011,28(01):195-198.

[28] 韩田田.基于复杂系统的应急管理协调研究[D].吉林:吉林大学硕士论文,2012.

[29] 于文静.基于复杂适应系统理论的地震灾害救援模型研究[D].北京:中国地质大学(北京)硕士论文,2009.

[30] 云健,刘勇奎,王德高,何丽君.基于复杂系统的民族地区非常规突发公共事件应急管理研究[J].中国安全科学学报,2010,20(03):172-175.

[31] 沙莲香,刘颖,王卫东,陈禹.复杂适应系统理论对危机时期民众心态的分析与模拟——重大突发公共事件应对措施研究[J].河南社会科学,2005,(03):1-5.

[32] 郭雪松,黄纪心.基于复杂适应系统理论视角的疫后恢复组织协调机制研究[J].中国行政管理,2021,(05):95-102.

[33] 张德,王霖琳.基于复杂系统理论的北京城市内涝应急管理研究[J].城市,2016,(04):49-53.

[34] 郭欢.OSH、应急管理要素整合及系统动力学建模解析[D].北京:华北科技学院硕士论文,2021.

[35] 李春艳.基于系统动力学的非常规突发公共事件发展演化研究[D].天津:南开大学硕士论文,2012.

[36] 李红霞,袁晓芳,田水承.非常规突发公共事件系统动力学模型[J].西安科技大学学报,2011,31(04):476-481.

[37] 李雯,姜仁贵,解建仓,赵勇,朱记伟.基于系统动力学的城市内涝灾害应急管理模型研究[J].水资源保护,2021,35(10):24-27.

[38] 王之乐,张纪海.基于系统动力学的应急物资动员潜力评估[J].系统工程理论与实践,2019,39(11):2880-2895.

[39] 杨兵,陈树江,陈希.基于系统动力学的网络空间联合应急处置指挥体系效能评

估[J].兵器装备工程学报,2018,39(12):118-122.

[40] 肖雄.基于系统动力学的应急产业集聚发展路径研究[D].武汉:武汉理工大学硕士论文,2019.

[41] 郑茂.基于系统动力学地震灾害防灾减灾能力评价与仿真研究[D].武汉:西华大学硕士论文,2021.

[42] 汪建,赵来军,顾彩云.地震应急避难需求的系统动力学研究[J].中国安全科学学报,2013,23(01):121-128.

[43] 姜卉,黄钧.突发公共事件分类与应急处置范式研究[J].中国应急管理,2009,(07):22-25.

[44] 刘霞,严晓.非常规突发公共事件动态应急群决策:"情景—权变"范式[J].四川行政学院学报,2010,(04):5-8.

[45] 郭跃.灾害范式及其历史演进[J].地理科学,2016,36(06):935-942.

[46] 张鑫.智慧赋能应急管理决策的范式转变与使能创新[J].江苏社会科学,2021,(05):55-62.

[47] 郭浩翔,胡玉玲.基于 Anylogic 的应急疏散多范式建模研究[J].消防科学与技术,2021,40(05):683-687.

[48] 杨立华.持续推进中国应急管理范式转换[J].社会科学Ⅰ辑,2020:118-122.

[49] 郭浩翔.基于 AnyLogic 的应急疏散多范式建模研究[D].北京:北京建筑大学硕士论文,2021.

[50] 熊炎.风险社会理论与超越风险社会应急管理研究范式变革[J].广东行政学院学报,2009,21(02):83-87.

[51] 陈一军.成都市近郊区(县)突发公共事件的预防范式研究[D].成都:西南交通大学硕士论文,2010.

[52] 杨旎.大数据时代利益相关者理论视角下突发公共事件的研究范式与治理模式[J].青海民族研究,2017,28(03):55-59.

[53] 佘廉,张美莲.突发公共事件应急指挥系统研究范式——一个概念框架[J].中国社会公共安全研究报告,2016,(01):476-481.

[54] 肖花,刘春年,尹小莉.应急资源信息建模与数据建模:方法与范式[J].图书馆学研究,2015,(02):54-59.

[55] 肖文涛,陈跃培.县级政府应急管理的基本范式探微[J].中国行政管理,2014,(05):39-43.

[56] 赵巍博.基于危机生命周期理论的城市突发公共事件处置研究[D].青岛:青岛大学硕士论文,2015.

[57] 卢文刚,舒迪远.基于突发公共事件生命周期理论视角的城市公交应急管理研究[J].广州大学学报(社会科学版),2016,15(04):19-27.

[58] 耿薇.基于生命周期理论的自然灾害突发公共事件应急管理——以泰宁县"5.8"泥石流自然地质灾害为例[J].龙岩学院学报,2019,37(01):90-93.

[59] 尹念红.面向突发公共事件生命周期的应急决策研究[D].成都:西南交通大学

博士论文,2015.

[60]尹念红.面向突发公共事件生命周期的应急决策研究[J].社会科学Ⅰ辑,2020:135-138.

[61]马雪琴.基于生命周期理论的旅行社应急管理研究[J].当代旅游,2021,19(29):45-47.

[62]尹念红.基于危机生命周期理论的监狱突发公共事件应急准备体系构建[J].法制博览,2018,(24):60-61.

[63]王东坡.基于生命周期理论的淮安化工园区应急预案管理研究[D].徐州:中国矿业大学硕士论文,2021.

[64]查国清,徐亚妮.基于危机生命周期理论的高校突发公共事件应急响应机制[J].安全,2018,39(05):11-14.

[65]苏新宁,朱晓峰,崔露方.基于生命周期的应急情报体系理论模型构建[J].情报学报,2017,36(10):989-997.

[66]郭远红,魏淑艳.基于危机生命周期理论的城市地下管线事故应急问题研究[J].辽宁大学学报(哲学社会科学版),2017,45(04):18-23.

[67]卢文刚,黎舒菡.中美海外公民领事保护比较研究——基于应急管理生命周期理论的视角[J].社会主义研究,2015,(02):163-172.

[68]李湖生.应急管理阶段理论新模型研究[J].中国安全生产科学技术,2010,6(05):18-22.

[69]史新娣.基于危机管理"三阶段"理论体系中美地震应急管理比较研究[D].长沙:湖南大学硕士论文,2019.

[70]冯宝安.论幼儿园突发公共事件管理的四个阶段——基于希斯4R危机管理理论的视角[J].早期教育(教科研版),2014,(12):50-53.

[71]张凝.基于4R理论的高校突发公共事件危机管理体系构建[D].天津:天津大学硕士论文,2018.

[72]衡思昱.环境污染群体性突发公共事件的演化机制——基于罗宾斯五阶段冲突理论[J].经济研究导刊,2019,(09):147-148.

[73]李从东,曹策俊,杨琴,谢天.BOX理论在多阶段应急资源调度中的应用研究——以应急响应阶段为例[J].中国安全科学学报,2014,24(07):159-165.

[74]王会权,刘璐,谢东方.PPRR理论视角下自然灾害应急处置研究——以新乡市洪涝灾害处置为例[J].人民长江,2018,49(S2):27-31.

[75]刘景凯.以风险管理理论指导应急管理体系建设[D].天津:天津大学硕士论文,2018.

[76]熊炎.公共安全应急管理:一个时代的课题——基于对风险社会理论的思考[J].天津行政学院学报,2009,11(02):41-44.

[77]区福健.突发公共事件的问题管理——基于风险控制理论的视野[J].商,2016,(07):86-87.

[78]熊炎.风险社会理论与超越风险社会应急管理研究范式变革[J].广东行政学院

学报,2009,21(02):83-87.

[79] 林芳.风险社会理论视角下政府危机管理能力创新的思考[J].四川理工学院学报(社会科学版),2010,25(01):50-53.

[80] 刘茂,朱坦,张青松,赵国敏,王振.基于风险分析理论的城市公共安全系统的研究与应用[J].南开大学学报,2009,21(02):83-87.

[81] 廖建凯,乔刚.论政府、企业与公众应对突发环境事件的责任——以风险社会理论为视角[J].中国法学会环境资源法学研究会会议论文集,2011:138-142.

[82] 冯雪,胡艳香.风险社会理论视域下的应急管理体系——基于本次新型冠状病毒肺炎疫情的思考[J].中共云南省委党校学报,2021,22(01):153-161.

[83] 隋永强,杜泽,张晓杰.基于社区的灾害风险管理理论:一个多元协同应急治理框架[J].天津行政学院学报,2020,22(06):65-74.

[84] 刘文雅.社会风险管理理论框架下的突发公共事件应急管理研究[J].法制与社会,2018,(29):164-165.

[85] 杜建华,马翠华.风险视域下突发公共事件传媒应对机制建设——基于吉登斯风险分类理论的视角[J].西北民族大学学报(哲学社会科学版),2011,(06):110-115.

[86] 王顺义,罗祖德.混沌理论:人类认识自然灾害的工具之一[J].自然灾害学报,1992,(02):3-16.

[87] 张震.基于混沌理论的危机管理模式探讨[J].天水行政学院学报,2012,13(03):60-64.

[88] 李明强,岳晓.透视混沌理论看突发公共事件预警机制的建设[J].湖北社会科学,2006,(01):45-47.

[89] 刘妍,吕雅琴,李亚绒.混沌理论视野下突发公共事件预警机制的构建[J].西安社会科学,2010,28(04):20-21.

[90] 孔春芳,徐凯,吴冲龙.近30年来湖北洪涝灾害时序特征及预测分析——基于分形与混沌理论的研究[J].自然灾害学报,2009,18(06):182-188.

[91] 杨思全,陈亚宁,王昂生.基于混沌理论的洪水灾害动力机制[J].中国科学院研究生院学报,2003,(04):446-451.

[92] 卢志光,白丽萍,卢丽.运用混沌理论制作长期灾害预报模型初探[J].中国农业大学学报,2002,(03):43-46.

[93] 仝玉才,吴志莲.突发性洪水的混沌理论分析[J].山西水利,1997,(01):86-87.

[94] 刘万明,朱星辉,戚彦龙.航空运输系统突发公共事件混沌现象与应急有效度研究[J].科学技术与工程,2012,12(36):30-32.

[95] 熊杰,张晨,胡思继.基于混沌理论的民用航空运输系统突发公共事件应对研究[J].物流技术,2008,(02):13-15.

[96] 王华荣.突发公共事件应急管理中的不确定性研究[D].北京:北京林业大学硕士论文,2012.

[97] 陶鹏,童星.深度不确定性与应急管理[J].学术界,2011,(08):30-38.

[98] 马克,刘岩.突发风险事件的不确定性与应急管理创新[J].社会科学战线,2011,(08):1-5.

[99] 李明.系统观念下的灾害事件不确定性冲击和制度变迁[J].中国减灾,2021,(01):56-60.

[100] 陶鹏,童星.深度不确定性与应急管理[J].学术界,2011,(08):30-38.

[101] 黄卫东,李轶.应急决策中基于时态知识的不确定性推理[J].信息与控制,2010,39(04):502-506.

[102] 祝慧娜.基于不确定性理论的河流环境风险模型及其预警指标体系[D].长沙:湖南大学博士论文,2012.

[103] 翟友成.基于不确定性理论的隧道地质灾害评价方法[D].长沙:湖南大学博士论文,2014.

[104] 姚珣.不确定性下的供应链协调机制及其应急管理研究[D].成都:电子科技大学博士论文,2009.

[105] 丁一凡.基于不确定性突发公共事件的应急物流体系研究[J].农村经济与科技,2020,31(24):128-130.

[106] 朱佳翔,谭清美,蔡建飞,邓淑芬.基于鲁棒不确定性的应急物资配送策略[J].北京交通大学学报(社会科学版),2016,15(01):106-116.

[107] 康朝海,滕飞,张东旭,公丽颖.不确定性推理方法在油田应急指挥系统的应用[J].长江大学学报(自然科学版),2012,9(08):131-133.

[108] 齐善鸿,乐国林,刘金岩,于翔.基于熵与自组织理论的突发公共事件分析模型[J].科技管理研究,2006,(10):238-241.

[109] 倡庆民.基于自组织的城市系统安全理论研究[D].长春:东北大学博士论文,2015.

[110] 张宸瑀.非常规突发公共事件中自组织群体结构的发展及其对群体行为有效性的影响[D].杭州:浙江大学硕士论文,2018.

[111] 盛方正,季建华,徐行之.基于极值理论和自组织临界特性的供应链突发公共事件协调[J].系统工程理论与实践,2009,29(04):67-74.

[112] 刘毅.应急决策中基于时态知识的不确定性推理[J].信息与控制,2010,39(04):502-506.

[113] 钟琪,戚巍,张乐.公共危机治理网络的自组织演化模型[J].中国科学技术大学学报,2010,40(09):977-984.

[114] 杨虎,张东戈,黄匆,白天松,陶九阳.自组织应对"突发公共事件"协同模型[J].系统工程与电子技术,2012,34(10):2069-2074.

[115] 魏艳琴.农村社区自组织地震灾害应急准备能力建设研究[D].西安:西北师范大学硕士论文,2019.

[116] 王晓红.我国家庭应急产业发展的动力机制与路径探析——基于自组织理论和事件系统理论的危机事件分析[J].财经科学,2020,(07):120-132.

[117] 苗雨茂.熵及自组织理论在高校突发公共事件应急处理过程中的运用[J].人

才资源开发,2017,(02):17-18.

[118] 刘毅.高校群体性事件的舆情预警与应急处置体系构建——以自组织理论为视角[J].现代教育管理,2012,(08):110-114.

[119] 周邦.提高应对社会危机自组织能力的路径分析——以高校危机管理为例[J].产业与科技论坛,2020,19(19):254-255.

[120] 李琦.自组织视阈下应急管理的社会参与[J].理论月刊,2016,(08):130-134.

[121] 强彬.基于事件系统理论的道路施工安全风险人员因素研究[D].天津:天津大学硕士论文,2019.

[122] 刘东,刘军.事件系统理论原理及其在管理科研与实践中的应用分析[J].管理学季刊,2017,2(02):62-65.

[123] 王晓红.我国家庭应急产业发展的动力机制与路径探析——基于自组织理论和事件系统理论的危机事件分析[J].财经科学,2020,(07):120-132.

[124] 卢文刚.城市地铁突发公共事件应急管理研究——基于事件系统理论的视角[J].城市发展研究,2011,18(04):119-124.

[125] 贾倩,曹国志,於方,周夏飞,朱文英.基于环境风险系统理论的长江流域突发水污染事件风险评估研究[J].安全与环境工程,2017,24(04):84-88.

[126] 王爽英.危机事件对互联网企业商业模式创新的影响机理研究——基于事件系统理论的案例研究[J].安徽商贸职业技术学院学报(社会科学版),2021,20(04):1-6.

[127] 王莹,王义保.基于协同治理理论视角的城市应急管理模式创新[J].理论与现代化,2016,(03):121-125.

[128] 刘彬.基于协同理论的公共危机治理研究[J].学理论,2009,(32):8-10.

[129] 王瑜.耦合型突发环境事件协同治理:理论构建、现实困境、路径探索[J].领导科学,2020,(06):70-73.

[130] 王莹.城市应急管理协同模式及其实现——基于协同治理理论[J].第二届浙江减灾之路学术研讨会论文集,2016:163-169.

[131] 李雪娟,邓梦阳.基于协同治理理论的公共危机治理措施分析[J].山东农业工程学院学报,2019,36(03):68-73.

[132] 秦川.基于协同治理理论的地方政府部门应急联动机制建设研究[D].上海:华中师范大学硕士论文,2021.

[133] 权圆圆.基于协同治理理论的天津市安全监管体系研究[D].天津:天津大学硕士论文,2014.

[134] 李婵媛.协同治理理论视角下高校突发公共事件管控研究[D].南京:江苏大学硕士论文,2016.

[135] 任慧颖.应急志愿服务的多主体—全过程联动研究——基于公共危机协同治理理论的视角[J].理论学刊,2022,(01):152-160.

[136] 隋永强,杜泽,张晓杰.基于社区的灾害风险管理理论:一个多元协同应急治理框架[J].天津行政学院学报,2020,22(06):65-74.

[137] 曹勇,王晓莉.协同理论视角下突发自然灾害社会动员研究[J].福建省社会主义学院学报,2012,(06):97-101.

[138] 刘喜文.基于利益相关者理论的突发公共事件案例知识库组织研究[D].南京:南京大学博士论文,2015.

[139] 张伟.利益相关者视角下应急瓶颈资源的优化配置[D].成都:四川师范大学硕士论文,2021.

[140] 杜廷尧.突发公共卫生事件利益相关者在社交媒体中的关注点及演化模式[D].武汉:武汉大学硕士论文,2017.

[141] 邵昳灵.利益相关者博弈视角下应急响应策略研究[D].上海:上海交通大学硕士论文,2013.

[142] 杨旎.大数据时代利益相关者理论视角下突发公共事件的研究范式与治理模式[J].青海民族研究,2017,28(03):55-59.

[143] 胡敏.应急动态联盟利益相关者分类与状态转化[J].北京理工大学学报(社会科学版),2014,16(06):85-88.

[144] 张蔚虹,孙丰娟.利益相关者视角的政府应急管理绩效评价指标体系设计[J].吉林工商学院学报,2014,30(05):18-22.

[145] 郭其云,董希琳,岳清春,夏一雪.基于利益相关者分析模型的危机管理研究[J].消防科学与技术,2014,33(04):438-440.

[146] 樊博,詹华.基于利益相关者理论的应急响应协同研究[J].理论探讨,2013,(05):150-153.

[147] 申霞.基于利益相关者参与的区域应急管理模式研究[J].新视野,2012,(04):63-66.

[148] 郑昌兴,苏新宁,刘喜文.突发公共事件网络舆情分析模型构建——基于利益相关者视阈[J].情报杂志,2015,34(04):71-75.

[149] 何瑾,邹昀瑾.利益相关者理论视阈下突发公共卫生事件的治理模式探析[J].云南行政学院学报,2021,23(04):152-160.

[150] 杨旎.大数据时代利益相关者理论视角下突发公共事件的研究范式与治理模式[J].青海民族研究,2017,28(03):55-59.

[151] 林淞.群体性突发公共事件的CAS分析——基于利益相关者理论的视角[J].湖北经济学院学报,2011,9(03):79-85.

[152] 严小丽.应急联动:一个基于整体性治理理论的基本框架[J].信阳师范学院学报(哲学社会科学版),2022,42(01):43-48.

[153] 任文琴,李珍刚.公共危机应急管理中的跨地区数据共享机制构建——基于整体性治理的理论分析[J].社科纵横,2020,35(09):75-81.

[154] 张玉磊.跨界公共危机与中国公共危机治理模式转型:基于整体性治理的视角[J].华东理工大学学报(社会科学版),2016,31(05):59-78.

[155] 张玉磊.整体性治理及其在公共危机治理领域运用的研究述评[J].管理学刊,2016,29(01):55-62.

[156] 王莹,王义保.基于整体性治理理论的城市应急管理体系优化[J].城市发展研究,2016,23(02):98-104.

[157] 盛明科,郭群英.公共突发事件联动应急中的部门利益梗阻及治理研究——基于整体性治理理论的视角[J].中国社会公共安全研究报告,2013,(02):63-66.

[158] 顾玲巧,余晓.以标准化实现突发公共卫生事件整体性治理研究:理论阐释和实施路径[J].标准科学,2021,(11):6-9.

[159] 牛晓蕾.自然灾害型公共危机整体性治理研究[D].开封:河南师范大学硕士论文,2018.

[160] 徐阳.基于整体性治理理论的地方政府公共危机信息公开路径研究[D].南宁:广西大学硕士论文,2015.

[161] 张煜珠.基于整体性治理理论的城市暴雨内涝韧性治理模式研究[D].天津:天津理工大学硕士论文,2019.

[162] 周笑怡.大亚湾海上溢油事件的整体性治理研究[D].大连:大连海事大学硕士论文,2020.

[163] 张力文.基于整体性治理理论的地质灾害治理研究——以四川省汶川县实践为例[J].四川行政学院学报,2018,(02):46-51.

[164] 曾维和,杨星炜.农村气象灾害防御体系分割式困境与对策——基于整体性治理的理论视角[J].阅江学刊,2015,7(06):31-42.

[165] 周笑怡.大亚湾海上溢油事件的整体性治理研究[D].大连:大连海事大学硕士论文,2020.

[166] 杨巧云,姚乐野.基于协调理论的应急情报部门跨组织工作流程研究[J].情报理论与实践,2015,38(08):75-78.

[167] 夏登友,高平,任少云,朱红伟,张云博.突发灾害事故应急决策冲突协调模型[J].中国安全科学学报,2019,29(03):174-179.

[168] 徐选华,汪业凤.非常规突发事件应急决策协调过程建模研究[J].中国应急管理,2011,(08):23-27.

[169] 黄典剑,李传贵.城市重大事故应急管理协调性研究[J].安全,2008,(06):18-20.

[170] 袁建军,金太军.政府协调企业应对突发公共事件的困境与破解——以分工协作的理论视角[J].浙江社会科学,2011,(07):36-40.

[171] 庄丽,马婷婷,刘兰梅,陈娜,刘硕.耦合协调理论下综合管廊运维灾害风险研究[J].佳木斯大学学报(自然科学版),2020,38(05):122-125.

[172] 姜麟松.我国城市危机管理体系协调机制研究[D].哈尔滨:东北财经大学硕士论文,2007.

[173] 王合兴.中国大城市危机管理协调体系研究[D].北京:北京邮电大学博士论文,2006.

[174] 张志霞,薛莹.基于累积前景理论的动态应急决策研究[J].消防科学与技术,

2019,38(04):552-556.

[175] 刘文婧,李晨昕,李磊.基于累积前景理论与 PGSA 的应急响应群决策模型[J].数学的实践与认识,2018,48(05):52-62.

[176] 徐选华,杨玉珊.基于累积前景理论的大群体风险型动态应急决策方法[J].控制与决策,2017,32(11):1957-1965.

[177] 程铁军,吴凤平,李锦波.基于累积前景理论的不完全信息下应急风险决策模型[J].系统工程,2014,32(04):70-75.

[178] 沙涛.基于累积前景理论的应急物流最优路径选择模型[J].甘肃科技,2019,35(24):136-138.

[179] 王旭,吴建军.基于累积前景理论的突发事件下轨道交通乘客路径选择研究[J].山东科学,2015,28(02):63-69.

[180] 佟姗姗.基于累积前景理论的应急救援路径选择研究[D].哈尔滨:哈尔滨工业大学硕士论文,2019.

[181] 段明圆.基于累积前景理论的动态多属性决策模型及应用研究[D].上海:上海工程技术大学硕士论文,2018.

[182] 陆婧.基于后悔理论的突发事件应急方案选择方法研究[D].长春:东北大学硕士论文,2013.

[183] 钱丽丽,刘思峰,方志耕.基于后悔理论的灰色应急决策方案动态调整方法[J].运筹与管理,2020,29(08):73-78.

[184] 张国峥.基于后悔理论的区间犹豫模糊应急方案选择[J].统计与决策,2021,37(17):173-177.

[185] 钱丽丽,刘思峰.考虑后悔行为的灰色应急决策方法[J].数学的实践与认识,2019,49(05):92-98.

[186] 姜绿圃.基于后悔理论及犹豫模糊集的长距离引水工程突发事件风险应急响应决策研究[D].北京:华北水利水电大学硕士论文,2020.

[187] 涂圣文,赵振华,邓梦雪,王冰.基于组合赋权—后悔理论的城市综合管廊运维总体风险评估[J].安全与环境工程,2020,27(06):160-167.

[188] 杨静.事故灾难应急救援人—机—环境系统分析[D].西安:西安建筑科技大学硕士论文,2014.

[189] 赵天行.基于本体的应急救援系统研究[D].重庆:重庆大学硕士论文,2010.

[190] 朱红超.机场应急救援理论与实现[D].南京:南京航空航天大学硕士学位论文,2011.

[191] 贺璇.重大突发公共事件应急救援系统可靠性研究[D].武汉:华中科技大学硕士学位论文,2013.

[192] 李吉伟,张志彪.机场应急救援理论与实现[D].南京:南京航空航天大学硕士论文,2011.

[193] 石云龙.基于 CAS 理论的地震紧急救援系统模型构建与模拟仿真[D].北京:中国地质大学博士论文,2010.

[194]肖月,张露丹,石建伟,王朝昕.基于循证的长三角地区应急救援理论模型构建研究[J].中华卫生应急电子杂志,2017,3(01):34-36.

[195]郭宇超.协同学理论下的事故应急救援研究[D].北京:首都经济贸易大学硕士学位论文,2017.

[196]张殿业,金键,郭孜政.铁路行车事故救援理论与技术体系探讨化[J].铁道学报,2016,28(5):11-13.

[197]林莉.城市应急救援能力系统的运行及评价研究[D].上海:同济大学博士学位论文,2010.

[198]张晨.武警水电部队应急救援能力提升路径研究[D].南宁:广西大学硕士学位论文,2015.

[199]张楠.公安消防部队综合应急救援能力研究——以太原市为例[D].太原:山西大学硕士学位论文,2018.

[200]李征.福建省地震应急救援能力建设研究[D].福州:福建师范大学硕士学位论文,2017.

[201]邓雅支.公共安全视角下消防救援队伍应急救援能力建设研究——以S市为例[D].济南:济南大学硕士学位论文,2019.

[202]陈静丽.高速公路应急救援能力评价系统研究[D].西安:长安大学硕士学位论文,2013.

[203]娄天峰.基于ITS的高速公路应急救援能力提升研究[D].武汉:华中科技大学博士学位论文,2013.

[204]付喆.网络新闻环境下的城市火灾应急救援能力评价研究[D].武汉:武汉理工大学硕士学位论文,2018.

[205]程红群.医院应急医学救援能力建设研究[D].北京:军事医学科学院博士学位论文,2007.

[206]孟婧.基于云模型和T4-S理论的煤矿应急救援能力评价[D].哈尔滨:黑龙江科技大学硕士学位论文,2014.